Erich R. Wölfel

Theorie und Praxis der Röntgenstrukturanalyse

Erich R. Wölfel

THEORIE UND PRAXIS DER RÖNTGEN- STRUKTURANALYSE

Eine Einführung für Naturwissenschaftler

Mit 174 Bildern

3., durchgesehene Auflage

vieweg

CIP-Kurztitelaufnahme der Deutschen Bibliothek

Wölfel, Erich R.:
Theorie und Praxis der Röntgenstrukturanalyse:
e. Einf. für Naturwiss. / Erich R. Wölfel. —
3., durchges. Aufl. — Braunschweig; Wiesbaden:
Vieweg, 1987.

ISBN 978-3-663-07788-6   ISBN 978-3-663-07787-9 (eBook)
DOI 10.1007/978-3-663-07787-9

1. Auflage 1975
2., verbesserte Auflage 1981
3., durchgesehene Auflage 1987

Additional material to this book can be downloaded from http://extras.springer.com

VORWORT

Dieses Buch verfolgt das Ziel, Naturwissenschaftler mit möglichst geringem Zeitaufwand in die röntgenographische Kristallstrukturanalyse einzuführen. Ein großer Teil des hier
behandelten Stoffes ist seit einigen Jahren Gegenstand einer
zweistündigen Vorlesung, die an der Technischen Hochschule
Darmstadt für Chemie- und Physikstudenten höherer Semester
regelmäßig angeboten wird. In den hiermit verbundenen zweistündigen Übungen werden die Kursteilnehmer mit der Präparie-
rung und der Vermessung von Kristallen, den wichtigsten Aufnahmeverfahren sowie mit der Bedienung automatischer Diffraktometer vertraut gemacht. Im Rahmen der Vorlesung werden
außerdem drei vollständige Kristallstrukturanalysen ausführlich besprochen, um die behandelten theoretischen Grundlagen
an praktischen Beispielen zu erläutern.

Entsprechend diesem Plan ist der Stoff des Buches angeordnet.
Die theoretischen Grundlagen umfassen die Gebiete Kristallo-
graphie und Röntgenphysik sowie die wellenkinematische Streutheorie mit einer gründlichen Einführung in das Konzept des
reziproken Gitters. Die Abschnitte III f) und III i) bringen
die Ableitungen der Interferenzfunktion, der Lorentz-Faktoren
sowie des Debye-Waller'schen Temperaturfaktors und können bei
der ersten Lektüre des Buches zunächst übergangen werden.

Der absichtlich sehr ausführlich gehaltene apparative Teil
(Kapitel IV) umfaßt die heute in der Praxis wichtigen Film-
aufnahmeverfahren, die mit Hilfe der Ewald'schen Konstruktion
ausführlich erläutert werden, und die Beschreibung der derzeit
benutzten automatischen Diffraktometer anhand von Beispielen,
so daß sich auch der Anfänger mit diesen Methoden vertraut
machen kann.

Sodann werden die Problematik der Raumgruppenbestimmung und
die verschiedenen Methoden der Lösung des Phasenproblems ausführlich behandelt, wobei auch hier versucht wird, die einzelnen Methoden anhand von Beispielen zu erklären. Die theoretischen Grundlagen der direkten Methoden im Abschnitt VI e)

dürften für den Anfänger Schwierigkeiten bereiten und könnten
in diesem Fall bei der ersten Lektüre ebenfalls zunächst übergangen werden.

Am Schluß des Buches werden zwei vollständige Kristallstrukturanalysen systematisch behandelt, um die Problematik der
trial-and-error Methode und der Pattersonmethode aufzuzeigen.

Entsprechend dem Charakter des Buches als einführender Text
ist auf ausführliche Literaturzitate verzichtet worden.
Einige Bücher werden in der Literaturübersicht am Schluß des
Buches als ergänzende Lektüre empfohlen.

Dieses Buch soll eine Einführung in die automatische röntgenographische Kristallstrukturanalyse sein, die in Bezug auf
ihre Aussagekraft allen spektroskopischen Methoden schon aus
dem Grunde überlegen ist, weil sie die räumliche Anordnung
komplizierter Moleküle mit großer Genauigkeit anschaulich als
Zeichnung liefert. Aber auch im Hinblick auf den erforderlichen Arbeitsaufwand kann sie mit spektroskopischen Methoden
konkurrieren. Wenn man bedenkt, daß sich heutzutage eine etwa
50-atomige Molekülstruktur in ca. 14 Tagen lösen läßt, so
ist vorauszusehen, daß sich die Röntgenstrukturanalyse als
analytisches Hilfsmittel in Zukunft im Forschungslaboratorium
mehr und mehr durchsetzen wird, um damit zeitraubende präpa-
rative Arbeiten zur Konstitutionsaufklärung komplizierter
Moleküle zu sparen. Wenn dieses Buch hierzu einen Beitrag
leistet, so hat es seinen Zweck erfüllt.

Ich habe zahlreichen Fachkollegen, Mitarbeitern und Hörern
meiner Vorlesung für wertvolle Anregungen zu danken. Die
Herren Dr. E. Oeser und Dr. H. Paulus haben in den letzten
Jahren bei der Betreuung der Studierenden in den praktischen
Übungen mitgewirkt und auch bei der Abfassung einzelner Ab-
schnitte des Buches wertvolle Hilfe geleistet. Frau J. Gross
hat das Manuskript mit großer Sorgfalt zum Druck vorbereitet.
Ihnen gilt mein besonderer Dank.

Darmstadt, am 3.3.1975

Erich R. Wölfel

Vorwort zur 2. Auflage

In den sechs Jahren, die seit der Abfassung des Vorwortes
zur 1. Auflage dieses Buches vergangen sind, hat sich die
Einkristalldiffraktometrie in beeindruckender Weise weiterentwickelt. Die Geräte sind heute nicht nur schneller,sondern
auch sicherer, und die Strukturbestimmung an Kleinrechnern
läßt sich dank der guten Rechenprogramme auch von vorwiegend
präparativ tätigen Chemikern ohne allzugroße Schwierigkeiten
erlernen. Diese Entwicklungen haben dazu geführt, daß die
Bedeutung der Methode für die Naturwissenschaften innerhalb
dieses Zeitraumes enorm gewachsen ist. Leider ist aber der
Kreis der aktiven Benutzer der Methode auch heute noch viel
zu klein und entspricht noch bei weitem nicht ihrer Bedeutung. Abhilfe muß von den Universitäten kommen.

In Darmstadt haben wir einen größeren Kreis von Studenten
dadurch interessieren können, daß wir die "Einführung in die
Röntgenstrukturanalyse" seit einiger Zeit in regelmäßigen
Abständen als 14-tägigen Kurs anbieten. Solche Kurse werden
jeweils für etwa 25 Teilnehmer gehalten. Da das Gebiet der
Röntgenstrukturanalyse in den Grundvorlesungen vor dem Vor-
examen nicht behandelt wird, wird im Rahmen einer eintägigen
Einführung zunächst ein ausführlicher Überblick über die
Methode gegeben. Nach dieser Einführung fällt es den Studenten leichter zu entscheiden, ob die erforderliche Investition
an Zeit bei der jeweiligen Interessenlage lohnt oder nicht.
In der Zeit von 2-3 Monaten zwischen dieser Einführung und
dem Kursbeginn muß den Studenten zugemutet werden, sich mit
den theoretischen Grundlagen der Methode einigermaßen vertraut zu machen, da nur auf diese Weise gewährleistet werden
kann, daß im eigentlichen Kurs etwa 2/3 der Zeit für praktische Arbeiten an Filmgeräten, automatischen Geräten, für
Hörsaalübungen und für Arbeiten am Konsol eines Kleinrech-
ners zur Verfügung steht. Die bisher vorliegenden Erfahrungen, die wir seit Einführung der Kurse gesammelt haben, sind
sehr positiv. Wegen der bereits vorliegenden Grundkenntnisse

kann sich die kursbegleitende Vorlesung auf prinzipiell wichtige schwierigere Kapitel beschränken. Damit hat das Buch zusätzliche Aufgaben für das Selbststudium als Einführungstext übernommen, und ich hoffe sehr, daß es sich hierbei auch weiterhin bewähren wird.

An dem Aufbau des Textes habe ich nichts Wesentliches geändert. Bedauerliche Fehler sind, soweit erkannt, beseitigt worden. Das Kapitel für die automatischen 2-Kreis-Diffraktometer ist etwas gekürzt, das über automatische 4-Kreis-Diffraktometer etwas erweitert worden. Die beiden für Laborübungen geeigneten Beispiele wurden beibehalten. Als Übungsbeispiele für die Kristallstrukturbestimmungen am Konsol gibt es kein starres Programm. Wir behandeln entweder Strukturprobleme, die von den Teilnehmern angeregt werden oder Beispiele aus Datenbibliotheken unseres Arbeitskreises. Ein hierfür typisches Beispiel ist im Abschnitt IX c) exemplarisch angeführt. Schließlich wurde ein kurzes Inhaltsverzeichnis erstellt, das die Benutzung des Buches erleichtern soll.

Auch diesmal möchte ich einer Reihe von Fachkollegen und unseren Kursteilnehmern sehr für wertvolle Anregungen danken. Mein besonderer Dank gilt auch diesmal Herrn Dr. Paulus und Frau J. Gross sowie den Herren H. Langhof und B. Baumgartner.

Darmstadt, am 30.3.1981   Erich R. Wölfel

Vorwort zur 3. Auflage

Seit der Fertigstellung der 2. Auflage sind 5 Jahre vergangen. In dieser Zeit hat sich die Einkristalldiffraktometrie in erfreulicher Weise weiterentwickelt. Da inzwischen 32-bit-Rechner mit ausreichender Speicherkapazität zu erstaunlich günstigen Preisen verfügbar sind. ist es möglich, umfangreichere Literaturprogramme, die zur Bestimmung und zur Interpretation komplizierter Strukturen hilfreich sind, im Labor einzusetzen. Diese Entwicklung ist zur Zeit noch im Fluß und dürfte in den nächsten 2-3 Jahren wesentliche Vorteile für die Benutzer bringen.

Auch auf dem Hardware Gebiet zeichnen sich entscheidende Neuentwicklungen durch den Einsatz von Hochleistungsgeneratoren in Verbindung mit ein- und zweidimensionalen ortsempfindlichen Detektoren ab. Auch von dieser Seite kann man in den nächsten Jahren entscheidende Verbesserungen der Meßmethoden erwarten.

Außerdem werden in zunehmendem Maße Tief- und Hochtemperatursowie Hochdruckmessungen an Bedeutung gewinnen, nachdem bereits jetzt brauchbare Zusätze zu den kommerziellen 4-Kreisdiffraktometern zur Verfügung stehen.

Ich habe mich entschlossen, über diese Neuentwicklungen, an denen unser Arbeitskreis auch beteiligt ist, erst dann zu berichten, wenn sie einigermaßen abgeschlossen sind und hinreichende Erfahrungen vorliegen. Aus diesem Grunde habe ich mich auch diesmal wieder darauf beschränkt, einige Fehler und Mängel in der Darstellung zu beseitigen.

Auch diesmal habe ich zahlreichen Fachkollegen und Kursteilnehmern für wertvolle Anregungen zu danken. Es haben mir wieder Herr Dr.H. Paulus und Frau J. Groß geholfen, das Manuskript herzustellen.

Darmstadt, den 9. Oktober 1986

INHALT

I. Kristallographische Grundlagen

Für die röntgenographische Strukturanalyse werden kleine Kristalle benötigt, die entweder aus Lösungen auskristallisieren oder aus Schmelzen gezüchtet werden. In vielen Fällen erhält man nadelförmige Kristalle.

Um die Absorptionseffekte der Röntgenstrahlen gering zu halten, bevorzugt man dabei Kristallquerschnitte von etwa 0,1 mm . Die Kristalle werden unter einer Binokularlupe ausgesucht und an einem Glasfaden mit einem Klebstoff (Uhu, Schellack) befestigt. Der Glasfaden wird seinerseits auf einem Kristallträger mit Klebwachs, Siegellack, Picein o.ä. befestigt. Der Kristallträger wird dann in einen Goniometerkopf eingesetzt, mit dem man Längs- und Drehbewegungen in zwei zueinander senkrechten Richtungen ausführen kann. Auf diese Weise ist es möglich, den Kristall lichtoptisch oder röntgenographisch zu justieren. Falls am Kristall gut reflektierende Flächen ausgebildet sind, kann man aufgrund der lichtoptischen Vermessung dieser Flächen bereits Aussagen bezüglich der Symmetrie des Kristalles machen.

Dieser Abschnitt befaßt sich mit den kristallographischen Grundlagen. Dabei handelt es sich zunächst um die Symmetrieelemente, die an Kristallen beobachtet werden können, um deren 32 Kombinationen, die Kristallklassen, sowie um die 6 Kristallsysteme (Achsensysteme) in denen sich die Kristallklassen beschreiben lassen.

Durch das Kristallsystem, die Kristallklasse und die einzelnen Kristallflächen, die an einem Kristall auftreten, ist dieser zwar hinreichend genau beschrieben; wenn wir jedoch an seiner atomaren Struktur interessiert sind, kommt das wichtige Konzept des Kristallgitters und seiner kleinsten Einheit, der Elementarzelle, hinzu. Wir müssen uns daher mit den verschiedenartigen Elementarzellen beschäftigen, wobei wir die für den Kristall entwickelten Begriffe des Kristallsystems, der Symmetrieelemente und der Kristallklasse ohne weiteres auch auf die Elementarzellen übertragen können. Das Kristallgitter entsteht aus einer Elementarzelle dadurch, daß wir diese in den drei Richtungen des Raumes aneinanderreihen. Daher spielen für Kristallgitter die Translationsvektoren eine Rolle. Die Wechselwirkungen zwischen den Translationsvektoren und den Symmetrieelementen werden ausführlich behandelt.

Die verschiedenen Elementarzellen sowie die Kombinationen von Translationsvektoren mit Symmetrieelementen bringen es mit sich, daß wir für Kristallgitter eine größere Mannigfaltigkeit an möglichen Symmetriekombinationen zur Verfügung haben als dies für Kristalle der Fall ist. Insgesamt gibt es für Kristallgitter 230 solcher Kombinationen, die man Raumgruppen nennt. Wir werden sehen, daß die Bestimmung der Elementarzelle und der Raumgruppe einen ersten wichtigen Schritt bei der Kristallstrukturanalyse darstellt. Die Raumgruppenbestimmung erfolgt aufgrund von Filmaufnahmen oder Diffraktometermessungen. Die verschiedenen röntgenographischen Aufnahmeverfahren werden im Kapitel IV, die Diffraktometermessungen im Kapitel VI ausführlich besprochen.

a) <u>Symmetrieelemente und stereographische Projektion</u>

An Kristallen beobachten wir verschiedene Symmetrieelemente, die wir in zwei Gruppen einteilen können:

1. <u>Drehachsen:</u> Hierbei unterscheiden wir 1, 2, 3, 4 und 6-zählige Drehachsen. n-zählige Drehachsen bringen den Kristall nach Drehung um $\frac{360}{n}$ Grad mit sich selbst zur Deckung.
   5- und 7-zählige Drehachsen können an Kristallen nicht beobachtet werden, weil sie zu der Forderung des periodischen Kristallgitters in Widerspruch stehen.

2. <u>Drehinversionsachsen</u> sind zusammengesetzte Symmetrieelemente und bewirken eine Drehung mit unmittelbar nachfolgender Inversion. Eine Inversion erzeugt aus einer Fläche die entsprechende Gegenfläche und ist gleichbedeutend mit einem Symmetriezentrum.
   Wir charakterisieren die Drehinversionsachsen durch einen Querstrich und unterscheiden $\bar{1}$, $\bar{2}$, $\bar{3}$, $\bar{4}$ und $\bar{6}$.

   $\bar{1}$ bedeutet laut Abbildung 1 eine Drehung der zur Papierebene senkrechten Kristallfläche um 360° (wodurch sie in sich selbst übergeführt wird), gefolgt von einer Inversion, wodurch die parallel liegende Gegenfläche entsteht. $\bar{1}$ ist hiernach gleichbedeutend mit einem Symmetriezentrum i : $\bar{1} \equiv 1$.

   $\bar{2}$ bedeutet laut Abbildung 2 eine Drehung der gezeichneten Kristallfläche um 180°, gefolgt von einer Inversion. Es ent-

steht eine Fläche, die auch durch Spiegelung an der Ebene m
entstanden sein könnte. Die Operation $\bar{2}$ ist daher gleichbedeutend mit der Wirkung einer Spiegelebene m, die senkrecht
zur Richtung von $\bar{2}$ steht. Symbolisch wird die senkrechte Lage
der Spiegelebene durch einen Bruchstrich zum Ausdruck gebracht: $\bar{2} \equiv \frac{1}{m}$.

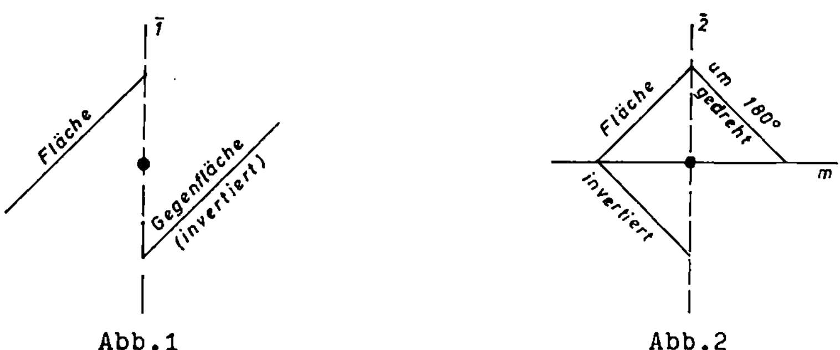

Die soeben geschilderten Zusammenhänge erkennt man besonders
leicht mittels der stereographischen Projektion (Seite 4),
die sich gut zur Darstellung der Symmetrieverhältnisse von
Kristallen eignet.

Die Abbildungen 3 und 4 zeigen das Prinzip der stereographischen Projektion. Der zu untersuchende Kristall wird von
einer Kugel umgeben und jede Kristallfläche wird durch eine
Flächennormale charakterisiert, die man vom Kugelmittelpunkt
auf die Kristallfläche errichtet. Alle Flächennormalen durchstoßen die Nord- bzw. Südhalbkugel in den Flächenpolen (Abb.3a)
Um zu einem zweidimensionalen Stereogramm zu kommen, verbindet
man laut Abb.3b die einzelnen Flächenpole mit dem gegenüberliegenden Pol der Kugel, d.h. alle Flächenpole auf der Nordhalbkugel werden mit dem Südpol und alle Flächenpole auf der
Südhalbkugel werden mit dem Nordpol verbunden. Die Durchstoßpunkte dieser Verbindungslinien mit der Äquatorialebene stellen die stereographische Projektion der Kristallflächen dar (Abb.4).

Liegen die Flächenpole auf der Nordhalbkugel, so kennzeichnet
man sie in der stereographischen Projektion durch Kreise,
liegen sie auf der Südhalbkugel, so zeichnet man Kreuze. Für
die Drehinversionsachsen $\bar{1}$ und $\bar{2}$ erhalten wir die in den

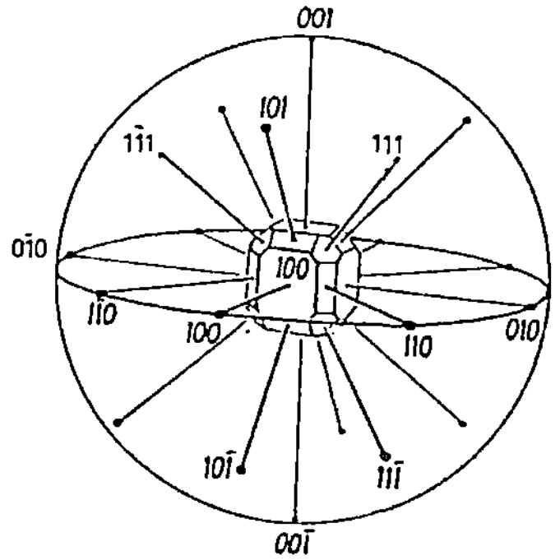

Abb.3a

Der zu projizierende Kristall
besteht aus Würfelflächen (100),
Oktaederflächen (111) und
Rhombendodekaederflächen (110).
Einige Flächennormalen bzw.
Flächenpole am Äquator sowie auf
der Nord- und Südhalbkugel sind
gezeichnet.

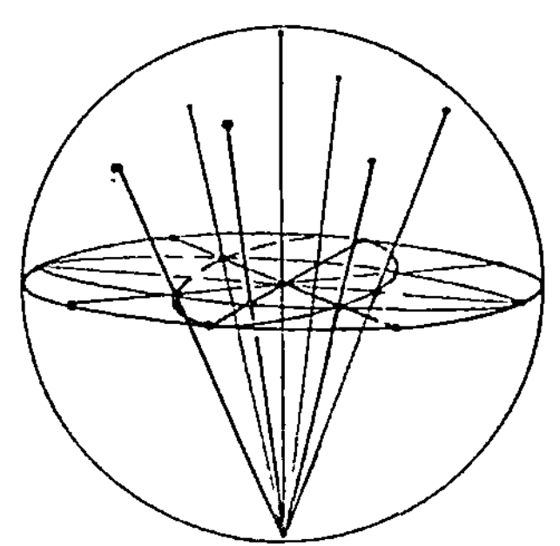

Abb.3b

Die Flächenpole auf der Nordhalbkugel werden mit dem Südpol,
die auf der Südhalbkugel mit
dem Nordpol verbunden.

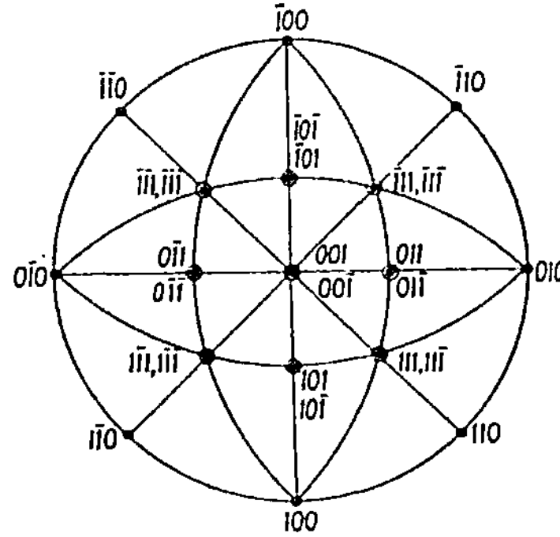

Abb.4 zeigt die stereographische
Projektion als Durchstoßpunkte
der Verbindungslinien Flächenpol-
Nordpol bzw. Flächenpol-Südpol
mit der Äquatorebene.

Abbildungen 5 und 6 dargestellten stereographischen Projektionen.
Über die Bedeutung der Zahlentripel (010), (011) etc. siehe
Seite 16.

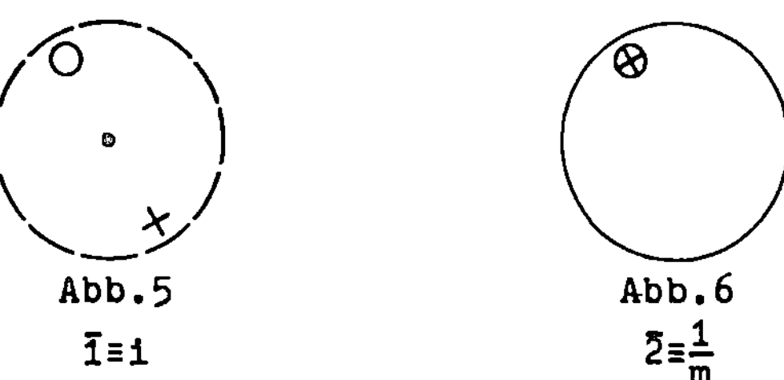

Abb.5
$\bar{1} \equiv 1$

Abb.6
$\bar{2} \equiv \frac{1}{m}$

Es ist üblich, statt $\bar{1}$ die Bezeichnung Symmetriezentrum (i)
und statt $\bar{2}$ die Bezeichnung Spiegelebene (m) zu benutzen. In
den stereographischen Projektionen kennzeichnet man ein Symmetriezentrum durch einen kleinen Kreis in der Mitte des Äqua-
torkreises. Eine in der Äquatorebene liegende Spiegelebene wird
dadurch gekennzeichnet, daß man den Äquatorkreis voll durch-
zeichnet (Abb.6).
Auf die gleiche Art können wir die stereographischen Projek-
tionen für die Drehinversionsachsen $\bar{3}$, $\bar{4}$ und $\bar{6}$ (Abbildungen
7, 8 und 9) zeichnen:

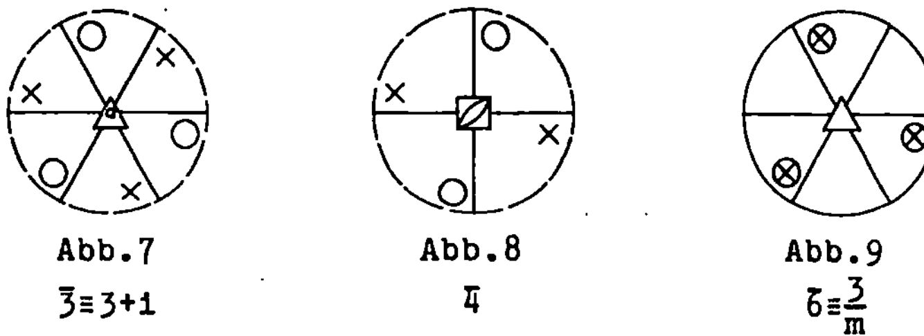

Abb.7
$\bar{3} \equiv 3 + i$

Abb.8
$\bar{4}$

Abb.9
$\bar{6} \equiv \frac{3}{m}$

Man erkennt hieraus sofort, daß sich $\bar{3}$ durch die Kombination
einer 3-zähligen Achse mit einem Symmetriezentrum i und $\bar{6}$ durch
die Kombination einer 3-zähligen Achse mit einer dazu senkrechten Spiegelebene m ersetzen läßt.

Insgesamt haben wir 8 mögliche Symmetrieelemente für Kristalle
in Betracht zu ziehen:

die Drehachsen 1, 2, 3, 4 und 6
das Symmetriezentrum i
die Spiegelebene m
und die Drehinversionsachse $\bar{4}$.

b) <u>Kristallklassen und Kristallsysteme</u>

Oft treten am Kristall mehrere Symmetrieelemente gleichzeitig auf. Dies kann man z.B. beim Würfel feststellen, wo 4-, 3-, und 2-zählige Drehachsen neben Spiegelebenen und einem Symmetriezentrum vorhanden sind.

Insgesamt gibt es 32 verschiedene Kombinationen von Symmetrieelementen. Bei der Besprechung dieser 32 Kristallklassen geht man zunächst von der allgemeinen Gesetzmäßigkeit aus, daß immer dann, wenn zwei Symmetrieelemente an einem Kristall auftreten, automatisch ein drittes resultiert.

In Abb.10 sind zwei sich im Mittelpunkt der Kugel schneidende Drehachsen A_α und B_β (α und β sind die Drehwinkel) gezeichnet, und es resultiert daraus die Drehachse C_γ, die ebenfalls durch den Kugelmittelpunkt geht.

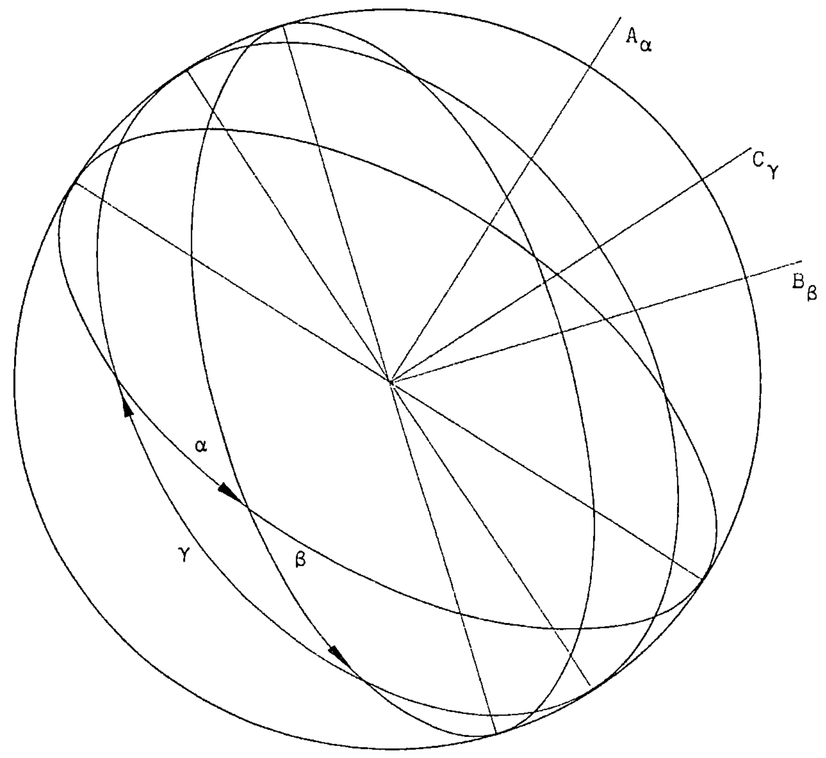

Abb.10

In Abb.11 sind zwei Spiegelebenen m_1 und m_2 gezeichnet, die senkrecht zur Zeichenebene stehen und miteinander einen Winkel α bilden. Es resultiert daraus eine Drehachse mit dem Drehwinkel 2α, die mit der Schnittkante der beiden Ebenen zusammenfällt.

Schließlich zeigt Abb.12, daß die Kombination $\frac{2}{m}$ (eine 2-zählige Achse und senkrecht dazu eine Spiegelebene) ein Symmetriezentrum bedingt, das im Durchstoßpunkt der Achse mit der Ebene liegt. Die Kombinationen $\frac{4}{m}$ und $\frac{6}{m}$ bedingen ebenfalls ein Symmetriezentrum, nicht jedoch $\frac{3}{m}\equiv\bar{6}$ (siehe Abb.9).

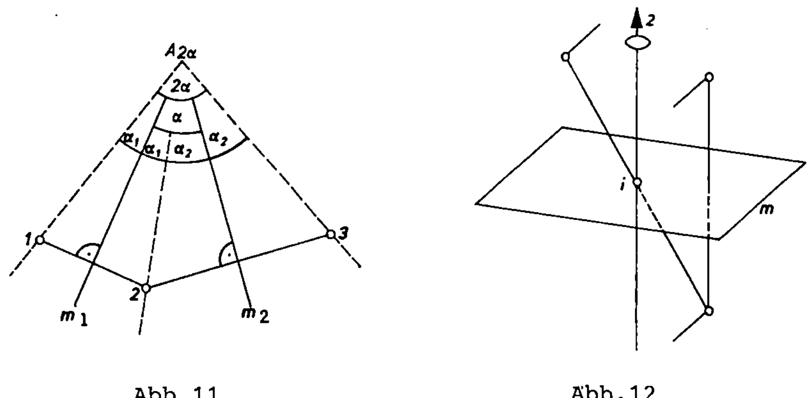

Abb.11   Abb.12

Die stereographischen Projektionen der 32 Kristallklassen sind in Abb.13 zusammengestellt (siehe Seite 8).

Die Klassen der ersten Zeile, 1, 2, 3, 4 und 6 haben jeweils nur eine Drehachse.

In der zweiten Zeile sind (außer der Klasse m in der dritten Zeile) alle Kristallklassen vom Typ $\frac{n}{m}$ aufgeführt, bei denen senkrecht zur Drehachse n eine Spiegelebene m angeordnet ist. Für die Klassen $\frac{2}{m}$, $\frac{4}{m}$ und $\frac{6}{m}$ resultiert dabei ein Symmetriezentrum i.

Die Klassen mit den Drehinversionsachsen $\bar{1}\equiv i$, $\bar{2}\equiv m$, $\bar{3}\equiv 3i$ und $\bar{4}$ sind in der dritten Zeile zusammengestellt. Die Klasse $\bar{6}\equiv\frac{3}{m}$ ist ausgelassen, weil sie schon oben behandelt wurde.

Die vierte Zeile enthält alle diejenigen Klassen nm, die außer einer Drehachse n eine hierzu parallele Spiegelebene m enthalten. Es resultieren dabei gemäß Abb.11 neue Spiegelebenen, die

Abb.13 Die 32 Kristallklassen und ihre Zuordnung zu den 6 Kristallsystemen

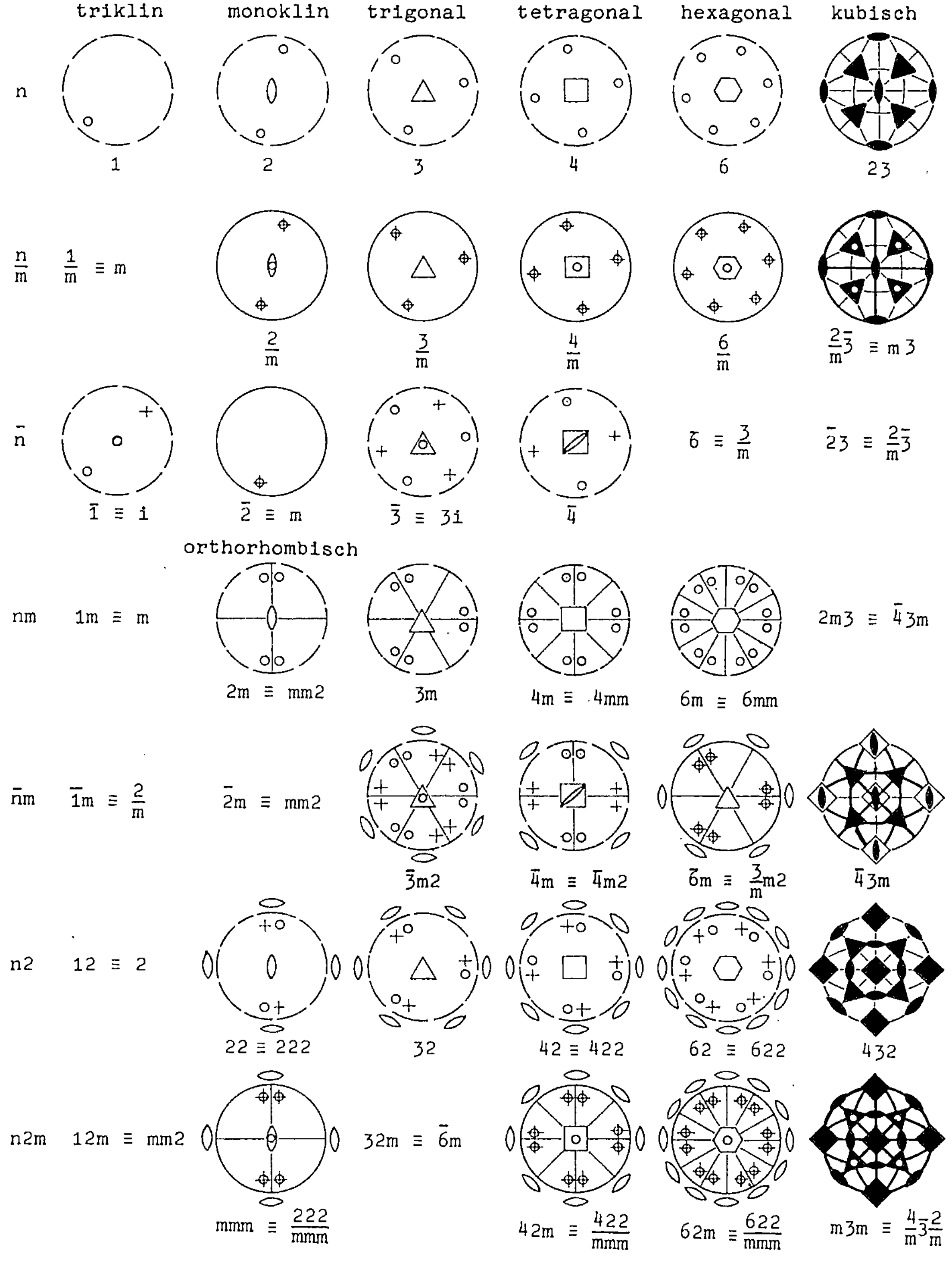

mit den ursprünglichen einen Winkel $\frac{\alpha}{2}$ einschließen, wenn α den Drehwinkel von n bedeutet.

In der fünften Zeile sind die Kombinationen $\overline{n}m$ verzeichnet, wobei die Kombinationen $\overline{1}m$ und $\overline{2}m$ schon behandelt wurden.

In der sechsten Zeile sind die Achsenkombinationen 22, 32, 42 und 62 verzeichnet, wobei gemäß Abb.10 jeweils eine weitere 2-zählige Achse resultiert, so daß wir die Klassenbezeichnungen 222, 322, 422 und 622 erhalten. Bei 32 fällt die entstehende 2-zählige Achse in Diagonalrichtung wegen der 3-zähligen Achse mit der schon vorhandenen 2-zähligen Achse zusammen.

Zum Schluß werden die Klassen der sechsten Zeile 22, 32, 42 und 62 mit einer Spiegelebene kombiniert. Wie man aus den stereographischen Projektionen ersieht, entstehen hierdurch die höchstsymmetrischen Kristallklassen.

Eine gewisse Sonderstellung nehmen die kubischen Kristallklassen ein, die in der letzten Spalte der Abbildung 13 zusammengestellt sind. Diese Sonderstellung ist durch die vier in Richtung der Raumdiagonalen laufenden 3-zähligen Achsen bedingt, die für alle kubischen Kristallklassen typisch sind. Aus den stereographischen Projektionen entnimmt man, daß die niedrigsymmetrischen kubischen Klassen 2-zählige Achsen (und gegebenenfalls Spiegelebenen) und die höhersymmetrischen Klassen 4-zählige Achsen (und gegebenenfalls Spiegelebenen) aufweisen.

Die in Abbildung 13 gewählte Darstellung der 32 Kristallklassen läßt sofort erkennen, welchem Kristallsystem sie zuzuordnen sind. Dabei bestimmen dieSymmetrieelemente der Kristallklassen das Koordinatensystem, das zu ihrer Beschreibung optimal geeignet ist. Die Achsen des Koordinatensystems werden dabei parallel zu den Symmetrieelementen gelegt.

Die in der ersten Spalte der Abbildung 13 aufgeführten Klassen 1 und $\overline{1}$ weisen außer dem Symmetriezentrum bei $\overline{1}$ kein Symmetrieelement und damit keine bevorzugte Richtung auf. Das zur Beschreibung solcher Kristalle geeignete Kristallsystem ist völlig frei wählbar und keiner Beschränkung in Bezug auf Achsenlänge und Achsenwinkel unterworfen. Insgesamt bestimmen sechs freie Parameter, nämlich die Achsenlängen a, b und c sowie die

Achsenwinkel α, β und γ dieses trikline Achsensystem (siehe hierzu auch Abb.32 auf S.28).

Die drei niedrigsymmetrischen Kristallklassen der zweiten Spalte, 2, m und $\frac{2}{m}$, gehören dem monoklinen Kristallsystem an. Sie sind durch eine 2-zählige Achse als Vorzugsrichtung charakterisiert. Es ist üblich, die 2-zählige Achse in die Richtung der b-Achse zu legen. Bei der Klasse $\frac{2}{m}$ liegt senkrecht zur 2-zähligen Achse eine Spiegelebene. Daher bietet sich ein Achsensystem an, dessen a- und c-Richtungen senkrecht zu b stehen. Die Achsenlängen a, b und c sind im monoklinen System frei wählbar; die beiden Achsenwinkel α und γ (α = 90° gegenüber a und γ = 90° gegenüber c) sind festgelegt. Wir haben damit beim monoklinen Achsensystem nur vier freie Parameter, nämlich die Achsenlängen a, b und c und den Winkel $\beta > 90^\circ$, zwischen der a- und der c-Achse (siehe hierzu auch Abb.32 auf S.28).

Die drei höhersymmetrischen Klassen 222, mm2 und mmm der zweiten Spalte gehören dem orthorhombischen Kristallsystem an. Da hier die drei 2-zähligen Achsen bzw. die drei Spiegelebenen aufeinander senkrecht stehen, ist man nur in Bezug auf die drei Achsenlängen a, b und c frei. Die Achsenwinkel $\alpha=\beta=\gamma=90^\circ$ sind festgelegt.

In der dritten Spalte der Abbildung 13 sind alle Kristallklassen vertreten, die dem trigonalen Achsensystem angehören. Die 3-zählige Achse sorgt dafür, daß die Achsenlängen a und b gleich sind, und daß der Winkel γ = 120° ist. Das trigonale Achsensystem ist daher durch die beiden freien Parameter a und c charakterisiert. Für die Achsenwinkel gilt $\alpha=\beta=90^\circ$, $\gamma=120^\circ$. Das gleiche Achsensystem dient zur Beschreibung der hexagonalen Kristallklassen, die in der 5. Spalte aufgeführt sind. Trigonale und hexagonale Kristallklassen können demnach mit dem gleichen Koordinatensystem beschrieben werden. In Bezug auf die Symmetrieelemente unterscheiden sich jedoch trigonale und hexagonale Kristallklassen und Raumgruppen. Aus diesem Grunde werden sie z.B. in Tabelle 1 auf S.37 getrennt aufgeführt.

Die vierte Spalte enthält alle Kristallklassen des tetragonalen Kristallsystems. Die 4-zählige Achse sorgt dafür, daß die Achsenabschnitte a und b gleich groß sind. Auch hier sind die Ach-

senlängen a und c frei wählbar; die Achsenwinkel betragen
$\alpha = \beta = \gamma = 90^\circ$.

In der letzten Spalte der Abbildung 13 sind die Kristallklassen
des kubischen Systems zusammengestellt, deren Achsensystem
durch einen einzigen freien Parameter, die Achsenlänge a, gekennzeichnet ist. Für das kubische System gilt daher: a=b=c
und $\alpha = \beta = \gamma = 90^\circ$. Für alle Kristallklassen des kubischen Systems
sind wie schon erwähnt vier 3-zählige Achsen längs der Raum-
diagonalen charakteristisch.

Das Erkennen von Symmetrieelementen kann man an Holzmodellen üben, die den für die einzelnen Kristallklassen charakteristischen Kristallformen nachgebildet sind.

c) <u>Kristallform, Kristallgestalt, Elementarzelle und
   Kristallgitter</u>

Die im vorigen Abschnitt behandelten 32 Kristallklassen haben
wir als mögliche Kombinationen von Symmetrieelementen kennengelernt. Aus den stereographischen Projektionen der Abbildung 13
kann man erkennen, welche Kristallformen entstehen, wenn die
Symmetrieelemente einer bestimmten Kristallklasse auf eine Kristallfläche in allgemeiner Lage einwirken, die alle drei Koor-
dinatenachsen schneidet. Dabei können sowohl geschlossene als
auch offene Kristallformen entstehen. Die für die einzelnen
Kristallklassen charakteristischen regelmäßigen Kristallformen
kann man an den Holzmodellen studieren, auf die am Schluß des
vorigen Abschnittes hingewiesen wurde.

Offene Kristallformen sind z.B. für die monoklinen Kristallklassen 2, m und $\frac{2}{m}$ charakteristisch, wo jeweils nur zwei oder
vier Flächen entstehen.

Die für die einzelnen Kristallklassen typischen Kristallformen
können sich allerdings nur dann bilden, wenn am Kristall eine
Kristallfläche in allgemeiner Lage ausgebildet ist. Ist eine
solche Kristallfläche nicht vorhanden, so entstehen wenig ty-
pische Kristallformen, die in mehreren Kristallklassen vorkommen.

Inwieweit entsprechen nun eigentlich die Kristalle, die wir
für unsere Untersuchungen benutzen, diesen regelmäßigen Kristallformen? Auf diese Frage, die von praktischem Interesse für
die Kristallstrukturanalyse ist, soll kurz eingegangen werden.

Der Kristallisationsprozeß ist ein Ordnungsprozeß, bei dem die
in der Gasphase oder in der Flüssigkeit mehr oder weniger unge-
ordneten Atome, Ionen oder Moleküle streng geordnete Positionen
im Festkörper einnehmen. Der Ablauf dieses Kristallisationsprozesses hängt von vielen Faktoren ab, jedoch sind die Bindungs-
kräfte zwischen den Gitterbausteinen entscheidend.
Aromatische ebene Moleküle, wo starke Wechselwirkungen zwischen
den π-Elektronensystemen benachbarter Moleküle auftreten, liegen im Festkörper in der Regel parallel zueinander, wobei die
Wachstumsgeschwindigkeit der Kristalle normal zur Molekülebene
besonders groß ist. Es entstehen in diesem Falle daher nadelförmige Kristalle. Wasserstoffbrückenbindungen bewirken ebenfalls eine bevorzugte Aneinanderlagerung von Molekülen.

Auch die äußeren Bedingungen des Kristallisationsprozesses
sind oft maßgebend dafür, daß die Gestalt der Kristalle, wie
wir sie aus der Lösung, aus der Schmelze oder aus der Gasphase erhalten, in vielen Fällen beträchtlich von der regelmäßigen Kristallform abweicht. Es ist daher für die Praxis
wichtig, zwischen der idealen Kristallform und der realen Kristallgestalt zu unterscheiden.

Aus den geschilderten Gründen sind an den zur Röntgenstrukturanalyse benutzten Kristallen in vielen Fällen keine Flächen
in allgemeiner Lage ausgebildet, so daß ihre optische Vermessung keinen eindeutigen Schluß auf die Kristallklasse und das
Kristallsystem erlaubt. Trotz dieser Einschränkung ist die optische Vermessung des zu untersuchenden Kristalles zu Beginn
der Kristallstrukturbestimmung jedoch sehr zweckmäßig, weil
daraus auch in ungünstigen Fällen wichtige Schlüsse in Bezug
auf die Kristallachsen gezogen werden können (siehe hierzu die
in Kapitel IX aufgeführten Beispiele).

Obwohl sich die reale Kristallgestalt häufig ganz erheblich
von der idealen Kristallform unterscheidet, so weisen beide

doch ein wichtiges gemeinsames Merkmal auf: die Winkel zwischen
den auftretenden Kristallflächen sind bei beiden gleich groß.
Dieses Gesetz der Konstanz der Flächenwinkel wurde schon im 17.
Jahrhundert erkannt.

Eine weitere wichtige Eigenschaft vieler Kristalle ist ihre bevorzugte Spaltbarkeit längs bestimmter Flächen, die in vielen
Fällen als Begrenzungsflächen der Kristalle ausgebildet sind.
Da sich der Spaltvorgang an einem Kristallindividuum immer in
der gleichen Weise beliebig weiter fortsetzen läßt und zu immer kleineren Spaltstücken führt, die in Bezug auf die Flächenwinkel mit den größeren Spaltstücken übereinstimmen, kam man
schon im 18. Jahrhundert zu der Erkenntnis, daß die Kristalle
aus kleinsten Baueinheiten zusammengesetzt sind, deren regelmäßige Aneinanderreihung in drei Richtungen des Raumes den Kristall ergeben. Diese kleinsten Baueinheiten nennt man Elementarzellen.

Während wir uns bisher für die Kristallform und die Kristallgestalt als Erscheinungsformen der Kristalle interessierten,
wollen wir uns nun mit den Elementarzellen beschäftigen.
Wir können zunächst alle für den Kristall bisher angestellten
Überlegungen in Bezug auf die Symmetrieelemente, Kristallklassen und Kristallsysteme ohne Modifikation auf die Elementarzelle übertragen. Dies ist insofern nicht erstaunlich, als von
der Entstehung her der fertige Kristall zu seinen kleinsten
Baueinheiten in enger Beziehung stehen muß, worauf schon mehrfach hingewiesen wurde. Man kann daher trikline, monokline,
orthorhombische, tetragonale, hexagonale und kubische Elementarzellen unterscheiden und diese durch bestimmte Kombinationen von Symmetrieelementen entsprechend der Abbildung 13 charakterisieren. Die regelmäßige Aneinanderreihung von Elementarzellen in drei Richtungen des Raumes entlang der Achsen ergibt dann das Kristallgitter.

Es wird sich allerdings zeigen, daß wir wegen des streng periodischen Aufbaues der Kristalle unser Symmetriekonzept etwas er-
weitern müssen, indem wir die Wechselwirkungen zwischen den
Symmetrieelementen und den Translationsvektoren genauer untersuchen, was uns zu 13 möglichen Elementarzellen (statt der oben

angegebenen 6) und zu 230 charakteristischen Raumgruppen (anstelle der 32 Kristallklassen) führen wird.

Bevor wir jedoch diese Erweiterung des Symmetriekonzeptes im nächsten Abschnitt vornehmen, wollen wir noch darlegen, auf welche Weise wir uns im Bereich der Elementarzelle und im Kristallgitter orientieren. Hierzu stehen uns die folgenden Möglichkeiten zur Verfügung:

1. <u>Punktlagen</u>

Die Lage der Gitterbausteine (Atome, Ionen) in der Elementarzelle wird durch ihre relativen Lagekoordinaten xyz beschrieben. xyz können dabei Zahlenwerte zwischen 0 und 1 annehmen.

Legen wir z.B. ein Atom durch das Koordinatentripel xyz fest, so bedeutet dies, daß wir vom Ursprung der Elementarzelle ausgehend die Größen $x \cdot \vec{a}$ in Richtung der a-Achse, $y \cdot \vec{b}$ in Richtung der b-Achse und $z \cdot \vec{c}$ in Richtung der c-Achse abtragen, wenn $\vec{a}$, $\vec{b}$ und $\vec{c}$ die Gitterkonstanten (in Å-Einheiten) der Elementarzelle bedeuten. Das Tripel 000 bedeutet den Ursprung der Elementarzelle und ist wegen der Periodizität des Kristallgitters gleichbedeutend mit 100, 010 ..... 111. Wollen wir daher zum Ausdruck bringen, daß wir ein Atom in den Nullpunkt der Elementarzelle setzen, so genügt die Angabe 000. Dieses Atom in 000 gehört zwar nur zu einem Achtel der betrachteten Elementarzelle an. Da dies aber wegen der Forderung der Periodizität des Kristallgitters für alle acht Ecklagen 100 ... bis 111 dieser Elementarzelle gilt, ist durch 000 tatsächlich ein Atom erfaßt. Das Tripel $0\frac{1}{2}0$ bedeutet ein Atom in der Mitte der b-Achse der Elementarzelle. Gleichbedeutend sind die Lagen $1\frac{1}{2}0$, $0\frac{1}{2}1$ und $1\frac{1}{2}1$. In den vier angegebenen Lagen sitzen jeweils identische Atome, die zu jeweils einem Viertel zu der betrachteten Elementarzelle gehören. Aus dem gleichen Grunde wie oben genügt daher auch hier die Angabe $0\frac{1}{2}0$.

Nach dem Gesagten unterscheiden wir neben allgemeinen Lagen xyz, für die alle drei Lageparameter frei wählbar sind, spezielle Lagen $x\frac{1}{2}z$, 00z oder $\frac{1}{2}$00, für die wir nur zwei, einen oder überhaupt keinen Parameter frei wählen können.

Betrachten wir nun die Einwirkung von Symmetrieelementen auf die Punktlagen. Gehen wir z.B. (siehe Abb.14) von der allgemeinen Punktlage xyz aus und nehmen eine 2-zählige Achse parallel zur c-Achse an, so sorgt diese dafür, daß aus xyz eine neue Punktlage $\bar{x}\bar{y}z$ ebenfalls in der Höhe z entsteht. xyz und $\bar{x}\bar{y}z$ sind durch die 2-zählige Achse miteinander verbunden und stellen somit zwei gleichwertige Punktlagen dar, die wir als symmetrieäquivalent bezeichnen wollen.

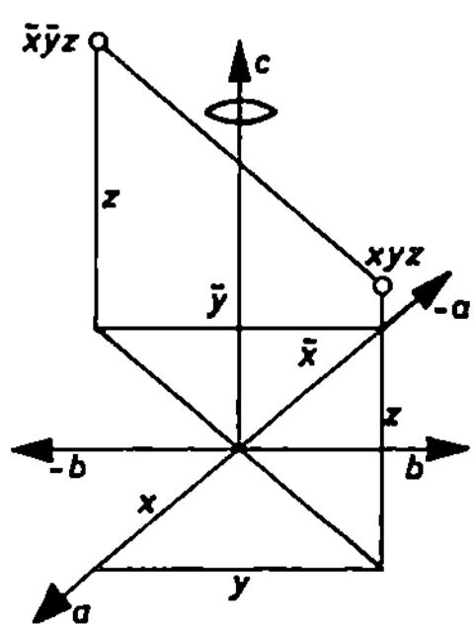

Abb.14

Als weiteres Beispiel betrachten wir eine Spiegelebene m parallel zur ac-Ebene in y=0. Diese Spiegelebene führt xyz in die dazu gleichwertige Punktlage $x\bar{y}z$ über.

Da die Punktlagen ein sehr wichtiger Hilfsbegriff für die Kristallstrukturanalyse sind, werden wir uns mit ihnen später noch ausführlicher befassen.

2. Miller'sche Indizes

Im Kapitel III werden wir darlegen, daß man den Beugungsvorgang der Röntgenstrahlen an Kristallgittern nach Bragg in einfacher Weise durch eine Reflexion unter ganz bestimmten Winkeln an den Netzebenen des Kristallgitters erklären kann. Um daher diese Beugungsvorgänge zu beschreiben, müssen wir im Kristallgitter die Netzebenen in einfacher Weise kennzeichnen. Wir gehen dabei von der in Abbildung 15 gezeichneten Elementarzelle aus, deren Ursprung wir in 000 legen. Die Netzebene, die auf den drei Achsen die Achsenlängen a b c, bzw. die Achsenabschnitte $\frac{a}{h} \frac{b}{k} \frac{c}{l}$ abschneidet, bezeichnen wir gemäß einem Vorschlag von MILLER (1828) durch die Indizes (111) bzw. (hkl) und setzen sie in runde Klammern, um damit

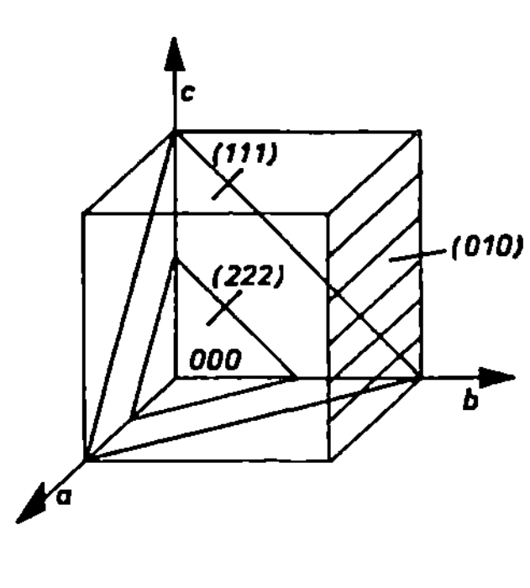

Abb.15

auszudrücken, daß es sich um eine Netzebene und nicht um eine Punktlage oder um eine Richtung im Raumgitter handelt.
Eine zu (111) parallele Ebene mit den Achsenabschnitten $\frac{a}{2}$ $\frac{b}{2}$ $\frac{c}{2}$ bezeichnen wir durch die Miller'schen Indizes (222). Entsprechend würde die schraffierte Ebene, die parallel zur a- und c-Achse liegt, diese beiden Achsen daher im Unendlichen schneidet, durch die Miller'schen Indizes (010) zu kennzeichnen sein.

Wirken nun die Symmetrieelemente auf Kristallflächen oder Netzebenen ein, so entstehen die schon oben erwähnten Kristallformen. Diese Kristallformen können wir ebenfalls durch die Miller'schen Indizes ausdrücken, die wir in geschlungene Klammern setzen. {111} bedeutet demnach die Kristallform, die durch Wechselwirkung der Symmetrieelemente mit der Netzebene (111) entsteht. Dabei gelangt man, je nachdem um welches Kristallsystem und um welche Kristallklasse es sich handelt, zu ganz verschiedenen Formen. In der triklinen Kristallklasse 1 zum Beispiel sind (111) und {111} identisch, in $\bar{1}$ handelt es sich bei {111} wegen des Symmetriezentrums 1 um zwei zueinander parallele Netzebenen, und im kubischen System bedeutet {111} ein regelmäßiges Oktaeder.

3. Gittergeraden

Neben Punktlagen und Netzebenen ist es schließlich noch wichtig, im Kristallgitter Richtungen festzulegen, die man Gittergeraden nennt. Da eine Gerade durch zwei Punkte eindeutig festgelegt ist, genügt es, außer dem Nullpunkt den in Richtung der Gittergeraden nächstgelegenen und mit dem Nullpunkt identischen Punkt im Kristallgitter anzugeben.
Nach den obigen Ausführungen wissen wir, daß die Eckpunkte der einzelnen Elementarzellen mit dem Nullpunkt identisch

sind. Definieren wir einen Vektor im Kristallgitter (Gittervektor) $\vec{r} = u\vec{a} + v\vec{b} + w\vec{c}$

(u, v und w sind ganze Zahlen), so zeigt dieser Vektor, ausgehend vom Nullpunkt, zu dem Eckpunkt einer Elementarzelle.
Man kann daher durch das Koordinatentripel uvw die Gittergerade eindeutig festlegen. Zur Unterscheidung der Gittergeraden von einer Netzebene setzt man [uvw] in eckige Klammern.
Auf der durch [uvw] definierten Gittergeraden liegen identische Punkte, die jeweils den gleichen Abstand voneinander
haben.
Beispiele: [001] ist identisch mit der c-Achse, [111] ist
identisch mit der Raumdiagonalen der Elementarzelle.

d) Die Wechselwirkung zwischen Translationsvektoren und Symmetrieelementen

Wir wollen in diesem Abschnitt die wegen des periodischen Kristallgitters notwendigen Erweiterungen unseres Symmetriekonzeptes vornehmen.

Abbildung 16 zeigt die Wechselwirkung zwischen einer zur Papierebene senkrechten 4-zähligen **Achse A und einem in der Papierebene**
liegenden Translationsvektor $t_\perp$. Das Zeichen $\perp$ soll zum Ausdruck
bringen, daß der Transla-
tionsvektor t senkrecht
zum Symmetrieelement
steht. Am Ende von $t_\perp$
entsteht eine zu A iden-
tische Drehachse B und
durch Einwirkung der Drehachse A auf $t_\perp$ entstehen
die identischen Drehach-
sen C, D und E. Die auf
diese Weise entstandenen
Drehachsen wirken ihrer-
seits in der beschriebe-
nen Weise mit den Trans-

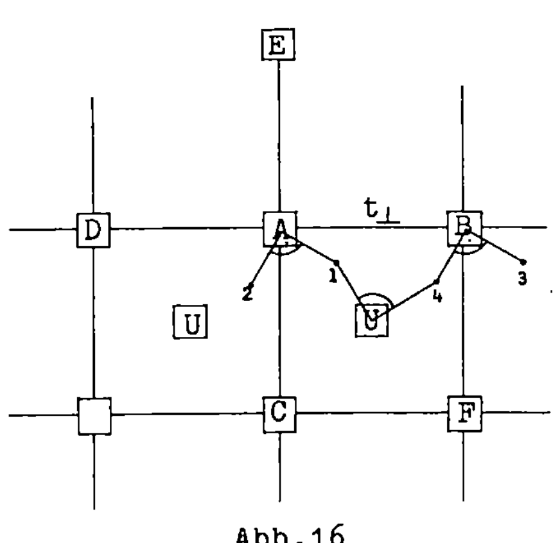

Abb.16

lationsvektoren $t_\perp$ zusammen, so daß eine mit $t_\perp$ periodische An-

ordnung zueinander paralleler 4-zähliger Achsen entsteht. Dies
gilt ganz allgemein für die Wechselwirkung zwischen den Symmetrieelementen und hierzu senkrechten Translationsvektoren.
Außerdem beobachten wir jedoch noch neuartige 4-zählige Achsen:
In der Mitte des durch die identischen 4-zähligen Achsen A B F C
gebildeten Quadrates entsteht die neuartige 4-zählige Achse U.
Infolge der Wechselwirkung zwischen U und $t_\perp$ entsteht daraus
ebenfalls eine periodische Anordnung dazu identischer 4-zähli-
ger Achsen U.

Die neu entstandenen 4-zähligen Achsen U erkennen wir z.B. aufgrund der symmetrischen Umgebung ABFC. Besser erkennen wir sie
jedoch, wenn wir in Abbildung 16 vom Punkt 1 ausgehen und die
4-zählige Achse A darauf einwirken lassen. Es entsteht auf diese Art der Punkt 2. Der Translationsvektor $t_\perp$ führt 1 und 2 in
die Punkte 3 und 4 über, und man erkennt aus der Abbildung 16,
daß die neu entstandene 4-zählige Achse U den Punkt 1 ohne Zu-
hilfenahme des Translationsvektors $t_\perp$ unmittelbar in 4 über -
führt.

Um eine allgemeine Gesetzmäßigkeit für neu entstandene Symmetrieelemente zu finden, lassen wir (siehe Abbildung 17) auf
eine zur Zeichenebene senkrecht stehende Drehachse A_α den in
der Zeichenebene liegenden Translationsvektor $t_\perp$ einwirken.

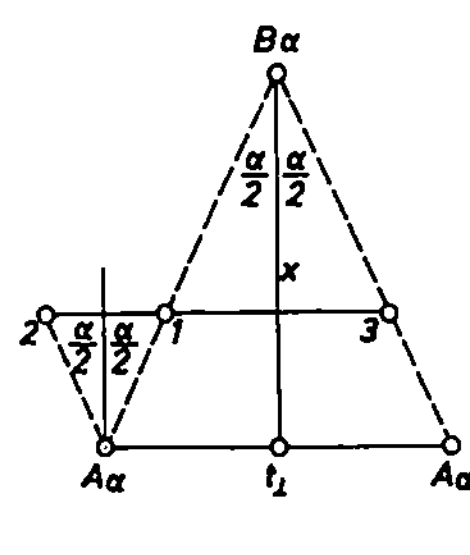

Abb.17

A_α führt 1 in 2 über und
$t_\perp$ 2 in 3. Symbolisch können wir hierfür schreiben

$$A_\alpha \; : \; 1 \longrightarrow 2$$
$$t_\perp \; : \; 2 \longrightarrow 3$$

Lassen wir daher A_α und
$t_\perp$ nacheinander auf 1 einwirken, so entsteht 3.
Symbolisch schreiben wir
hierfür

$$A_\alpha t_\perp \; : \; 1 \longrightarrow 3$$

Da die neu entstandene und zu A_α parallele Drehachse B_α das
gleiche bewirkt, schreiben wir

$$B_\alpha \; : \; 1 \longrightarrow 3$$

Wir finden die Lage der neu entstandenen Drehachse B_α, wenn wir
in der Mitte von $t_\perp$ das Lot auf den Translationsvektor $t_\perp$ er-
richten und die Strecke x abtragen.
Aus Abbildung 17 entnehmen wir

$$\operatorname{tg} \frac{\alpha}{2} = \frac{t_\perp}{2x} \qquad x = \frac{t_\perp}{2}\cdot\operatorname{ctg} \frac{\alpha}{2}$$

Wir wollen diese allgemeine Beziehung nun auf alle Typen von
Drehachsen anwenden:

<u>2-zählige Achse</u>: $\alpha = 180^\circ$

$$x = \frac{t}{2}\cdot\operatorname{ctg} 90^\circ = \frac{t}{2}\cdot\operatorname{tg} 0^\circ = 0$$

Als Folge der Wechselwirkung zwischen 2 und $t_\perp$ entsteht eine
neue versetzte 2-zählige Achse 2' in der Mitte von $t_\perp$. Wenden
wir dies auf zwei in der Zeichenebene liegende Translationsvek-

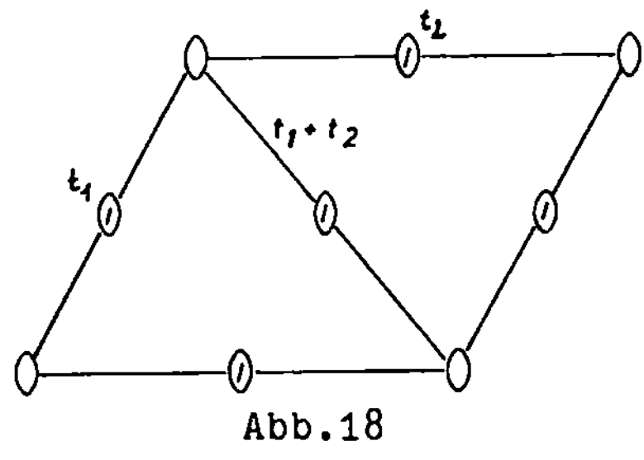

toren t_1 und t_2 an, so erhalten wir die aus Abb.18
zu entnehmende Anordnung
von zueinander parallel stehenden Achsen 2 und 2'. In
der Mitte der Diagonalen
$t_1 + t_2$ entsteht ebenfalls
eine Achse 2'.

<u>3-zählige Achse</u>: $\alpha = 120^\circ$

$$x = \frac{t}{2}\cdot\operatorname{ctg} 60^\circ = \frac{t}{2}\operatorname{tg} 30^\circ = \frac{t}{2}\cdot\frac{\sqrt{3}}{3}$$

Aus Abbildung 19 entnehmen wir, daß wir als Folge der Wechselwirkung zwischen 3 und $t_\perp$ in den Schwerpunkten der beiden Dreiecke neue 3-zählige Achsen 3' erhalten. Zwei dieser gleichsei-

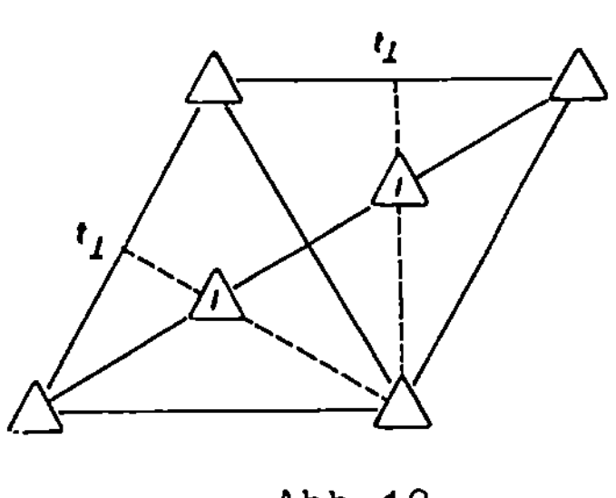

tigen Dreiecke bilden die
Grundfläche der hexagonalen
Elementarzelle. Wenden wir
die 3-zählige Achse zweimal
nacheinander an, so ist
$\alpha = 240^\circ$ und $x = \frac{t}{2}\cdot\operatorname{ctg} 120^\circ$
$$= -\frac{t}{2}\cdot\operatorname{tg} 30^\circ.$$
Dies bedeutet, daß die hier-
durch erzeugten 3-zähligen

Achsen 3' nicht mehr im Bereich der gezeichneten Elementarzelle
liegen.

<u>4-zählige Achse</u>. Diesen Fall haben wir bereits in Abb. 16 be-

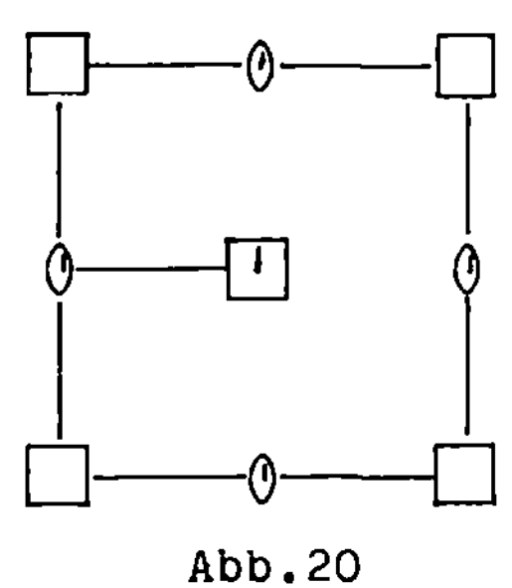
Abb.20

handelt. Nach unserem allgemeinen Satz folgt mit $\alpha = 90^o$

$$x = \frac{t}{2} \cdot ctg\ 45^o = \frac{t}{2} \cdot tg\ 45^o = \frac{t}{2}.$$

Wir erhalten somit nach Abbildung 20 die uns schon bekannte neue 4-zählige Achse
4' in der Mitte der quadratischen Elementarzelle.

Wenden wir auch hier die Ope-
ration der 4-zähligen Achse zweimal nacheinander an, so entstehen in der Mitte der Kanten 2-zählige Achsen 2'. Die in der
Mitte an der Stelle von 4' ebenfalls entstehende Achse 2' ist
von geringerer Symmetrie als 4' und kann daher unberücksichtigt
bleiben.

Wendet man die Operationen der 4-zähligen Achse dreimal nach-
einander an, so gilt $\alpha = 270^o$ und $x = \frac{t}{2} \cdot ctg\ 135^o = -\frac{t}{2}$, und wir
gelangen dabei in Bereiche außerhalb der gezeichneten Elemen-
tarzelle.

<u>6-zählige Achse</u>. Mit $\alpha = 60^o$ folgt

$$x = \frac{t}{2} ctg\ 30^o = \frac{t}{2} \cdot tg\ 60^o = \frac{t}{2} \sqrt{3}$$

Wir gelangen damit (siehe Abb.21) zu dem Eckpunkt der hexago-

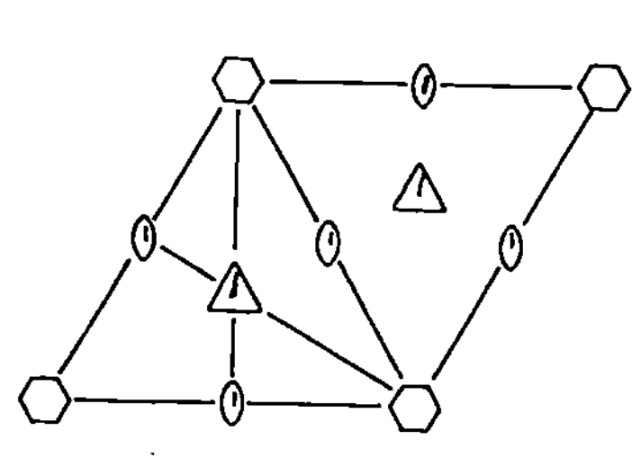
Abb.21

nalen Elementarzelle, wo
schon eine 6-zählige Achse
6 zu finden ist. Bei zweimaliger Anwendung der Operation der 6-zähligen Achse
erhalten wir die uns aus
Abb.19 bekannte Anordnung
der 3-zähligen Achsen 3' in
den Schwerpunkten der Dreiecke. Durch dreimaliges Anwenden der 6-zähligen Achsen

nacheinander erhalten wir 2-zählige Achsen 2' in der Mitte der
Translationsvektoren. Mehr als dreimalige Anwendung der 6-zäh-
ligen Achse führt auf Symmetrieelemente außerhalb des Bereiches
der gezeichneten hexagonalen Zelle.

Abbildung 22 zeigt die Wechselwirkung zwischen einer Spiegelebene m senkrecht zur Papierebene und einem in der Papierebene liegenden Translationsvektor $t_\perp$. Beim Betrachten der Abb.22 erkennt man bereits die neue Spiegelebene m' in der Mitte von $t_\perp$.

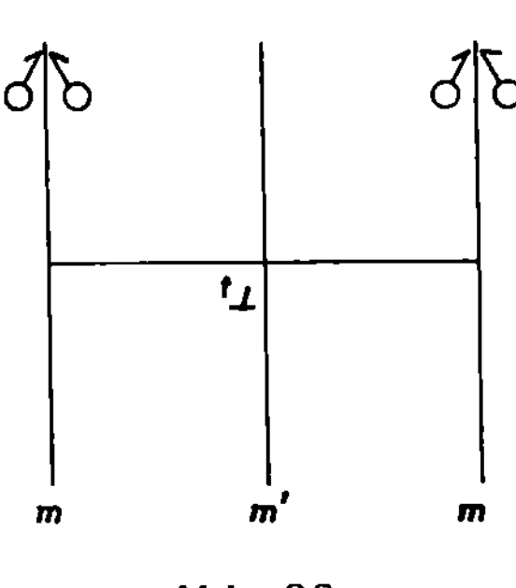

Abb.22

Nehmen wir für das spiegelnde Objekt die unsymmetrische Form (♂) (Eigensymmetrie 1) an, so sorgt m dafür, daß das Spiegelbild (♀) entsteht. Die beiden Formen (♂) und (♀) verhalten sich wie Bild und Spiegelbild. Man nennt sie enantiomorphe Formen. Der Translationsvektor $t_\perp$ sorgt für eine identische Anordnung an seinem Ende. Durch die Anordnung der enantiomorphen Formen auf beiden Seiten von $t_\perp$ erkennt man die Funktion der neu entstandenen Spiegelebene m'.

Als letzten Fall wollen wir zwei aufeinander senkrecht stehende Scharen von Spiegelebenen m_1 und m_2 annehmen, die senkrecht zur Zeichenebene stehen. Es entstehen dabei in den Schnittpunkten 2-zählige Achsen (siehe Abb.11) und ausserdem Spiegelebenen m_1' und m_2' in den Mitten der Translationsvektoren.

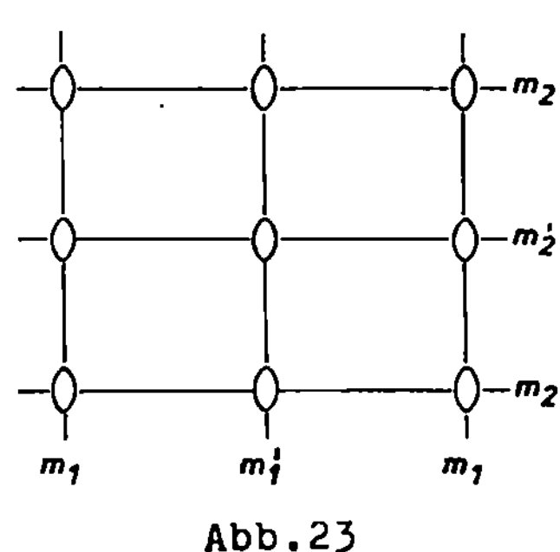

Abb.23

Laut Abbildung 13 gehört die Kristallklasse mm2 dem orthorhombischen Kristallsystem an.

Verwandt zu mm2 sind die Kristallklassen 222 und $\frac{2}{m}\frac{2}{m}\frac{2}{m}$, die ebenfalls dem orthorhombischen System angehören. Die entsprechende Anordnung der Symmetrieelemente ist in den Abbildungen 24 und 25 gezeichnet.

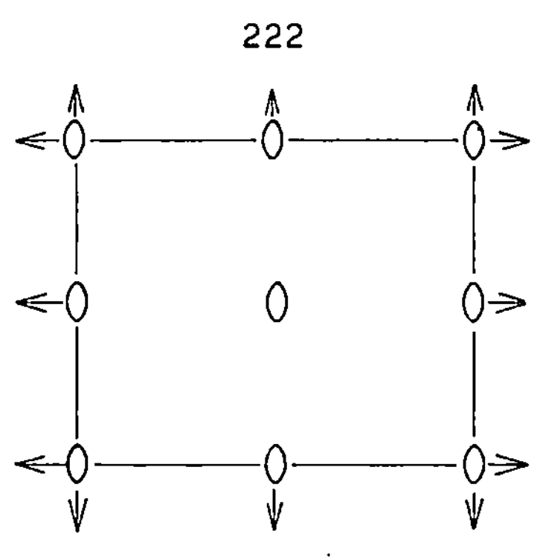

222

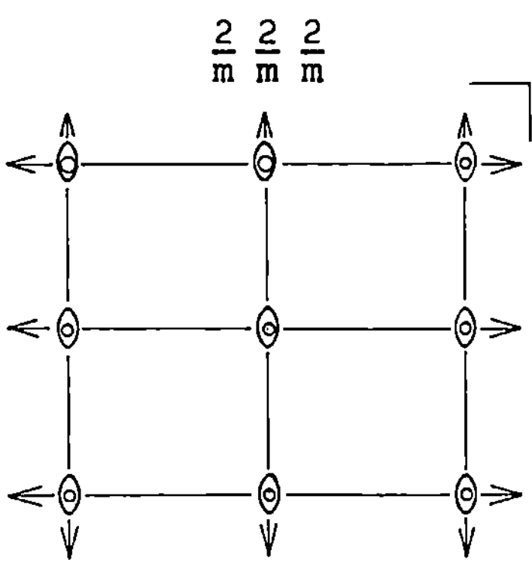

$\dfrac{2}{m}\ \dfrac{2}{m}\ \dfrac{2}{m}$

Abb.24

Durch die Pfeile werden
2-zählige Achsen in der
Zeichenebene symbolisiert.

Abb.25

Das Zeichen ⌐ bedeutet
eine Spiegelebene in
der Zeichenebene.

Zusammenfassend können wir feststellen, daß infolge der Wechselwirkung zwischen Symmetrieelementen und dazu senkrechten Translationsvektoren neue Symmetrieelemente entstehen, die wie die
ursprünglichen in periodischer Anordnung auftreten.

Während wir uns bisher nur auf senkrechte Translationsvektoren
$t_\perp$ beschränkt haben, wollen wir nun untersuchen, wie die zu den
Symmetrieelementen parallelen Translationsvektoren $t_\parallel$ mit diesen zusammenwirken.

Drehachsen und Translationsvektoren $t_\parallel$.

Die Wechselwirkung einer in der Zeichenebene liegenden Drehachse
A_α und eines hierzu parallelen Translationsvektors $t_\parallel$ geht aus

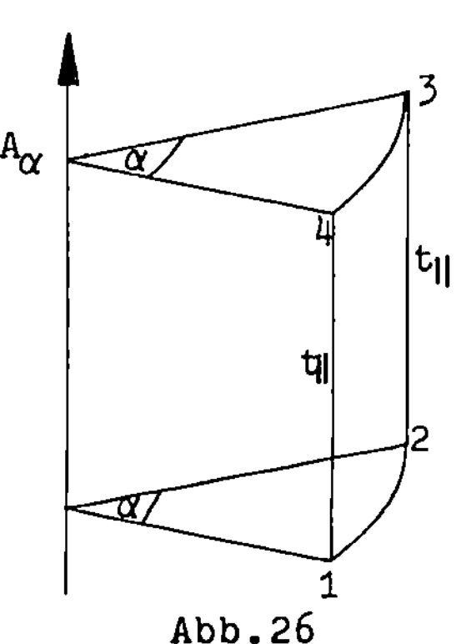

Abb.26

Abbildung 26 hervor.
In unserer symbolischen
Schreibweise ausgedrückt
bewirken A_α und $t_\parallel$:

$$A_\alpha\ :\ 1\ \rightarrow 2$$

$$t_\parallel\ :\ 2\ \rightarrow 3$$

$$\overline{\rule{0pt}{1em}A_\alpha t_\parallel\ :\ 1\ \rightarrow 3}$$

Wenn wir A_α und $t_\parallel$ nacheinander anwenden, so wird 1

in 3 übergeführt. Die Aufeinanderfolge von Drehung und Translation bewirkt laut Abbildung 26 eine Schraubung.

Die gleiche Wirkung ergibt sich, wenn wir zunächst die Translation und dann die Drehung anwenden. Wir haben dann

$$t_{\|} \quad : 1 \to 4$$

$$A_\alpha \quad : 4 \to 3$$

$$\overline{t_{\|} A_\alpha \quad : 1 \to 3}$$

Wir können daher die Reihenfolge der Einwirkung von A_α und $t_{\|}$ miteinander vertauschen.

$$A_\alpha t_{\|} = t_{\|} A_\alpha$$

Es erhebt sich die für die Praxis wichtige Frage, welche Typen von Schraubenachsen mit der Forderung der Periodizität eines Kristallgitters vereinbar sind. Dabei gehen wir davon aus, daß eine n-zählige Drehachse nach n-maliger Anwendung einen Punkt in sich selbst überführt. Ebenso muß eine n-malige Anwendung einer Schraubenachse den Punkt in einen zu ihm identischen Punkt überführen, um der Forderung der Periodizität im Kristallgitter gerecht zu werden. Aus diesem Grund kann es nur eine begrenzte Anzahl von Schraubenachsen geben.

Für die 2-zählige Schraubenachse parallel zu c muß $t_{\|} = \frac{c}{2}$ sein, damit bei zweimaliger Anwendung der Schraubenachse ein identischer Punkt entsteht. Die Schraubenkomponente ist daher auf $\frac{c}{2}$ beschränkt. Wir bezeichnen die 2-zählige Schraubenachse mit dem Symbol 2_1. Die Punktlage der 2_1-Achse parallel zu c heißt dann xyz, $\bar{x}\,\bar{y}\,z+\frac{1}{2}$. Wenden wir die Symmetrieoperation 2_1 zweimal nacheinander an, so gelangen wir zur Punktlage x y z+1 ≡ xyz.

Während es nur eine Achse 2_1 gibt, kennen wir zwei 3-zählige Schraubenachsen 3_1 und 3_2 (mit $t_{\|} = \frac{1}{3}c$ bzw. $t_{\|} = \frac{2}{3}c$), die Links bzw. Rechtsschrauben entsprechen. Ferner kennen wir drei verschiedene 4-zählige Schraubenachsen 4_1, 4_2, 4_3 und fünf 6-zählige Schraubenachsen 6_1, 6_2, 6_3, 6_4 und 6_5.

Aus der Nomenklatur lassen sich Drehwinkel α und $t_{\|}$ ablesen. So bedeutet 4_2 : $\alpha = 90^\circ$, $t_{\|} = \frac{2}{4} = \frac{1}{2}$. Der Leser mache sich die Wirkung der verschiedenen Schraubenachsen klar und bestimme die zugehörigen Punktlagen.

Spiegelebenen und Translationsvektoren $t_\parallel$.

Auch bei den Spiegelebenen sind die Möglichkeiten für die hierzu parallelen Translationsvektoren $t_\parallel$ wegen der Forderung der Periodizität beschränkt. Spiegeln wir einen Punkt und führen anschließend eine Rückspiegelung durch, so wird der Punkt in sich
identisch überführt. Das gleiche muß gelten, wenn außerdem noch
Translationsvektoren parallel zur Spiegelebene einwirken.
In Abbildung 27 ist eine Spiegelebene in der ab-Ebene gezeichnet.

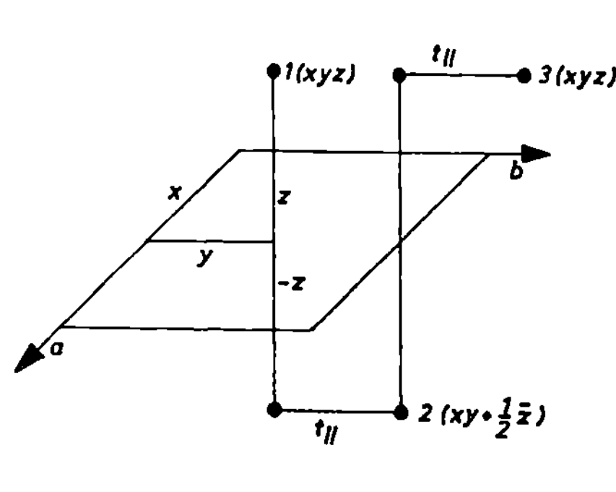

Abb.27

Außerdem wirkt der
Translationsvektor
$t_\parallel$, der parallel
zur b-Achse liegt.
Spiegeln wir den
Punkt 1 und lassen
dann $t_\parallel$ einwirken,
so gelangen wir nach
2. Spiegeln wir dann
zurück und lassen
erneut $t_\parallel$ einwirken,
so gelangen wir zum
Punkt 3, der iden-
tisch ist mit 1.

Mithin folgt notwendigerweise: $t_\parallel = \frac{b}{2}$. Man spricht von einer
Gleitspiegelebene b. Die Punktlage für eine Gleitspiegelebene
b parallel zur ab-Ebene lautet daher: xyz, x y+$\frac{1}{2}$ z̄. Der Punkt
3 hätte dann die Koordinaten x y+1 z und ist mit dem Punkt 1
(xyz) identisch.

Allerdings können Translationsvektoren $t_\parallel$ innerhalb der ab-Ebene auch parallel zu a bzw. parallel zur Diagonalrichtung a+b
liegen. $t_\parallel$ ist dann auf die Werte $t_\parallel = \frac{a}{2}$ (Gleitspiegelebene a)
bzw. $t_\parallel = \frac{a+b}{2}$ (Gleitspiegelebene n) beschränkt. Insgesamt unterscheidet man daher Gleitspiegelebenen vom Typ a, b, c und n.

Außer diesen häufigen Typen von Gleitspiegelebenen gibt es noch
den sogenannten d- (Diamant)-Typ mit dem Translationsvektor
$\frac{a}{4}+\frac{b}{4}$ bzw. $\frac{b}{4}+\frac{c}{4}$ bzw. $\frac{a}{4}+\frac{c}{4}$. Dieser Typ kann bei Flächenzentrierungen
auftreten und ist dann mit der Forderung der Periodizität des
Gitters vereinbar.

Nachdem wir die Wechselwirkungen zwischen Symmetrieelementen
und Translationsvektoren $t_\perp$ und $t_\parallel$ kennengelernt haben, können
wir auch den allgemeinen Fall der Wechselwirkung zwischen einem
Symmetrieelement und einem dazu schiefen Translationsvektor t
ohne weiteres behandeln. Wir zerlegen hierzu t in seine beiden
Komponenten $t_\perp$ und $t_\parallel$ gemäß

$$t = t_\perp + t_\parallel$$

$t_\perp$ bedingt neue Symmetrieelemente, $t_\parallel$ das Auftreten von Schraubenachsen und Gleitspiegelebenen, die man in dem Begriff "Zusatzsymmetrieelemente" zusammenfaßt.

e) Die Bravais-Gitter

Bisher haben wir sechs verschiedene Formen von Elementarzellen
kennengelernt, nämlich entsprechend den sechs Kristallsystemen
die trikline, monokline, orthorhombische, hexagonale, tetragonale und kubische Elementarzelle. Außer diesen sogenannten
primitiven Elementarzellen gibt es jedoch noch in einigen Kristallsystemen zentrierte Elementarzellen. Die zentrierten Elementarzellen haben ein größeres Volumen als die entsprechenden
primitiven Zellen; sie zeichnen sich jedoch durch eine höhere
Symmetrie aus und können durch gesetzmäßige Auslöschungen auf
den Röntgenaufnahmen eindeutig nachgewiesen werden (siehe hierzu Kapitel V). Das Zustandekommen zentrierter Elementarzellen
kann für die verschiedenen Kristallsysteme wie folgt erklärt
werden:

Im monoklinen System entstehen zum Beispiel (vgl. Abb.18) durch
Wechselwirkung der 2-zähligen Achse mit den Translationsvektoren t_1, t_2 und $t_1 + t_2$ drei neuartige Achsen 2'. Entsprechend diesen vier verschiedenen 2-zähligen Achsen können wir senkrecht
zur Papierebene liegende benachbarte Schichten in der Art der
Abbildungen 18, 28, 29 und 30 auf vier verschiedene Arten aufeinander packen. Die dritte Schicht entspricht in jedem Fall
wieder der ersten.

In Abbildung 18, die der primitiven monoklinen Elementarzelle
entspricht, sind die einzelnen Schichten ohne Versetzung übereinander gepackt. In den Abbildungen 28, 29 und 30 überlagern

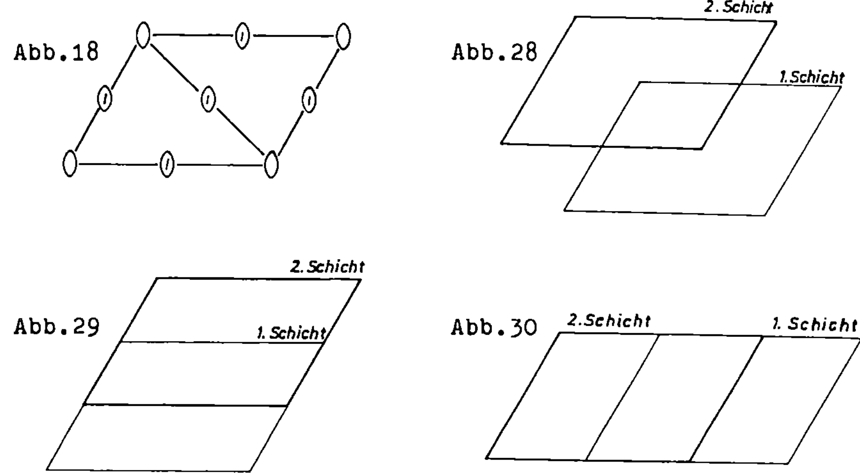

wir benachbarte Schichten auf drei verschiedene Arten in der
Weise, daß jeweils die Achse 2 in Schicht 1 und eine der Achsen 2' in Schicht 2 zusammenfallen. Auf diese Art entstehen
in Abbildung 28 eine innenzentrierte monokline Elementarzelle
und in den Abbildungen 29 und 30 seitenzentrierte monokline
Elementarzellen. Da sich die innenzentrierte Zelle durch Lineartransformation in eine seitenzentrierte Zelle überführen
läßt, und da die beiden Achsen a und c im monoklinen System
miteinander vertauschbar sind, kommt man mit der primitiven
Zelle (P) und einer basiszentrierten Zelle (C) aus, bei der
die xy-Ebene zentriert ist.

Im orthorhombischen System (vgl. Abbildungen 23,24,25) sind
alle Winkel zwischen den Achsen 90°, und es ist zweckmäßig,
außer der basiszentrierten Zelle (C) auch eine innenzentrierte
Zelle (I) und eine flächenzentrierte Zelle (F) zu definieren.
Zweifach zentrierte Zellen sind nicht möglich, weil sie der
Forderung der Periodizität widersprechen. Die zentrierten Elementarzellen lassen sich wie beim monoklinen System durch verschiedenartige Überlagerungen benachbarter Schichten erklären.

Im tetragonalen System gibt es (vgl. Abbildung 20) zwei verschiedene Arten der räumlichen Übereinanderlagerung der Schichten, so daß wir außer der primitiven Zelle P noch die innenzentrierte Zelle I einführen.

Im trigonalen System (vgl. die Abbildungen 19 und 21) haben wir ebenfalls zwei Möglichkeiten der Überlagerung benachbarter Schichten, so daß wir außer der primitiven Zelle P eine zweifach zentrierte Zelle (Abb.31) einführen, die sich auch als primitive rhomboedrische Zelle P (schraffiert gezeichnet) darstellen läßt.

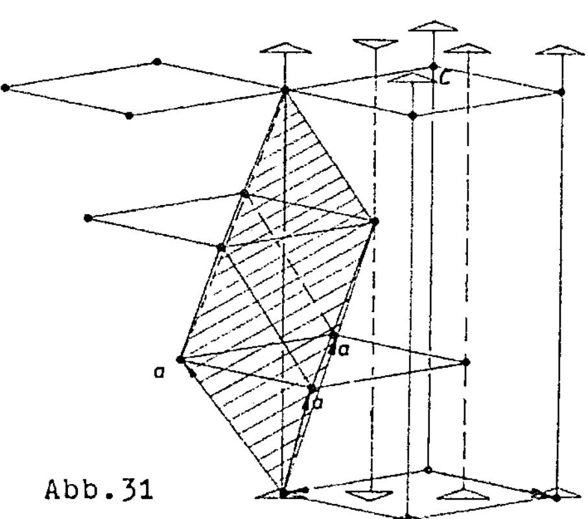

Abb.31

Schließlich sei ohne Beweis angeführt, daß es im kubischen Kristallsystem außer der primitiven Zelle auch die innenzentrierte und die flächenzentrierte Zelle gibt. Wegen der Gleichwertigkeit der drei Achsen kommen im kubischen System einseitig zentrierte Zellen nicht vor.

Insgesamt gibt es demnach 14 Typen von Elementarzellen, die sogenannten **BRAVAIS**-Typen. Die 6 primitiven und 8 zentrierten Zellen sind in der Abbildung 32 dargestellt.

In einer basiszentrierten Zelle C gibt es zu jeder Punktlage xyz eine gleichwertige Punktlage $x+\frac{1}{2}\ y+\frac{1}{2}\ z$, die mit einem identischen Atom besetzt werden muß.

In einer raumzentrierten Zelle I gibt es ebenfalls zwei gleichwertige Punktlagen, nämlich xyz und $x+\frac{1}{2}\ y+\frac{1}{2}\ z+\frac{1}{2}$.

In einer allseitig flächenzentrierten Zelle F gibt es vier gleichwertige Punktlagen, nämlich xyz, $x+\frac{1}{2}\ y+\frac{1}{2}\ z$, $x+\frac{1}{2}\ y\ z+\frac{1}{2}$ und $x\ y+\frac{1}{2}\ z+\frac{1}{2}$.

In C- und I-Zellen gibt es daher 2n, in F-Zellen 4n-Atome (n ist eine ganze Zahl).

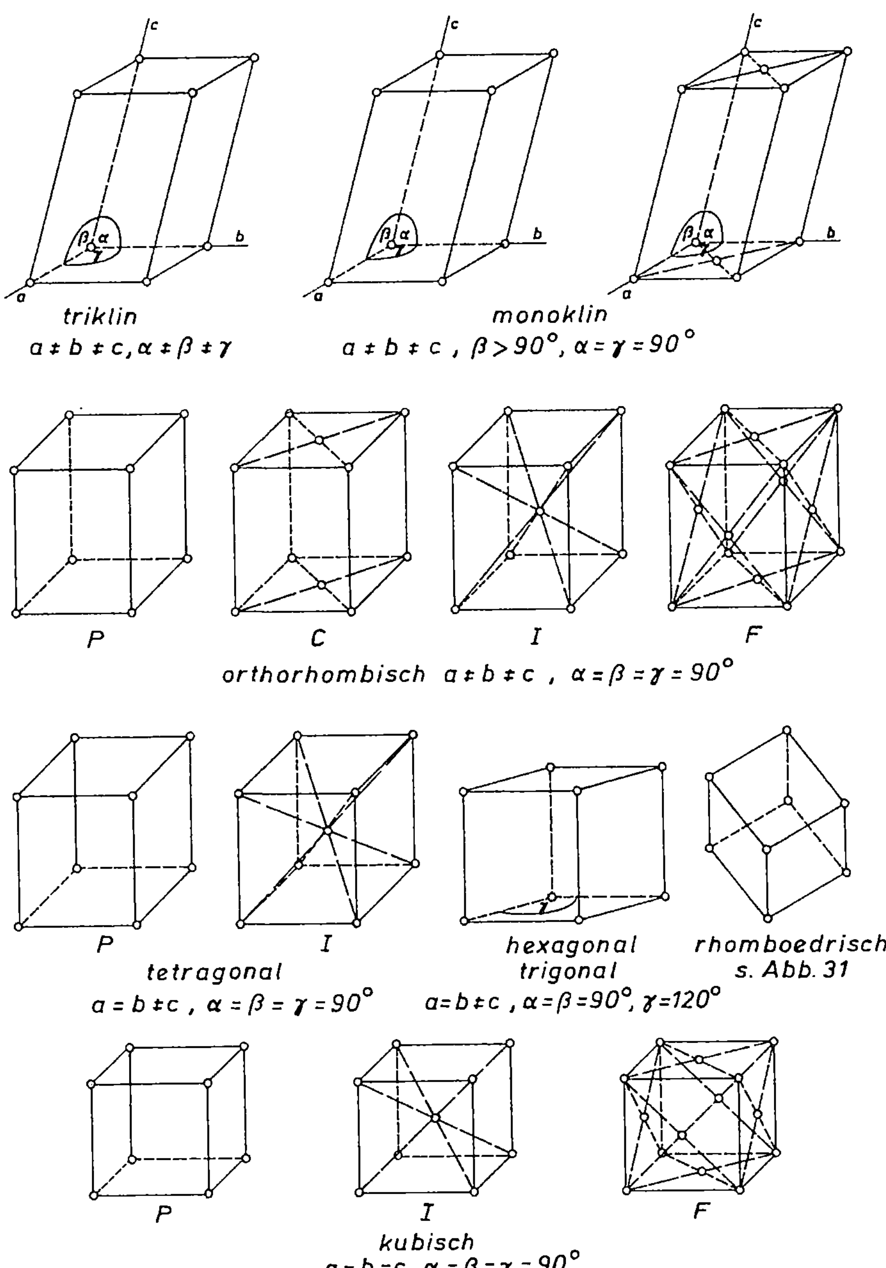

Abbildung 32

Eine Kristallstruktur läßt sich mit Hilfe verschiedener Elementarzellen beschreiben. In der Regel wählt man sich unter den verschiedenen Möglichkeiten die kleinste Zelle aus. Um jedoch eine höhere Symmetrie zu erreichen, wählt man unter Umständen eine zentrierte Zelle.

Zusammenfassend können wir feststellen, daß unser Symmetriekonzept für Raumgitter in zwei Richtungen erweitert wurde:

1. Es hat sich als zweckmäßig erwiesen, außer den sechs primitiven Elementarzellen noch acht zentrierte Typen von Elementarzellen einzuführen. Entscheidend hierfür waren die infolge Wechselwirkung zwischen Drehachsen bzw. Spiegelebenen und Translationsvektoren $t_\perp$ neu entstandenen Symmetrieelemente.

2. Durch Zusammenwirken von Drehachsen und Spiegelebenen mit Translationsvektoren $t_\parallel$ entstehen Zusatzsymmetrieelemente. Wir haben gesehen, daß wegen der Forderung der periodischen Gitteranordnung die Anzahl der möglichen Zusatzsymmetrieelemente beschränkt ist.

Um alle Symmetriekombinationen im Bereich der Elementarzellen zu beschreiben, haben wir alle möglichen Kombinationen der 14 Bravais-Typen mit den acht Symmetrieelementen und den Zusatzsymmetrieelementen zu untersuchen. Es ergeben sich insgesamt 230 verschiedene Kombinationen, die als Raumgruppen bezeichnet werden. Jede einzelne Raumgruppe ist im Band I der "International Tables for X-Ray Crystallography" ausführlich beschrieben. Die Raumgruppen einer Kristallklasse sind hierbei jeweils zusammengefaßt. Tabelle 1 am Ende dieses Kapitels bringt eine Zusammenstellung der 230 Raumgruppen.

f) Die Raumgruppen des monoklinen Systems

Eine systematische Behandlung der 230 Raumgruppen würde den Umfang dieses Buches bei weitem übersteigen. Wir wollen uns daher in diesem Abschnitt auf die Behandlung der für die Praxis besonders wichtigen Raumgruppen des monoklinen Systems beschränken und außerdem einige Hinweise zum zweckmäßigen Gebrauch der Internationalen Tabellen geben.

Aus Abbildung 13 entnimmt man für das monokline System die drei Kristallklassen 2, m und $\frac{2}{m}$. Das monokline Koordinatensystem zeichnet sich gemäß Abbildung 32 durch drei verschiedene Achsenlängen a, b und c aus. Die Winkel α und γ sind 90°, der Winkel β wird größer als 90° ($\beta > 90^{\circ}$) gewählt. Dies bedeutet, daß wir die Aufstellung der monoklinen Elementarzelle so wählen, daß die 2-zählige Achse mit der Richtung der b-Achse zusammenfällt, bzw. daß die Spiegelebene m parallel der ac-Ebene liegt und senkrecht auf der b-Achse steht.

Für das monokline Kristallsystem kommen die Symmetrieelemente 2 und m in Frage. Ein Symmetriezentrum resultiert durch Zusammenwirken von $\frac{2}{m}$. Wenn wir nun die monoklinen Raumgruppen systematisch ableiten wollen, müssen wir gemäß Abschnitt e) folgende Erweiterung des Symmetriekonzeptes vornehmen:

1. Außer der primitiven monoklinen Elementarzelle P haben wir die basiszentrierte Zelle C zu berücksichtigen

2. Außer der 2-zähligen Achse haben wir die Schraubenachse 2_1 zu berücksichtigen

3. Außer m haben wir die Gleitspiegelebene c zu berücksichtigen. Die ebenfalls möglichen Gleitspiegelebenen a und n können durch Transformation in c überführt werden.

Kombinieren wir die Elementarzellen P und C mit 2, 2_1, m und c, so erhalten wir die in Abbildung 33 zusammengestellten 13 monoklinen Raumgruppen.

<u>Zusammenstellung der monoklinen Raumgruppen</u>

Klasse	P-Gruppen				C-Gruppen	
2	P2	$P2_1$			C2	
m	Pm		Pc		Cm	Cc
$\frac{2}{m}$	$P\frac{2}{m}$	$P\frac{2_1}{m}$	$P\frac{2}{c}$	$P\frac{2_1}{c}$	$C\frac{2}{m}$	$C\frac{2}{c}$

Abb.33

In der ersten Zeile finden wir die Raumgruppen der Klasse 2. Da C2 und $C2_1$ miteinander identisch sind, ist die Raumgruppe

$C2_1$ nicht eigens aufgeführt. Die Identität von C2 und $C2_1$ erkennen wir aus Abbildung 34, wo die ac-Ebene der monoklinen Elementarzelle sowie die uns bekannte Anordnung der 2-zähligen Achsen eingezeichnet sind, die durch Wechselwirkung der Translationsvektoren mit 2 entstehen. In der C-zentrierten Zelle haben wir einen zusätzlichen Translationsvektor mit den auf die 2-zählige Achse $\parallel$ b bezogenen Komponenten $t_\perp = \frac{a}{2}$ und $t_\parallel = \frac{b}{2}$.

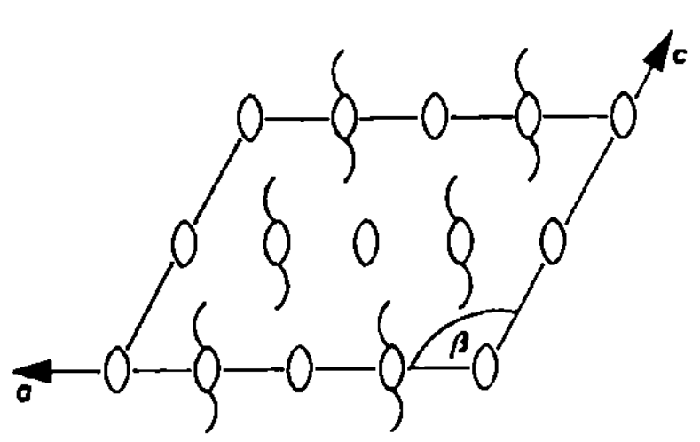

Abb.34

Die 2-zählige Achse b steht in Abbildung 34 senkrecht zur Zeichenebene. $t_\perp = \frac{a}{2}$ sorgt dafür, daß in $\frac{a}{4}$ eine weitere 2-zählige Achse entsteht, die aber wegen $t_\parallel = \frac{b}{2}$ zu einer Schraubenachse 2_1 wird. Ebenso entsteht in $\frac{3}{4}a$ eine Schraubenachse 2_1. Diese zu 2 parallelen Schraubenachsen in $\frac{a}{4}$ und $\frac{3}{4}a$ sind in Abbildung 34 eingezeichnet, wobei zu beachten ist, daß die Anordnung der Schraubenachsen 2_1 völlig analog zu der Anordnung der 2-zähligen Achsen sein muß. Wegen der zueinander parallelen Achsen 2 und 2_1 kann C2 durch Transformation um $\frac{a}{4}$ in $C2_1$ übergeführt werden, womit die Identität der Raumgruppen C2 und $C2_1$ bewiesen ist.

Die zweite Zeile der Abbildung 33 enthält die vier Raumgruppen der Klasse m; in der dritten Zeile sind die sechs Raumgruppen der Klasse $\frac{2}{m}$ aufgeführt. Aus dem schon vorher erwähnten Grunde sind auch hier die Identitäten von $C\frac{2}{m}$ mit $C\frac{2_1}{m}$ und $C\frac{2}{c}$ mit $C\frac{2_1}{c}$ zu berücksichtigen.

Um die Art der Darstellung der einzelnen Raumgruppen in den Internationalen Tabellen an einem Beispiel eingehend zu erläutern, sei die monokline Raumgruppe $P\frac{2_1}{c}$ herausgegriffen, die von großer praktischer Bedeutung ist, weil sehr viele organische Molekülstrukturen dieser Raumgruppe zuzuordnen sind. Abbildung 35 zeigt die Darstellung der Raumgruppe $P\frac{2_1}{c}$ in den Internationalen Tabellen.

In der ersten Zeile sind oben links das Kristallsystem und die
Kristallklasse $\frac{2}{m}$ angegeben. In der Mitte steht die ausführliche
Bezeichnung $P1\frac{2_1}{c}1$, die sich von der allgemein benutzten verkürz-
ten Bezeichnung dadurch unterscheidet, daß hier auch die 1-zäh-
ligen Achsen längs a und c aufgeführt sind. No.14 bezieht sich
auf die laufende Numerierung der Raumgruppen in den Internationalen Tabellen. Rechts ist neben der von uns benutzten Hermann-
Mauguin'schen Symbolik $P\frac{2_1}{c}$ die alte Schönflies'sche Symbolik C_{2h}^5
angegeben. C_{2h} bedeutet dabei die Kristallklasse und entspricht
der Bezeichnung $\frac{2}{m}$. Es ist anzumerken, daß sich heute die Her-
mann-Mauguin'sche Symbolik allgemein durchgesetzt hat, weil sie
die vorhandenen Symmetrie- und Zusatzsymmetrieelemente einer
Raumgruppe unmittelbar erkennen läßt.

Die beiden Zeichnungen innerhalb der Abbildung 35 beziehen sich
auf die ab-Ebene der monoklinen Elementarzelle. Links ist eine
allgemeine Punktlage eines Atoms gezeichnet, wobei die durch
Spiegelung entstehende enantiomorphe Lage durch ein Komma gekennzeichnet ist. In der rechten Zeichnung ist die Lage der
Symmetrie- und der Zusatzsymmetrieelemente eingezeichnet. Dabei fällt auf, daß weder die 2-zähligen Schraubenachsen, die
um $z=\frac{1}{4}$ gegenüber der ab-Ebene versetzt sind, noch die punktiert
gezeichneten Gleitspiegelebenen c durch den Ursprung 000 der
Elementarzelle gehen. Dagegen liegt das Symmetriezentrum in
000.

Nach dem uns schon bekannten Gesetz (siehe Abb.12) resultiert
aus der Kombination $\frac{2}{m}$ ein Symmetriezentrum im Durchstoßpunkt
von 2 mit m. Haben wir die Kombination $\frac{2_1}{c}$, so entsteht das
Symmetriezentrum in der Mitte des resultierenden Translations-
vektors der Zusatzsymmetrieelemente. Für 2_1 ist $t_{\|} = \frac{b}{2}$, und für
die Gleitspiegelebene c ist $t_{\|} = \frac{c}{2}$, mithin entsteht das Symme-
triezentrum in $0 \ \frac{1}{4} \ \frac{1}{4}$. Man legt das Symmetriezentrum immer nach
000, weil dann die formelmäßige Behandlung des Streuvorganges
einfacher ist, wie wir noch sehen werden. In unserem Falle liegen daher die Schraubenachsen 2_1 in $z=\frac{1}{4}$ und die Gleitspiegelebenen c in $y=\frac{1}{4}$ bzw. $y=\frac{3}{4}$.

Die Anmerkung "2nd setting" bezieht sich darauf, daß bei dieser
Aufstellung die 2-zählige Achse mit der Richtung der b-Achse
der Elementarzelle zusammenfällt. Bei den monoklinen Raumgruppen

Monoclinic $2/m$ $P\,1\,2_1/c\,1$ No. 14 $P2_1/c$
C_{2h}^5

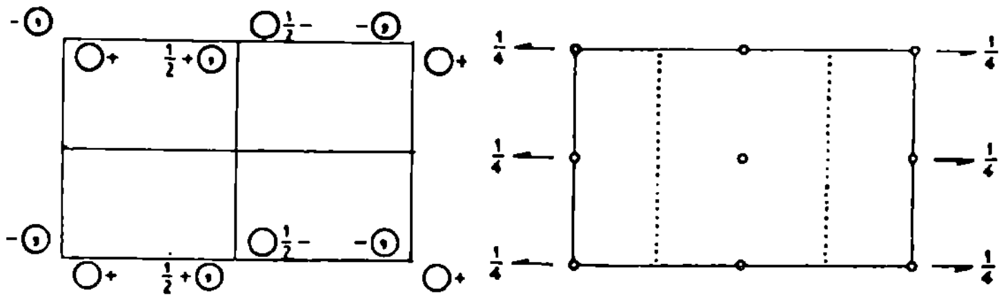

Origin at $\bar{1}$; unique axis b

2ND SETTING

Number of positions, Wyckoff notation, and point symmetry			Co-ordinates of equivalent positions	Conditions limiting possible reflections

General:

hkl: No conditions
$h0l$: $l=2n$
$0k0$: $k=2n$

| 4 | e | 1 | x,y,z; $\bar{x},\bar{y},\bar{z}$; $\bar{x},\tfrac{1}{2}+y,\tfrac{1}{2}-z$; $x,\tfrac{1}{2}-y,\tfrac{1}{2}+z$. | |

Special: as above, plus

2	d	$\bar{1}$	$\tfrac{1}{2},0,\tfrac{1}{2}$; $\tfrac{1}{2},\tfrac{1}{2},0$.	
2	c	$\bar{1}$	$0,0,\tfrac{1}{2}$; $0,\tfrac{1}{2},0$.	
2	b	$\bar{1}$	$\tfrac{1}{2},0,0$; $\tfrac{1}{2},\tfrac{1}{2},\tfrac{1}{2}$.	
2	a	$\bar{1}$	$0,0,0$; $0,\tfrac{1}{2},\tfrac{1}{2}$.	

hkl: $k+l=2n$

Symmetry of special projections

(001) pgm; $a'=a,\ b'=b$ (100) pgg; $b'=b,\ c'=c$ (010) $p2$; $c'=c/2,\ a'=a$

"International Tables for X-Ray Crystallography", I. Band,
The Kynoch Press, Birmingham, England 1952

Abb. 35

gibt es in den Internationalen Tabellen noch eine andere Aufstellung (first setting), bei der die 2-zählige Achse mit der Richtung der c-Achse zusammenfällt. Diese Aufstellung soll jedoch nicht weiter diskutiert werden.

Im unteren Teil der Abbildung 35 sind die fünf verschiedenen Punktlagen der Raumgruppe $P\frac{2_1}{c}$ angegeben, die mit a bis e gekennzeichnet sind. Die Zahlen der ersten Spalte geben die Zähligkeit der Punktlage an. In der Raumgruppe $P\frac{2_1}{c}$ gibt es demnach eine 4-zählige und vier 2-zählige Punktlagen. Die an oberster Stelle angegebene allgemeine Punktlage entsteht dadurch, daß auf einen Punkt in allgemeiner Lage xyz die Achse 2_1 (in $z=\frac{1}{4}$) und die Gleitspiegelebene c (in $y=\frac{1}{4}$) einwirken.

Lassen wir auf xyz zunächst die Schraubenachse 2_1 in $z=\frac{1}{4}$ einwirken, so entsteht aus xyz die Punktlage $\bar{x}\ \frac{1}{2}+y\ \frac{1}{2}-z$. Dies erkennt man aus Abb.36, aus der auch hervorgeht, daß wir die Koordinaten $\bar{x}\ \frac{1}{2}+y\ \bar{z}$ erhalten würden, wenn die Schraubenachse 2_1 in $z=0$ verlaufen würde.

Lassen wir sodann auf xyz eine Gleitspiegelebene c in $y=\frac{1}{4}$ einwirken, so entsteht die Punktlage $x\ \frac{1}{2}-y\ \frac{1}{2}+z$. In diesem Fall würden wir die Punktlage $x\ \bar{y}\ \frac{1}{2}+z$ erhalten, wenn wir die Gleitspiegelebene c nach y=0 legen würden.

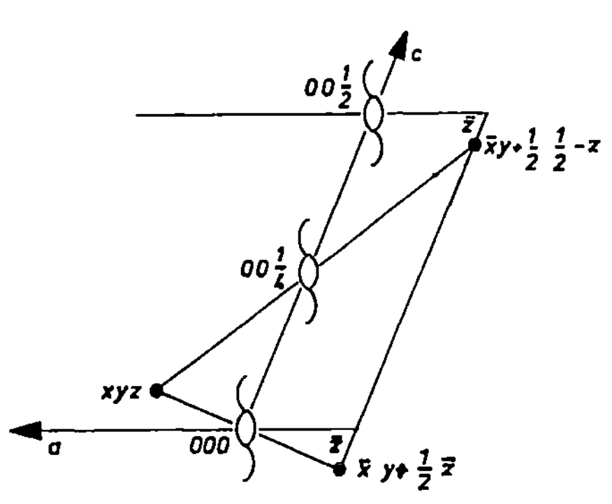

Abb.36

Lassen wir auf die neu entstandene Punktlage $x\ \frac{1}{2}-y\ \frac{1}{2}+z$ die Schraubenachse in $z=\frac{1}{4}$ wirken, so entsteht daraus die Punktlage $\bar{x}\bar{y}\bar{z}$, wie es wegen des Symmetriezentrums in 000 auch sein muß. Das gleiche Resultat erhält man, wenn man auf die Punktlage $\bar{x}\ \frac{1}{2}+y\ \frac{1}{2}-z$ die Gleitspiegelebene c in $y=\frac{1}{4}$ einwirken läßt. Schematisch kann man die Einwirkung von 2_1 (in $z=\frac{1}{4}$) und c (in $y=\frac{1}{4}$) auf die Punktlage xyz daher wie folgt zum Ausdruck bringen:

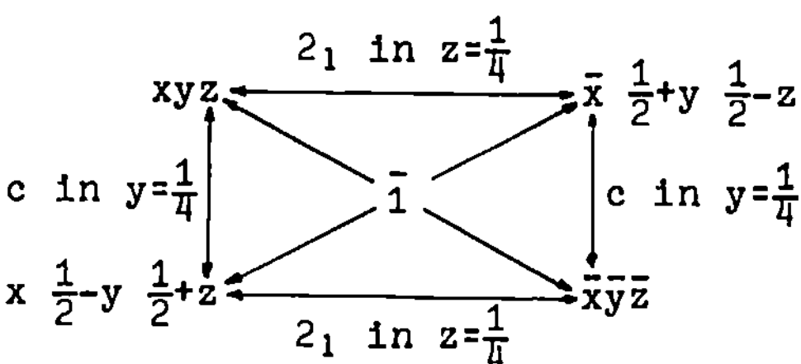

Hieraus erkennt man, daß die einander diagonal gegenüberliegenden Punktlagen durch ein Symmetriezentrum in 000 ineinander
übergeführt werden.

Aus der obigen Darstellung mag man zunächst den Eindruck haben,
daß die Verlagerung des Symmetriezentrums nach 000 unnötige
Komplikationen mit sich bringt, da die Überlegungen, die zu den
neu entstandenen Punktlagen führen, wegen der Verlagerung der
Zusatzsymmetrieelemente umständlicher werden. Diese Schwierigkeit, an die man sich im übrigen rasch gewöhnt, steht jedoch
in keinem Verhältnis zu den formelmäßigen Vereinfachungen, die
man erhält, wenn man das Symmetriezentrum nach 000 legt.

Damit haben wir die 4-zählige allgemeine Punktlage der Raumgruppe $P\frac{2_1}{c}$ behandelt. Da für diese Lage die relativen Lagekoordinaten xyz beliebig wählbar sind, wird an die Eigensymmetrie
der Gitterbausteine keine besondere Anforderung gestellt. Ihre
Eigensymmetrie kann daher 1 sein. Die Situation wird aber sofort anders, wenn wir innerhalb des Bereiches der monoklinen
Elementarzelle spezielle Punktlagen aufsuchen, die auf Symmetrieelementen liegen. Als einzige Symmetrieelemente stehen uns
in der Raumgruppe $P\frac{2_1}{c}$ die Symmetriezentren zur Verfügung.
Solche Symmetriezentren gibt es außer in 000 noch in $\frac{1}{2}$ 0 0,
0 $\frac{1}{2}$ 0, 0 0 $\frac{1}{2}$ und in $\frac{1}{2}$ $\frac{1}{2}$ 0. Setzt man diese Koordinaten für xyz
ein, so resultieren die vier speziellen 2-zähligen Punktlagen,
die sich durch ihre Eigensymmetrie $\bar{1}$ auszeichnen. In diese
Punktlagen können wir daher nur solche Bausteine setzen, die
mindestens die Eigensymmetrie $\bar{1}$ besitzen. Selbstverständlich
können sie eine höhere Symmetrie (z.B. $\frac{2}{m}$ oder $\frac{2}{m}\frac{2}{m}\frac{2}{m}$) haben.
Die Eigensymmetrie der Gitterbausteine, die mindestens er-
füllt sein muß, (hier 1 bzw. $\bar{1}$) ist in der dritten Spalte der
Abbildung 35 für die einzelnen Punktlagen angegeben.

Man wundert sich zunächst sicher, warum keine speziellen
Punktlagen auf den Zusatzsymmetrieelementen 2_1 oder c entstehen. Man überzeugt sich jedoch leicht, daß dies nichts
Neues bringt. Gehen wir z.B. aus von $0 \; y \; \frac{1}{4}$ auf 2_1 in $z=\frac{1}{4}$, so
lautet die entstehende 4-zählige Punktlage $0 \; y \; \frac{1}{4}$, $0 \; \bar{y} \; \frac{3}{4}$,
$0 \; \frac{1}{2}+y \; \frac{1}{4}$, $0 \; \frac{1}{2}-y \; \frac{3}{4}$, und es bleibt bei der 4-zähligen Punktlage
mit der Eigensymmetrie 1. Der Grund, warum Punktlagen auf
Zusatzsymmetrieelementen keine höhere Eigensymmetrie besitzen als allgemeine Punktlagen liegt darin, daß ein Zusatzsymmetrieelement durch Wechselwirkung einer Drehachse bzw.
einer Spiegelebene mit einem Translationsvektor t ∥ entsteht,
wodurch ein identischer Punkt erst nach mindestens zweimaliger Anwendung des Zusatzsymmetrieelementes auftritt.

Wir werden in Kapitel V sehen, daß man die Raumgruppen aufgrund systematischer Auslöschungen von Reflexen auf den Röntgenaufnahmen ermitteln kann. Die für die einzelnen Punktlagen
der Raumgruppe $P\frac{2_1}{c}$ charakteristischen Auslöschungsgesetze sind
in der letzten Spalte der Figur 35 eingetragen. Schließlich
sind unten für die Raumgruppe $P\frac{2_1}{c}$ die Symmetrieverhältnisse
der Projektionen in Richtung der drei Achsen angegeben. Wir
wollen jedoch hierauf nicht näher eingehen.

In der gleichen Weise wie für $P\frac{2_1}{c}$ besprochen, sind alle anderen
Raumgruppen in den Internationalen Tabellen behandelt. Es wird
dem Leser empfohlen, die in Tabelle 1 (Seite 37) aufgeführten
monoklinen Raumgruppen anhand der Internationalen Tabellen
genau durchzugehen.

Tabelle 1 bringt eine Aufstellung der 230 Raumgruppen und deren
Zugehörigkeit zu den Kristallklassen und Kristallsystemen. Da-
nach verteilen sich die Raumgruppen auf die sechs Kristallsysteme wie folgt

triklin	2
monoklin	13
orthorhombisch	59
tetragonal	68
trigonal (rhomboedrisch)	25
hexagonal	27
kubisch	36

TABELLE 1   <u>Die 230 Raumgruppen</u>
=========

Kristallsystem	Klasse	R A U M G R U P P E N					
triklin	1	P1					
	$\bar{1}$	P$\bar{1}$					
monoklin	2	P2	P2$_1$	C2			
	m	Pm	Pc	Cm	Cc		
	2/m	P2/m	P2$_1$/m	C2/m	P2/c	P2$_1$/c	C2/c
orthorhombisch	222	P222	P222$_1$	P2$_1$2$_1$2	P2$_1$2$_1$2$_1$	C222$_1$	C222
		F222	I222	I2$_1$2$_1$2$_1$			
	mm2	Pmm2	Pmc2$_1$	Pcc2	Pma2	Pca2$_1$	Pnc2
		Pmn2$_1$	Pba2	Pna2$_1$	Pnn2	Cmm2	Cmc2$_1$
		Ccc2	Amm2	Abm2	Ama2	Aba2	Fmm2
		Fdd2	Imm2	Iba2	Ima2		
	mmm	Pmmm	Pnnn	Pccm	Pban	Pmma	Pnna
		Pmna	Pcca	Pbam	Pccn	Pbcm	Pnnm
		Pmmn	Pbcn	Pbca	Pnma	Cmcm	Cmca
		Cmmm	Cccm	Cmma	Ccca	Fmmm	Fddd
		Immm	Ibam	Ibca	Imma		
tetragonal	4	P4	P4$_1$	P4$_2$	P4$_3$	I4	I4$_1$
	$\bar{4}$	P$\bar{4}$	I$\bar{4}$				
	4/m	P4/m	P4$_2$/m	P4/n	P4$_2$/n	I4/m	I4$_1$/a
	422	P422	P42$_1$2	P4$_1$22	P4$_1$2$_1$2	P4$_2$22	P4$_2$2$_1$2
		P4$_3$22	P4$_3$2$_1$2	I422	I4$_1$22		
	4mm	P4mm	P4bm	P4$_2$cm	P4$_2$nm	P4cc	P4nc
		P4$_2$mc	P4$_2$bc	I4mm	I4cm	I4$_1$md	I4$_1$cd
	$\bar{4}$2m	P$\bar{4}$2m	P$\bar{4}$2c	P$\bar{4}$2$_1$m	P$\bar{4}$2$_1$c	P$\bar{4}$m2	P$\bar{4}$c2
		P$\bar{4}$b2	P$\bar{4}$n2	I$\bar{4}$m2	I$\bar{4}$c2	I$\bar{4}$2m	I$\bar{4}$2d
	4/mmm	P4/mmm	P4/mcc	P4/nbm	P4/nnc	P4/mbm	P4/mnc
		P4/nmm	P4/ncc	P4$_2$/mmc	P4$_2$/mcm	P4$_2$/nbc	P4$_2$/nnm
		P4$_2$/mbc	P4$_2$/mnm	P4$_2$/nmc	P4$_2$/ncm	I4/mmm	I4/mcm
		I4$_1$/amd	I4$_1$acd				
trigonal/ rhomboedrisch	3	P3	P3$_1$	P3$_2$	R3		
	$\bar{3}$	P$\bar{3}$	R$\bar{3}$				
	32	P312	P321	P3$_1$12	P3$_1$21	P3$_2$12	P3$_2$21
		R32					
	3m	P31m	P31c	P3m1	P3c1	R3m	R3c
	$\bar{3}$m	P$\bar{3}$1m	P$\bar{3}$1c	P$\bar{3}$m1	P$\bar{3}$c1	R$\bar{3}$m	R$\bar{3}$c
hexagonal	6	P6	P6$_1$	P6$_5$	P6$_2$	P6$_4$	P6$_3$
	$\bar{6}$	P$\bar{6}$					
	6/m	P6/m	P6$_3$/m				
	622	P622	P6$_1$22	P6$_5$22	P6$_2$22	P6$_4$22	P6$_3$22
	6mm	P6mm	P6cc	P6$_3$cm	P6$_3$mc		
	$\bar{6}$m2	P$\bar{6}$m2	P$\bar{6}$c2	P$\bar{6}$2m	P$\bar{6}$2c		
	6/mmm	P6/mmm	P6/mcc	P6$_3$/mcm	P6$_3$/mmc		
kubisch	23	P23	F23	I23	P2$_1$3	I2$_1$3	
	m$\bar{3}$	Pm3	Pn3	Fm3	Fd3	Im3	Pa3
		Ia3					
	432	P432	P4$_2$32	F432	F4$_1$32	I432	P4$_3$32
		P4$_1$32	I4$_1$32				
	$\bar{4}$3m	P$\bar{4}$3m	F$\bar{4}$3m	I$\bar{4}$3m	P$\bar{4}$3n	P$\bar{4}$3c	I$\bar{4}$3d
	m3m	Pm3m	Pn3n	Pm3n	Pn3m	Fm3m	Fm3c
		Fd3m	Fd3c	Im3m	Ia3d		

Nicht alle Raumgruppen haben die gleiche praktische Bedeutung für die Röntgenstrukturanalyse. Es wurde schon erwähnt, daß die monokline Raumgruppe $P\frac{2_1}{c}$ besonders häufig bei organischen Molekülgittern vertreten ist. Allgemein läßt sich sagen, daß Molekülgitter in niedrig-symmetrischen Raumgruppen kristallisieren, während einfache Atom- oder Ionengitter hochsymmetrische Raumgruppen bevorzugen.

II. Emission und Absorption von Röntgenstrahlen

Wilhelm Conrad RÖNTGEN entdeckte bei seinen Versuchen mit einem Kathodenstrahlrohr am 8. November 1895 in Würzburg eine neue Art von Strahlung an ihrer Fluoreszenzwirkung. Obwohl die große Bedeutung dieser Entdeckung für die Medizin sofort erkannt wurde, konnte die Wellennatur der Röntgenstrahlen erst durch die ersten Beugungsexperimente eindeutig bewiesen werden, die im Jahre 1912 auf Vorschlag von Max von LAUE von FRIEDRICH und KNIPPING in München an verschiedenen Kristallen durchgeführt wurden.

In diesem Kapitel sollen die physikalischen Grundlagen der Emission und der Absorption von Röntgenstrahlen besprochen werden, soweit diese zum Verständnis der folgenden Kapitel benötigt werden.

a) Emission von Röntgenstrahlen

Für die Röntgenstrukturanalyse werden heute fast ausschließlich abgeschmolzene Elektronenröhren als Röntgenquellen benutzt. Das Prinzip solcher Röntgenröhren zeigt die Abbildung 37. In diesen kommerziellen Röntgenröhren sind in einem hoch evakuierten Raum eine Wolframwendel als Kathode K(-) und eine Metallplatte als Anode A(+) einander gegenüber angeordnet. Die Drahtwendel wird durch einen Heizstrom zum Glühen gebracht und sendet Elektronen aus. Diese Elektronen werden im Feld zwischen der Kathode und der Anode auf hohe Geschwindigkeiten beschleunigt. Die auf die Anode treffenden Elektronen werden entweder

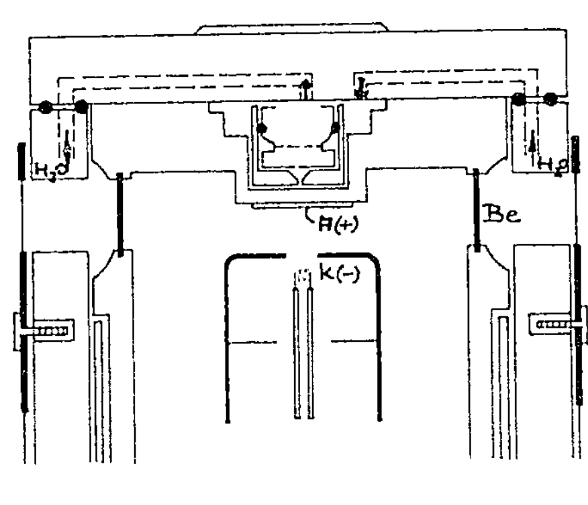

Abb.37

abgebremst, oder sie bewirken innere Ionisation der Atome des Anodenmaterials. Durch diese Prozesse entstehen zwei verschiedene Arten von Röntgenspektren, nämlich das kontinuierliche Bremsspektrum und das Linienspektrum. Dieses Strahlengemisch tritt aus der Röntgenröhre durch seitlich angeordnete Beryllium-Fenster aus.

Da beim Aufprall der Elektronen nur ein kleiner Bruchteil der kinetischen Energie in Röntgenstrahlenergie verwandelt, der weitaus größte Energieanteil aber in Wärme umgesetzt wird, muß man für sehr intensive Wasserkühlung der Anode sorgen. Aus betriebstechnischen Gründen wird daher die Anode der abgeschmolzenen Röhre auf Erdpotential gelegt. Das zwischen Kathode und Anode anliegende Potential beträgt 30-50 KV bei Stromstärken von etwa 20 mA.

1. Das Bremsspektrum

Die Elektronen werden beim Aufprall auf das Anodenmaterial abgebremst. Da beschleunigte Ladungen Röntgenstrahlen aussenden, bewirkt die Abbremsung der Elektronen an der Anodenoberfläche das sogenannte Bremsspektrum. Erfolgt die Bremsung der Elektronen von der Endgeschwindigkeit beim Erreichen der Anodenoberfläche in einem Schritt bis zu Null, so wird die gesamte kinetische Energie in Röntgenstrahlenergie verwandelt gemäß der Energiegleichung

$$\frac{1}{2}mv^2 \; = \; eV \; = \; h\nu \; = \; h\frac{c}{\lambda_o}$$

und es entstehen Röntgenstrahlen der Wellenlänge λ_o :

$$\lambda_o \; = \; \frac{hc}{eV}$$

Hierbei bedeuten

    m Masse des Elektrons

    v Endgeschwindigkeit des Elektrons bei Erreichen der Anodenoberfläche

    e Ladung des Elektrons

    V Potential zwischen Kathode und Anode der Röntgenröhre

    h Planck'sches Wirkungsquantum

    ν Frequenz der Röntgenstrahlen

    c Lichtgeschwindigkeit.

Setzt man die Zahlenwerte für die Konstanten h, c und e ein, so erhält man eine einfache Beziehung zwischen der Wellenlänge λ_o (in Å) und dem Potential V (in KV) zwischen der Kathode und der Anode der Röntgenröhre

$$\lambda_o = \frac{12,398}{V}$$

Erfolgt die Abbremsung der Elektronen in mehreren Teilschritten, so entstehen langwelligere Röntgenstrahlen geringerer Energie.

Insgesamt erhalten wir die in nebenstehender Abbildung 38 gezeichnete Energieverteilung der Bremsspektren bei verschiedenen Potentialen zwischen Kathode und Anode mit den charakteristischen kurzwelligen Kanten λ_o. Die Wellenlänge λ_M an der Stelle des Energiemaximums des Bremsspektrums beträgt $\lambda_M = \frac{3}{2}\lambda_o$. Die Gesamtenergie des Bremsspektrums

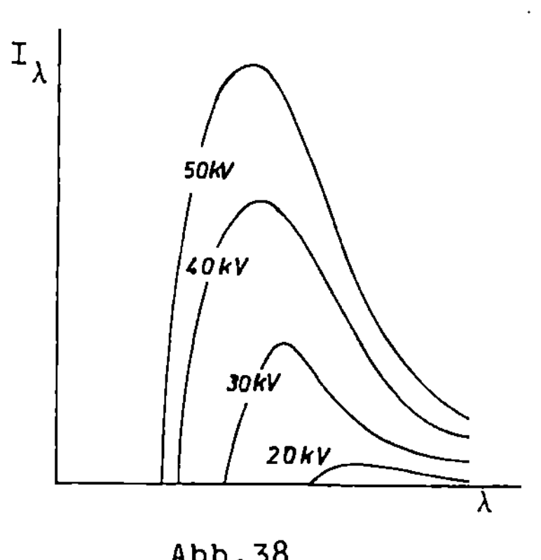

Abb.38

ist

$$I = \int I_\lambda d\lambda = 1,4 \cdot 10^{-9} iZ \cdot V^2$$

(i Röhrenstrom, V Potential, Z Ordnungszahl).

2. Das charakteristische Linienspektrum

Das soeben besprochene kontinuierliche Bremsspektrum tritt
bei jedem Anodenmaterial auf. Da man für die Röntgenstrukturanalyse aber monochromatische Strahlung benötigt, ist es
für unsere Zwecke nicht brauchbar und eher störend.

Neben dem Bremsspektrum entsteht jedoch durch Tiefenionisation der Atome des Anodenmaterials ein für dieses charakte-
ristisches Linienspektrum. Die Tiefenionisation der Atome
kommt dadurch zustande, daß die stark beschleunigten Elektronen beim Auftreffen auf die Anode aus den inneren Schalen der Atome des Anodenmaterials K- bzw. L-Elektronen her-
ausschlagen. Dies ist immer dann möglich, wenn die kinetische Energie der Elektronen größer ist als die Bindungsenergie der inneren Elektronen an den Atomkern. Die durch
Tiefenionisation entstehenden Atomzustände mit unvollstän-
digen inneren Schalen sind jedoch nur kurze Zeit lebensfä-
hig. Das hat zur Folge, daß sie nach extrem kurzer Zeit
($\sim 10^{-8}$ sec) durch Elektronen aus äußeren Schalen des Atoms
wiederaufgefüllt werden.

Bei diesen Elektronenübergängen innerhalb der Atome werden
ganz bestimmte Energiebeträge frei, da den Elektronen in
den einzelnen Schalen bestimmte Bindungsenergien zugeordnet
sind (siehe Abbildung 39). Wenn ein L-Elektron z.B. die
durch Tiefenionisa-
tion entstandene
Lücke in der K-Schale
ausfüllt, wird die
entsprechende Ener-
giedifferenz ΔeV
zwischen der K-Schale
und der L-Schale in
Form eines Röntgen-
quants frei. Füllt
hingegen ein M-Elek-
tron die Lücke in
der K-Schale aus, so
entsteht ein Röntgen-

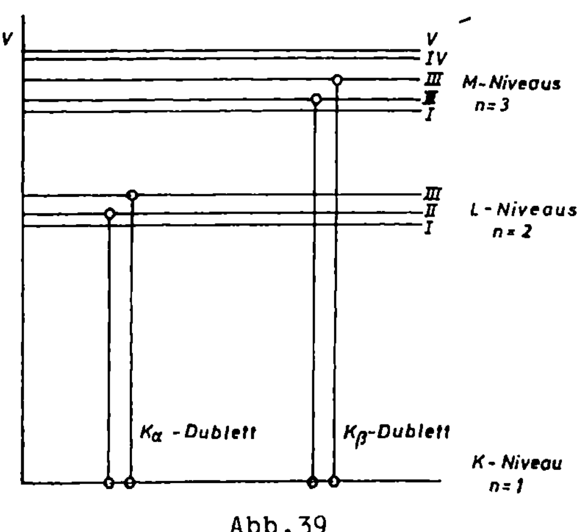

Abb.39

quant höherer Energie, wie man der Abbildung 39 entnehmen
kann.

Wir müssen allerdings anmerken, daß das Energieniveauschema
der Atome in Wirklichkeit komplizierter ist, In der Quanten-
mechanik wird jedes Elektron durch vier Quantenzahlen
(siehe hierzu Tabelle 2) gekennzeichnet. Die Hauptquanten-
zahl n bestimmt im wesentlichen die Bindungsenergie des
Elektrons an den Kern. Bei zwei weiteren Quantenzahlen handelt es sich um die des Bahnimpulses (l) und des Eigendreh-
impulses oder Spins (s). Die beiden Impulsmomente werden
vektoriell zum resultierenden Moment j addiert. Schließlich
ist es noch nötig, für das Elektron die magnetische Quantenzahl m als vierte Quantenzahl einzuführen, welche die Aus-
richtung des resultierenden Momentes j im Magnetfeld beschreibt. In starken Magnetfeldern ist die Kopplung der
Elektronen untereinander aufgehoben, und das Moment jedes
Elektrons stellt sich im Feld für sich ein, unabhängig von
den anderen Elektronen.

Für die Diskussion der Energieniveaus der Elektronen, wie
sie sich aufgrund dieser vier Quantenzahlen ergeben, spielt
das Pauli-Prinzip eine wichtige Rolle. Es besagt, daß es
niemals zwei oder mehr Elektronen innerhalb eines Atoms geben kann, für welche in starken Feldern die Werte aller
Quantenzahlen n, l, s und m übereinstimmen. Für die Quantenzahlen l, j und m gelten die folgenden Regeln:

l kann die Werte annehmen: $0,1,2 \ldots (n-1)$, wobei gilt $l \leq n-1$
j kann die Werte annehmen: $l+\frac{1}{2}$ und $l-\frac{1}{2}$, jedoch für $l=0$ nur
    den Wert $j=\frac{1}{2}$
m kann insgesamt $(2j+1)$ verschiedene Werte zwischen $+j$ und
    $-j$ annehmen, die sich voneinander jeweils um eins unter-
    scheiden.

Damit kommen wir zu dem Energieniveauschema der Tabelle 2
aus dem wir entnehmen, daß wir zwar mit einem K-Niveau,
aber mit drei benachbarten L-Energieniveaus L_I, L_{II} und L_{III}
und mit fünf eng benachbarten M-Niveaus M_I bis M_V der Elektronen zu rechnen haben (siehe Abbildung 39).

Tabelle 2

Quantenzahlen n, l, j und m für die niedrigsten Energiezustände

Schale	Energieniveau	n	l	j	m						Zahl der Elektronen	Bezeichnung
K		1	0	$\frac{1}{2}$	$+\frac{1}{2}$	$-\frac{1}{2}$					2	1s
L	L_I	2	0	$\frac{1}{2}$	$+\frac{1}{2}$	$-\frac{1}{2}$					2	2s
	L_{II}	2	1	$\frac{1}{2}$	$+\frac{1}{2}$	$-\frac{1}{2}$					2	2p
	L_{III}	2	1	$\frac{3}{2}$	$+\frac{3}{2}$	$+\frac{1}{2}$	$-\frac{1}{2}$	$-\frac{3}{2}$			4	
M	M_I	3	0	$\frac{1}{2}$	$+\frac{1}{2}$	$-\frac{1}{2}$					2	3s
	M_{II}	3	1	$\frac{1}{2}$	$+\frac{1}{2}$	$-\frac{1}{2}$					2	3p
	M_{III}	3	1	$\frac{3}{2}$	$+\frac{3}{2}$	$+\frac{1}{2}$	$-\frac{1}{2}$	$-\frac{3}{2}$			4	
	M_{IV}	3	2	$\frac{3}{2}$	$+\frac{3}{2}$	$+\frac{1}{2}$	$-\frac{1}{2}$	$-\frac{3}{2}$			4	3d
	M_V	3	2	$\frac{5}{2}$	$+\frac{5}{2}$	$+\frac{3}{2}$	$+\frac{1}{2}$	$-\frac{1}{2}$	$-\frac{3}{2}$	$-\frac{5}{2}$	6	

Für die Erklärung des charakteristischen Röntgenlinienspek-
trums ist es wichtig, daß nur gewisse Übergänge der Elektronen zwischen diesen Niveaus zur Aussendung von Strahlung
führen. Für diese Strahlungsübergänge gelten die Regeln

$$\Delta l = \pm 1 \quad \text{sowie} \quad \Delta j = 0 \quad \text{oder} \quad \Delta j = \pm 1$$

Wegen $\Delta l = 0$ ist der Übergang $L_I \rightarrow K$ kein Strahlungsübergang,
wohl aber die Übergänge $L_{II} \rightarrow K$ ($K\alpha_2$-Linie) und $L_{III} \rightarrow K$
($K\alpha_1$-Linie). Wegen der etwas verschiedenen Energien der Ni-
veaus L_{II} und L_{III} erhalten wir statt einer $K\alpha$-Linie ein
Dublett, bestehend aus den Linien $K\alpha_1$ und $K\alpha_2$.
Aus der Tabelle 2 ersieht man, daß es nur die beiden Strah-
lungsübergänge $M_{II} \rightarrow K$ ($K\beta_3$-Linie) und $M_{III} \rightarrow K$ ($K\beta_1$-Linie)
gibt, die man als $K\beta$-Dublett bezeichnet. Allerdings ist die
Energiedifferenz der M-Niveaus noch erheblich geringer als
die der L-Niveaus.

Die Intensität dieser charakteristischen Röntgenlinien hängt
von der Übergangswahrscheinlichkeit ab, mit der die besprochenen Elektronenübergänge erfolgen. Für die beiden Linien
des $K\alpha$-Dubletts gilt näherungsweise: $I_{K\alpha_1} : I_{K\alpha_2} \sim 2 : 1$.
Weiterhin ist der Übergang $L \rightarrow K$ etwa fünfmal wahrscheinlicher als der Übergang $M \rightarrow K$, so daß näherungsweise gilt

$$\frac{I_{K\alpha}}{I_{K\beta}} \sim 5$$

Da wir für die Röntgenstrukturanalyse eine monochromatische
Röntgenstrahlung hoher Intensität benötigen, hat für uns
vor allem die $K\alpha$-Strahlung praktische Bedeutung. Man muß
dabei allerdings bedenken, daß es sich um ein eng benach-
bartes $K\alpha$-Dublett handelt.

Weil die Bindungsenergie der inneren Elektronen mit der
Ordnungszahl des Atoms bzw. mit dessen Kernladungszahl zu-
nimmt, ist die mittlere Wellenlänge des $K\alpha$-Dubletts von der
Ordnungszahl Z des Anodenmaterials abhängig. Nach **MOSELEY**
ergibt sich eine lineare Abhängigkeit, wenn man $1/\sqrt{\lambda}$ gegen
Z aufträgt.

In der Röntgenstrukturanalyse benutzt man vor allem die

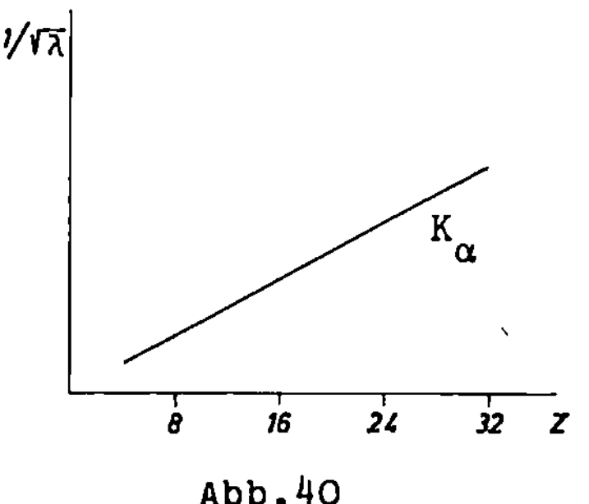

$Cu_{K\alpha}$-Strahlung (λ=1,54 Å) sowie die $Mo_{K\alpha}$-Strahlung (λ=0,71 Å).

Die Röntgenröhren liefern somit außer dem Bremsspektrum noch die Kα- und Kβ-Linien des charakteristischen Spektrums.

Abb.40

Um den Anteil des störenden Bremsspektrums möglichst gering zu halten, betreibt man die Röntgenröhre etwa mit der 4-5-

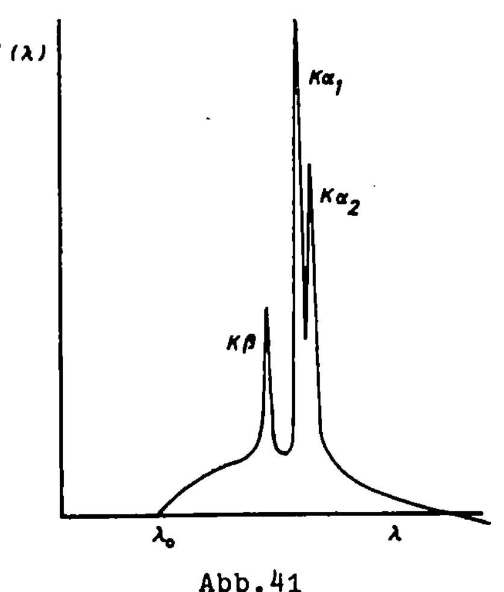

fachen Anregungsspannung. Um die $Cu_{K\alpha}$-Strahlung anzuregen, bedarf es des Potentials von etwa 9 KV. Man betreibt die Röntgenröhre daher mit etwa 40 KV. Die Abbildung 41 zeigt für diese Betriebsbedingungen das Intensitätsverhältnis zwischen Bremsstrahlung und charakteristischer Strahlung.

Abb.41

b) Absorption von Röntgenstrahlen

Beim Durchgang von Röntgenstrahlen durch Materie wird diesen durch Tiefenionisation der Atome sowie durch elastische und inelastische Streuung an den Elektronen Energie entzogen. Diesen Energieentzug bezogen auf das Wegelement dx können wir für eine bestimmte Wellenlänge formal durch den linearen Absorptionskoeffizienten μ wie folgt beschreiben:

$$- \frac{dI}{I} = \mu dx$$

Durch Integration über den gesamten durchstrahlten Weg x erhalten wir

$$\ln I = -\mu x + \text{const} ;$$

für x=0 sei $I=I_o$, und es folgt

$$\ln \frac{I}{I_o} = -\mu x$$

oder

$$I = I_o e^{-\mu x}$$

Dies ist eine bekannte Beziehung zwischen der Energie des einfallenden Strahles I_o und der des austretenden Strahles I.
Der lineare Absorptionskoeffizient μ hat die Dimension $\left[\text{cm}^{-1}\right]$.

Man kann jedoch die Absorption auch auf ein einzelnes Atom beziehen, indem man einen atomaren Absorptionskoeffizienten μ_a definiert. Der Röntgenstrahl vom Durchmesser ϕ treffe auf dN Atome, während er das Wegelement dx durchläuft. Bezogen auf die Flächeneinheit trifft er auf $\frac{dN}{\phi}$ Atome und erleidet dadurch eine Schwächung $-\frac{dI}{I}$, die wir wie oben in der Form schreiben

$$- \frac{dI}{I} = \mu_a \cdot \frac{dN}{\phi}$$

Die Anzahl der Atome dN läßt sich aus der bekannten Dichte ableiten, wobei gilt:

$$\rho = \frac{dN}{\phi dx} \frac{A}{N_L}$$

(A = Atomgewicht, N_L = Loschmidt'sche Zahl).

Mit $\frac{dN}{\phi} = \frac{\rho N_L}{A} \cdot dx$ ergibt sich $-\frac{dI}{I} = \mu_a \cdot \frac{\rho N_L}{A} \cdot dx$, woraus wir durch Vergleich mit $\frac{-dI}{I} = \mu dx$ die gesuchte Beziehung zwischen dem linearen Absorptionskoeffizienten μ und dem atomaren Absorptionskoeffizienten μ_a erhalten

$$\boxed{\mu_a = \frac{A}{N_L} \cdot \frac{\mu}{\rho}}$$

Der atomare Absorptionskoeffizient μ_a hat die Dimension $\left[\text{cm}^2\right]$ das heißt die Dimension eines Wirkungsquerschnittes.

Unter Wirkungsquerschnitt W verstehen wir denjenigen effektiven Atomquerschnitt, innerhalb dessen ein Röntgenphoton absorbiert wird. Unser Röntgenstrahlbündel von 1 cm^2 **Querschnitt** trifft, wie wir gesehen haben, auf seinem Weg dx auf $\frac{dN}{\phi}$ Atome. Der gesamte Wirkungsquerschnitt ist daher $\frac{dN}{\phi}W$. Dies ist daher die Wahrscheinlichkeit dafür, daß ein Photon bei Durchlaufen von dx absorbiert wird. Wenn wir diese Wahrscheinlichkeit der Schwächung $-\frac{dI}{I}$ des Röntgenstrahles gleichsetzen, so erhalten wir $-\frac{dI}{I} = W\frac{dN}{\phi}$, woraus sich durch Vergleich mit $-\frac{dI}{I} = \mu_a \cdot \frac{dN}{\phi}$ ergibt, daß der atomare Absorptionskoeffizient μ_a mit dem Wirkungsquerschnitt W identisch ist.

Wenn wir annehmen, daß die an den einzelnen Atomen eines Moleküls stattfindenden Absorptionsprozesse unabhängig voneinander verlaufen, so erhält man den Absorptionskoeffizienten eines Moleküls ($\mu_{Molekül}$), das aus N_1 Atomen der Sorte 1, N_2 Atomen der Sorte 2 etc. besteht durch Aufsummierung der Produkte $N_i(\mu_a)_i$. Unter Beachtung der obigen Beziehung zwischen μ_a und μ folgt:

$$(\mu_{Molekül}) = \sum_i N_i(\mu_a)_i = \sum_i N_i \frac{A_i}{N_L} \cdot \left(\frac{\mu}{\rho}\right)_i$$

Die Größen $\left(\frac{\mu}{\rho}\right)_i$ sind als Stoffkonstanten tabelliert (siehe z.B. Internationale Tabellen, Band III) und heißen Massenabsorptionskoeffizienten.

Den gesuchten Massenabsorptionskoeffizienten der Verbindung $\left(\frac{\mu}{\rho}\right)_{Verb.}$ erhalten wir aus der Beziehung

$$\mu_{Molekül} = \frac{M}{N_L} \cdot \left(\frac{\mu}{\rho}\right)_{Verb.} ,$$

die ganz analog zu $\mu_a = \frac{A}{N_L} \cdot \left(\frac{\mu}{\rho}\right)$ definiert ist. Es folgt damit

$$\left(\frac{\mu}{\rho}\right)_{Verb.} = \sum_i N_i \frac{A_i}{M} \cdot \left(\frac{\mu}{\rho}\right)_i = \sum_i x_i \cdot \left(\frac{\mu}{\rho}\right)_i$$

Der gesuchte Massenabsorptionskoeffizient einer Verbindung wird also durch Aufsummierung der Produkte aus Massenanteilen x und Massenabsorptionskoeffizienten $\frac{\mu}{\rho}$ der einzelnen Atomsorten erhalten.

Wenn wir die Wellenlängenabhängigkeit des Absorptionskoeffizienten untersuchen wollen, müssen wir bedenken, daß der Energieentzug bedingt durch Streueffekte wellenlängenunabhängig ist (siehe hierzu Kapitel III). Dieser Energieentzug durch Streuung ist jedoch gering gegenüber dem Energieentzug durch Tiefenionisation, der stark wellenlängenabhängig ist. Die Abhängigkeit des Absorptionskoeffizienten μ von der Wellenlänge λ läßt sich nur schwer theoretisch erfassen, da die verschiedenen Ionisationsprozesse in verschiedener Weise in die Rechnung eingehen. Man ist daher auf Meßwerte angewiesen.

Für Gebiete $\lambda < \lambda_K$, wo alle Ionisationsprozesse möglich sind, hat JÖNSSON für die Abhängigkeit des atomaren Absorptionskoeffizienten μ_a von der Ordnungszahl Z und von der Wellenlänge λ die folgende Beziehung experimentell ermittelt

$$\mu_a = 2,64 \cdot 10^{-26} \cdot Z^{3,94} \cdot \lambda^3$$

Für den Wellenlängenbereich $\lambda_K < \lambda < \lambda_L$, bei dem die Ionisation der K-Schale ausgeschlossen ist, wurde die Beziehung

$$\mu_a = 8,52 \cdot 10^{-28} \cdot Z^{4,30} \cdot \lambda^3$$

gefunden.

Näherungsweise können wir für die Wellenlängenabhängigkeit von μ_a die Beziehung $\mu_a \sim Z^4 \cdot \lambda^3$ ansetzen.

Da abnehmende Wellenlänge zunehmende Energie der Röntgenphotonen bedeutet, können bei hinreichend kleiner Wellenlänge plötzlich zusätzliche Tiefenionisationen in den innersten Schalen erfolgen, wodurch μ_a sprunghaft ansteigt. Wir erhalten an diesen Stellen Absorptionskanten.
Die Abbildung 42 zeigt einen typischen Verlauf des Absorptionskoeffizienten $(\mu_a)_{Pb}$ als Funktion der Wellenlänge λ.

Absorptionskanten kann man ausnutzen, um die Energie der unerwünschten $K\beta$-Strahlung gegenüber der erwünschten $K\alpha$-Strahlung herabzusetzen.

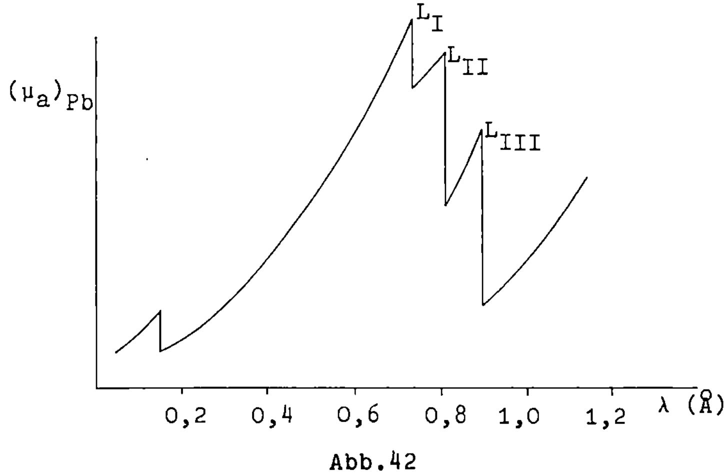

Abb.42

In Abbildung 43 sind einerseits die Intensitäten der $Cu_{K\alpha}$- und $Cu_{K\beta}$-Linien, andererseits der Verlauf von μ_{Ni} in Abhängigkeit

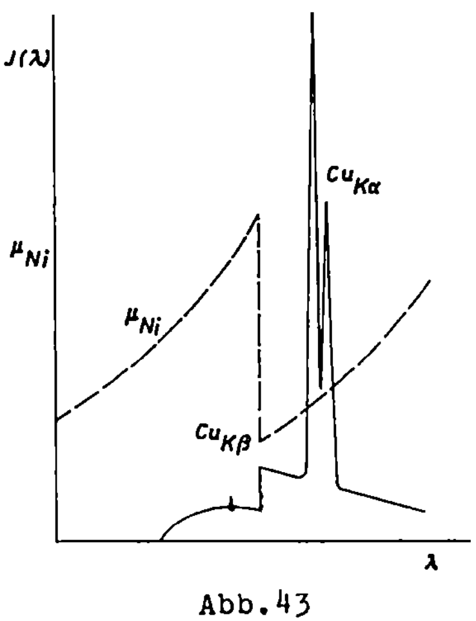

Abb.43

von λ eingezeichnet. Man sieht, daß die Absorptionskante von Ni zwischen der $Cu_{K\alpha}$-Strahlung und der $Cu_{K\beta}$-Strahlung liegt. Dies bedeutet, daß die Intensität der $Cu_{K\beta}$-Strahlung wegen des hohen Absorptionskoeffizienten μ_{Ni} viel stärker geschwächt wird als die Intensität der $Cu_{K\alpha}$-Strahlung, wenn man ein dünnes Ni-Blech als Filter zwischen Röntgenröhre und Untersuchungsobjekt anbringt.

Dem Band III der Internationalen Tabellen kann man auf S.76 z.B. entnehmen, daß man mit einem 0,025 mm starken Ni-Filter das Intensitätsverhältnis $Cu_{K\beta_1}/Cu_{K\alpha_1}$ von 21,4% auf 0,2% herabsetzen kann.

Ähnlich wie man für Cu-Strahlung ein Ni-Filter geeigneter Dicke benutzt, verwendet man für Mo-Strahlung ein Zr-Filter. Allerdings gewinnt man durch diese Filter keine streng monochromatische Strahlung, so daß man für anspruchsvolle Diffraktometermessungen Einkristalle als Monochromatoren einsetzen muß (s.Kapitel VI).

III. Die Beugung von Röntgenstrahlen an Kristallgittern (wellenkinematische Theorie)

In diesem Kapitel wollen wir die Beugungsvorgänge von Röntgenstrahlen an Kristallgittern behandeln. In den ersten beiden Abschnitten werden wir zunächst den wichtigen Begriff des reziproken Gitters einführen und die Bragg'sche Gleichung in ihrer Vektorform ableiten, die eine einfache geometrische Interpretation der Beugungsvorgänge ermöglicht.
Anschließend behandeln wir die elastische Streuung der Röntgenstrahlen am Elektron sowie den Streubeitrag der Elektronenhüllen der Atome und leiten schließlich unter Benutzung der Vektorform der Bragg'schen Gleichung die Strukturamplitude F_{hkl} ab, die als Streubeitrag der Atome der Elementarzelle die wichtigste Größe für die Röntgenstrukturanalyse darstellt.

Nachdem diese Grundlagen bereitgestellt sind, kommen wir zur Besprechung der Beugungsvorgänge an Kristallgittern und untersuchen abschließend den Einfluß der Temperaturschwingungen der Atome auf die Energie der gebeugten Röntgenstrahlen.

Die in diesem Kapitel behandelte sogenannte wellenkinematische Streutheorie setzt einen idealen Mosaikkristall voraus. Dieser besteht aus kohärent streuenden Bereichen, innerhalb derer die Wechselwirkung zwischen Primärstrahl und reflektiertem Strahl zu vernachlässigen ist. Demgegenüber besteht (siehe Abb. 44) im Idealkristall eine Wechselwirkung zwischen einfallender und reflektierter Röntgenstrahlung. Die meisten Kristalle, (mit Ausnahme von Si, Ge) sind Mosaikkristalle, so daß sich in vielen Fällen die Formeln der wellenkinematischen Streutheorie wenigstens näherungsweise anwenden lassen.

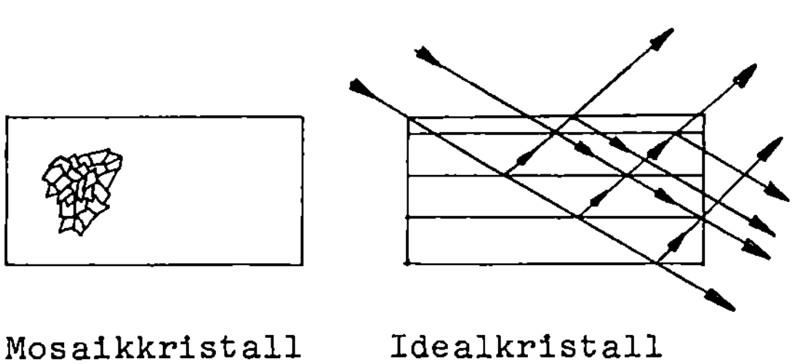

Mosaikkristall   Idealkristall

Abb.44

a) <u>Das reziproke Gitter</u>

Die Interpretation von Beugungsvorgängen von Röntgenstrahlen
an Einkristallen wird durch die Einführung des Konzeptes des
reziproken Gitters bedeutend erleichtert. Es handelt sich dabei
um die folgenden geometrischen Definitionen:

Im Kristallgitter G wird ein Gittervektor $\vec{r}$ definiert

$$\vec{r} = u\vec{a} + v\vec{b} + w\vec{c}$$

$\vec{a}$, $\vec{b}$ und $\vec{c}$ sind Vektoren, die mit den Kanten der Elementarzelle
(Gitterkonstanten) zusammenfallen, u, v und w sind ganze Zahlen.
Der Gittervektor $\vec{r}$ geht daher vom Nullpunkt des Kriställchens
aus und zeigt zu einem Eckpunkt einer beliebigen Elementarzelle.
Besonders kurze Gittervektoren sind z.B. die Kanten der Elemen-
tarzelle $\vec{r} = \vec{a}$, $\vec{r} = \vec{b}$, oder $\vec{r} = \vec{c}$.

Für $\vec{a}$ setzt man z.B. u=1, v=0, w=0 und schreibt hierfür [100].

Andere Gittervektoren sind die Flächendiagonalen [110], [101],
[011] oder die Raumdiagonale [111].

Analog zum Gittervektor $\vec{r}$ im Kristallgitter definiert man einen Vektor $\vec{r}^*$ im reziproken Gitter

$$\vec{r}^* = h\vec{a}^* + k\vec{b}^* + l\vec{c}^*$$

Dabei sind $\vec{a}^*$, $\vec{b}^*$ und $\vec{c}^*$ die Kanten der Elementarzelle im reziproken Gitter (reziproke Gitterkonstanten), und h, k und l
sind ganze Zahlen, und zwar, wie sich herausstellen wird, die
Miller'schen Indizes hkl.

Das reziproke Gitter muß nun in eindeutiger Weise zum Kristallgitter in Beziehung gesetzt werden. Man definiert die Richtung
der reziproken Achsen derart, daß $\vec{a}^*$ senkrecht zu $\vec{b}$ und $\vec{c}$, $\vec{b}^*$
senkrecht zu $\vec{a}$ und $\vec{c}$ und $\vec{c}^*$ senkrecht zu $\vec{a}$ und $\vec{b}$ stehen. Daher
sind alle gemischten skalaren Produkte $(\vec{a}\vec{b}^*)=(\vec{a}\vec{c}^*)=(\vec{b}\vec{c}^*)$ =... 0.
Damit sind die reziproken Achsen bis auf ihr Vorzeichen fest-
gelegt; dies geschieht dadurch, daß man die Richtung von $\vec{a}^*$
identisch zur Richtung des Vektorproduktes $[\vec{b}\vec{c}]$ legt. $[\vec{b}\vec{c}]$
ist nämlich als Vektor in seiner Richtung eindeutig definiert
und steht senkrecht zu $\vec{b}$ und $\vec{c}$. Mithin sind auch die folgenden

Definitionen der reziproken Achsen eindeutig:

$$\vec{a}^* = k\left[\vec{b}\vec{c}\right]$$

$$\vec{b}^* = k\left[\vec{c}\vec{a}\right]$$

$$\vec{c}^* = k\left[\vec{a}\vec{b}\right]$$

wobei k eine Konstante bedeutet, die man noch festlegen muß. Um dieser Konstanten eine möglichst einfache Form zu geben, setzt man die skalaren Produkte $(\vec{a}\vec{a}^*)$, $(\vec{b}\vec{b}^*)$ und $(\vec{c}\vec{c}^*)$, die nicht zu Null werden, gleich 1.

Man erhält die Konstante k aufgrund der Definition des Spat- produktes (Volumen) eines Parallelepipedes (Elementarzelle) :

$$v = \vec{a}\left[\vec{b}\vec{c}\right]$$

Mit $\left[\vec{b}\vec{c}\right] = \dfrac{\vec{a}^*}{k}$ erhalten wir

$$v = \frac{(\vec{a}\vec{a}^*)}{k} = \frac{1}{k}$$

und damit für die reziproken Gitterkonstanten $\vec{a}^*$, $\vec{b}^*$ und $\vec{c}^*$:

$$\vec{a}^* = \frac{1}{v}\left[\vec{b}\vec{c}\right]$$

$$\vec{b}^* = \frac{1}{v}\left[\vec{c}\vec{a}\right]$$

$$\vec{c}^* = \frac{1}{v}\left[\vec{a}\vec{b}\right]$$

Die analogen Beziehungen ergeben sich für die Gitterkonstanten $\vec{a}$, $\vec{b}$ und $\vec{c}$:

$$\vec{a} = \frac{1}{v^*}\left[\vec{b}^*\vec{c}^*\right]$$

$$\vec{b} = \frac{1}{v^*}\left[\vec{c}^*\vec{a}^*\right]$$

$$\vec{c} = \frac{1}{v^*}\left[\vec{a}^*\vec{b}^*\right]$$

$v^* = \vec{a}^*\left[\vec{b}^*\vec{c}^*\right]$ ist hierbei das Volumen der Elementarzelle im re- ziproken Gitter, und es gilt: $vv^* = 1$.

Beispiele

Hexagonales Koordinatensystem

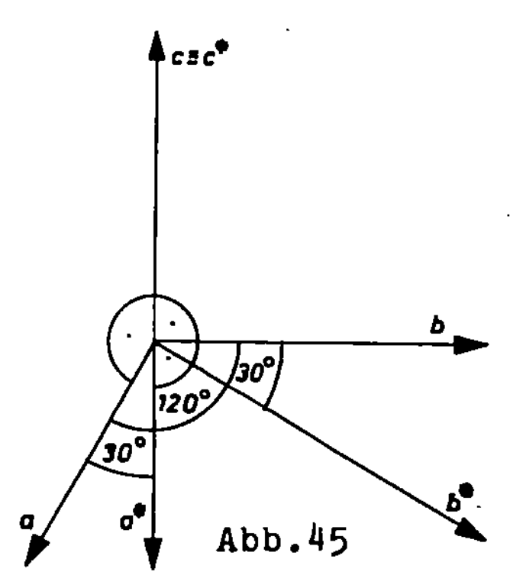

$$\vec{a}^* = \frac{1}{v}\left[\vec{b}\vec{c}\right]$$

$$\left|\left[\vec{b}\vec{c}\right]\right| = bc\cdot\sin\alpha = bc$$

$$v = \vec{a}\left[\vec{b}\vec{c}\right] = abc\cdot\cos\sphericalangle aa^* $$

$$= abc\cdot\cos 30^\circ$$

$$abc\cdot\frac{\sqrt{3}}{2}$$

Mithin finden wir:

$$\left|\vec{a}^*\right| = \frac{bc}{abc\sqrt{3}}\cdot 2 = \frac{2}{a\sqrt{3}}$$

und analog hierzu:

$$\left|\vec{b}^*\right| = \frac{2}{b\sqrt{3}}$$

Man kann leicht zeigen, daß andererseits gilt:

$$\left|\vec{c}^*\right| = \frac{1}{c}$$

Monoklines Koordinatensystem

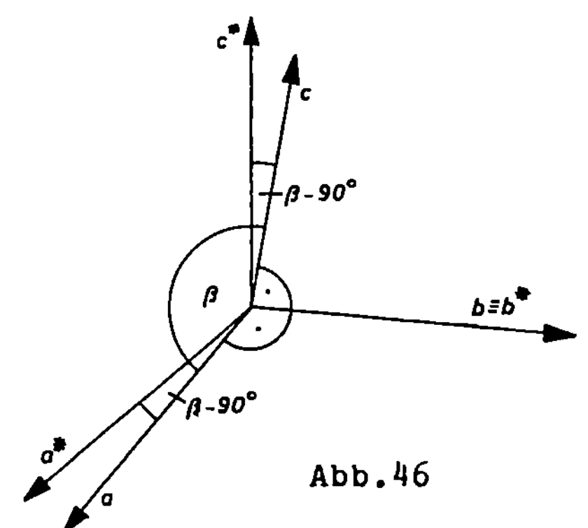

$$\left|\left[\vec{b}\vec{c}\right]\right| = bc\cdot\sin\alpha = bc$$

$$v = \vec{a}\left[\vec{b}\vec{c}\right] = abc\cdot\cos\sphericalangle aa^*$$

$$= abc\cdot\cos(\beta-90^\circ)$$

$$\left|\vec{a}^*\right| = \frac{1}{a\cdot\cos(\beta-90^\circ)}$$

$$\left|\vec{c}^*\right| = \frac{1}{c\cdot\cos(\beta-90^\circ)} ;$$

Es gilt auch hier:

$$\left|\vec{b}^*\right| = \frac{1}{b}$$

Die Eigenschaften des Vektors $\vec{r}^*$ im reziproken Gitter

Wir wollen zeigen, daß

1. $\vec{r}^* = h\vec{a}^* + k\vec{b}^* + l\vec{c}^*$

   senkrecht steht zur Netzebenenschar (hkl)

und 2. $\vec{r}^*$ dem Betrage nach gleich ist dem reziproken Netzebenenabstand $\left|\vec{r}^*\right| = \frac{1}{d}$

zu 1. : Für den Fall, daß $\vec{r}^*$ senkrecht steht zur Netzebene
(hkl), stehen in Abbildung 47 die Strecken $\overline{AB}$, $\overline{AC}$ und
$\overline{BC}$ ebenfalls senkrecht zu $\vec{r}^*$, und es muß z.B. für die

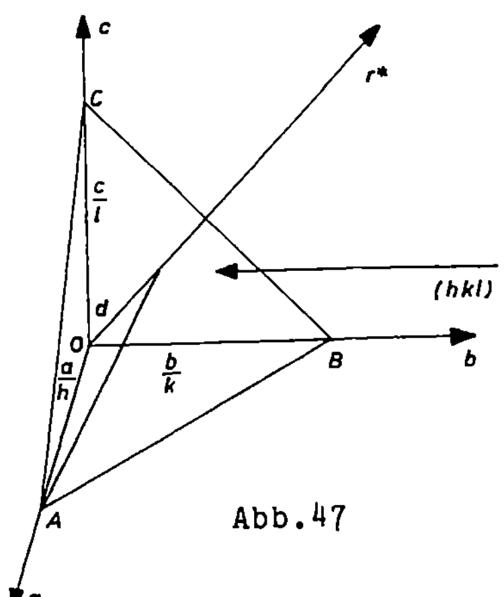

Abb.47

Strecke $\overline{AB}$ das skalare Produkt aus $\vec{r}^*$ und $\left(\frac{\vec{a}}{h} - \frac{\vec{b}}{k}\right)$ gleich 0 sein:

$$\left(\vec{r}^*\left(\frac{\vec{a}}{h} - \frac{\vec{b}}{k}\right)\right) = (\vec{a}\vec{a}^*) - (\vec{b}\vec{b}^*) = 0$$

was unter Beachtung der oben gegebenen Definitionen erfüllt ist. Das gleiche gilt für die anderen Strecken $\overline{AC}$ und $\overline{BC}$.

zu 2. : Aus Abbildung 47 geht hervor, daß die Projektion der
Strecke $\overline{OA}$ in Richtung $\vec{r}^*$ gleich ist dem Abstand zweier benachbarter Netzebenen d.

Es gilt demnach

$$\left(\frac{\vec{a}}{h} \; \frac{\vec{r}^*}{|\vec{r}^*|}\right) = d,$$

und es folgt $|\vec{r}^*| = \frac{1}{d}$

Jeder Vektor $\vec{r}^*$ im reziproken Gitter steht daher senkrecht
auf der Netzebenenschar (hkl) im Kristallgitter, wobei $|\vec{r}^*|$
gleich ist $\frac{1}{d}$ (siehe Abbildung 48a).

Umgekehrt (Abbildung 48b) entspricht ein Vektor $\vec{r}$ im Kristallgitter einer Ebenenschar im reziproken Gitter, die senkrecht
zu $\vec{r}$ steht, wobei der Abstand zweier benachbarter reziproker
Gitterebenen $\frac{1}{|\vec{r}|}$ beträgt. Diese Beziehungen zwischen dem Kri-
stallgitter und dem reziproken Gitter werden wir im Kapitel IV
zur Erklärung der Aufnahmeverfahren oft benutzen.

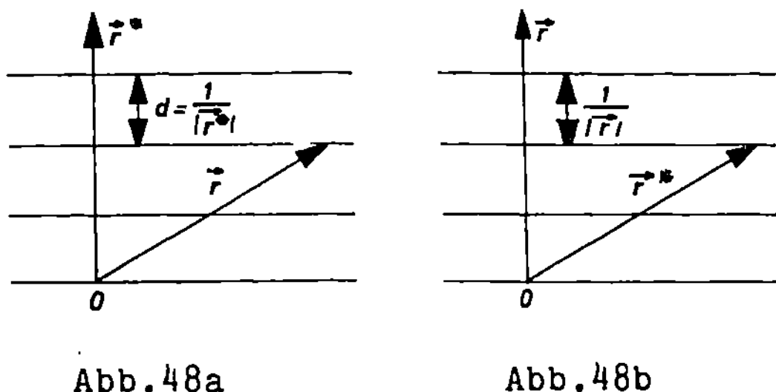

Abb.48a   Abb.48b

In den einzelnen Netzebenen des reziproken Gitters der Abb.48b
liegen ganz bestimmte reziproke Gitterpunkte, die in Beziehung
gesetzt werden können zum Vektor $\vec{r}$ des Kristallgitters. Legen
wir in Abbildung 48b den Nullpunkt des reziproken Gitters in
den Punkt O und zeichnen einen Vektor $\vec{r}^{*}$, der von O ausgehend
zu einem reziproken Gitterpunkt in der zweiten reziproken Gitterebene zeigt, so ist die Projektion von $\vec{r}^{*}$ in Richtung $\vec{r}$
gleich $\dfrac{2}{|\vec{r}|}$;

Mithin ist $$\left(\vec{r}^{*}\cdot\frac{\vec{r}}{|\vec{r}|}\right) = \frac{2}{|\vec{r}|}$$

$$\text{oder} \quad (\vec{r}\,\vec{r}^{*}) = 2$$

Allgemein gilt für die n-te reziproke Gitterebene

$$\boxed{(\vec{r}\,\vec{r}^{*}) = n}$$

Rechnen wir $(\vec{r}\,\vec{r}^{*})$ entsprechend den obigen Definitionen aus, so
erhalten wir die sogenannte Schichtlinienbeziehung in der Form:

$$\boxed{hu + kv + lw = n}$$

Es wird sich herausstellen, daß diese Schichtlinienbeziehung
für die Interpretation der Röntgendiagramme von Einkristallen
eine große Bedeutung besitzt. Alle Röntgenverfahren, die wir
im Kapitel IV besprechen werden, beruhen nämlich darauf, daß
man einen Kristall um einen einfachen Gittervektor $\vec{r}$, in der
Regel um eine Kante der Elementarzelle $\vec{a}$, $\vec{b}$ oder $\vec{c}$ justiert.
Das heißt, daß diese Kante mit der Drehachse des Kristalles
zusammenfällt. Aus Abbildung 48b folgt dann, daß eine Netzebe-

nenschar im reziproken Gitter mit dem Netzebenenabstand $\frac{1}{|\vec{r}^*|}$ senkrecht zur Kristalldrehachse steht. Man hat durch die Justierung des Kristalles eine Separierung der reziproken Gitterpunkte erreicht, denn die Schichtlinienbeziehung sagt aus, daß in den einzelnen Netzebenen des reziproken Gitters ganz bestimmte Gitterpunkte liegen, die der Beziehung

$$hu + kv + lw = n$$

genügen.

Nehmen wir z.B. an, wir justieren den Kristall um die c-Achse ($\vec{c}$) der Elementarzelle. Wir setzen dann u=0, v=0, w=1 und erhalten als Schichtlinienbeziehung

$$l = n$$

Das bedeutet, daß in der O-ten Netzebene des reziproken Gitters nur diejenigen Vektoren $\vec{r}^*$ enden, deren l-Index = 0 ist, in der ersten Ebene enden nur diejenigen mit l = 1 etc. Aus Abbildung 49 entnehmen wir dann, daß in der O-ten reziproken Gitterebene alle reziproken Gitterpunkte hk0, in der 1. reziproken Gitterebene alle reziproken Gitterpunkte hk1 zu finden sind etc.

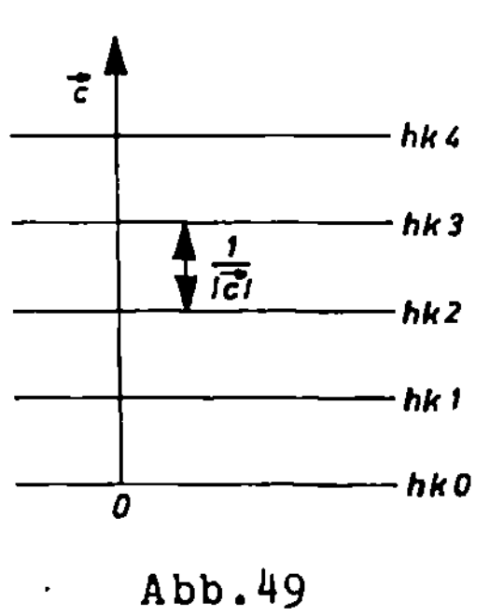

Abb.49

Wir werden im folgenden weniger von den reziproken Gittervektoren selbst als vielmehr von ihren Endpunkten, den reziproken Gitterpunkten sprechen.

b) <u>Die Vektorform der Bragg'schen Gleichung und die Ewald'sche Lagekugel</u>

In diesem Abschnitt wollen wir zeigen, daß jedem reziproken Gittervektor bzw. jedem reziproken Gitterpunkt in einfacher Weise ein Bragg'scher Reflex zuzuordnen ist. Hierzu wollen wir die sogenannte Vektorform der Bragg'schen Gleichung ableiten und geometrisch interpretieren. Von der Vektorform der Bragg'schen Gleichung werden wir im nächsten Kapitel bei der Erklä-

rung der Einkristall-Aufnahmeverfahren reichlich Gebrauch machen.

Zur Auswertung von Pulverdiagrammen nach dem Debye-Scherrer-
Verfahren benutzt man die Bragg'sche Gleichung in ihrer quadratischen Form. Da das Debye-Scherrer-Verfahren für die Röntgenstrukturanalyse von untergeordneter Bedeutung ist, wollen
wir nicht weiter darauf eingehen. Der interessierte Leser sei
auf den uni-Text von H. KRISCHNER "Einführung in die Röntgen-
feinstrukturanalyse" verwiesen.

Um die Bragg'sche Gleichung in einfacher Weise abzuleiten, gehen wir von einem Kristallgitter aus, dessen benachbarte Netzebenen voneinander den Abstand d haben und nehmen dabei an,
daß die Netzebenen mit Atomen dicht besetzt sind und daher für
die Röntgenstrahlen gewissermaßen als Spiegel wirken.

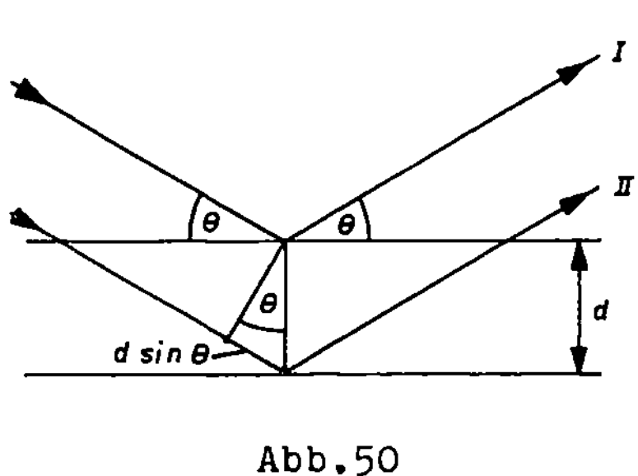

Abb.50

Fällt der Röntgenstrahl
auf diese Netzebenenschar
unter dem Winkel θ auf,
so wird die Strahlung ge-
mäß Abbildung 50 unter
dem gleichen Winkel θ ab-
gebeugt. Der Wegunter-
schied zwischen den bei-
den an benachbarten Netz-
ebenen abgebeugten Strah-
lengängen I und II ergibt
sich aus Abbildung 50 zu
$2d\sin\theta$. Ist dieser Wegunterschied genau gleich einem ganzen
Vielfachen der Wellenlänge λ, so verstärken sich die gebeugten Strahlen I und II, und wir erhalten Röntgeninterferenzen, für deren Zustandekommen die Beziehung

$$2d\sin\theta = n\lambda$$

erfüllt sein muß. Diese einfache Beziehung ist als Bragg'-
sche Gleichung bekannt. Der Beugungswinkel θ wird als Bragg'-
scher Winkel bezeichnet.

Es sei bemerkt, daß die hier angenommene Reflexion in Wirklichkeit ein Beugungseffekt ist, auf den wir im Verlaufe dieses Kapitels noch näher eingehen werden.

Zur Ableitung der Vektorform schreiben wir die Bragg'sche Gleichung mit n=1 in der Form:

$$\frac{2\sin\theta}{\lambda} = \frac{1}{d} = |\vec{r^*}|$$

Führen wir den Vektor $\vec{S} = \vec{s}-\vec{s}_0$ ein (Abbildung 51), wobei $\vec{s}_0$ ein Einheitsvektor in Richtung des einfallenden Röntgenstrahles und $\vec{s}$ ein Einheitsvektor in Richtung des reflektierten

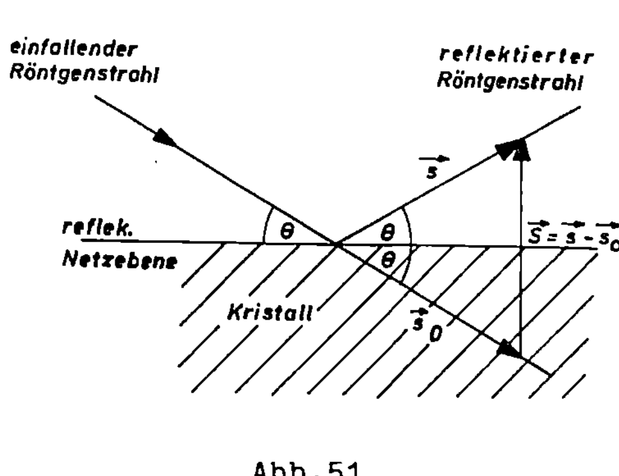

Abb.51

Röntgenstrahles bedeuten, so folgt

$$|\vec{S}| = |\vec{s}-\vec{s}_0| = 2\sin\theta$$

Setzen wir dies in die Bragg'sche Gleichung ein, so erhalten wir

$$\frac{|\vec{S}|}{\lambda} = |\vec{r^*}|$$

Da sowohl $\vec{S}$ als auch $\vec{r^*}$ senkrecht zur reflektierenden Netzebene stehen, gilt die Bragg'sche Gleichung auch in der Vektorform

$$\frac{\vec{S}}{\lambda} = \vec{r^*}$$

Die Ewald'sche Lagekugel

Die geometrische Interpretation der Bragg'schen Gleichung in ihrer Vektorform verdankt man P.P. EWALD. Zeichnet man sich (Abbildung 52) eine Kugel vom Radius $1/\lambda$, legt den Kristall in den Mittelpunkt dieser Kugel, zeichnet den Vektor $\vec{s}_0/\lambda$ als Radius in Richtung des einfallenden Röntgenstrahles und den Vektor $\vec{s}/\lambda$ in Richtung des reflektierten Röntgenstrahles, so bedeutet die Bragg'sche Gleichung in der Form $\frac{\vec{S}}{\lambda} = \vec{r^*}$, daß immer nur dann Reflexion eintritt, wenn der Vektor $\frac{\vec{S}}{\lambda}$ gleich einem reziproken Gittervektor $\vec{r^*}$ ist. Wenn wir den Ursprung des reziproken Gitters in den Punkt 0 legen, wo der einfallende

Röntgenstrahl aus der Lagekugel austritt, so gehen von diesem
Punkt alle reziproken Gittervektoren aus. Nehmen wir weiterhin
an, daß der in der Mitte der Kugel befindliche Kristall um die
c-Achse justiert sei, so liegen die einzelnen reziproken Gitterebenen, wie wir gesehen haben, senkrecht zu $\vec{c}$, haben voneinander

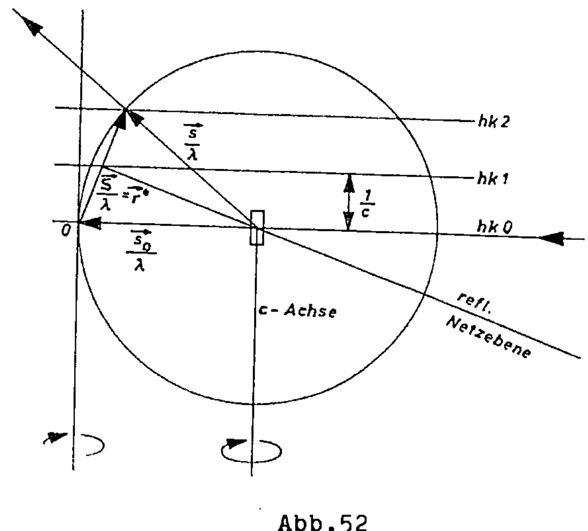

Abb.52

den Abstand $\frac{1}{c}$ und
enthalten die rezi-
proken Gitterpunkte
hk0, hk1 etc.

In Abbildung 52 ist
der Fall gezeichnet,
daß ein reziproker
Gittervektor $\vec{r}^*_{hk2}$
mit dem Vektor
$\frac{\vec{s}}{\lambda}$ zusammenfällt. Die
Bragg'sche Gleichung
ist daher erfüllt und
es entsteht der Re-
flex hk2. Die re-
flektierende Netz-
ebene (hk2) im Kristall steht dabei senkrecht zu $\vec{r}^*$.

Zusammenfassend kann man sagen, daß immer dann, und nur dann
ein Reflex entsteht, wenn ein reziproker Gitterpunkt durch die
Lagekugel wandert. Um vielen reziproken Gitterpunkten diese
Gelegenheit zu geben, dreht man den Kristall um die Achse
längs der er justiert ist (in Abbildung 52 um die c-Achse).
Mit dem Kristall dreht sich synchron das reziproke Gitter um
eine zur Kristalldrehachse parallele Achse, die durch den Ursprung 0 des reziproken Gitters geht. Die einzelnen reziproken
Gitterpunkte auf den reziproken Gitterebenen hk0, hk1, hk2
haben dabei die Gelegenheit, nacheinander durch die Lagekugel
zu wandern. Die entsprechende experimentelle Anordnung kann
in verhältnismäßig einfacher Weise bei den sogenannten Drehaufnahmen (siehe Kapitel IV) verwirklicht werden.

Damit haben wir die wichtigsten Begriffe des reziproken Gitters
sowie die Vektorform der Bragg'schen Gleichung bereitgestellt,
soweit wir diese für die wellenkinematische Streutheorie benötigen.

c) <u>Elastische Streuung von Röntgenstrahlen am Elektron</u>

In den folgenden Abschnitten wollen wir uns mit der wellenkinematischen Streutheorie befassen und betrachten zunächst den
Streuvorgang von Röntgenstrahlen am Elektron. Dieser beruht
auf der klassischen elektrodynamischen Streutheorie, die auf
den Maxwell'schen Gleichungen aufbaut und stammt von THOMSON
und LORENTZ.

Unter dem Einfluß der Röntgenstrahlung erfährt das Elektron
eine Beschleunigung, entfernt sich aus seiner Ruhelage und
führt eine harmonische Schwingung um diese Ruhelage aus. Das
schwingende Elektron ist dann seinerseits der Ausgangspunkt
einer Streustrahlung gleicher Frequenz. Die Phasendifferenz
zwischen Primärstrahlung und reflektierter Strahlung ist π.
In Wirklichkeit entsteht auch Compton-Strahlung anderer Frequenz. Dieser Streuanteil ist jedoch gering, so daß er für
unsere Zwecke in den meisten Fällen vernachlässigt werden
kann.

Wir setzen zunächst linear polarisierte Röntgenstrahlung voraus.
In Abbildung 53 trifft linear polarisierte Röntgenstrahlung,
charakterisiert durch den Vektor der elektrischen Feldstärke $\vec{\mathfrak{E}}_0$ das Elektron. Dieses wird beschleunigt ($\vec{b}$) und führt eine lineare Schwingung aus. Die ebenfalls linear polarisierte Streustrahlung ist durch $\vec{\mathfrak{E}}_s$ charakterisiert und

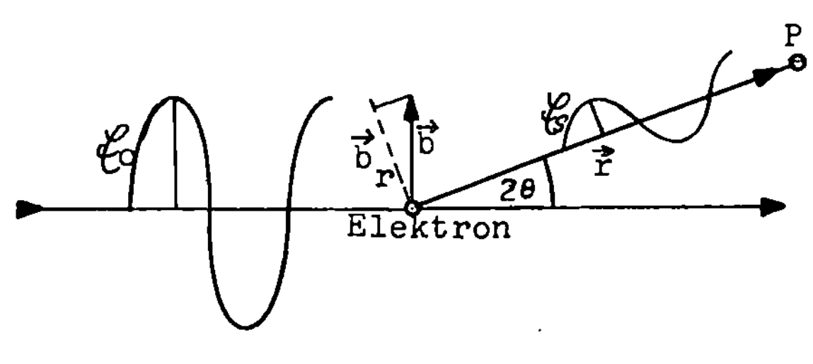

Abb.53

wird im Aufpunkt P beobachtet. Die Entfernung des Aufpunktes
vom Elektron ist $\vec{r}$. Die Richtung Elektron-Aufpunkt schließt
mit der Richtung des Primärstrahles den Winkel 2θ ein.
$|\vec{\mathfrak{E}}_s|$ ist proportional zu $\frac{b_r}{r}$. $\vec{b}_r$ ist hierbei die auf $\vec{r}$ senkrecht
stehende Komponente von $\vec{b}$.

Der Proportionalitätsfaktor ergibt sich nach Thomson-Lorentz zu

$\frac{e}{c^2}$, und wir erhalten für $\overrightarrow{\mathcal{E}_s}$:

$$\overrightarrow{\mathcal{E}_s} = \frac{e}{c^2} \cdot \frac{\overrightarrow{b_r}}{r} \; ; \quad \text{mithin ist} \quad \left|\overrightarrow{\mathcal{E}_s}\right| = \frac{e}{c^2} \cdot \frac{1}{r} \cdot b \cdot \cos 2\theta$$

Führen wir $\overrightarrow{\mathcal{E}_0}$ gemäß $m\overrightarrow{b} = e \cdot \overrightarrow{\mathcal{E}_0}$ ein, so folgt für $\left|\overrightarrow{\mathcal{E}_s}\right|$:

$$\left|\overrightarrow{\mathcal{E}_s}\right| = \left(\frac{e^2}{mc^2}\right) \cdot \frac{1}{r} \cdot \cos 2\theta \cdot \left|\overrightarrow{\mathcal{E}_0}\right|$$

$\left(\frac{e^2}{mc^2}\right)$ hat die Dimension [cm] und bedeutet den klassischen Elektronenradius ($\sim 10^{-13}$).

Für die Intensität I_s erhalten wir:

$$I_s = \left(\frac{e^2}{mc^2}\right)^2 \cdot \frac{1}{r^2} \cdot \cos^2 2\theta \cdot I_0$$

Setzt man einen nicht polarisierten Röntgenstrahl voraus (Abbildung 54), so kann man $\overrightarrow{\mathcal{E}_0}$ in die Komponenten $\overrightarrow{\mathcal{E}_{oz}}$ und $\overrightarrow{\mathcal{E}_{ox}}$ zerlegen, wenn man in der y-Richtung einstrahlt. Im Mittel gilt hierbei für die Intensitäten

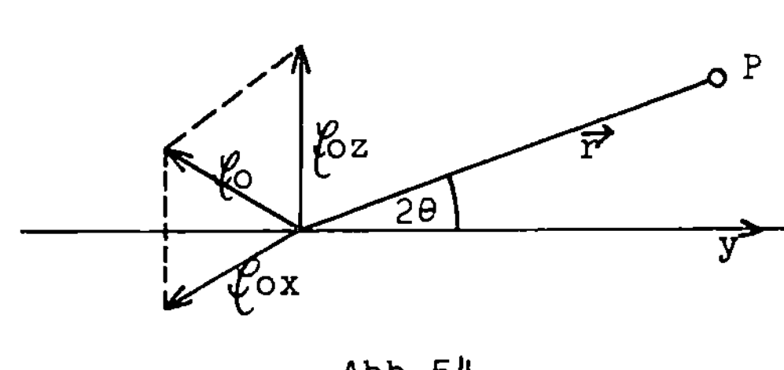

Abb.54

$$\overline{I_{ox}} = \overline{I_{oz}} = \tfrac{1}{2} I_0$$

Da $\overrightarrow{\mathcal{E}_{ox}}$ senkrecht zu OP steht, wirkt sich dies für diese Komponente so aus, als sei $2\theta = 0$; mithin ist $\cos 2\theta = 1$.

Wir erhalten für

$$\frac{I_{sx}}{I_0} = \frac{1}{2}\left(\frac{e^2}{mc^2}\right)^2 \cdot \frac{1}{r^2}$$

und für

$$\frac{I_{sz}}{I_0} = \frac{1}{2}\left(\frac{e^2}{mc^2}\right)^2 \cdot \frac{1}{r^2} \cdot \cos^2 2\theta$$

Insgesamt ergibt sich für nicht-polarisierte Strahlung

$$\boxed{\frac{I_s}{I_0} = \left(\frac{e^2}{mc^2}\right)^2 \cdot \frac{1}{r^2} \cdot \left(\frac{1+\cos^2 2\theta}{2}\right)}$$

I_s ist die Streuleistung des Elektrons, die im Aufpunkt P beobachtet wird. Für $\theta = 0^O$, d.h. senkrecht zum Beschleunigungsvektor, erreicht die Streuleistung ihr Maximum.

Den Faktor $P = \dfrac{1+\cos^2 2\theta}{2}$ nennen wir Polarisationsfaktor.

Die gesamte Streuleistung des Elektrons W_{ges} erhalten wir, wenn wir über die Kugeloberfläche integrieren, wobei wir statt 2θ den Winkel α einführen.

Aus Abbildung 55 entnehmen wir das Oberflächenelement
$2r \cdot \sin\alpha \cdot \pi r \cdot d\alpha$.

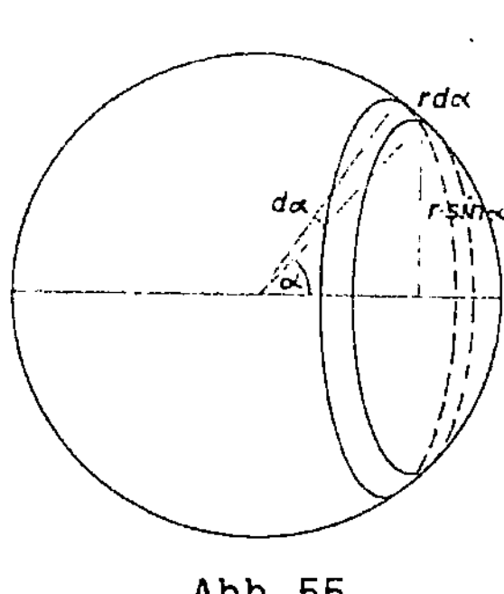

Abb.55

$$W_{ges} = \int_{\alpha=0}^{\pi} I_s \; 2r^2\pi\sin\alpha \cdot d\alpha$$

Setzen wir den obigen Ausdruck für I_s ein, so erhalten wir

$$W_{ges} = \left(\frac{e^2}{mc^2}\right)^2 \cdot I_0 \; \pi\int_{\alpha=0}^{\pi}(1+\cos^2\alpha)\sin\alpha\, d\alpha$$

Wir berechnen das Integral:

$$\int_0^\pi (1+\cos^2\alpha)\sin\alpha\, d\alpha =$$

$$\int_0^\pi \sin\alpha\, d\alpha + \int_0^\pi (1-\sin^2\alpha)\sin\alpha\, d\alpha =$$

$$2\int_0^\pi \sin\alpha\, d\alpha - \underbrace{\int_0^\pi \sin^3\alpha\, d\alpha}_{\frac{4}{3}} = \frac{8}{3}$$

und erhalten als gesamte Streuleistung eines Elektrons in alle Raumrichtungen

$$W_{ges} = \frac{8\pi}{3}\left(\frac{e^2}{mc^2}\right)^2 \cdot I_0$$

Der Streukoeffizient des Elektrons ergibt sich zu

$$\frac{W_{ges}}{I_0} = \boxed{\;\sigma_e = \frac{8\pi}{3}\cdot\left(\frac{e^2}{mc^2}\right)^2\;}\;\left[cm^2\right]$$

d) Die Atomformamplitude f

Wenn wir den Streubeitrag der Elektronenhülle eines Atomes ableiten wollen, müssen wir von der elastischen Streuung der Röntgenstrahlen an Elektronen ausgehen. Wir erhielten für die Streuleistung I_S eines Elektrons im Aufpunkt P im Abstand $\vec{r}$ vom
Elektron den Ausdruck

$$I_S = \left(\frac{e^2}{mc^2}\right)^2 \frac{1}{r^2} \left(\frac{1+\cos^2 2\theta}{2}\right) I_0$$

Wäre der Durchmesser der Ladungswolken der Atome klein vergli-
chen mit der Wellenlänge der Röntgenstrahlen, so brauchten
wir die Phasendifferenzen zwischen den von den einzelnen Volu-
menelementen der Elektronenwolke gestreuten Röntgenstrahlen
nicht zu berücksichtigen. Da jedoch beide etwa gleich groß sind,
spielen diese Phasendifferenzen eine wichtige Rolle.

Im Volumenelement $d\tau$ der Elektronenhülle seien $\rho(r)d\tau$ Elektronen, wenn $\rho(r)$ die kugelsymmetrisch angenommene Elektronendichte $\left[El/A^3\right]$ ist. Die
Wegdifferenz der Strahlen-
wege I und II beträgt nach
Abbildung 56 x-y.

Mit den eingeführten Ein-
heitsvektoren $\vec{s}_0$ und $\vec{s}$
sowie dem Vektor $\vec{r}$ können
wir die Wegdifferenz
schreiben als:

$$(\vec{r}(\vec{s}-\vec{s}_0)) = (\vec{r}\vec{S}) \; ;$$

$\vec{r}$ ist gemäß Abbildung 56
ein Vektor vom Mittelpunkt

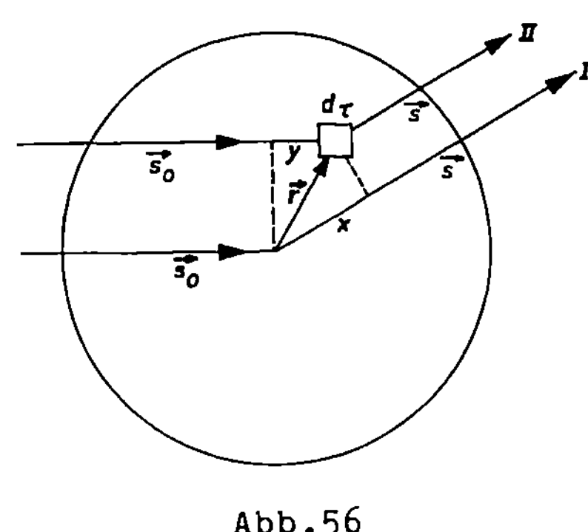

Abb.56

der Elektronenwolke zum Volumenelement $d\tau$.

Die Phasendifferenz $\frac{2\pi}{\lambda}(\vec{r}\vec{S})$ der Strahlen I und II erhalten wir,
wenn wir die Wegdifferenz mit $\frac{2\pi}{\lambda}$ multiplizieren.

Unter Berücksichtigung dieser Phasendifferenz ergibt sich der
Streubeitrag des Volumenelementes $d\tau$ daher zu

$$\Delta f = \rho(r) \cdot e^{\frac{2\pi}{\lambda}i(\vec{r}\vec{S})} \cdot d\tau$$

Den Streubeitrag eines Atoms, die sogenannte Atomformamplitude
f. erhalten wir durch Integration über die gesamte Elektronenwolke

$$f = \int \rho(r) \cdot e^{\frac{2\pi}{\lambda} i (\vec{r}\vec{S})} \cdot d\tau$$

Ausführung der Integration: Das Oberflächenelement (siehe Abbildung 57) ist $rd\alpha dr$;

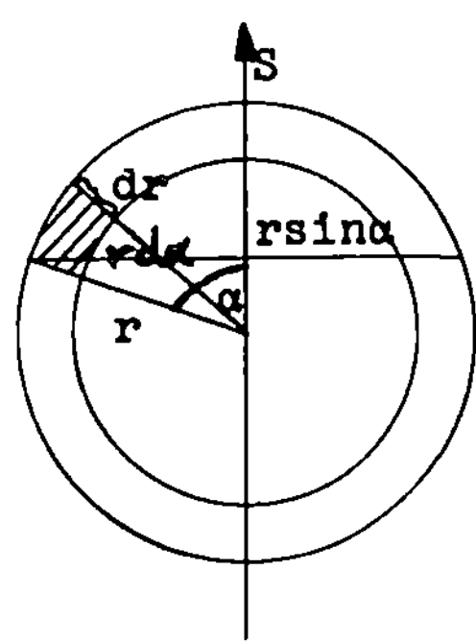

Abb.57

dieses wird längs des
Umfanges $2\pi r\sin\alpha$ ge-
führt. Somit ergibt sich
$d\tau = 2r^2\pi\sin\alpha d\alpha dr$ als
Volumenelement.
Es ist
$(\vec{r}\vec{S}) = r\cdot 2\sin\theta\cdot\cos\alpha$

Mithin ist

$$\frac{2\pi}{\lambda}\cdot(\vec{r}\vec{S}) = \underbrace{\frac{4\pi}{\lambda}\sin\theta}_{\mu} r\cdot\cos\alpha = \mu r\cos\alpha = x$$

Damit können wir schreiben

$$f = \int \rho(r)\cdot e^{ix}\cdot d\tau$$

Wir führen nun x in $d\tau$ ein:

$$x = \mu r\cos\alpha$$
$$dx = -\mu r\sin\alpha d\alpha$$
$$\sin\alpha d\alpha = \frac{-dx}{\mu r} ; \qquad \text{hieraus folgt:} \quad d\tau = 2r^2\pi dr\left(\frac{-dx}{\mu r}\right)$$

Somit erhalten wir

$$f = \int \rho(r)\cdot e^{ix}\cdot\frac{2r^2\pi}{\mu r}\cdot dr(-dx)$$

Wenn α von 0 bis π läuft, geht $x = \mu r\cdot\cos\alpha$ von $+\mu r$ bis $-\mu r$,
mithin sind die Grenzen (wegen $(-dx)$) :

$$f = \int_0^\infty \rho(r)\cdot\frac{2r^2\pi}{\mu r}\cdot dr \int_{-\mu r}^{+\mu r} e^{ix}\cdot dx$$

Das Integral ergibt sich zu

$$\int_{-\mu r}^{+\mu r} e^{ix}dx = \frac{e^{i\mu r} - e^{-i\mu r}}{i} = 2\sin\mu r$$

und wir erhalten für f:

$$f = \int_{0}^{\infty} U(r) \frac{\sin\mu r}{\mu r} dr \qquad \text{mit } U(r) = 4r^2\pi\rho(r)$$

Um die Integration graphisch ausführen zu können, müssen wir uns etwas näher mit den Funktionen $U(r)$ und $\frac{\sin\mu r}{\mu r}$ befassen.

Die Größen $U(r) = 4r^2\pi\rho(r)$ sind die "radialen Dichten".
Für s- und p-Elektronen sind sie in Abbildung 58 schematisch gezeichnet.

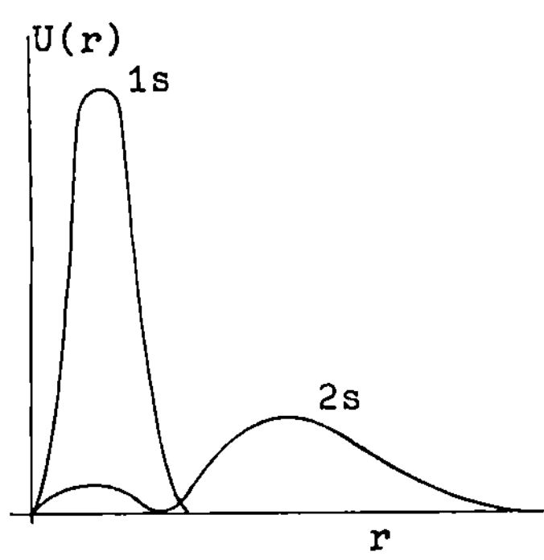

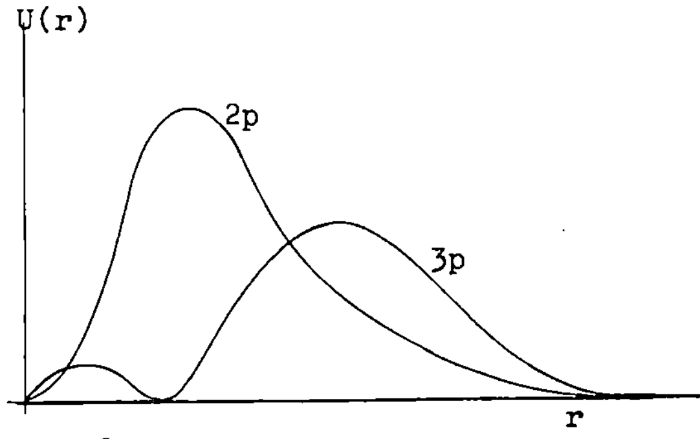

Abb.58

Die Integrale ergeben
2 Elektronen

Die Integrale ergeben
6 Elektronen

Wir diskutieren nun die Funktion $\frac{\sin\mu r}{\mu r}$ mit $\mu = \frac{4\pi}{\lambda}\sin\theta$:

1. für $\frac{\sin\theta}{\lambda} = 0$ ist $\mu = 0$ und $\frac{\sin\mu r}{\mu r} = \frac{0}{0} = 1$ (für alle r)

2. Untersuchung der O-Stellen: (für $\frac{\sin\theta}{\lambda} \neq 0$)

Der Zähler wird O, wenn $\mu r = \pi, 2\pi, \ldots$

Die erste O-Stelle findet man bei $\mu r = \pi$

Die zweite O-Stelle findet man bei $\mu r = 2\pi$ etc.

Es ergeben sich die folgenden Zahlenwerte:

$\frac{\sin\theta}{\lambda}$	1. Nullstelle	2. Nullstelle
0,1	$r = 2,5$	$r = 5,0$
0,2	$r = 1,25$	$r = 2,5$
0,4	$r = 0,625$	$r = 1,25$
0,6	$r = 0,42$	$r = 0,84$

In Abbildung 59 ist $\frac{\sin\mu r}{\mu r}$ als Funktion von r für verschiedene $\frac{\sin\theta}{\lambda}$ gezeichnet.

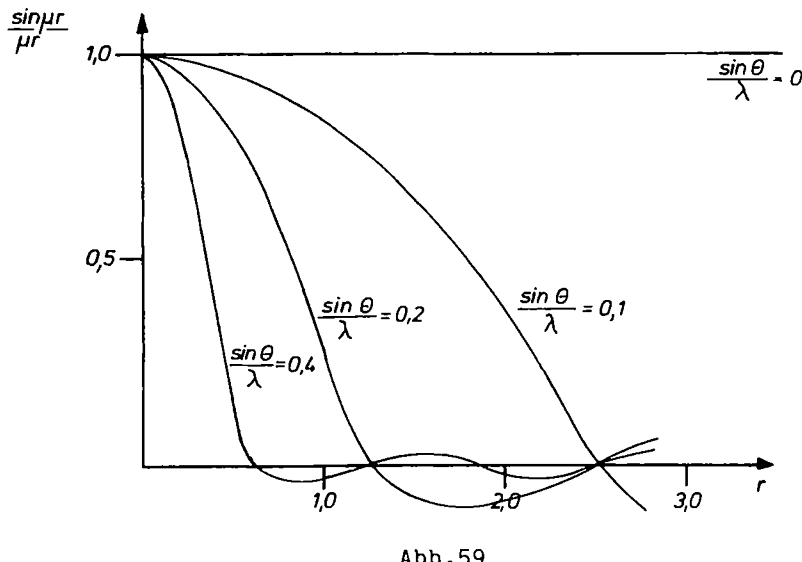

Abb.59

Um den Streubeitrag Δf für eine Elektronensorte eines Atoms zu finden, multiplizieren wir $U(r)$ mit $\frac{\sin\mu r}{\mu r}$ und integrieren.

Als Beispiel bestimmen wir den Streubeitrag der 3p-Elektronen des K^+-Ions $(\Delta f_{3p})_{K^+}$. In Abbildung 60 sind die Produkte $U(r)\frac{\sin\mu r}{\mu r}$ für die verschiedenen Werte von $\frac{\sin\theta}{\lambda}$ gezeichnet.

Die Integrale sind in Abbildung 61 gegen $\frac{\sin\theta}{\lambda}$ aufgetragen.

Analog zu unserem Beispiel können wir die Streubeiträge aller Elektronen innerhalb eines Atoms ermitteln. Wir erhalten für die Streubeiträge der einzelnen Elektronensorten die in Abbildung 62 gezeichneten Funktionen von $\frac{\sin\theta}{\lambda}$.

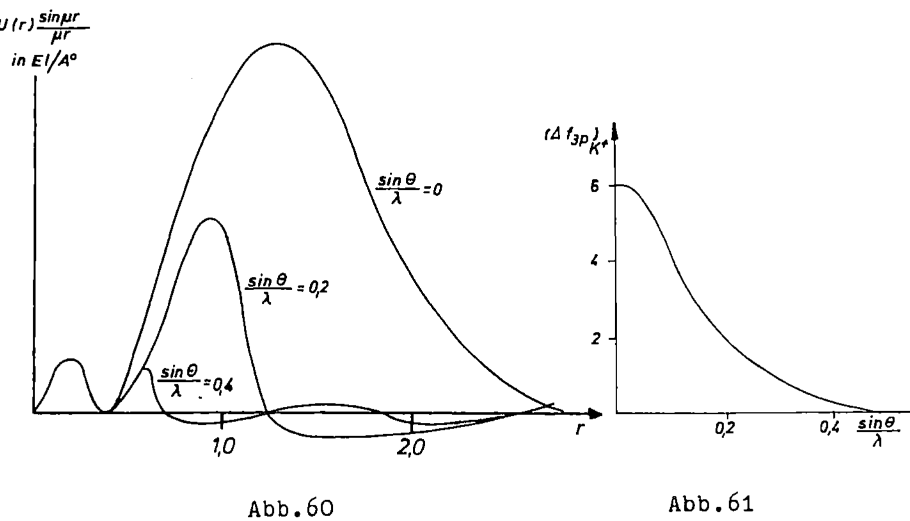

Abb.60   Abb.61

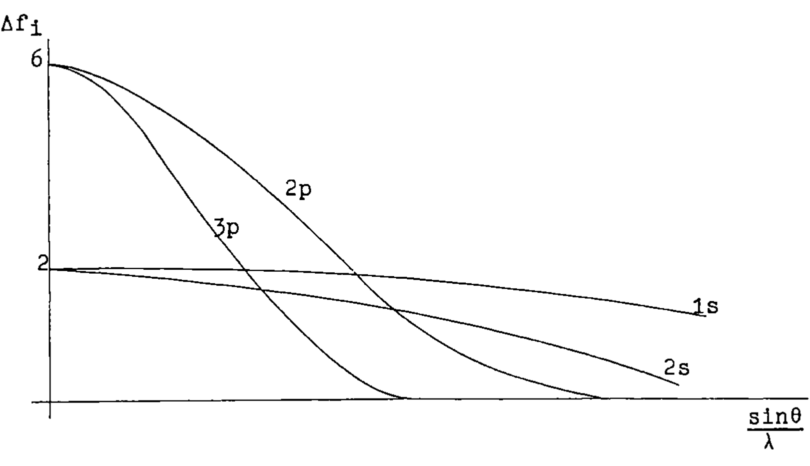

Abb.62

Durch Addition aller Beträge Δf_1 erhalten wir dann die gesuchte Atomformamplitude f als Funktion von $\frac{\sin\theta}{\lambda}$ (siehe Abb.63).

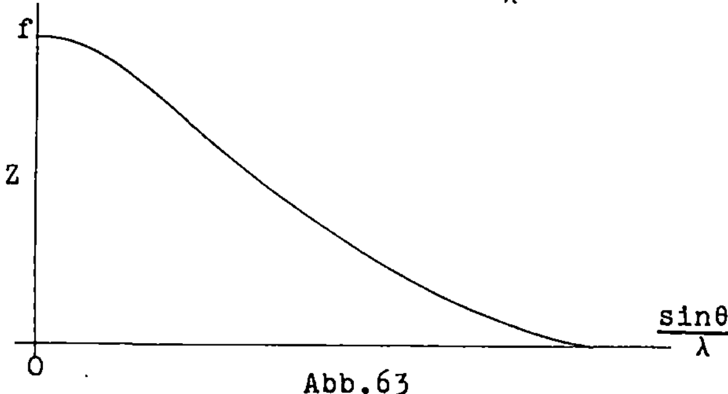

Abb.63

Die f-Werte beruhen auf den kugelsymmetrischen Elektronendichten $\rho(r)$, die entweder aufgrund der scf (self-consistent-field) Methode oder (besonders für schwere Atome oder Ionen) nach der statistischen Methode von Thomas und Fermi (TF) berechnet werden können. Für schwere Atome stimmen die nach beiden Methoden ermittelten f-Werte hinreichend gut miteinander überein:

Ein Zahlenvergleich für Rb^+ ergibt:

$\frac{\sin\theta}{\lambda}$	f aufgrund $\rho(r)$ scf	f aufgrund $\rho(r)$ TF
0	36,00	36,00
0,2	28,85	29,11
0,4	21,57	21,31
1,0	9,96	10,58

e) Die Strukturamplitude F_{hkl}

Um den Streubeitrag aller Atome der Elementarzelle zu ermitteln, summieren wir über alle v Atome der Zelle unter Berücksichtigung ihrer Streugewichte f_v und deren Phasendifferenzen $\frac{2\pi}{\lambda}(\vec{r}_v\vec{S})$ (Abbildung 64).

Wir erhalten auf diese Art die Strukturamplitude

$$F = \sum_v f_v \cdot e^{\frac{2\pi}{\lambda}\cdot i(\vec{r}_v\vec{S})}$$

Hierbei ist $\vec{r}_v = x_v\vec{a} + y_v\vec{b} + z_v\vec{c}$ ein Vektor innerhalb der

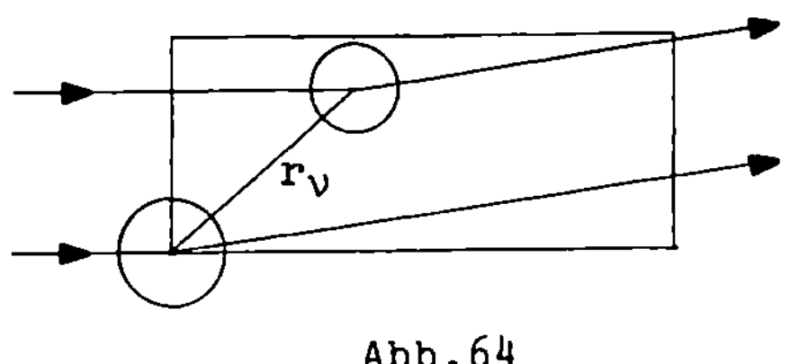

Elementarzelle, der den Nullpunkt mit dem ν-ten Atom verbindet.

Abb.64

Interessieren wir uns für einen bestimmten Reflex, so gilt die Bragg'sche Gleichung. Wir setzen diese in ihrer Vektorform $\frac{\vec{s}}{\lambda} = \vec{r}^{*}$ an und erhalten für die Strukturamplitude F_{hkl} den Ausdruck (vgl. hierzu auch die Formel auf S.55):

$$F_{hkl} = \sum_{\nu} f_{\nu} \cdot e^{2\pi i (\vec{r}_{\nu} \vec{r}^{*})} = \sum_{\nu} f_{\nu} \cdot e^{2\pi i (hx_{\nu} + ky_{\nu} + lz_{\nu})}$$

Die Strukturamplitude F_{hkl} ist für die Röntgenstrukturanalyse die wichtigste Größe, weil sie alle gesuchten Atomkoordinaten enthält.

Für die Streuleistung der gesamten Elementarzelle I_{EZ} erhalten wir dann

$$I_{EZ} = \left(\frac{e^2}{mc^2}\right)^2 \cdot \frac{1}{r_a^2} \cdot F_{hkl}^{2} \cdot \left(\frac{1+\cos^2 2\theta}{2}\right) I_o$$

I_{EZ} und I_o wollen wir in Zukunft als Leistungsdichten oder Flux (Leistung pro cm^2) auffassen; r_a soll der Abstand des Aufpunktes vom Nullpunkt sein.

f) Die Beugung von Röntgenstrahlen am Kristallgitter

Wir wollen von der obigen Gleichung ausgehen und den Streubeitrag eines kleinen Kriställchens berechnen, das die Form eines Parallelepipedes hat und aus $N_1 N_2 N_3$ Elementarzellen aufgebaut ist.

Mit dem auf Seite 17 eingeführten Gittervektor $\vec{r} = u\vec{a} + v\vec{b} + w\vec{c}$ (u, v, w ganze Zahlen) ergibt sich die Phasendifferenz $\frac{2\pi}{\lambda}(\vec{r}\vec{s})$ zwischen dem Strahlengang durch den Nullpunkt des Kriställchens

und dem Strahlengang durch den Nullpunkt einer Elementarzelle
die vom Nullpunkt den Abstand $\vec{r}$ hat, zu

$$\frac{2\pi}{\lambda}(rS) = \frac{2\pi}{\lambda}\{u(aS) + v(bS) + w(cS)\}$$

(Die Vektorpfeile sind in dieser und den folgenden Formeln
weggelassen).

Für $\mathscr{E}_S$ (Vektor der elektrischen Feldstärke des gestreuten
Strahles) können wir dann schreiben

$$\mathscr{E}_S = \left(\frac{e^2}{mc^2}\right)\frac{1}{r_a}\sqrt{\frac{1+\cos^2 2\theta}{2}}\cdot F_{hkl}\cdot\mathscr{E}_0 \sum_{u=0}^{N_1} e^{i\frac{2\pi}{\lambda}u(aS)}\cdot\sum_{v=0}^{N_2} e^{i\frac{2\pi}{\lambda}v(bS)}\cdot\sum_{w=0}^{N_3} e^{i\frac{2\pi}{\lambda}w(cS)}$$

Die drei Summenausdrücke sind geometrische Reihen. Die Summe
S_N einer geometrischen Reihe aus N Gliedern ergibt sich zu

$$S_N = a_1\frac{q^N-1}{q-1};$$

hierbei ist a_1 das erste Glied (in unserem Fall für alle Summen 1), q der Quotient zweier aufeinanderfolgender Glieder der
Reihe und N die Zahl der Glieder. Für die erste Summe ist

$$q = e^{i\frac{2\pi}{\lambda}(aS)}$$

Mithin ergibt sich die erste Summe mit N_1 Gliedern zu

$$\sum_{u=0}^{N_1} e^{i\frac{2\pi}{\lambda}u(aS)} = \frac{e^{i\frac{2\pi}{\lambda}N_1(aS)} - 1}{e^{i\frac{2\pi}{\lambda}(aS)} - 1}$$

Analog hierzu berechnen wir die beiden anderen Summen.

Gehen wir nun von der Amplitude zum Flux über, so müssen wir
unseren Ausdruck $\mathscr{E}_S$ quadrieren. Das Quadrat des komplexen
Ausdrucks für die erste Summe erhalten wir, wenn wir ihn mit
dem konjugiert komplexen multiplizieren:

$$\frac{e^{i\frac{2\pi}{\lambda}N_1(aS)} - 1}{e^{i\frac{2\pi}{\lambda}(aS)} - 1}\cdot\frac{e^{-i\frac{2\pi}{\lambda}N_1(aS)} - 1}{e^{-i\frac{2\pi}{\lambda}(aS)} - 1} = \frac{2 - e^{i\frac{2\pi}{\lambda}N_1(aS)} - e^{-i\frac{2\pi}{\lambda}N_1(aS)}}{2 - e^{i\frac{2\pi}{\lambda}(aS)} - e^{-i\frac{2\pi}{\lambda}(aS)}}$$

Hierfür ergibt sich

$$\frac{2 - 2\cos\frac{2\pi}{\lambda}N_1(aS)}{2 - 2\cos\frac{2\pi}{\lambda}(aS)} = \frac{\sin^2\frac{\pi}{\lambda}N_1(aS)}{\sin^2\frac{\pi}{\lambda}(aS)}$$

Wir erhalten daher für den Flux $I_{kr}^{\cdot}$:

$$I_{kr}^{\cdot} = \left(\frac{e^2}{mc^2}\right)^2 \cdot \frac{1}{r_a^2} \cdot \left(\frac{1+\cos^2 2\theta}{2}\right) F_{hkl}^2 \cdot I_o \cdot \underbrace{\frac{\sin^2\frac{\pi}{\lambda}N_1(aS)}{\sin^2\frac{\pi}{\lambda}(aS)} \frac{\sin^2\frac{\pi}{\lambda}N_2(bS)}{\sin^2\frac{\pi}{\lambda}(bS)} \frac{\sin^2\frac{\pi}{\lambda}N_3(cS)}{\sin^2\frac{\pi}{\lambda}(cS)}}_{I^{\cdot}\ (\text{Interferenzfunktion})}$$

An dieser Stelle führen wir die Interferenzfunktion $I^{\cdot}$ ein, die
außer im reziproken Gitterpunkt selbst auch in seiner unmittelbaren Umgebung von Null verschiedene Werte annimmt, wie die
nachfolgende Diskussion zeigen wird. Dementsprechend führen
wir für den Flux die Bezeichnung $I_{kr}^{\cdot}$ ein, um damit anzudeuten,
daß dieser für einen ganz bestimmten Punkt des reziproken Raumes gültig ist. Um die Interferenzfunktion $I^{\cdot}$ näher zu untersuchen, wollen wir zunächst den Ausdruck

$$\frac{\sin^2\frac{\pi}{\lambda}N_1\ (aS)}{\sin^2\frac{\pi}{\lambda}\ (aS)}$$

betrachten.

Dabei setzen wir zunächst die Gültigkeit der Bragg'schen Glei-
chung voraus, betrachten also den Fall, daß ein reziproker
Gitterpunkt durch die Ewald'sche Lagekugel wandert. Für diesen
Fall gilt $\frac{S}{\lambda} = r^*$, und wir erhalten mit $(ar^*)=(a(ha^*+kb^*+lc^*))=h$:

$$\frac{\sin^2\pi N_1(ar^*)}{\sin^2\pi(ar^*)} = \frac{\sin^2\pi N_1 h}{\sin^2\pi h} = N_1^2$$

nach zweimaliger aufeinanderfolgender Differentiation nach h
von Zähler und Nenner.

Für den Fall der Bragg'schen Reflexion nimmt die Interferenzfunktion $I^{\cdot}$ für die reziproken Gitterpunkte den Wert $N_1^2\ N_2^2\ N_3^2$

an und wir erhalten für $I_{kr}^{\bullet}$ den Ausdruck

$$I_{kr}^{\bullet} = \left(\frac{e^2}{mc^2}\right)^2 \cdot \frac{1}{r_a^2} \cdot \frac{1+\cos^2 2\theta}{2} \cdot |F_{hkl}|^2 \cdot I_o \cdot N_1^2 \, N_2^2 \, N_3^2$$

Um die Interferenzfunktion $I^{\bullet}$ in der Nähe des reziproken Gitterpunktes zu untersuchen, betrachten wir nun den Fall, daß
nicht der reziproke Gitterpunkt direkt, sondern ein Punkt in
seiner unmittelbaren Nähe im Abstand Δr^* durch die Lagekugel
wandert. Dabei wollen wir, um eine Überlappung der Bereiche
benachbarter reziproker Gitterpunkte zu vermeiden, Δh, Δk
und Δl beschränken auf Werte die kleiner als 0,5 sind.

Mit $\Delta r^* = \Delta h\, a^* + \Delta k\, b^* + \Delta l\, c^*$ ist $\frac{S}{\lambda} = r^* + \Delta r^*$

Analog zu oben untersuchen wir nun den Quotienten

$$\frac{\sin^2 \pi \, N_1 \cdot (a\Delta r^*)}{\sin^2 \pi \cdot (a\Delta r^*)} = \frac{\sin^2 \pi \, N_1 \cdot \Delta h}{\sin^2 \pi \cdot \Delta h}$$

<u>Nullstellen</u> erwarten wir für $\pi N_1 \Delta h = n\pi$, sie liegen bei

$$\Delta h = \frac{n}{N_1}; \text{ d.h. bei } \frac{1}{N_1}, \frac{2}{N_1}, \frac{3}{N_1} \ldots$$

<u>Maxima</u> erwarten wir zwischen diesen Nullstellen, d.h. unge-
fähr bei

$$\Delta h = \frac{3}{2N_1}, \frac{5}{2N_1}, \frac{7}{2N_1} \ldots$$

Die Größe dieser Maxima können wir wie folgt abschätzen:
Da N_1 groß ist (~ 1000), können wir für das erste Maximum
schreiben

$$\frac{\sin^2 \pi \, N_1 \frac{3}{2N_1}}{\sin^2 \pi \frac{3}{2N_1}} \sim \frac{1}{\left(\frac{3\pi}{2N_1}\right)^2} = \frac{4N_1^2}{9\pi^2}$$

Für die anderen Maxima erhalten wir entsprechend:

$$\frac{4N_1^2}{25\pi^2}, \frac{4N_1^2}{49\pi^2} \ldots$$

Wir erhalten daher folgendes Ergebnis:

Nicht nur der reziproke Gitterpunkt liefert einen Streubeitrag zum Reflex, sondern auch seine nächste Umgebung. Je größer der Kristall ist, je größer also N_1, N_2 und N_3, desto kleiner wird dieser Bereich innerhalb dessen der Ausdruck $\overset{\bullet}{I}_{kr}$ von Null verschiedene Werte annehmen kann. Die Maxima und die Nullstellen der Interferenzfunktion $\overset{\bullet}{I}$ haben wir soeben berechnet. Das Hauptmaximum von $\overset{\bullet}{I}$ liegt im reziproken Gitterpunkt selbst. Dort liefert $\overset{\bullet}{I}$ den weitaus größten Streubeitrag, nämlich $N_1^2\ N_2^2\ N_3^2$.

Für das Verhältnis $\dfrac{\overset{\bullet}{I}\ \text{Hauptmaximum}}{\overset{\bullet}{I}\ \text{Nebenmaximum}}$ finden wir angenähert die Werte

$$\frac{9\pi^2}{4},\quad \frac{25\pi^2}{4},\quad \frac{49\pi^2}{4}\ \dots$$

Diese Quotienten entsprechen etwa 4,5%, 1,6% und 0,8% des Wertes im Hauptmaximum.

In einer Richtung des reziproken Gitters erhalten wir in der Umgebung eines reziproken Gitterpunktes den in Abbildung 65 gezeichneten Verlauf der Interferenzfunktion $\overset{\bullet}{I}$.

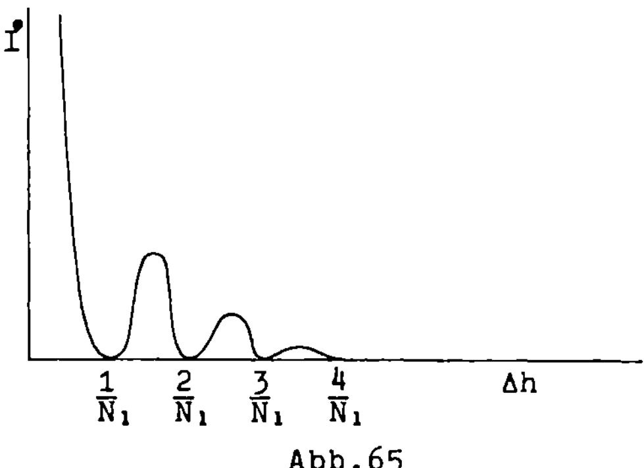

Abb.65

Es stellt sich sofort die Frage, wieweit es möglich ist, die Interferenzfunktion $\overset{\bullet}{I}$ experimentell zu erfassen und auf Nebenmaxima zu analysieren. Nehmen wir beispielsweise ein Al-Kriställchen (kubisch flächenzentriert, a ≈ 4,0 Å, a* = 0,25 Å⁻¹) von 1000 Elementarzellen gleich $4000\cdot10^{-8}$ cm $= 4\cdot10^{-5}$ cm Kantenlänge an, so liegt das erste Minimum bei $\Delta h = \frac{1}{N} = \frac{1}{1000}$. Bei

Verwendung von $Cu_{K\alpha}$ -Strahlung ist λ = 1,54 $\overset{o}{A}$ und $\frac{1}{\lambda}$ = 0,65 $\overset{o}{A}{}^{-1}$

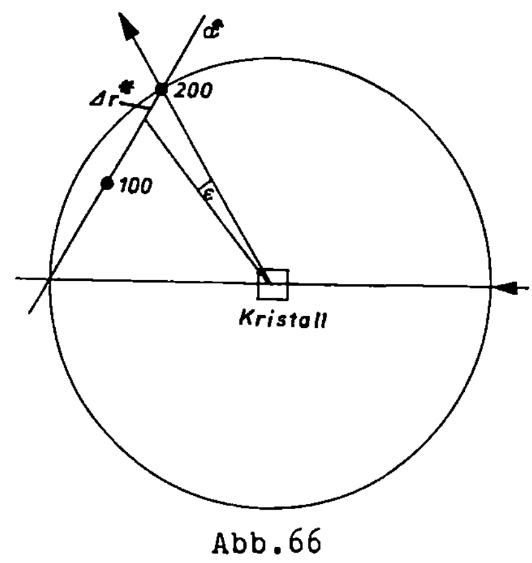

Abb.66

und wir kommen zu der in Abbildung 66 gezeichneten Ewald'schen Konstruktion wobei die Netzebene (200) in Reflexionsstellung ist.

Das erste Minimum von I˙ erscheint im Abstand

$$\Delta r^* = \Delta h \cdot a^* = \frac{0,25}{1000} \, \overset{o}{A}{}^{-1}$$

vom reziproken Gitterpunkt 200, und der Winkel ε gemessen vom Kristall aus ergibt sich

zu

$$\varepsilon = 0,022^\circ.$$

Es bereitet Schwierigkeiten, einen monochromatischen Primärstrahl hinreichender Leistung mit einer Divergenz $<$ 0,022° experimentell zu verwirklichen. Aus diesem Grunde ist es nicht möglich, die Interferenzfunktion I˙ punktweise zu analysieren.

Der Lorentzfaktor

Wir sahen oben, daß die Interferenzfunktion I˙ in der unmittelbaren Umgebung der reziproken Gitterpunkte zum Streuvermögen beiträgt. Nachdem die punktweise Analyse dieser Interferenzfunktion nicht möglich ist, wollen wir in diesem Abschnitt untersuchen, welchen Gesamtstreubeitrag die Bereiche um die reziproken Gitterpunkte liefern. Diese Bereiche erfassen wir, wenn wir den Kristall und damit das reziproke Gitter durch die Lagekugel drehen. Wir müssen, um den Gesamtstreubeitrag zu erfassen, eine Integration über $I_{kr}^{\cdot}$ im reziproken Raum durchführen.

Um die Integration auszuführen, bedienen wir uns der Abbildung 67.

Der in Frage kommende Bereich in der Umgebung des reziproken Gitterpunktes M ist schraffiert gezeichnet. In der Stellung 1

geht die Lagekugel (LO = $\frac{1}{\lambda}$, O = Ursprung des reziproken Gitters) durch den reziproken Gitterpunkt M. Das Raumwinkelele-
ment $d\Omega$ sei hinreichend klein gewählt, so daß der Flux $\overset{\bullet}{I}_{kr}$ innerhalb $d\Omega$ als konstant angesehen werden kann.

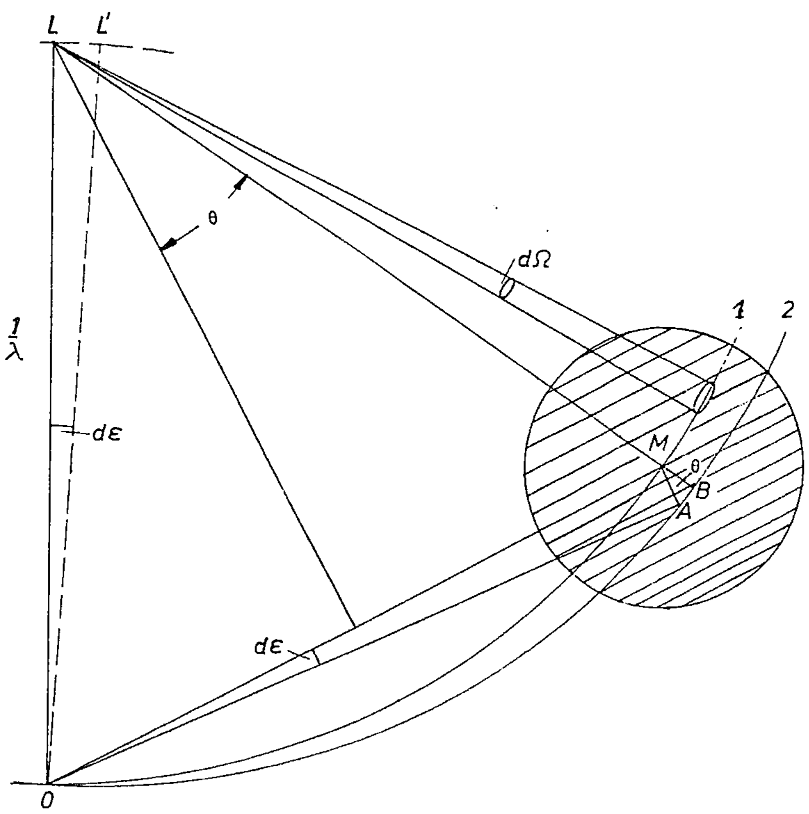

Abb.67

Gehen wir vom Flux zur Leistung über, so ist $\overset{\bullet}{I}_{kr} \cdot r_a^2 \cdot d\Omega$ diejenige reflektierte Strahlenleistung, die man im Aufpunkt im
Abstand r_a beobachtet. In der Stellung 1 der Lagekugel (Abbildung 67) wird demnach insgesamt die Leistung

$$I_{kr,1} = \int \overset{\bullet}{I}_{kr} \cdot r_a^2 \cdot d\Omega$$

im Aufpunkt beobachtet.

Im eindimensionalen Fall können wir für $d\Omega$ schreiben:

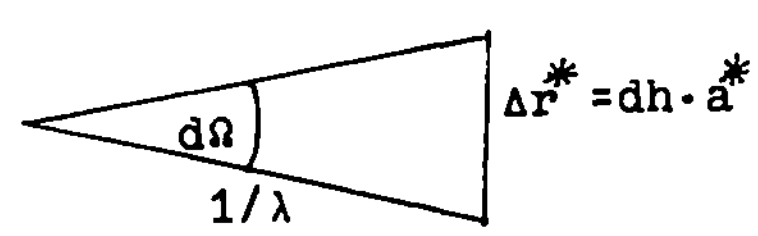

$$d\Omega = \frac{\Delta r^*}{1/\lambda} = \lambda \cdot dh \cdot a^* ,$$

und im zweidimensionalen
Fall ergibt sich entsprechend

$$d\Omega = \lambda^2 \cdot dh \cdot dk \cdot a^* b^*$$

Mithin erhalten wir

$$I_{kr,1} = \iint \lambda^2 r_a^2 \, \overset{\bullet}{I}_{kr} \, dh \cdot dk \cdot a^* b^* = \lambda^2 r_a^2 \iint \overset{\bullet}{I}_{kr} \, dh \cdot dk \cdot a^* b^*$$

Da der schraffierte Bereich um M sehr klein ist, wird die Tan-
gentialebene an die Lagekugel im Punkte M durch die $a^* b^*$ -Ebene
gut angenähert.

Um den gesamten schraffierten Bereich um M zu erfassen, drehen
wir die Lagekugel aus der Stellung 1 nach 2. Die Stellung 2
der Lagekugel ist ebenfalls in Abbildung 67 gezeichnet. Wir
haben gegenüber 1 um den Winkel dε gedreht. Hierzu ist zu bemerken, daß wir bisher immer die Lagekugel festgehalten und
das reziproke Gitter gegenüber der Kugel gedreht haben, während
wir es diesmal genau umgekehrt machen. Das Ergebnis ist das
gleiche.

Durchwandert die Lagekugel den gesamten schraffierten Bereich,
so erhalten wir im Aufpunkt die gesamte reflektierte Leistung
zu

$$I_{kr} = \lambda^2 r_a^2 \iiint \overset{\bullet}{I}_{kr} \, dh \cdot dk \cdot a^* b^* \cdot d\varepsilon$$

Führen wir eine dritte reziproke Gitterkonstante c^* ein, die
in Richtung $\overline{LM}$ (Abb.67) zeigt und senkrecht auf a^* und b^*
steht, so ergibt sich:

$$\overline{MA} = \frac{|S|}{\lambda} \, d\varepsilon \; ;$$

mit $|S| = 2\sin\theta$ erhalten wir:

$$\overline{MB} = \frac{|S|}{\lambda} \cos\theta \cdot d\varepsilon = \frac{\sin 2\theta}{\lambda} \cdot d\varepsilon .$$

Für $\overline{MB}$ setzen wir $c^* dl$ und erhalten:

$$d\varepsilon \;=\; \frac{\lambda}{\sin 2\theta}\; dl \cdot c^*$$

$$I_{kr} \;=\; \frac{\lambda^3 \cdot r_a^2}{\sin 2\theta}\; \iiint I_{kr}^{\bullet}\; dh \cdot dk \cdot dl \cdot a^* b^* c^*$$

$I_{kr}^{\bullet}$ enthält die Interferenzfunktion $I^{\bullet}$, mithin Faktoren vom Typ

$$\frac{\sin^2 N_1\,(\pi\Delta h)}{\sin 2\,(\pi\Delta h)}$$

Da wir die Integration wegen der kleinen Bereiche um die reziproken Gitterpunkte, die zur reflektierten Strahlungsleistung beitragen und Überlappungen ausschließen, von $-\infty$ bis $+\infty$ erstrecken können, erhalten wir in dem Ausdruck für $I^{\bullet}$ das Produkt dreier Integrale vom Typ

$$\int_{-\infty}^{+\infty}\frac{\sin^2 N_1\,(\pi\Delta h)}{\sin 2\,\pi\Delta h}\,a^*\,dh \;=\; \frac{a^*}{\pi}\int_{-\infty}^{+\infty}\frac{\sin^2 N_1\,(\pi\Delta h)}{\sin 2\,\pi\Delta h}\,\pi\,dh \;\cong$$

$$\frac{a^*}{\pi}\int_{-\infty}^{+\infty}\frac{\sin^2 N_1\,u}{u^2}\,du \;=\; \frac{a^* N_1}{\pi}\int_{-\infty}^{+\infty}\frac{\sin^2 v}{v^2}\,dv \;=\; a^* N_1$$

Das Produkt der drei Integrale ergibt sich daher zu

$$a^* b^* c^* N_1 N_2 N_3 \;=\; v^* N_1 N_2 N_3$$

Dabei ist $v^* = \frac{1}{v}$ (v = Volumen der Elementarzelle). Die Zahl der Elementarzellen des Kristalles $N_1 N_2 N_3$ erhalten wir, wenn wir das Volumen des Kristalles V durch das Volumen einer Elementarzelle v dividieren. Somit ergibt sich mit $N_1 N_2 N_3 = \frac{V}{v}$ und $v^* = \frac{1}{v}$:

$$v^* N_1 N_2 N_3 \;=\; \frac{1}{v}\,\frac{V}{v} \;=\; \frac{V}{v^2}\;,$$

und es folgt unter Berücksichtigung des Ausdrucks für $I_{kr}^{\bullet}$ von Seite 72 für die integrierte Streustrahlleistung des Kriställchens über den gesamten Bereich um den reziproken Gitterpunkt

$$\boxed{\,I_{kr} \;=\; \left(\frac{e^2}{mc^2}\right)^2\left(\frac{1+\cos^2 2\theta}{2}\right)\cdot\frac{\lambda^3}{\sin 2\theta}\,|F_{hkl}|^2\cdot\frac{V}{v^2}\cdot I_o\,}$$

Die beschriebene Integration wurde von H.A. LORENTZ durchgeführt. Für die oben behandelte Geometrie wird deshalb $L = \dfrac{\lambda^3}{\sin 2\theta}$ als "Lorentz-Faktor" bezeichnet.

Um den Anschluß an experimentell bestimmbare Meßgrößen zu erhalten, führen wir in I_{kr} die Winkelgeschwindigkeit ω ein, mit der wir den Kristall durch die Reflexionsstellung drehen.

Es ist dann die Leistung $I_{kr} = E\omega$, wenn E die Gesamtenergie unter der Reflexionskurve bedeutet, und wir können schreiben:

$$\frac{E\omega}{I_o} = \left(\frac{e^2}{mc^2}\right)^2 \left(\frac{1+\cos^2 2\theta}{2}\right) \cdot \frac{\lambda^3}{\sin 2\theta} \, |F_{hkl}|^2 \cdot \frac{1}{v^2} \, V = QV$$

Q hat die Dimension $\left[cm^{-1}\right]$ und kann als Reflexionskoeffizient (analog zum Absorptionskoeffizienten) aufgefaßt werden.

Es gilt also

$$\boxed{\frac{E\omega}{I_o} = QV}$$

mit

$$\boxed{Q = \left(\frac{e^2}{mc^2}\right)^2 \left(\frac{1+\cos^2 2\theta}{2}\right) \cdot \frac{\lambda^3}{\sin 2\theta} \, |F_{hkl}|^2 \cdot \frac{1}{v^2}}$$

Den Ausdruck $\dfrac{E\omega}{I_o}$ bezeichnen wir als integrales Reflexionsvermögen des Kriställchens. Bevor wir auf seine Bedeutung im nächsten Abschnitt eingehen, wollen wir uns nochmals kurz mit Abbildung 67 beschäftigen, wo der Fall gezeichnet ist, daß der reziproke Gitterpunkt mit seiner Umgebung durch den Äquator der Lagekugel wandert. Es wurde hierbei eine ganz bestimmte Geometrie vorausgesetzt, die wir im Kapitel IV bei den Äquator-Weissenberg-Aufnahmen und im Kapitel VI beim Eulerwiegen-4-Kreis-Diffraktometer besprechen werden.

Für andere Aufnahmeverfahren sind die Verhältnisse oft wesentlich komplizierter. Um auch für solche Fälle den Lorentzfaktor abzuleiten, geht man wie folgt vor:

Die reflektierte Strahlungsleistung ist umgekehrt proportional der Geschwindigkeit mit der der Bereich um den reziproken Gitterpunkt durch die Ewald'sche Lagekugel wandert. Maßgebend ist

die Geschwindigkeitskomponente des reziproken Gitterpunktes
in Richtung des Radius der Lagekugel v_r.
Setzen wir für den Lorentzfaktor

$$L \approx \frac{\omega}{v_r}$$

und drehen gemäß Abbildung 67 um den Punkt O mit der Winkelgeschwindigkeit ω, so beträgt die Geschwindigkeit v, mit der
M (bzw. die Lagekugel) gedreht wird

$$v = \frac{|S|}{\lambda} \cdot \omega = \frac{\omega}{\lambda} \cdot 2\sin\theta$$

Mithin ergibt sich die Komponente v_r in Richtung des Radius,
d.h. in Richtung L-M-B in Abb.67 zu

$$v_r = v \cdot \cos\theta = \frac{\omega}{\lambda} \cdot 2\sin\theta \cdot \cos\theta = \frac{\omega}{\lambda} \cdot \sin2\theta$$

Mit $L \approx \frac{\omega}{v_r}$ ergibt sich der Lorentzfaktor zu

$$L \approx \frac{\lambda}{\sin2\theta}$$

Bis auf den Faktor λ^2, der durch die Berechnung von $d\Omega$ eingeführt wurde, haben wir durch diese einfache Überlegung den
gleichen Ausdruck erhalten, den wir vorher durch die stren-
gere Rechnung gewonnen haben.

Um die Berechnung des Lorentzfaktors an einem etwas kompli-
zierteren Beispiel zu erläutern, sei der Fall der Äqui-Inkli-
nations-Weissenberg-Geometrie anhand der Abbildung 68 behan-
delt. Hierbei wird die Geometrie des Äqui-Inklinationsverfah-
rens vorausgesetzt, die in Kapitel IV ausführlich besprochen
ist.
In Abbildung 68 bedeuten:
  E-K-O die Richtung des einfallenden Röntgenstrahles,
  O ist der Austrittspunkt des Röntgenstrahles aus der
  Lagekugel und damit der Ursprung des reziproken Gitters.
  E ist der Eintrittspunkt des Röntgenstrahles in die
  Lagekugel.

  Der perspektivisch gezeichnete Halbkreis über E-K'-O'
  ist der Breitenkreis der Lagekugel (siehe hierzu die

Abbildungen 85 und 105 in Kapitel IV)

K ist der Kristall

K-P ist der reflektierte Röntgenstrahl

O-P ist der reziproke Gittervektor r^*

O'-P ist die Projektion $r^{*'}$ von r^* auf den Breitenkreis

$2\theta'$ ist die Projektion von 2θ auf den Breitenkreis und ist identisch mit der Stellung des Zählrohres bei höheren Schichtlinien am Zweikreis-Diffraktometer STADI 2

μ ist der Äqui-Inklinationswinkel.

Der Radius der Lagekugel ist zu 1 angenommen.

Wie schon angeführt, gehen wir von dem Ansatz $L \sim \frac{\omega}{v_r}$ aus.
Da wir das reziproke Gitter um O-O' parallel zur Drehachse des Kristalles K mit der Winkelgeschwindigkeit ω drehen, ist $v = \omega r^{*'}$ die Geschwindigkeit mit der P senkrecht zu $r^{*'}$ durch die Lagekugel wandert. Die gesuchte Komponente v_r ergibt sich daher zu

$$v_r = v \cdot \cos\alpha = \omega r^{*'} \cdot \cos\alpha$$

Dabei ist α gemäß Abbildung 68 der Winkel zwischen dem Lot PQ auf $r^{*'}$ in der Ebene des Breitenkreises und der Richtung des reflektierten Röntgenstrahles P-K. Der Punkt Q ist der Schnittpunkt des Lotes von K' auf P-Q. Daher ist das Dreieck PQK' rechtwinklig mit dem rechten Winkel bei Q. Die Drehachse des Kristalles KK' steht senkrecht auf der Ebene des Breitenkreises. Daher steht die Ebene des Dreiecks KK'Q ebenfalls senkrecht zur Ebene des Breitenkreises und wegen des Lotes K'-Q auf P-Q ebenfalls senkrecht zu P-Q. Mithin ist das Dreieck KPQ rechtwinklig mit dem rechten Winkel bei Q. Da K-P als Radius der Lagekugel zu 1 angenommen wurde, ergibt sich die Strecke P-Q zu

$$P-Q = \cos\alpha$$

Die Strecke P-Q können wir wie folgt aus dem Zählerwinkel $2\theta'$ und dem Äqui-Inklinationswinkel μ berechnen:

Zur Ableitung des Lorentz-Faktors für die
Äqui-Inklinationsgeometrie.

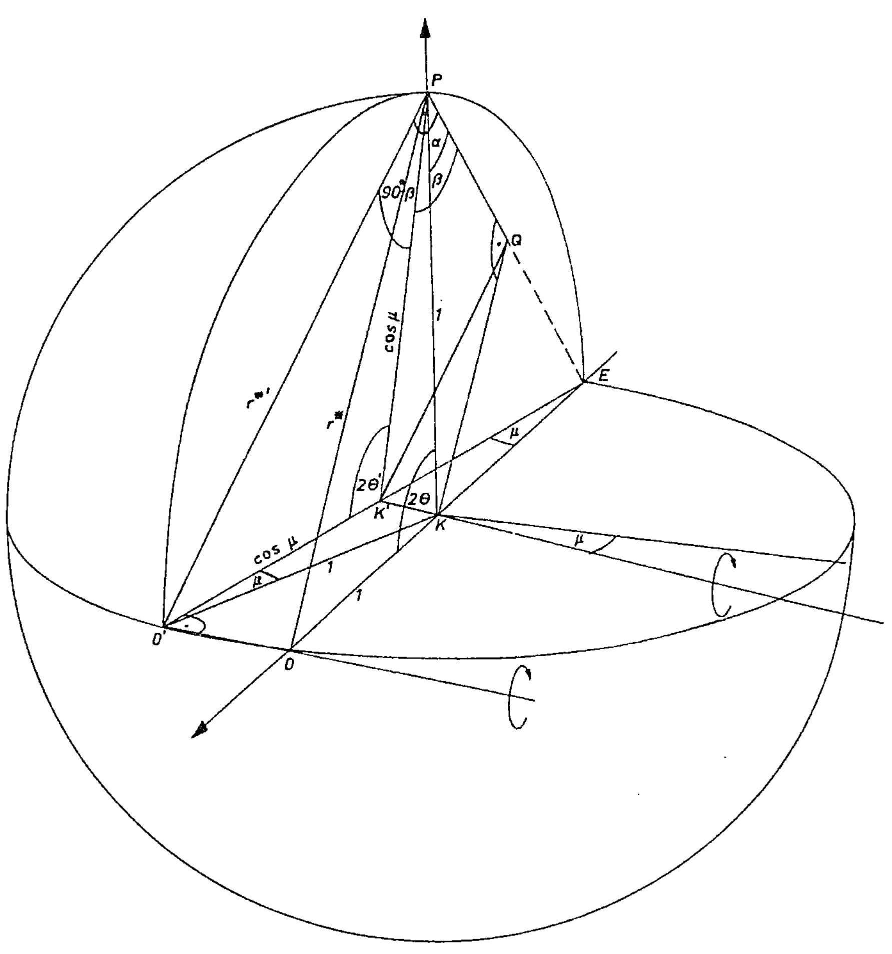

Abb.68

Aus dem gleichschenkligen Dreieck O'K'P entnehmen wir die Beziehung

$$\frac{\sin(90-\beta)}{\cos\mu} = \frac{\sin2\theta'}{r^{*'}}$$

Hieraus folgt

$$\cos\beta = \cos\mu \cdot \frac{\sin2\theta'}{r^{*'}}$$

Andererseits können wir die Strecke P-Q aus dem rechtwinkligen Dreieck K'PQ berechnen zu

$$P\text{-}Q = \cos\beta\cdot\cos\mu = \cos^2\mu \cdot \frac{\sin2\theta'}{r^{*'}}$$

Mithin ergibt sich wegen P-Q = $\cos\alpha$ die gesuchte Beziehung

$$\cos\alpha = \cos^2\mu \cdot \frac{\sin2\theta'}{r^{*'}}$$

und wir erhalten für den Lorentzfaktor

$$\boxed{L = \frac{\omega}{v_r} = \frac{\omega}{\omega r^{*'}\cos\alpha'} = \frac{1}{\cos^2\mu\cdot\sin2\theta'}}$$

Beschränken wir uns auf Äquatorreflexe, so wird $\mu=0$ und $2\theta'=2\theta$, und der Breitenkreis geht in den Äquator der Lagekugel über. Wir erhalten dann das bekannte Ergebnis

$$L = \frac{1}{\sin2\theta}$$

g) <u>Das integrale Reflexionsvermögen von Einkristallen</u>

Wir gehen aus von den zuletzt abgeleiteten Beziehungen $\frac{E\omega}{I_o}$ = QV

$$\text{mit} \quad Q = \left(\frac{e^2}{mc^2}\right)^2 \cdot \left(\frac{1+\cos^2 2\theta}{2}\right) \frac{\lambda^3}{\sin2\theta} |F_{hkl}|^2 \cdot \frac{1}{v^2}$$

Zur Interpretation dieser Formeln benutzen wir die in Abbildung 69 dargestellte experimentelle Anordnung eines Diffraktometers.

Die Röntgenröhre liefert ein polychromatisches Strahlenbündel, welches an einem ebenen Kristallmonochromator unter dem Braggwinkel θ_M reflektiert wird. Der monochromatische Primärstrahl wird durch einen Kollimator auf einen passenden Querschnitt begrenzt und trifft den Kristall, der am Drehtisch des Diffrak-

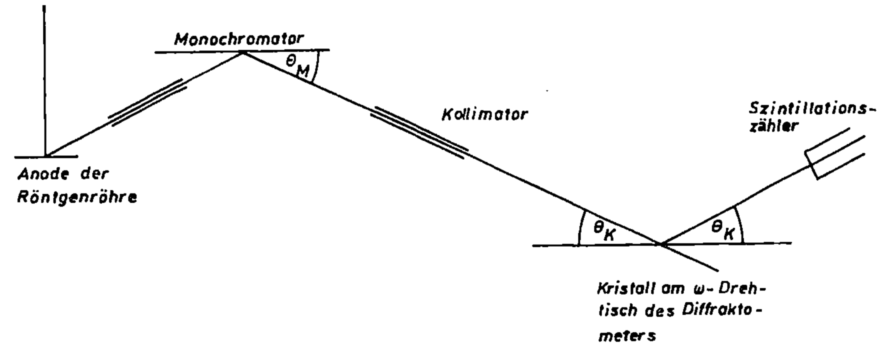

Abb.69

tometers befestigt ist und sich mit der Winkelgeschwindigkeit -
ω durch die Reflexionsstellung dreht. Der Szintillationszähler
bildet mit dem monochromatischen Primärstrahl den Winkel $2\theta_K$.
Die Reflexe werden mit einem Schreiber registriert. Wir erhalten eine Reflexionskurve
über den Streuuntergrund
U_1 und U_2 (siehe Abbildung 70), deren Integral
ein Maß für die Gesamt-
energie E des Reflexes
ist. An jeder Stelle der
Kurve registrieren wir die
Strahlungsleistung $P(\theta)I_o$,
wobei I_o die Leistungs-
dichte (Flux) des mono-
chromatischen Primärstrah-

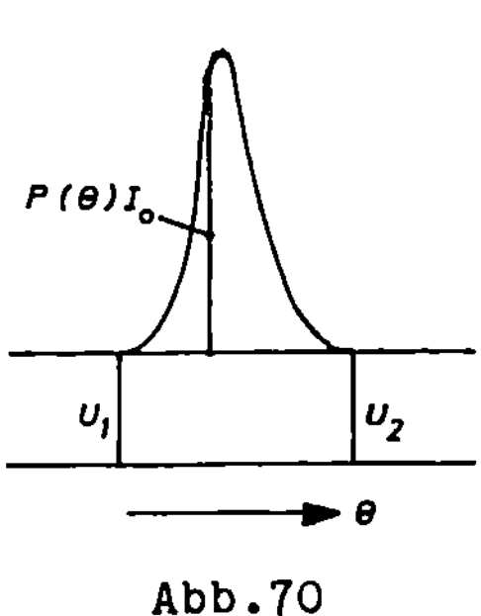

Abb.70

les ist. Da die Gesamtenergie E proportional zu $\frac{1}{\omega}$ ist, erhalten
wir für E den Ausdruck

$$E = \int P(\theta)\, I_o\, \frac{1}{\omega}\, d\theta$$

Damit ergibt sich die gesuchte Beziehung zu

$$\boxed{\frac{E\omega}{I_o} = \int P(\theta)\, d\theta = QV}$$

Diese Formel läßt sich besonders bequem in zwei Fällen aus-
werten, die wir jetzt besprechen wollen. Dabei wollen wir die
Absorption, charakterisiert durch den linearen Absorptionskoeffizienten $\mu \left[cm^{-1} \right]$ (siehe hierzu Kapitel II b)) einführen.

Der symmetrische Braggfall

Wir behandeln zunächst die symmetrische Oberflächenreflexion
an einer Netzebene eines Kristalles, die man oft als symmetrischen Braggfall bezeichnet. Nach Abbildung 71 liefert die

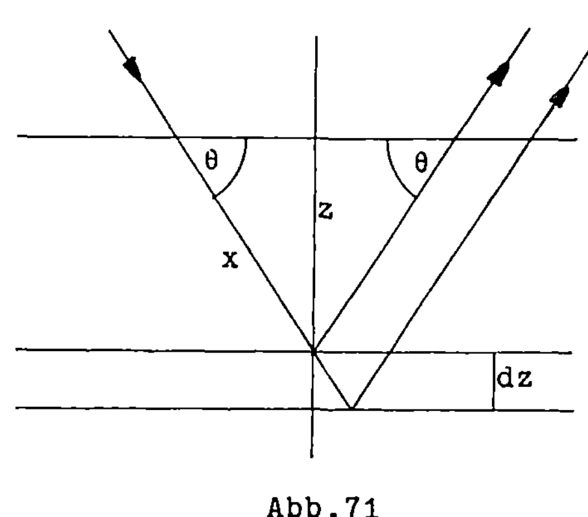

Abb.71

Schicht in der Tiefe z
der Dicke dz den Streu-
beitrag

$$\frac{\omega dE}{(I_o)_z} = QdV$$

I_o wird dabei im Kristall
längs des Weges 2x ge-
schwächt, daher gilt

$$(I_o)_z = I_o \cdot e^{-2\mu x}$$
$$= I_o \cdot e^{-2\mu\frac{z}{\sin\theta}}$$

Ferner ist dV = ϕdx,
wenn ϕ den Querschnitt

des Primärstrahles bedeutet.

Die Leistung I des Primärstrahles berechnen wir aus $I_o = \frac{I}{\phi}$.
Setzen wir diese Größen ein, so erhalten wir

$$\frac{\omega}{I} dE = \frac{Q}{\sin\theta} \cdot e^{-2\mu\frac{z}{\sin\theta}} \cdot dz$$

Somit ergibt sich für das integrale Reflexionsvermögen $\frac{E\omega}{I}$:

$$\frac{\omega}{I} \int_{z=o}^{\infty} dE = \frac{Q}{\sin\theta} \cdot \int_{z=o}^{\infty} e^{-2\mu\frac{z}{\sin\theta}} dz$$

$$\boxed{\frac{E\omega}{I} = \frac{Q}{2\mu}}$$

Haben wir eine dünne Kristallplatte, so dürfen wir für die
obere Grenze des Integrals nicht ∞ einsetzen.

$\frac{E\omega}{I}$ ist ein Verhältnis zweier Leistungen und damit dimensions-
los.

Die Messung von E wurde schon besprochen. ω ist eine Apparate-
konstante. Die Leistung des Primärstrahles I kann gemessen
werden, indem man den Kristall vom Drehtisch des Diffraktometers entfernt und den Szintillationszähler auf die Gradmarke
$2\theta = 0^{\circ}$ einstellt. In der Regel ist die Leistung des Primärstrahles viel zu stark, so daß man sie mit Hilfe von Schwä-
chungsfiltern auf das gewünschte Maß herabsetzen muß.

Den Absorptionskoeffizienten μ des zu untersuchenden Kristalles
bestimmt man experimentell, indem man planparallele Platten bestimmter Dicke senkrecht durchstrahlt.

Auf diese Weise ist es möglich, die Größe Q experimentell zu
bestimmen. Hat man Q ermittelt, so berechnet man mittels der
obigen Formeln die wichtige Größe $|F_{hkl}|$ in absoluten Einheiten.

Der symmetrische Lauefall

Eine größere praktische Bedeutung als der symmetrische Braggfall hat der symmetrische Lauefall, bei dem eine planparallele Platte passender Stärke t in symmetrischer Durchstrahlung
vermessen wird. Den Strahlengang entnehmen wir aus Abbildung
72. Die reflektierenden Netzebenen stehen senkrecht zu den an-
geschliffenen Flächen bzw. den Spaltflächen der planparallelen Platte und schließen mit dem einfallenden Primärstrahl den Glanzwinkel θ ein. Der Abbildung 72 ist zu entnehmen, daß im Falle symmetrischer Durchstrahlung der Strahlenweg x im Kristall konstant ist und $\frac{t}{\cos\theta}$ beträgt.

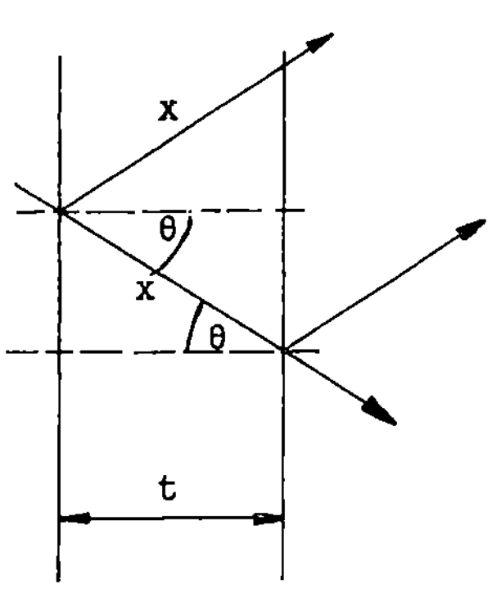

Abb.72

Wegen des konstanten Strahlenweges können wir diesmal ansetzen

$$\frac{E\omega}{(I_o)_x} = QV$$

Mit $(I_o)_x = I_o\, e^{-\mu\frac{t}{\cos\theta}}$, $I_o = \frac{I}{\phi}$ und $V = \phi x = \phi\frac{t}{\cos\theta}$

erhalten wir das integrale Reflexionsvermögen

$$\boxed{\frac{E\omega}{I} = Q\cdot\frac{t}{\cos\theta}\cdot e^{-\mu\frac{t}{\cos\theta}}}$$

Auch in diesem Fall können wir alle Größen messen und Q berechnen, woraus wir wieder $|F_{hkl}|$ in absolutem Maß erhalten. Besonders günstige Bedingungen liegen vor, wenn die Plattendicke t etwa $\frac{1}{\mu}[cm]$ beträgt. An solchen Platten läßt sich der Absorptionskoeffizient μ direkt in senkrechter Durchstrahlung bestimmen.

Auf die praktische Bedeutung der eben behandelten Fälle werden wir in Kapitel VI noch ausführlich zu sprechen kommen. Wir wollen jedoch jetzt schon bemerken, daß viele zu untersuchende Substanzen nur in Form sehr kleiner Kristalle verfügbar sind. In allen solchen Fällen muß man auf absolute Meßwerte $|F_{hkl}|^2$ verzichten, weil es nicht möglich ist, die effektiv vom Kristall ausgenutzte Leistung I des Primärstrahles genau zu messen. Wegen der geringen Größe des Kristalles wird nur ein Bruchteil des Primärstrahlquerschnittes ausgenutzt.

In allen solchen Fällen muß man sich mit Relativwerten $|F_{hkl}|^2_{rel}$ begnügen und kann die abgeleiteten Formeln für das integrale Reflexionsvermögen $\frac{E\omega}{I_o}$ entsprechend vereinfachen, indem man alle Konstanten wie ω, I_o, $\frac{V}{v^2}$, $\frac{e^2}{mc^2}$ und λ^3 wegfallen läßt. An Stelle des integralen Reflexionsvermögens tritt dann die relative reflektierte Strahlungsenergie $(E)_{rel}$, die sich unabhängig vom Meßverfahren wie folgt allgemein formulieren läßt:

$$(E)_{rel} = |F_{hkl}|^2_{rel}\cdot P\cdot L\cdot A$$

$(E)_{rel}$ ist ein Maß für die gewünschte Meßgröße $|F_{hkl}|^2_{rel}$. P bedeutet den Polarisationsfaktor, L den Lorentzfaktor und A

den Absorptionsfaktor. Auf diese Korrekturfaktoren werden wir
im Kapitel VI im Zusammenhang mit der Reduktion der am automatischen 4-Kreisdiffraktometer gemessenen Rohdaten näher eingehen.

h) Quantitative Intensitätsmessungen an Pulverpräparaten

Wir wollen in diesem Abschnitt auch die Formeln für quantita-
tive Messungen an Pulverpräparaten ableiten. Wie im vorigen
Abschnitt für Einkristalle, geht es auch hierbei um die Bestim-
mung der Meßgröße $|F_{hkl}|^2_{exp}$.

Im Pulverpräparat liegen innerhalb des vom Primärstrahl durchstrahlten Volumens sehr viele kleine Kristallite in statistischer Orientierung vor. Wichtig für brauchbare Messungen an
Pulverpräparaten sind daher texturfreie Pulverplatten. Liegt
statistische Verteilung der Kristallite vor, so können wir die
Zahl der Kristallite berechnen, die für einen bestimmten Reflex in Reflexionsstellung stehen. Dabei nehmen wir an, daß
die reflektierenden Netz-
ebenen der in Frage kom-
menden Reflexe durch ihre
Normalen gekennzeichnet
werden. Alle diese Norma-
len durchstoßen die um
das Präparat gelegte Kugel.
Bei statistischer Vertei-
lung der Kristallite lie-
gen die Durchstoßpunkte
dieser Normalen auf der
Kugeloberfläche überall
gleich dicht. Insgesamt
sind N Kristallite im

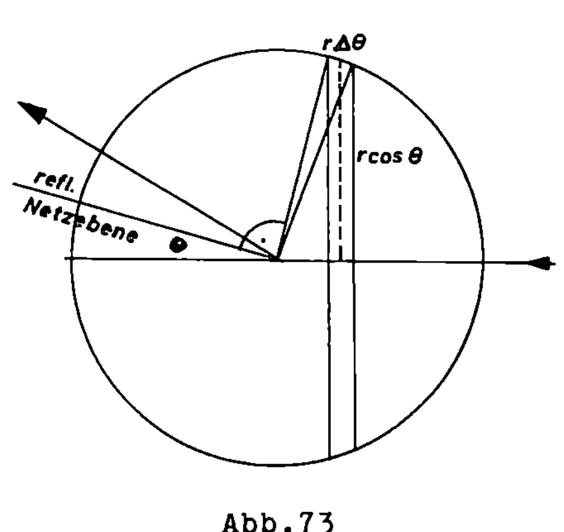

Abb.73

durchstrahlten Volumen vorhanden. Von diesen N Kristalliten
liegen N_r in Reflexionsstellung, nämlich diejenigen innerhalb
des Breitenkreisgürtels $2r\pi\cos\theta \cdot r\Delta\theta$ (Abbildung 73) der Kugel.
Wir erhalten daher für das Verhältnis $\frac{N_r}{N}$ den Ausdruck

$$\frac{N_r}{N} = \frac{2r^2\pi\cos\theta \cdot \Delta\theta}{4r^2\pi}$$

Für die Zahl der Kristallite in Reflexionsstellung N_r ergibt
sich

$$N_r = \tfrac{1}{2}N \cdot \cos\theta \cdot \Delta\theta$$

Allerdings müssen wir noch die Häufigkeit berücksichtigen, mit
der die reflektierenden Netzebenen vorkommen. Im kubischen
Kristallsystem z.B. haben wir sechs symmetrisch äquivalente
Würfelflächen, acht Oktaederflächen etc. Die vom Kristallsystem
abhängige Flächenhäufigkeit wird durch den Faktor H berücksichtigt, so daß sich die Zahl der reflektierende Netzebenen im
durchstrahlten Volumen ergibt zu

$$N_r = \tfrac{1}{2}N \cdot H \cdot \cos\theta \cdot \Delta\theta$$

Die Leistung, die jeder Kristall in Richtung θ abstrahlt, ist
nach den Ausführungen im letzten Abschnitt dieses Kapitels
$P(\theta)I_o$.
Für die Gesamtleistung P der N_r Kristallite ergibt sich:

$$P = \tfrac{1}{2}N \cdot H \cdot \cos\theta \cdot I_o \int P(\theta) \cdot d\theta$$

Setzen wir gemäß Seite 83 $\int P(\theta)d\theta = Q\overline{V}$, wobei wir unter $\overline{V}$
das mittlere Volumen eines Kriställchens verstehen, so erhal-
ten wir

$$\frac{P}{I_o} = \tfrac{1}{2}N \cdot H \cdot \cos\theta \cdot Q\overline{V} = \tfrac{1}{2} H \cdot \cos\theta \cdot QV$$

$N\overline{V} = V$ ist das durchstrahlte Volumen des Pulverpräparates.

Wir wollen auch für Pulverpräparate die Intensitätsformeln
für den symmetrischen Braggfall sowie für den symmetrischen
Lauefall unter Berücksichtigung der Absorption ableiten.

Symmetrischer Braggfall

Analog zum Einkristall liefert auch hier die Schicht der Dicke
dz in der Tiefe z den Streubeitrag

$$\frac{dP}{(I_o)_z} = \tfrac{1}{2} H \cdot \cos\theta \cdot Q \cdot dV$$

Da die Dichte der Pulverplatte ρ' von der Dichte des kompakten

Einkristalles ρ abweicht, erhalten wir

$$dV = \phi \frac{dz}{\sin\theta} \cdot \frac{\rho'}{\rho}$$

$$(I_o)_z = I_o \, e^{-2\mu\frac{z}{\sin\theta}\cdot\frac{\rho'}{\rho}}$$

Mit $I = I_o\phi$ erhalten wir

$$\frac{P}{I} = \frac{1}{2} H \cdot \frac{\cos\theta}{\sin\theta} \cdot \frac{\rho'}{\rho} \cdot Q \int_{z=o}^{\infty} e^{-2\mu\frac{z}{\sin\theta}\cdot\frac{\rho'}{\rho}} \cdot dz$$

$$\boxed{\frac{P}{I} = \frac{1}{2} H \cdot \cos\theta \cdot \frac{Q}{2\mu}}$$

P ist die gesamte Streuleistung innerhalb des Debye-Kegels.
Die Leistung P_1 längs des Spaltes 1 vor dem Zählrohr erhalten

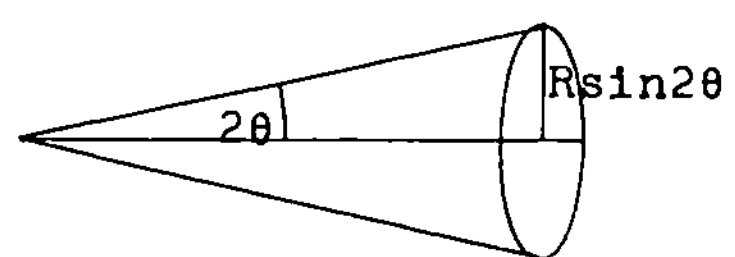

wir, wenn wir mit dem Faktor

$$\frac{1}{4R\pi \cdot \sin\theta \cdot \cos\theta}$$

multiplizieren. R ist dabei die Entfernung des Zählrohres vom Präparat. (siehe Skizze).

Es ergibt sich für $\frac{P_1}{I}$ der Ausdruck:

$$\boxed{\frac{P_1}{I} = \frac{H \; 1 \; Q}{16\mu \cdot R\pi \cdot \sin\theta}}$$

Wir haben auch hier ein Verhältnis zweier Leistungen P_1 und I.
Alle Größen sind bekannt, bzw. können gemessen werden, so daß
wir auch diesmal aus Pulvermessungen $|F_{hkl}|$ in absoluten Ein-
heiten erhalten.
Zur Vermessung von Pulverpräparaten werden sehr häufig automatische Diffraktometer eingesetzt. Um das gesamte Diagramm automatisch registrieren zu können, werden das ebene Pulverpräparat
in symmetrischer Reflexionsstellung mit der Winkelgeschwindigkeit ω und der Zähler mit der Winkelgeschwindigkeit 2ω gedreht
(Bragg-Brentano-Verfahren).

Symmetrischer Lauefall

Wir gehen wie oben aus von der Formel $\frac{P}{I_o} = \frac{1}{2}\,H\cdot\cos\theta\cdot QV$. Wie beim Einkristall ist auch hier der Strahlenweg x innerhalb der Pulverplatte konstant und beträgt $x = \frac{t}{\cos\theta}$.

Mit $I_o = \frac{I}{\phi}$ und $V = \phi x\,\frac{\rho'}{\rho} = \phi\frac{t}{\cos\theta}\cdot\frac{\rho'}{\rho}$ erhalten wir

$$\frac{P}{I} = \frac{1}{2}\cdot H\cdot\frac{\rho'}{\rho}\cdot t\cdot Q$$

Gehen wir auch diesmal zur Leistung P_1 entlang des Zählrohrspaltes l über, so folgt

$$\frac{P_1}{I} = \frac{H\;l\;Q\;t}{4R\pi\cdot\sin2\theta}\cdot\frac{\rho'}{\rho}$$

Wegen der gleichen Strahlenwege von Primärstrahl und reflektiertem Strahl in der Pulverplatte entfällt die Absorptionskorrektur, wenn wir P_1 und I nach Passieren der Pulverplatte in den Stellungen 2θ (P_1) und 0° (I) messen. Gegenüber dem symmetrischen Braggfall ergibt sich hier der Vorteil, daß wir μ nicht bestimmen müssen. Auch diese Formel gestattet es, $|F_{hkl}|^2$ in absoluten Einheiten zu berechnen.

Wie für den Einkristall begnügt man sich auch hier oft mit relativen Pulvermessungen. In diesen Fällen kann man auf alle Konstanten in den Formeln verzichten. Für die reflektierte Strahlungsleistung längs des Zählrohrspaltes erhalten wir dann die relative Energie $(E)_{rel} = |F_{hkl}|^2\cdot H\cdot P\cdot L\cdot A$.

i) Der Debye-Waller'sche Temperaturfaktor

Die Atome bzw. Ionen führen in den Kristallgittern Temperaturschwingungen um ihre Ruhelage aus. Wir wollen den Einfluß dieser Temperaturschwingungen auf die Röntgenintensitäten nach der Debye-Waller'schen Theorie untersuchen.
Zunächst schätzen wir die Größe der mittleren Schwingungsamplituden für Diamant und Silizium ab.
Für eine lineare harmonische Schwingung eines Atoms gilt der Ansatz

$$m\ddot{x} = -a^2 x$$

Mit $x = x_o \cos\omega t$ erhalten wir $\ddot{x} = -\omega^2 x$

$$m\omega^2 = a^2 = 4\pi^2\nu^2 m \quad (\omega = 2\pi\nu)$$

Es bedeuten hierbei:

    x die Auslenkung von der Ruhelage

    ω die Kreisfrequenz

    ν die Frequenz

und m die Masse des Atoms.

Die Arbeit, um das Atom aus seiner Ruhelage um x_o auszulenken, beträgt im eindimensionalen Falle

$$\int_0^{x_o} a^2 x \, dx = \frac{x_o^2}{2} \cdot a^2$$

Aus der Theorie der spezifischen Wärme von Festkörpern folgt, daß wir jedem Schwingungsfreiheitsgrad die Energie kT zuteilen müssen.

Dies bedeutet für den dreidimensionalen Fall:

$$\frac{a^2}{2} (x_o^2 + y_o^2 + z_o^2) = 3kT$$

Für eine harmonische Schwingung kann man das Amplitudenquadrat u_o^2 und seinen Mittelwert $\overline{u^2}$ schreiben als:

$$u_o^2 = 2\overline{u^2} = x_o^2 + y_o^2 + z_o^2$$

und es folgt für $\overline{u^2}$

$$a^2 \overline{u^2} = 3kT$$

$$\overline{u^2} = \frac{3kT}{4\pi^2\nu^2 m}$$

Mit $\nu = \frac{\theta k}{h}$ (θ ist die charakteristische Temperatur) erhalten wir:

$$\boxed{\overline{u^2} = \frac{3h^2 T}{4\pi^2 k} \cdot \frac{1}{\theta^2 m}}$$

Für $T = 290^\circ$ ist $\frac{3h^2 T}{4\pi^2 k} = 7 \cdot 10^{-36}$.

Die gesuchten $\overline{u^2}$ -Werte für Diamant und Silizium ersehen wir aus folgender Zusammenstellung

Diamant	Silizium
$T = 290^{\circ}$ $\quad \theta \cong 2000^{\circ}$	$T = 290^{\circ}$ $\quad \theta \cong 550^{\circ}$

$$m = \frac{12}{6 \cdot 10^{23}} = 2 \cdot 10^{-23} \ [g] \qquad m = \frac{28}{6 \cdot 10^{23}} = 4{,}8 \cdot 10^{-23} \ [g]$$

$$\theta^2 m = 8 \cdot 10^{-17} \qquad\qquad \theta^2 m = 14 \cdot 10^{-18}$$

$$\overline{u^2} = \frac{7 \cdot 10^{-36}}{8 \cdot 10^{-17}} = 9 \cdot 10^{-20} \ [cm^2] \qquad \overline{u^2} = \frac{7 \cdot 10^{-36}}{14 \cdot 10^{-18}} = 50 \cdot 10^{-20} \ [cm^2]$$

Für Diamant mit der sehr hohen charakteristischen Temperatur $\theta \cong 2000^{\circ}$ erhalten wir bei Zimmertemperatur

$$\sqrt{\overline{u^2}} \sim 0{,}03 \ \text{Å}$$

und für Silizium

$$\sqrt{\overline{u^2}} \sim 0{,}07 \ \text{Å}.$$

Die mittleren Schwingungsamplituden der Atome in Kristallgittern liegen nach dieser Abschätzung bei etwa 0,05 Å, während die Abmessungen der Elementarzelle bzw. die Abstände der benachbarten Atome bei einigen Å liegen. Bei Temperaturschwingungen handelt es sich daher zwar um verhältnismäßig kleine aber doch deutlich wahrnehmbare Störungen der regelmäßigen Anordnung der Gitterbausteine.

Die Frequenz der Temperaturschwingungen (Phononen) können wir aus der Beziehung

$$\nu = \frac{\theta k}{h} = \frac{10^2 \cdot 10^{-16}}{10^{-27}} \ , \ \text{d.h. zu } 10^{13} \text{ bis } 10^{14} \ [sec^{-1}]$$

abschätzen, während sich die Frequenz der Röntgenstrahlung zu

$$\nu = \frac{c}{\lambda} \cong \frac{10^{10}}{10^{-8}} = 10^{18} \ [sec^{-1}] \ \text{ergibt}.$$

Die Frequenz der Röntgenstrahlung ist daher sicher um den Faktor 10^4 größer als die Frequenz der Phononen. Dies bedeutet, daß die Gitterbausteine während einer großen Anzahl von Schwingungen der Röntgenstrahlung praktisch in ihren Lagen verharren. Dieser Befund ist für den folgenden Ansatz wichtig.

Wir wollen nun den Temperatureinfluß auf die Röntgenintensitäten studieren. Dabei gehen wir aus von der Formel in Abschnitt f) dieses Kapitels

$$\mathcal{E}_s = \left(\frac{e^2}{mc^2}\right) \cdot \frac{1}{r_a} \sqrt{\frac{1+\cos^2 2\theta}{2}} \; F_{hkl} \, \mathcal{E}_o \sum_{EZ} e^{i\frac{2\pi}{\lambda}(rS)}$$

Der Summenausdruck erstreckt sich über alle Elementarzellen des Kriställchens. Da wir die nachfolgende Überlegungen auch auf Festkörper, in denen nur Nahordnung herrscht, anwenden wollen, erstrecken wir die Summe über alle Atome des Festkörpers und schreiben (wobei wir zur Vereinfachung gleiche Atome annehmen)

$$\mathcal{E}_s = \left(\frac{e^2}{mc^2}\right) \cdot \frac{1}{r_a} \sqrt{\frac{1+\cos^2 2\theta}{2}} \; f \, \mathcal{E}_o \sum_{Atome} e^{i\frac{2\pi}{\lambda}(rS)}$$

$$= \frac{const}{r_a} \sum_{Atome} e^{i\frac{2\pi}{\lambda}(rS)}$$

Für die reflektierte Strahlungsleistung I_s finden wir durch Multiplikation mit dem konjugiert komplexen Wert

$$I_s = \left(\frac{const}{r_a}\right)^2 \cdot \sum_n \sum_m e^{i\frac{2\pi}{\lambda}S(r_n - r_m)}$$

Für die Konstante 'const' schreiben wir im folgenden zur Abkürzung c (nicht zu verwechseln mit der im Anfang dieses Abschnittes eingeführten Lichtgeschwindigkeit c).
Der Ausdruck für I_s gilt für Gitterbausteine, die keinerlei Temperaturschwingungen ausführen (der Index s bedeutet starres Gitter). Nun rücken die Atome, die normalerweise den Abstand r_i vom Nullpunkt des Koordinatensystems haben, infolge der Temperaturschwingungen um die Größen u_i aus dieser Lage. Nach den obigen Ausführungen vermag der Röntgenstrahl wegen seiner großen Frequenz diese Auslenkungen zu erkennen. Mit Berücksichti-

gung der u_1 erhalten wir für I_T (der Index T bedeutet, daß
die Temperaturschwingungen berücksichtigt sind) :

$$I_T = \frac{c^2}{r_a^2} \sum_n \sum_m e^{i\frac{2\pi}{\lambda}S(r_n-r_m)} \cdot e^{i\frac{2\pi}{\lambda}S(u_n-u_m)}$$

Der erste Term der Doppelsumme ändert sich nicht mit der Zeit,
der zweite Term ist jedoch zeitabhängig.

Es ist $(uS) = u \cdot \cos\alpha |S| = u_s 2\sin\theta$, wobei u_s die Projektion von
u in Richtung S bedeutet. Nun schreiben wir für $\frac{2\pi}{\lambda}S(u_n-u_m)$ zur
Abkürzung p_{nm}, und wir erhalten

$$p_{nm} = \frac{4\pi \sin\theta}{\lambda} (u_{ns}-u_{ms})$$

Da die p_{nm} kleine Größen sind, entwickeln wir $e^{ip_{nm}}$ in eine
Reihe

$$e^{ip} = 1 + ip - \frac{p^2}{2!} - \frac{ip^3}{3!} + \frac{p^4}{4!} \ldots$$

Im zeitlichen Mittel werden die ungeraden Potenzen Null ergeben, weil sie sowohl positiv als auch negativ sein können.
Der Mittelwert ist daher

$$\overline{e^{ip}} = 1 - \frac{\overline{p^2}}{2!} + \frac{\overline{p^4}}{4!} \ldots$$

Da aber $1 - \frac{\overline{p^2}}{2!} \sim e^{-\frac{\overline{p^2}}{2}}$ ist, können wir näherungsweise schreiben

$$\overline{e^{ip}} \sim e^{-\frac{\overline{p^2}}{2}}$$

Somit erhalten wir für I_T :

$$I_T = \frac{c^2}{r_a^2} \sum_n \sum_m e^{i\frac{2\pi}{\lambda}S(r_n-r_m)} \cdot e^{-\frac{1}{2}\overline{p_{nm}^2}}$$

Die Auswertung dieses Ausdrucks ist nicht einfach. Man muß an
dieser Stelle eine Annahme über die gegenseitigen Beziehungen
benachbarter schwingender Gitterbausteine machen. Streng genommen müßte man die Born'sche Gitterdynamik einführen. Um den
Einfluß der Gitterschwingungen auf die Röntgenintensitäten zu
erkennen, genügt aber zunächst einmal die einfachste Annahme,
die DEBYE schon bald nach der Veröffentlichung der wellenkine-

matischen Theorie durch Max von LAUE gemacht hat. Debye nimmt
an, daß benachbarte Atome völlig unbeeinflußt voneinander
schwingen. Dann gilt im Mittel

$$\overline{\tfrac{1}{2}p^2_{nm}} \;=\; \frac{8\pi^2 \cdot \sin^2\theta}{\lambda^2} \; \overline{(u_{ns}-u_{ms})^2}$$

$$=\; \frac{8\pi^2 \cdot \sin^2\theta}{\lambda^2} \; (\overline{u^2_{ns}} + \overline{u^2_{ms}} - 2\overline{u_{ms}u_{ns}})$$

wobei $\overline{u_{ms}u_{ns}} = 0$ ist, weil die u_{ms} und u_{ns} sowohl positives
als auch negatives Vorzeichen annehmen können.

Mit $\overline{u^2_{ns}} = \overline{u^2_{ms}} = \overline{u^2_s}$ folgt dann

$$\overline{\tfrac{1}{2}p^2_{nm}} \;=\; \frac{16\pi^2 \cdot \sin^2\theta}{\lambda^2} \; \overline{u^2_s} \;=\; 2M$$

$$\boxed{\; M \;=\; 8\pi^2\overline{u^2_s}\left(\frac{\sin\theta}{\lambda}\right)^2 \;=\; B\left(\frac{\sin\theta}{\lambda}\right)^2 \;}$$

B ist der Debye-Waller-Faktor und es gilt $\boxed{B = 8\pi^2\overline{u^2_s}}$.

Es ist dann

$$I_T \;=\; \frac{c^2}{r^2_a} \sum_n \sum_m e^{i\frac{2\pi}{\lambda}S(r_n-r_m)} \cdot e^{-2M}$$

Um diesen Ausdruck besser diskutieren zu können, formen wir
ihn etwas um, indem wir bedenken, daß in der Doppelsumme

$$I_T \;=\; \frac{c^2}{r^2_a} \sum_n \sum_m e^{i\frac{2\pi}{\lambda}S(r_n-r_m)} \; e^{i\frac{2\pi}{\lambda}S(u_n-u_m)}$$

N Summanden mit $n = m$ vorkommen, für die $r_n-r_m = 0$ und
$u_n-u_m = 0$ sind.
Somit liefern diese N Summanden jeweils den Wert 1, zusammen
also den Wert N.
Unseren Ausdruck für I_T können wir daher umschreiben zu

$$I_T \;=\; \frac{c^2}{r^2_a}\left(N + e^{-2M} \sum_n \sum_m e^{i\frac{2\pi}{\lambda}S(r_n-r_m)}\right)$$

$$\text{für } n \neq m$$

Für das starre Gitter können wir ganz entsprechend formulieren

$$I_s = \frac{c^2}{r_a^2} \sum_n \sum_m e^{i\frac{2\pi}{\lambda}S(r_n-r_m)}$$

$$= N\frac{c^2}{r_a^2} + \frac{c^2}{r_a^2} \sum_n \sum_m e^{i\frac{2\pi}{\lambda}S(r_n-r_m)}$$

$$n \neq m$$

hieraus ergibt sich die Doppelsumme zu

$$\frac{c^2}{r_a^2} \sum_n \sum_m e^{i\frac{2\pi}{\lambda}S(r_n-r_m)} = I_s - N\frac{c^2}{r_a^2}$$

$$n \neq m$$

Setzen wir dieses Ergebnis in den obigen Ausdruck für I_T ein, so erhalten wir

$$I_T = \frac{c^2}{r_a^2} N + e^{-2M}\left(I_s - N\frac{c^2}{r_a^2}\right)$$

$$\boxed{I_T = \frac{c^2}{r_a^2} N(1 - e^{-2M}) + I_s \cdot e^{-2M}}$$

In dieser Formel bedeutet der Term $I_s \cdot e^{-2M}$ offenbar, daß die Leistung der elastischen Streustrahlung für das starre Gitter I_s durch die Temperaturschwingungen um den Faktor e^{-2M} geschwächt wird.

Es stellt sich heraus, daß der Term $I_s \cdot e^{-2M}$ unabhängig ist vom Modell, das man für die Temperaturschwingungen benutzt, während die Form des diffusen Untergrundes sehr wohl vom Modell für die Gitterschwingungen abhängig ist. Gibt man den obigen einfachen Ansatz der unabhängigen Temperaturschwingungen benachbarter Atome auf, so folgt aus der Theorie, daß die den Bragg-Reflexen entzogenen elastischen Streuanteile als inelastische, kohärente Streuanteile in den Untergrund gehen, der an der Stelle der Maxima der Bragg-Reflexe ebenfalls flache Maxima aufweist (siehe hierzu auch S.175).

Da wir uns in der Röntgenstrukturanalyse zunächst nur für die kohärente, elastische Streustrahlung interessieren, ist für uns die Größe $I_s \cdot e^{-2M}$ von besonderem Interesse.

Da I proportional zu F^2 ist, und man annehmen muß, daß die
verschiedenen Atome im Gitter verschiedene Schwingungsamplituden besitzen, können wir für die Atomformamplituden f den
folgenden Ansatz machen

$$f_T = f_o\, e^{-M} = f_o \cdot e^{-B\left(\frac{\sin\theta}{\lambda}\right)^2}$$

Dies bedeutet (siehe Abbildung 74), daß die Atomformamplituden

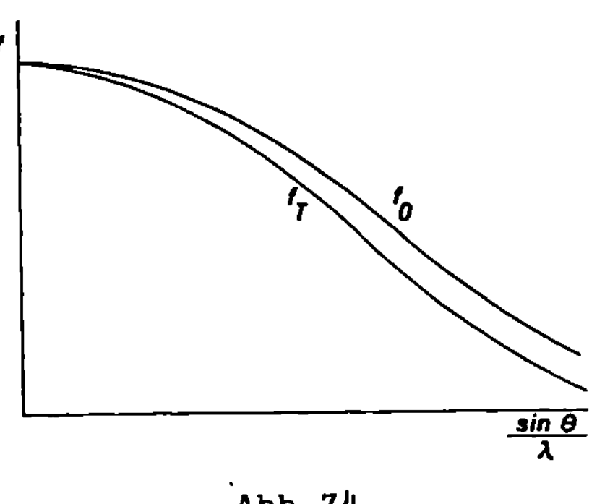

Abb.74

f_T infolge der Temperaturschwingungen noch stärker abklingen als dies
die f_o-Werte für starre
Atome wegen der Ausdeh-
nung der Elektronenhülle
ohnehin schon tun.

Man kann sich diesen Ef-
fekt verständlich machen,
wenn man annimmt, daß in-
folge der Temperatur-
schwingungen (Amplitude $\sim 0{,}05$ Å) die Ausdehnung der Elektronenhüllen vergrößert wird ($\sim 0{,}1$ Å), wodurch die Phasenfaktoren
$e^{\frac{2\pi}{\lambda}i(rS)}$ stärker ins Gewicht fallen und die Atomformamplituden schneller abklingen. Unter Berücksichtigung der Debye-
Waller-Faktoren für jedes Atom erhalten wir für die Strukturamplituden F_{hkl} den Ausdruck

$$F_{hkl} = \sum_{\nu} f_\nu \cdot e^{-B_\nu\left(\frac{\sin\theta}{\lambda}\right)^2} \cdot e^{2\pi i(hx_\nu + ky_\nu + lz_\nu)}$$

Für die Debye-Waller-Faktoren B_ν gilt hierbei $B_\nu = 8\pi^2 \overline{(u_s^2)}_\nu$.

Die bisherige Annahme isotroper Atomschwingungen ist nur eine
Näherung. Ihre Richtungsabhängigkeit wird durch Schwingungs-
ellipsoide dargestellt, deren drei senkrecht aufeinander stehende Hauptachsen sich in den Atomlagen schneiden. Die Winkel
zwischen Hauptachsen und reziproken Achsen bestimmen die Streubeiträge der anisotropen Gitterschwingungen für die einzelnen
Reflexe (siehe hierzu auch S.254 und Abschnitt IX c).

IV. Röntgengoniometer für Filmaufnahmen.

In diesem Kapitel wollen wir die wichtigsten Aufnahmeverfahren besprechen, die in der Röntgenstrukturanalyse vor allem für die Raumgruppenbestimmung benutzt werden.

a) Oszillationsaufnahmen von Einkristallen

Wie auf Seite 54 ausführlich dargelegt, steht eine Netzebenenschar im reziproken Gitter immer senkrecht zu einem Gittervektor $\vec{r}$. Für den Spezialfall eines justierten Kristalles, bei dem die Drehachse mit der c-Achse der Elementarzelle zusammenfällt, bedeutet dies, daß die einzelnen Ebenen des reziproken

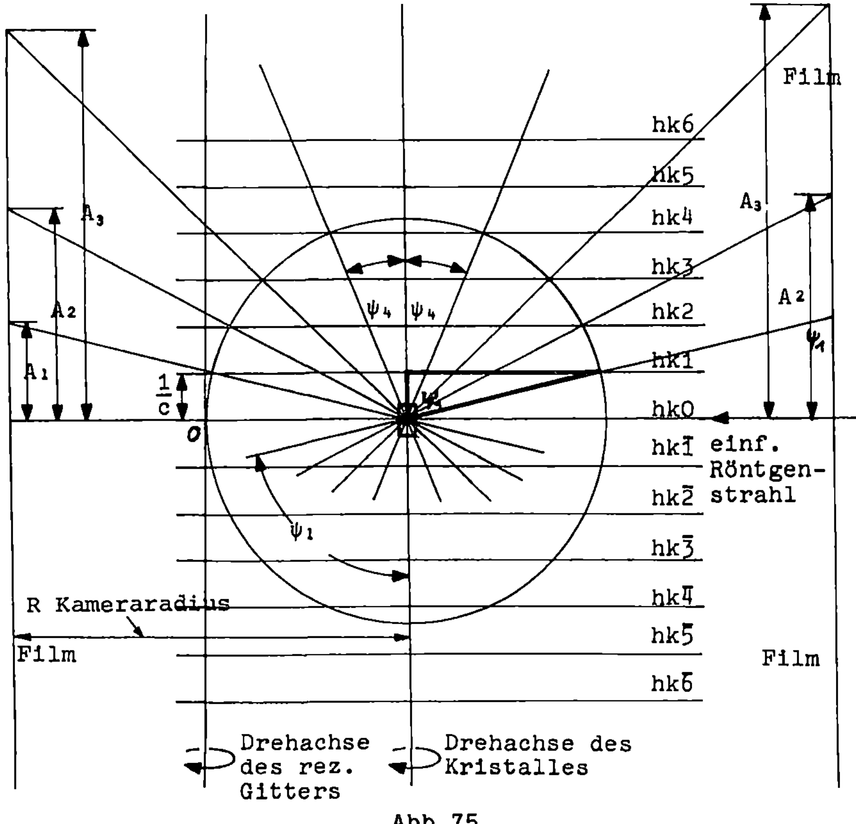

Abb.75

Gitters mit den reziproken Gitterpunkten hk0, hk1, hk2 etc.
senkrecht zur Drehachse stehen.

In Abbildung 75 drehen wir den justierten Kristall um die c-
Achse. Gemäß der Ewald'schen Interpretation der Bragg'schen
Gleichung dreht sich das reziproke Gitter synchron zum Kristall
um den Punkt O, und die reziproken Gitterpunkte hk0, hk1, hk2
etc. wandern nacheinander durch die Lagekugel und erzeugen
Bragg'sche Reflexe. Dabei schneidet die O-te reziproke Gitterebene mit den reziproken Gitterpunkten vom Typ hk0 die Ewald'-
sche Lagekugel in der Äquatorebene, während die anderen reziproken Gitterebenen diese Kugel in Breitenkreisen schneiden.
Alle hk1-Reflexe liegen daher auf einem Kegelmantel vom Öffnungswinkel $2\psi_1$, alle hk2-Reflexe auf einem Kegelmantel vom
Öffnungswinkel $2\psi_2$ etc. Legt man einen zylindrischen Film um
den Kristall, so schneiden die einzelnen Strahlenkegel diesen
Film in Kreisen, die vom Äquator die Entfernungen A_1, A_2, A_3
etc. besitzen. Breitet man den während der Aufnahme zylindrisch um die Drehachse liegenden Film aus nachdem er entwickelt wurde, so erhält man ein Schichtliniendiagramm, das
bezüglich des Äquators symmetrisch ist. Die hk0, hk1, hk2,
$hk\bar{1}$, $hk\bar{2}$ etc. Reflexe liegen auf zueinander parallelen Geraden, den sogenannten Schichtlinien.

Drehaufnahmen können auf zwei verschiedene Arten hergestellt
werden: Am Weissenberg-Goniometer benutzt man gemäß Abb. 75
einen zylindrischen Film und erhält eine Drehaufnahme mit parallelen Schichtlinien. Am Explorer benutzt man einen zum einfallenden Primärstrahl senkrecht stehenden Planfilm auf dem
nur die O-te Schichtlinie als gerade Mittellinie erscheint,
während sich die höheren Schichtlinien als Hyperbeln projizieren (siehe hierzu Abbildung 96 auf S.136).

Um die geometrischen Verhältnisse des Äquators einer Drehaufnahme besser zu überblicken, betrachten wir in Abbildung 76
die Äquatorebene vom Nordpol der Lagekugel aus und blicken auf
den Kristall in Richtung seiner Drehachse, die mit der c-Achse
zusammenfällt. Der einfallende Röntgenstrahl liegt in der Äquatorebene und verläßt die Lagekugel im Punkt O. Die Drehachse
des reziproken Gitters geht daher ebenfalls durch O und ist

parallel zur Drehachse des Kristalles. Da wir den Kristall um die c-Achse drehen, liegen die reziproken Achsen a^* und b^* in der Äquatorebene.

In Abbildung 76 ist für eine bestimmte Winkelstellung (ω) des Kristalles die Lage der beiden reziproken Achsen a^* und b^* festgehalten. Damit sind auch die einzelnen reziproken Gitterpunkte hk0 genau festgelegt. Die Indizes einiger reziproker Gitterpunkte hk0 sind in Abb.76 eingetragen. Man erkennt, daß in der gezeichneten ω-Stellung des Kristalles die beiden reziproken Gitterpunkte 020 und 610 durch die Lagekugel wandern.

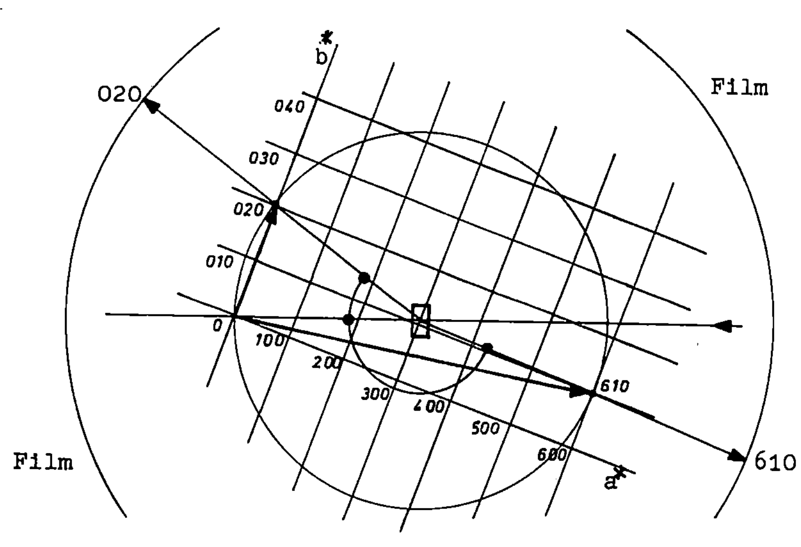

Abb.76

Die an den Netzebenen (020) und (610) reflektierten Strahlen bilden mit dem einfallenden Röntgenstrahl die Winkel $2\theta_{020}$ und $2\theta_{610}$. Die Netzebenen (020) und (610) stehen senkrecht zu den reziproken Gittervektoren r^*_{020} und r^*_{610}. Am Film, der den Kristall zylindrisch umgibt, entstehen die Reflexe 020 und 610. Drehen wir den Kristall etwas weiter um $\Delta\omega$, so wandern andere Punkte der reziproken Gitterebene hk0 durch die Lagekugel. Auf diese Weise entstehen nacheinander alle hk0-Reflexe am Film.

Man erhält eine um so größere Anzahl von Reflexen, je größer
der Radius der Lagekugel ist, d.h. je kürzer die Wellenlänge
λ des Röntgenstrahles gewählt wird. Da die Intensitäten der
Röntgenreflexe jedoch gemäß Kapitel III proportional zu λ^3 sind,
kann man nicht zu beliebig kurzwelliger Strahlung übergehen.
Praktisch stehen für die Zwecke der Röntgenstrukturanalyse nur
die $Cu_{K\alpha}$-Strahlung ($\lambda = 1,54$ Å) und die $Mo_{K\alpha}$-Strahlung ($\lambda = 0,71$ Å)
oder in Ausnahmefällen die $Ag_{K\alpha}$-Strahlung ($\lambda = 0,56$ Å) als
kurzwellige Strahlungen zur Verfügung.

Der Kristall kann bei Drehaufnahmen entweder um 360° gedreht
oder er kann um bestimmte Winkelbereiche oszilliert werden,
wobei im letzten Fall nur Teile der reziproken Gitterebene
durch die Ewald'sche Lagekugel wandern.

Der große Vorteil der Drehaufnahmen bzw. Oszillationsaufnahmen
liegt darin, daß man die Gitterkonstante in Drehrichtung - in
unserem Beispiel war dies die c-Achse - in einfacher Weise bestimmen kann. Aus Abbildung 75 entnimmt man die Beziehungen

$$tg\psi_n = \frac{R}{A_n}$$

$$\text{und} \quad \cos\psi_n = \frac{n\lambda}{c}$$

Es folgt daraus

$$\boxed{c = \frac{n\,\lambda}{\cos\psi_n}}$$

Nach Ausmessen der Schichtlinienabstände A_n und bei Kenntnis
der Wellenlänge λ und des Kameraradius R kann man die c-Achse
berechnen. Dies ist übrigens ein seltener Ausnahmefall, bei
dem man direkt eine Gitterkonstante erhält. Im allgemeinen
liefern die Aufnahmeverfahren, die wir in den nächsten Abschnitten besprechen werden, als direkte Information reziproke
Gitterkonstanten.

Die Indizierung der einzelnen Schichtlinien der Drehaufnahmen
wird in der Praxis nicht durchgeführt, weil die in den folgenden Abschnitten noch zu besprechenden Einkristall-Aufnahmeverfahren eine sehr viel bequemere Zuordnung der Miller'schen
Indizes zu den einzelnen Reflexen erlauben.

**b) <u>Justierung eines Kristalles auf lichtoptischem Wege und
mittels Oszillationsaufnahmen</u>**

Wie wir im vorigen Abschnitt sahen, kommt es bei der Herstellung
von Drehaufnahmen von Einkristallen darauf an, den Kristall um
eine Gittergerade (Kante oder Diagonale der Elementarzelle) zu
justieren. Dies bedeutet, daß die Gittergerade und die Drehachse des Kristalles zusammenfallen.

Die Justierung eines Kristalles kann man im Prinzip auf zwei
verschiedene Arten erreichen:

1. durch lichtoptische Methoden,
2. durch röntgenographische Methoden.

<u>zu 1.</u> : Eine lichtoptische Justierung des Kristalles setzt vor-
aus, daß am Kristall reflektierende Flächen ausgebildet sind,
was besonders häufig bei solchen Kristallen der Fall ist, die
aus Lösungen gewachsen sind. Meistens handelt es sich dabei um
nadelförmige Kristalle mit Prismenflächen. Die Schnittkanten
dieser Prismenflächen sind parallel zueinander und liegen in
der Regel parallel zu einer Kante der Elementarzelle.

Um den Kristall lichtoptisch zu justieren, benutzt man ein Zwei-
kreisgoniometer. Dieses besteht aus einem Horizontalkreis und
einem hierauf sitzenden Vertikalkreis, auf dessen horizontale
Achse der Goniometerkopf mit dem Kristall aufgeschraubt werden
kann. Horizontalkreis und Vertikalkreis erlauben es, die einzelnen am Kristall ausgebildeten Flächen in Reflexionsstellung
zu bringen und die Flächenwinkel zu vermessen. Diese optische
Vermessung sowie die Justierung des Kristalles erfolgt mit dem
Mikroskop-Teleskopsystem des 2-Kreis-Goniometers. Man bringt
den Kristall zunächst in das Gesichtsfeld des Mikroskopes und
zentriert ihn mit Hilfe der Planschlitten des Goniometerkopfes.
Eine eventuell vorhandene Kegelbewegung des Kristalles beseitigt man mit den Kreisschlitten des Goniometerkopfes, bis der
Kristall sich um seine Längsachse dreht. Zur genauen Justierung
benutzt man den teleskopischen Strahlengang des optischen Systems und justiert die Kreisschlitten sorgfältig nach, bis alle
von den vorhandenen Prismenflächen reflektierten Lichtsymbole
(Malteserkreuze) genau durch die Mitte des Fadenkreuzes wandern.

Bei gut ausgebildeten Kristallflächen ist die Justierung ohne
weiteres mit einer Genauigkeit von 0.05° durchzuführen.
Die lichtoptische Justierung von Einkristallen mit Prismenflächen läßt sich auch wie beschrieben auf den Röntgen-Gonio-
metern durchführen, die mit einem Mikroskop-Teleskopsystem
ausgerüstet sind. Es entfällt in solchen Fällen nur ein Kreis,
der zur Vermessung von Pyramidenflächen benötigt wird.

<u>zu 2</u>: In vielen Fällen sind an den Einkristallen entweder keine
oder nur schlecht reflektierende Flächen ausgebildet. Manchmal
liegen auch nur Bruchstücke von Kristallen vor, an denen keine
Flächen ausgebildet sind. In solchen Fällen ist man auf röntgenographische Justierverfahren angewiesen.

Um eine Gittergerade auf röntgenographischem Wege in die Richtung der Drehachse zu bringen, haben sich Oszillationsaufnahmen
als besonders geeignet erwiesen. Das Prinzip der Methode ist
aus den Abbildungen 77a und 77b zu ersehen.
Abb.77a zeigt die Lage der 0-ten reziproken Gitterebene mit den
hk0-Reflexen eines Kristalles, der um die c-Achse einwandfrei
justiert ist. Abb.77a ist ein um 90° gedrehter Ausschnitt der
Abb.75. Ist der Kristall nicht einwandfrei um die c-Achse justiert, so fallen Drehachse und c-Achse nicht mehr zusammen,
und die c-Achse sowie die Normale zur 0-ten reziproken Gitterebene beschreiben einen Kegelmantel um die Drehachse. In der
Abb.77b sind zwei extreme Stellungen der c-Achse festgehalten,
die in der Zeichenebene liegen. Um eine einwandfreie Justierung zu erreichen, muß man einen Kreisschlitten des Goniometerkopfes um ε° nachstellen. Dabei geht man folgendermaßen vor:

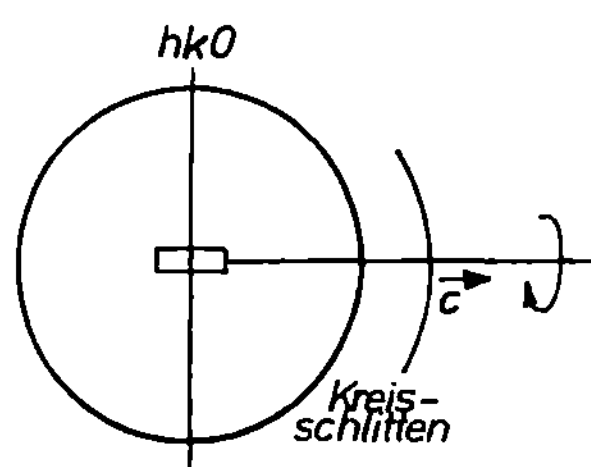

Abb. 77 a

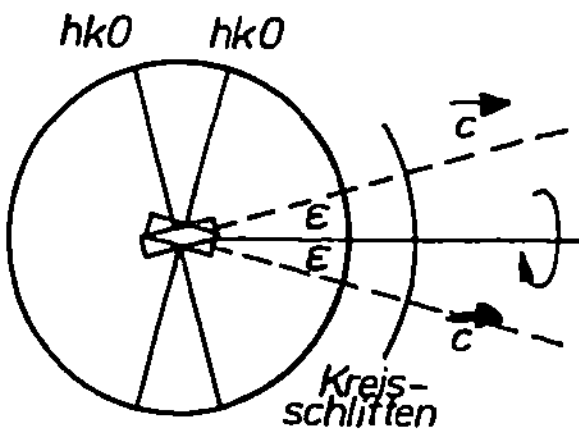

Abb. 77 b

Zunächst zentriert man den Kristall sorgfältig mit den Planschlitten des Goniometerkopfes und dreht ihn dann in eine solche Stellung, daß ein Kreisschlitten des Goniometerkopfes vertikal steht. Diese Stellung ω_0 liest man an der Gradtrommel
des Weissenberg-Goniometers bzw. des Explorers ab und merkt
sie sich vor. Um diese Mittelstellung läßt man den Kristall
nun um z.B. $\pm 15^0$ oszillieren. Nach etwa 200 Oszillationen
stoppt man in der Stellung ω_0 und stellt die Gradtrommel des
Goniometers auf $\omega_0 + 180^0$, um die man in der gleichen Weise etwa
100 Oszillationen durchführt.

Auf der Aufnahme erhält man gemäß Abbildung 78 eine stark und
eine schwächer belichtete 0-te Schichtlinie, die miteinander
den Winkel 2ε bilden, wenn der horizontale Kreisschlitten nicht
um allzu große Winkelbeträge von seiner richtigen Stellung abweicht.

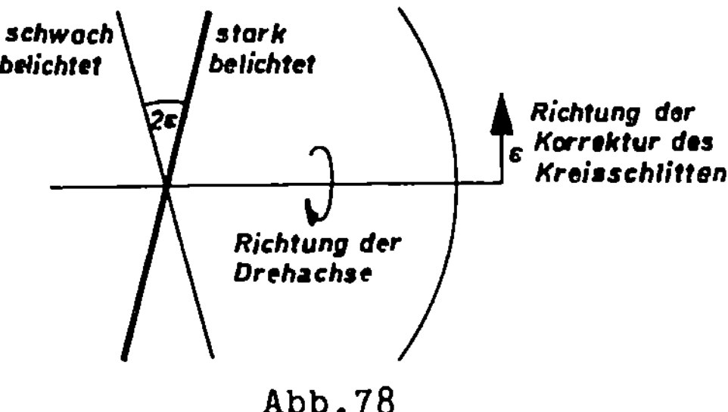

Abb.78

Um den vertikalen Kreisschlitten des Goniometerkopfes zu korri-
gieren, dreht man den Kristall zunächst wieder in die Stellung
ω_0 und bringt die Korrektur ε am vertikalen Kreisschlitten im
richtigen Sinne an.

Anschließend justiert man den zweiten Kreisschlitten in der
gleichen Weise, d.h. man macht Oszillationsaufnahmen um die
Winkelstellungen $\omega_0 + 90^0$ und $\omega_0 + 270^0$, bei denen dieser Kreisschlitten vertikal steht.

Sind die beiden Kreisschlitten nur um verhältnismäßig kleine
Winkelbeträge zu verstellen (bis etwa $\pm 10^0$), so führt bei einiger Übung schon eine einzige Justieraufnahme pro Kreisschlitten
zum Ziel. Handelt es sich hingegen um größere Nachjustierungen,
so muß man das Verfahren in der Regel wiederholen.

Wie schon bemerkt, lassen sich auch Oszillationsaufnahmen zu Justierzwecken sowohl am Weissenberg-Goniometer als auch am Explorer durchführen. Die Winkel 2ε lassen sich am Planfilm besonders bequem vermessen.

c) Das Weissenberg-Aufnahmeverfahren

Wir wollen mit der Besprechung des Weissenberg-Aufnahmeverfahrens beginnen, weil dieses klassische Verfahren auch heute noch praktische Bedeutung für die Datensammlung besitzt. Weissenbergaufnahmen kann man am gleichen Gerät herstellen, das man bereits für Dreh- und Oszillationsaufnahmen benutzt hat.

Mit dem Weissenberg-Goniometer kann man die zur Drehachse des justierten Kristalles senkrecht stehenden reziproken Gitterebenen einzeln photographieren. Um die Reflexe auf den Schichtlinien in einfacher Weise indizieren zu können, muß man

1. alle Schichtlinien der Drehaufnahme bis auf die zu untersuchende ausblenden und

2. mit der Kristalldrehung über ein Getriebe eine Filmtranslation parallel zur Kristalldrehachse durchführen.

<u>zu 1</u> : Die Ausblendung unerwünschter Schichtlinien erreicht man mit zwei zylindrischen Blenden, die man konzentrisch zur Kristalldrehachse anordnet. Jede dieser Blenden kann nach links und rechts parallel zur Kristalldrehachse in eine solche Stellung verschoben werden, daß jeweils nur die Reflexe der gewünschten Schichtlinie den Film erreichen.

<u>zu 2</u> : Durch Kupplung einer Filmtranslation mit der Kristalldrehung erreicht man es, daß alle Reflexe der Schichtlinie, die auf der ausgebreiteten Drehaufnahme auf einer Geraden lagen, nun auf dem ganzen Weissenbergfilm verteilt sind. Beim Äquator eines um die c-Achse justierten Kristalles sind dies die hk0-Reflexe. In Abbildung 79 ist die Lage der a^{*}-Achse mit den h00-Reflexen innerhalb der Äquatorebene in zwei Stellungen zu den Zeiten t_o und t gezeichnet. Kristall, Ursprung O des reziproken Gitters, Drehachse und Film sind analog zur Abbildung 76 angeordnet. Zur Zeit t_o soll die a^{*}-Achse die Tangen-

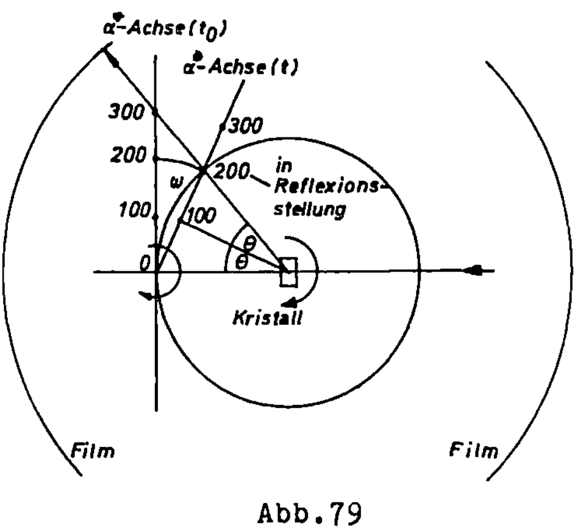

Abb.79

tiallage zur Ewald'schen Lagekugel einnehmen. Zur Zeit t hat sich der Kristall und damit die a^{*}- Achse um den Winkel ω gedreht, und der reziproke Gitterpunkt 200 wandert gerade durch die Lagekugel. Damit ist für $\vec{r}^{*}_{200}$ die Bragg'sche Gleichung $\vec{r}^{*}_{200} = \frac{\vec{s}}{\lambda}$ erfüllt, und am Film entsteht der Reflex 200. Der reflektierte Röntgenstrahl schließt mit dem einfallenden Strahl den Winkel 2θ ein, und man entnimmt der Abb. 79, daß der Drehwinkel ω gleich dem Braggwinkel θ ist. Es gilt daher die Beziehung ω = θ.

Richtet man es so ein, daß sich der Film in Abb.79 um $\frac{ω}{2}$mm in Richtung der Drehachse bewegt, während sich der Kristall um $ω°$ dreht, so liegt am ausgebreiteten Film gemäß Abbildung 80 der

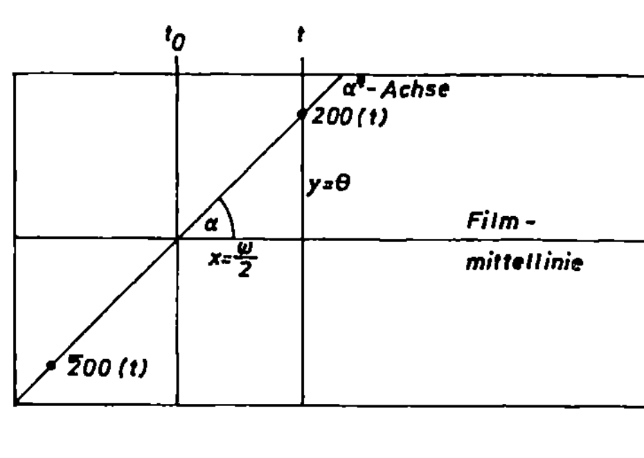

Abb.80

Reflex 200 gegenüber dem Ursprung 0 bei t_0 um
x = $\frac{ω}{2}$mm nach rechts verschoben.

Wählt man den üblichen Filmdurchmesser von
2R = $\frac{180}{\pi}$ mm, so gilt für den Winkel θ die Beziehung $\frac{2R\pi}{360} = \frac{y}{2θ}$ oder

y(in mm) = θ(in Grad)

Die a^{*}-Achse wird gemäß Abbildung 80 nach dem Weissenbergverfahren auf dem Film als Gerade abgebildet, die mit der horizontalen Mittellinie den Winkel α bildet. (siehe auch Abbildung 81).

Dabei gilt für Kameras vom üblichen Durchmesser bei $2°$ Drehung entsprechend 1mm Vorschub

$$tg\alpha \; = \; \frac{y}{x} \; = \; \frac{\theta}{\omega/2} \; = \; \frac{2\theta}{\omega}$$

Mit der oben gefundenen Beziehung $\omega=\theta$ erhalten wir

$$tg\alpha \; = \; 2 \quad und \quad \alpha \; = \; 63,5^{\circ}.$$

Analog der a^{*}-Achse wird jede Gerade in der hkO-Ebene des reziproken Gitters, die durch den Ursprung O des reziproken Gitters
geht, am Film als Gerade mit einem Neigungswinkel $\alpha = 63,5^{\circ}$
gegen die Mittellinie abgebildet. Allerdings werden sich im allgemeinen nur diejenigen reziproken Gittergeraden, die dicht mit
reziproken Gitterpunkten besetzt sind, am Film deutlich heraus-
heben. Dies sind in der Regel die reziproken Achsen bzw. die
Diagonalen.

In Abbildung 81 ist die Weissenbergaufnahme ($\lambda=1,54$ Å, 40 KV,
20 mA, 5 Std.belichtet) von Ammoniumoxalat-Dihydrat mit den
hkO-Reflexen abgebildet.

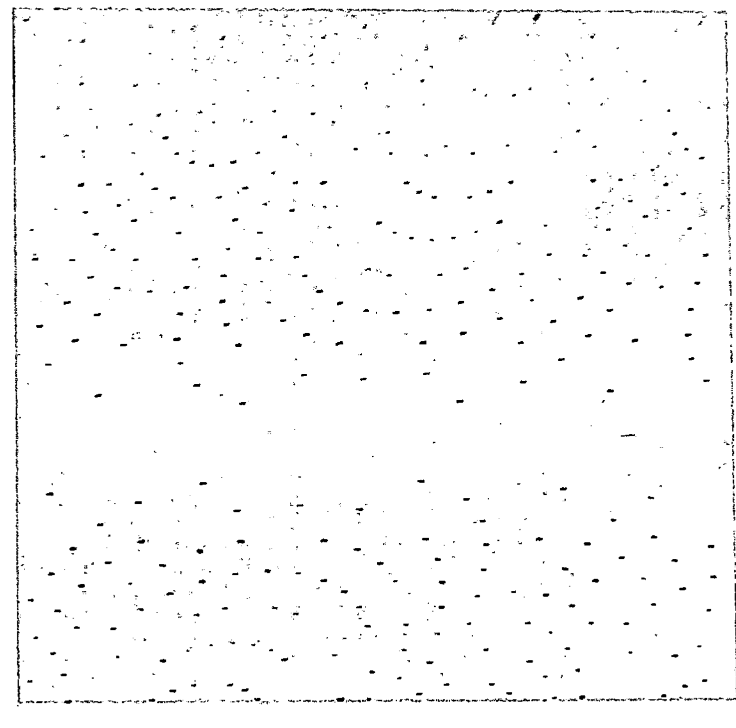

Abb.81
Maßstab
1:1,33

Ammoniumoxalat-Hydrat kristallisiert orthorhombisch. Die Laue-
gruppe $\frac{2}{m}\frac{2}{m}\frac{2}{m}$ sowie die reziproken Achsen a* und b* mit den
serialen Auslöschungsgesetzen (siehe Kapitel V), h00 nur mit
h=2n und 0k0 nur mit k=2n vorhanden, lassen sich auf der Aufnahme deutlich erkennen. Die Geraden mit konstantem h bzw. mit
konstantem k in der Ebene hk0 des reziproken Gitters liegen
auf Kurvenscharen (Girlanden, siehe Abb.81).

Um eine unverzerrte Anordnung der reziproken Gitterpunkte zu
erhalten, muß man eine Umzeichnung der Weissenbergaufnahme vornehmen, deren Prinzip aus der Abbildung 82 hervorgeht. Man geht
dabei aus von der Re-
flexanordnung gemäß
Abb.81 und ordnet den
einzelnen Reflexen am
Film rechtwinklige
x und y-Koordinaten zu,
wobei gemäß Abb.80
gilt: $x = \frac{\omega}{2}$ und $y = \theta$.
Nun zeichnet man sich
den Äquatorkreis der
Ewaldkugel, trägt von
seinem Mittelpunkt
aus den Winkel $2\theta=2y$

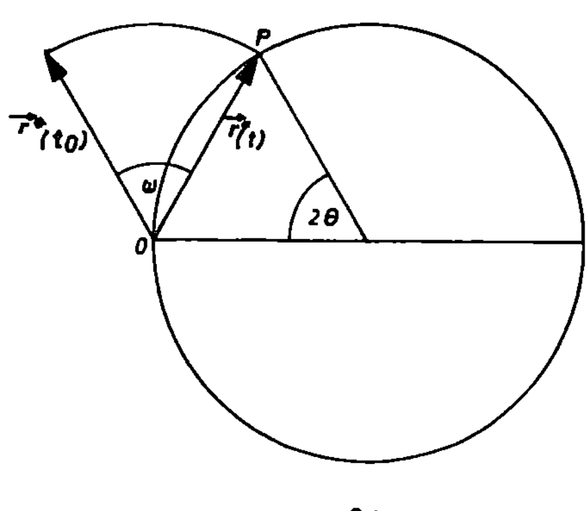

Abb.82

nach P ab und findet auf diese Weise die Lage des reziproken
Gittervektors $\vec{r}^*(t)$ in Reflexionsstellung. Dreht man $\vec{r}^*$ um
den Winkel $\omega = 2x$ nach links, so erhält man die Lage des reziproken Gittervektors zur Zeit $t = t_0$: $\vec{r}^*(t_0)$. Führt man dieses
Verfahren für alle Reflexe durch, so erhält man die unverzerrte reziproke Gitterebene.

Bei der Umzeichnung geht man zweckmäßigerweise in einer ganz
bestimmten Reihenfolge vor und beginnt zunächst mit den Reflexen auf den reziproken Achsen bzw. auf den Diagonalen. Sodann
bearbeitet man die Reflexe entlang den Kurvenscharen mit konstantem h bzw. konstantem k.

Die Umzeichnung einer Weissenbergaufnahme gemäß Abbildung 82
würde allerdings sehr viel Zeit erfordern. Um Zeit zu sparen,
benutzt man eine drehbare Gradscheibe aus Plexiglas, die dem

Äquator der Ewaldkugel entspricht (Abbildung 83). Diese 2θ-
Scheibe dreht man um den Mittelpunkt O eines darunterliegenden
festliegenden, ebenfalls mit einer Gradscheibe versehenen ω-
Kreises. Zwischen ω-Kreis und 2θ-Scheibe befindet sich ein fest-
liegendes Transparentpapier, auf das man die reziproken Gitterpunkte einträgt. Im Übrigen verfährt man wie in Abbildung 82,
markiert sich für jeden Reflex den Winkel 2θ = 2y am 2θ-Kreis
und dreht ihn dann aus der Stellung t um den Winkel ω nach links
in die Stellung t_o.

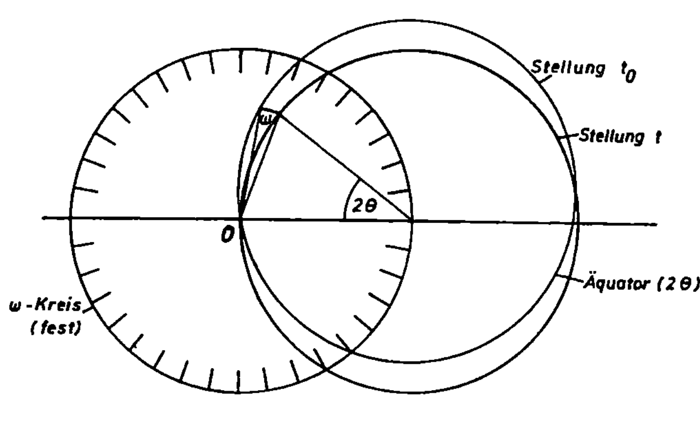

Abb.83

Bei der Auswertung der höheren Schichtlinien haben wir gemäß
Abbildung 75 zu bedenken, daß die Ewald'sche Lagekugel von den
reziproken Gitterebenen in Breitenkreisen geschnitten wird.

Für orthogonale Kristallsysteme sind die geometrischen Verhältnisse für die höheren Schichtlinien eines um die c-Achse
justierten Kristalles in der Abbildung 84 dargestellt. Da c
und c^* zusammenfallen, liegen die Reflexe 001, 002 .... über
dem Ursprung 000 des reziproken Gitters und damit auf der Drehachse .des reziproken Gitters durch O. Diese steht senkrecht
zur Zeichenebene und ist parallel zur Kristalldrehachse. Die
Lage der höheren reziproken Gitterebenen ist daher völlig analog zur Lage der Äquatorebene, und wir müssen in Abb.84 nur

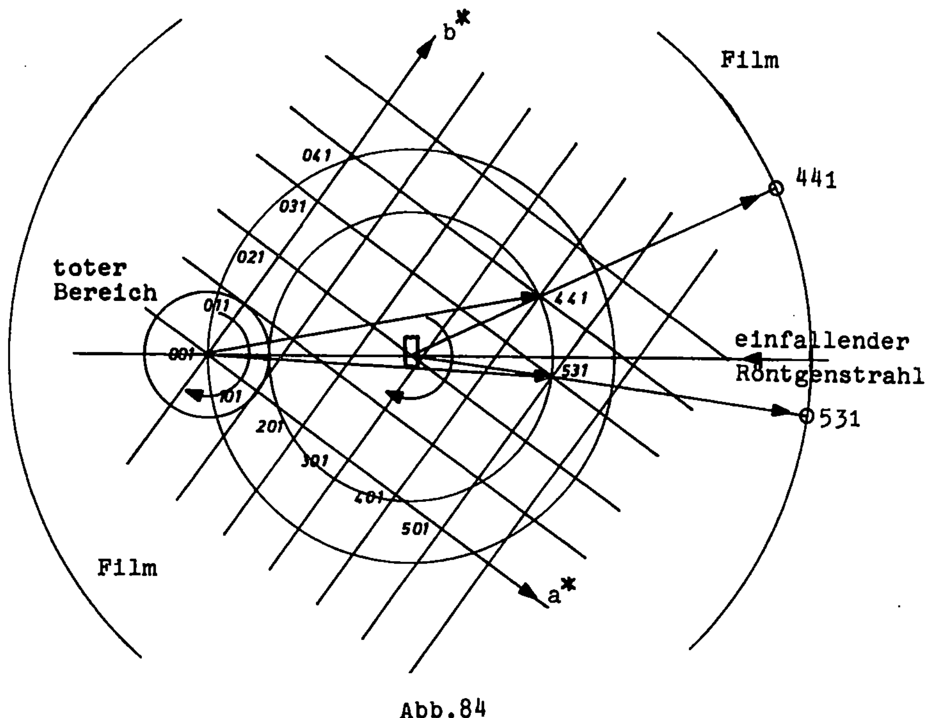

Abb.84

berücksichtigen, daß die Ewaldkugel in einem Breitenkreis geschnitten wird. Daher können die reziproken Gitterpunkte nur
im Bereich dieses Breitenkreises durch die Lagekugel wandern.
Wir haben, wie in Abbildung 84 ersichtlich, bei höheren Schichtlinien mit zunehmend größeren toten Bereichen zu rechnen;
außerdem nimmt wegen der zunehmend kleineren Breitenkreise
die Anzahl der erfaßbaren Reflexe ab. In Abbildung 84 sind
die Reflexe 531 und 441 in Reflexionsstellung. r^{*}_{531} und r^{*}_{441}
liegen jedoch diesmal, im Gegensatz zur Abbildung 76, nicht
in der Zeichenebene.

Fallen die kristallographischen Achsen und die reziproken Achsen nicht zusammen, so sind die einzelnen Schichten im reziproken Gitter gegeneinander versetzt.

Gleichgültig ob es sich um Orthogonalsysteme handelt oder nicht,
hat man bei Weissenbergaufnahmen höherer Schichten mit toten

Bereichen zu rechnen. Diese toten Bereiche möchte man gern vermeiden, was sich durch schiefe Einstrahlung erreichen läßt.

Bisher hatten wir stets angenommen, daß der Röntgenstrahl senkrecht zur Drehachse des Kristalles einfällt.

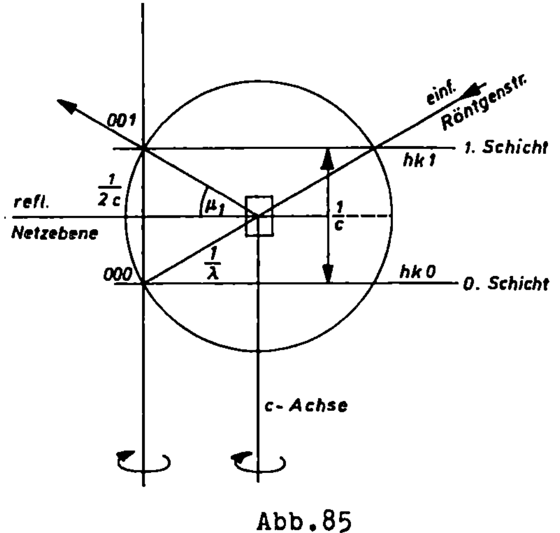

Abb.85

Setzen wir zu-
nächst wieder ein ortho-
gonales Kristallsystem
voraus, so ist es nach
Abbildung 85 durch schie-
fe Einstrahlung möglich,
den reziproken Gitter-
punkt 001 so auf die
Lagekugel zu bringen,
daß 000 und 001 auf der
zur Kristalldrehachse
c parallelen Drehachse
des reziproken Gitters

liegen. Auf diese Weise ist der tote Bereich auf der ersten
Schichtlinie vermieden. Aus Abb.85 geht auch hervor, daß die
Netzebene (001) in jeder azimutalen Winkelstellung des Kristalles in Reflexionsstellung ist. Weiterhin sieht man aus Abb.85,
daß man für die erste Schichtlinie den Röntgenstrahl gegenüber
dem Äquator der Lagekugel um den Winkel μ_1 neigen muß, wobei
gilt

$$\sin\mu_1 = \frac{\lambda}{2c}$$

Will man höhere (n-te) Schichtlinien aufnehmen, so muß man den
Reflex 00n auf die Lagekugel über 000 bringen und dementsprechend den Röntgenstrahl gegenüber dem Äquator um den Winkel
μ_n neigen, wobei gilt:

$$\boxed{\sin\mu_n = \frac{n\lambda}{2c}}$$

Auch bei nicht-orthogonalen Achsensystemen bleiben diese Win-
kelbeziehungen erhalten, nur hat man zu bedenken, daß diesmal
die c^*-Achse nicht mit der Drehachse des reziproken Gitters
durch 000 zusammenfällt (siehe Abbildung 86), so daß die

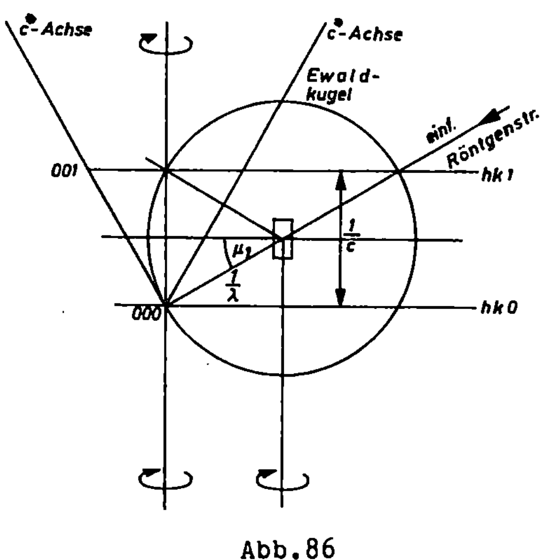

Abb.86

c^{*}-Achse einen Kegelmantel um diese Dreh-
achse beschreibt.

Im Gegensatz zu Abb.85
ist die Netzebene (001)
diesmal nicht immer in
Reflexionsstellung.

Bei der in den Abbil-
dungen 85 und 86 ge-
zeichneten Geometrie
halbiert die reflektie-
rende Netzebene den Win-
kel zwischen einfallendem
und reflektiertem Rönt-
genstrahl. Man nennt

dieses Verfahren daher das Äqui-Inklinationsverfahren. Es hat
wegen der Vermeidung toter Bereiche große praktische Bedeutung
erlangt, sowohl für Filmaufnahmen als auch für Diffraktometer-
Messungen.

Die Äqui-Inklinationsgeometrie fordert für das Weissenberg-
Goniometer die zusätzliche Möglichkeit der Veränderung des Win-
kels zwischen Kristalldrehachse und Röntgenstrahl. Da es einfacher ist, die Kristalldrehachse gegenüber dem Röntgenstrahl
zu verändern als umgekehrt, ergibt sich für das Weissenberg-
Goniometer die in Abbildung 87 gezeichnete Anordnung der Kristalldrehachse und der Weissenbergblenden. Der einfallende Röntgenstrahl bleibt ortsfest, während die Kristalldrehachse um
die vertikale Goniometerachse um den Winkel μ_n gedreht wird.
Die reflektierenden Netzebenen der n-ten Schichtlinien bilden
dann mit dem einfallenden Röntgenstrahl und dem reflektierten
Röntgenstrahl jeweils den Winkel μ_n.

Der geometrische Ort aller Reflexe der n-ten Schichtlinie ist
ein Strahlenkegel vom halben Öffnungwinkel $\psi_n = 90^{\circ}-\mu_n$. Damit
diese Reflexe den Film erreichen, muß man die beiden zylindrischen Weissenbergblenden gegenüber ihren Stellungen bei der
Aufnahme der 0. Schichtlinie um die Strecke s_n vom Kristall
weg verschieben.

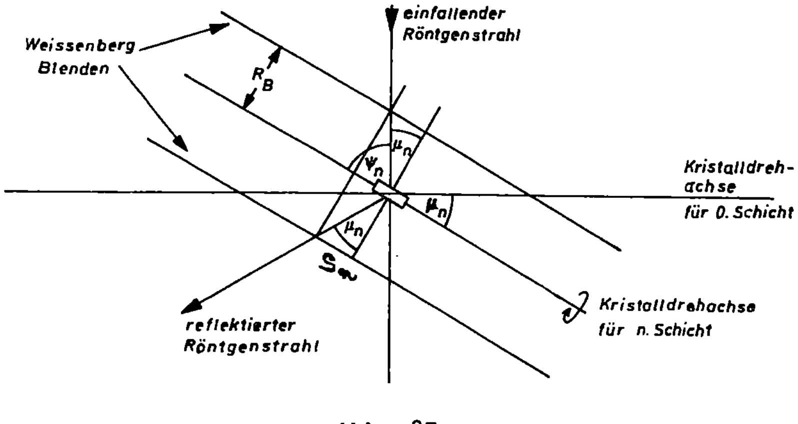

Abb. 87

Aus Abbildung 87 ergibt sich $\boxed{s_n = R_B \cdot tg\mu_n}$, wobei $2R_B$ der Außendurchmesser der Weissenbergblenden ist.

Die beiden Aufnahmeverfahren, die wir im folgenden besprechen werden, das de Jong-Bouman - und das Buerger-Präzessionsverfahren, unterscheiden sich vom Weissenbergverfahren dadurch, daß man mit ihnen unverzerrte Abbildungen des reziproken Gitters erhält. Beide Aufnahmeverfahren können am gleichen Röntgengoniometer, dem Reciprocal Lattice Explorer (kurz "Explorer" [+] genannt) durchgeführt werden, wodurch es möglich ist, den Anfänger auf anschauliche Weise mit der Konzeption des reziproken Gitters vertraut zu machen.

Um die Nomenklatur bei allen drei Verfahren möglichst zu vereinfachen, wollen wir die folgenden allgemeinen Definitionen beibehalten, die wir beim Weissenbergaufnahmeverfahren schon eingeführt haben:

1. Die halben Öffnungswinkel der verschiedenen Beugungskegel auf den Aufnahmen der einzelnen Schichtlinien bezeichnen wir mit ψ_1, ψ_2, ... ψ_n.
2. Die Neigungswinkel der Kristalldrehachse bei den Aufnahmen der einzelnen Schichtlinien bezeichnen wir mit $\mu_0,\mu_1,\mu_2...\mu_n$. Beim Äqui-Inklinations-Weissenbergverfahren gilt für Äqua-

---

[+] E.R. Wölfel: A new film instrument for the exploration of reciprocal space. J.Appl.Cryst. $\underline{4}$ (1971)297.(Hersteller: STOE)

toraufnahmen $\mu_o = 0^o$. In dieser Stellung steht die Kristalldrehachse senkrecht zum einfallenden Röntgenstrahl.

3. Da bei den Aufnahmeverfahren in der Regel der Blendenabstand
variiert werden muß, wenn man höhere Schichtlinien aufnehmen will, führen wir für die Blendenabstände die Bezeich-
nungen s_o, s_1, s_2 .... ein. Für das Äqui-Inklinations-Weissenbergverfahren beziehen wir die Blendenabstände s_n bei
Aufnahmen höherer Schichtlinien auf die Stellungen der Blenden bei Äquatoraufnahmen und setzen für diese $s_o = 0$.

d) Das de Jong-Bouman-Aufnahmeverfahren

Mit dem de Jong-Bouman Verfahren kann man wie beim Weissenbergverfahren die zur Drehachse des Kristalles senkrechten reziproken Gitterebenen photographieren. Die Justierung des Kristalles
erfolgt in der gleichen Weise wie beim Weissenbergverfahren.
Wie schon bemerkt, unterscheiden sich die beiden Verfahren nur
insofern als man beim de Jong-Bouman Verfahren unverzerrte Abbilder der reziproken Gitterebenen erhält und keine Umzeichnung
vornehmen muß.

Um unverzerrte Abbildungen der reziproken Gitterebenen zu erhalten ist es nötig, Film und reziproke Gitterebene parallel
zueinander zu halten und den Film synchron zum Kristall in der
gleichen Richtung zu drehen. Damit man auch den Äquator unverzerrt aufnehmen kann ist es weiterhin nötig, die Kristalldrehachse zum Röntgenstrahl zu neigen. Ein Neigungswinkel von 45°
hat sich für de Jong-Bouman Äquatoraufnahmen am Explorer als besonders zweckmäßig erwiesen. Gemäß unseren oben eingeführten
Definitionen setzen wir beim de Jong-Bouman Aufnahmeverfahren
$\mu_o = 45^o$.

Abbildung 88 zeigt schematisch die Lage der Kristalldrehachse
für Äquatoraufnahmen, die reziproke Gitterebene mit den hk0-
Reflexen, den dazu parallelen Film sowie den einfallenden Röntgenstrahl. Um unerwünschte Reflexe höherer Schichtlinien am
Film zu vermeiden, bringt man zwischen Kristall und Film eine
kreisförmige Blende an, die parallel zum Film liegt und die so
dimensioniert ist, daß sie nur den $2\psi_o = 90^o$ Kegel (für $\mu_o = 45^o$
ist $\mu_o = \psi_o$) der hk0-Reflexe des Äquators durchläßt.

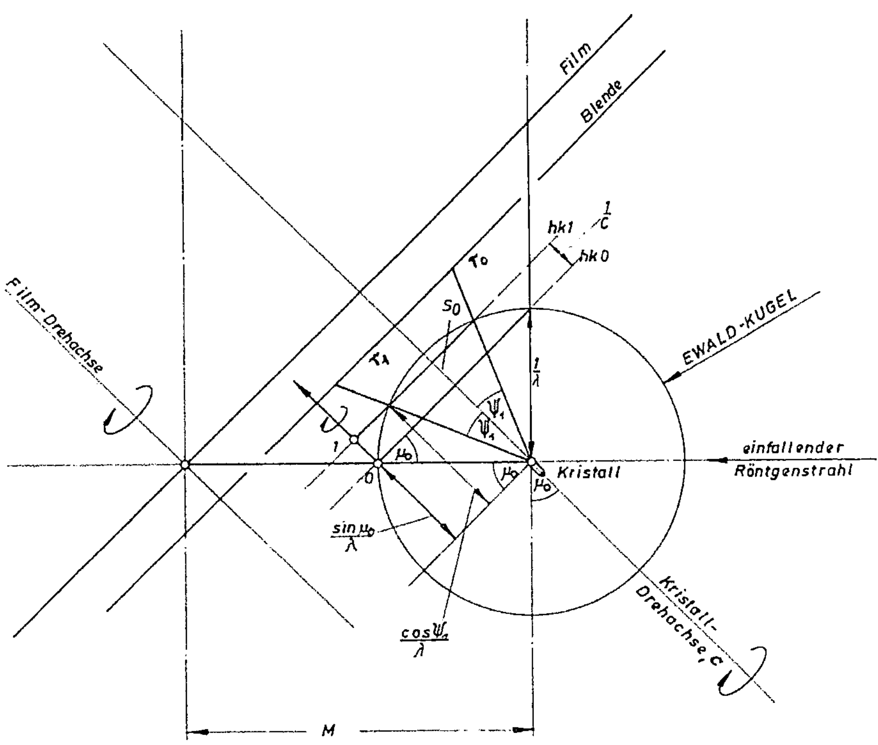

Abb.88 : de Jong-Bouman, 0. Schichtlinie

Es ist zweckmäßig, auch bei höheren Schichtlinien $90°$-Beugungs-
kegel beizubehalten, wodurch man es erreicht, daß man alle
de Jong-Bouman Aufnahmen mit der gleichen Blende in gleicher
Position herstellen kann. Am Explorer benutzt man zu diesem
Zweck eine Kreisblende von 60 mm Durchmesser, die man auch für
das Buerger-Präzessionsverfahren benutzen kann.

Aus Abbildung 88 kann man den Abbildungsmaßstab der de Jong-
Bouman Aufnahmen ablesen. Messen wir am Film eine Strecke d
zwischen zwei Reflexen, so entspricht dieser Strecke auf der
dazu parallelen reziproken Gitterebene eine reziproke Strecke
d^*. Es gilt daher

$$d : M = d^* : 1/\lambda$$

und wir erhalten $$d^* = \frac{d}{\lambda M}$$

M ist dabei die Entfernung zwischen dem Kristall und dem Filmmittelpunkt. Beim Explorer mit festem Abstand Film-Kristall
ist $M = 60\,mm$. Wie beim Weissenbergverfahren so erhalten wir
auch diesmal reziproke Gitterkonstanten. Die Gitterkonstanten
werden nach den auf Seite 52 angegebenen Formeln berechnet.
Beispiele für de Jong-Bouman Aufnahmen findet man in Abschnitt
h) dieses Kapitels sowie in Kapitel IX.

Die Indizierung der Reflexe auf den de Jong-Bouman Aufnahmen
kann unmittelbar vorgenommen werden. Die de Jong-Bouman Aufnahme
liefert das gleiche Resultat wie die umgezeichnete Weissenbergaufnahme.

Aus Abbildung 88 ist zu entnehmen, daß man auf der de Jong-
Bouman Aufnahme weniger Reflexe erhält als auf der Weissenbergaufnahme. Während bei der Weissenbergaufnahme am Äquator alle
reziproken Gittervektoren bis zu $r^* \leq 2/\lambda$ die Lagekugel durch-
wandern, kann man bei de Jong-Bouman Aufnahmen mit $\mu_o = 45^o$
nur reziproke Gittervektoren bis zu $r^* \leq \frac{\sqrt{2}}{\lambda}$ erfassen. Für die
bei den beiden Aufnahmeverfahren erfaßten Flächen erhalten wir
das Verhältnis

$$\frac{F_W(\text{erfaßte Fläche bei Weissenbergaufnahmen})}{F_J(\text{erfaßte Fläche bei de Jong-Bouman-Aufnahmen})} = \frac{2}{1}$$

Mit dem Weissenbergverfahren kann man bei günstigen Intensi-
tätsbedingungen daher etwa doppelt so viele Reflexe erfassen
wie mit dem de Jong-Bouman Verfahren bei $\mu_o = 45^o$. Nun wäre
es allerdings denkbar, daß man beim de Jong-Bouman Verfahren
den Neigungswinkel μ_o verkleinert und dadurch F_J vergrößert.
Dies ist jedoch aus praktischen Gründen nicht zweckmäßig. Vor
allem steht dem entgegen, daß der Durchmesser der Filmkassette
mit abnehmendem μ_o rasch größer werden müßte. Da die Filmebene
beim de Jong-Bouman Verfahren jedoch sehr exakt parallel zu den
reziproken Gitterebenen gehalten werden muß, kann man den
Durchmesser der Filmkassette nicht beliebig vergrößern. Wir
werden außerdem bei der Besprechung des Buerger Präzessionsverfahrens sehen, daß uns dieses für die reziproken Gitterebe-

nen parallel zur Drehachse sogar noch weniger Informationen
liefert als das de Jong-Bouman Verfahren unter den angegebenen
Aufnahmebedingungen.

Um de Jong-Bouman Aufnahmen höherer Schichtlinien herzustellen,
muß man wie bei Weissenbergaufnahmen für die am Explorer notwendigen Einstellungen die Gitterkonstante längs der Drehachse
(in unserem Beispiel die c-Achse) kennen. Wir haben bei der
Besprechung des Weissenberg-Verfahrens gesehen, daß man sich
diese Gitterkonstante in einfacher Weise aus Drehaufnahmen am
Weissenberg Goniometer verschaffen kann. In ähnlicher Weise
ist dies auch am Explorer möglich, wenn man den Planfilm senkrecht zum Röntgenstrahl anordnet. Ein Beispiel findet man in
Abbildung 96 auf Seite 136.

Man kann jedoch die Gitterkonstante c auch aus einer de Jong-
Bouman Kegelaufnahme errechnen. Bei der Kegelaufnahme ist der
Explorer in der in Abbildung 88 skizzierten Stellung. Es wird
zwischen Kristall und Kreisblende ein Planfilm eingeschoben,
auf dem dann die einzelnen Beugungskegel als Kreise abgebildet
sind. Man benutzt hierzu am Explorer die dem Kristall zugewandte
Seite des Blendenhalters. Aus Abbildung 88 ergibt sich der Abstand $\frac{1}{c}$ zweier benachbarter Ebenen im reziproken Gitter als Differenz zweier Strecken:

$$\frac{\cos\psi_1}{\lambda} - \frac{\sin\mu_0}{\lambda} = \frac{1}{c}$$

Nach unseren obigen allgemeinen Definitionen ist ψ_1 der halbe
Öffnungswinkel des ersten Beugungskegels.
Den Winkel ψ_1 errechnet man aus der Beziehung

$$\mathrm{tg}\,\psi_1 = \frac{r_1}{\Delta}$$

r_1 ist der Radius des ersten Beugungskegels am Film, Δ ist der
Abstand Film-Kristall, der ungefähr gleich dem Blendenabstand
s_0 ist. Da man für Kegelaufnahmen den Planfilm vor Licht durch
eine Tasche aus schwarzem Papier schützen und diese Tasche in
den Blendenhalter einschieben muß, ist Δ nicht allzu genau bekannt. Man hat jedoch eine bequeme Methode der Eichung. Da
nämlich auf der Kegelaufnahme auch der 0-te Beugungskegel vom
Radius r_0 abgebildet wird, gilt für $\mu_0 = 45^\circ$ die Beziehung

$$\Delta \;=\; r_o$$

Wir erhalten daher die gesuchte Gitterkonstante c aus der
de Jong-Bouman Kegelaufnahme gemäß

$$c \;=\; \frac{\lambda}{\cos\psi_1 \;-\; \sin\mu_o}$$

mit
$$\mathrm{tg}\,\psi_1 \;=\; \frac{r_1}{r_o}$$

Aus Abbildung 88 entnimmt man, daß auf Kegelaufnahmen bei
$\mu_o = 45^\circ$ immer nur dann der erste Beugungskegel entsteht,
wenn gilt:

$$\frac{1}{c} \;\leq\; \frac{1}{\lambda} \left(1 - \frac{1}{\sqrt{2}}\right)$$

$$c \;\geq\; \lambda \left(\frac{\sqrt{2}}{\sqrt{2}-1}\right) \;=\; 3,42\lambda$$

Für $Cu_{K\alpha}$ - Strahlung muß daher die Gitterkonstante in Richtung
der Drehachse mindestens 5,26 Å, für $Mo_{K\alpha}$-Strahlung mindestens
2,43 Å betragen, damit der erste Beugungskegel entsteht.
Liegt die Gitterkonstante unter diesen Werten, so muß man die
Kegelaufnahme bei kleineren μ-Winkeln (z.B. bei $\mu_o = 35^\circ$) herstellen, um den Beugungskegel der ersten Schichtlinie noch zu
erfassen.
Abbildungen von de Jong-Bouman Kegelaufnahmen findet man im
Abschnitt h) dieses Kapitels.

Es sei bemerkt, daß Kegelaufnahmen nur kurze Belichtungszei-
ten erfordern.Da man sie gleichzeitig mit de Jong-Bouman Äquatoraufnahmen ansetzen kann, liegen die Informationen bezüglich
der Gitterkonstanten in Richtung der Drehachse schon vor, bevor die Äquatoraufnahme belichtet ist, so daß man ohne Zeit-
verlust mit Aufnahmen höherer Schichtlinien beginnen kann.

Da sowohl Oszillationsaufnahmen als auch Kegelaufnahmen am
Explorer sehr einfach herzustellen und auszuwerten sind, stehen für die Bestimmung der Gitterkonstanten c am Explorer zwei
einander gleichwertige Verfahren zur Verfügung.

Mit der Kenntnis von c ist es möglich, alle erforderlichen
Einstellungen für die de Jong-Bouman Aufnahme der ersten
Schichtlinie zu berechnen.

Wie schon oben erwähnt, ist es beim de Jong-Bouman Verfahren zweckmäßig, auch für höhere Schichtlinien die $2\psi_n = 90^\circ$ Beugungskegel beizubehalten. Dies bedeutet jedoch laut Abbildung 89, daß man die Kristalldrehachse aus der alten Stellung μ_0 (gestrichelte Linie) in die neue Stellung μ_1 drehen muß. Für den neuen Neigungswinkel μ_1 entnehmen wir der Abb. 89

$$\frac{\cos\psi_1}{\lambda} - \frac{\sin\mu_1}{\lambda} = \frac{1}{c}$$

und wir erhalten für μ_1 :

$$\boxed{\sin\mu_1 = \cos\psi_1 - \frac{\lambda}{c}}$$

Hierbei ist $\psi_1 = 45^\circ$.

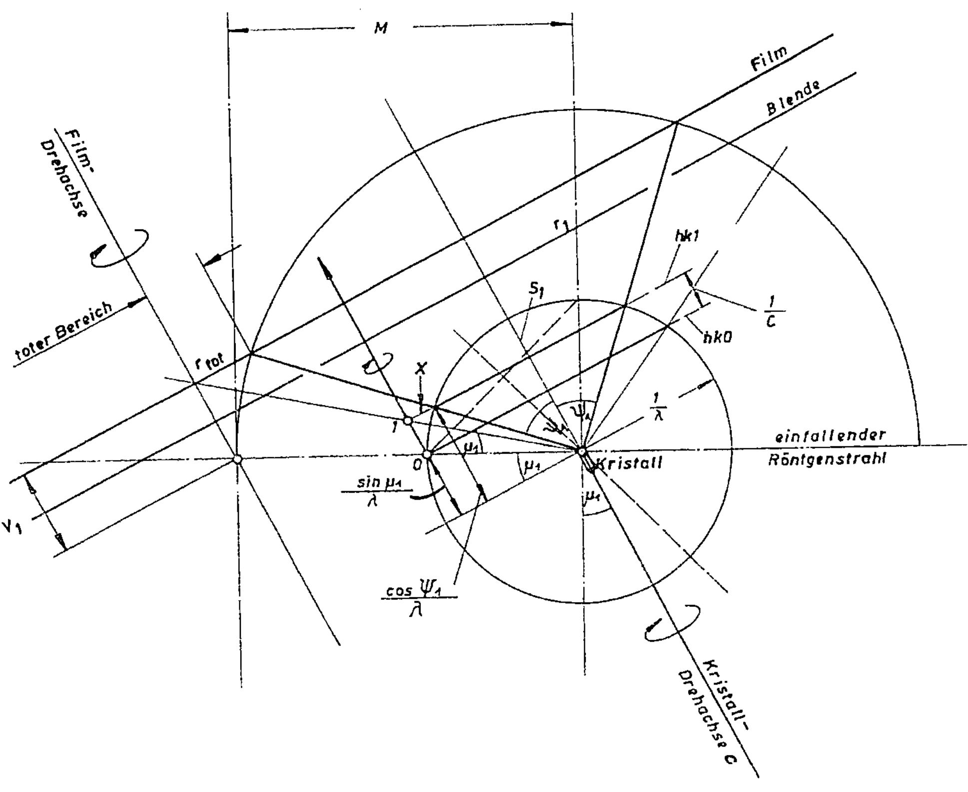

Abb.89 : de Jong-Bouman, 1.Schichtlinie

Es ist aber für höhere Schichtlinien noch eine andere Einstellung am Gerät erforderlich. Um nämlich eine unverzerrte Abbildung der reziproken Gitterebene zu erreichen, muß der Planfilm
parallel zu sich selbst vom Kristall weg um eine Strecke V_1 (mm)
längs der Filmdrehachse verschoben werden. Man entnimmt der
Abbildung 89, daß die zur Kristalldrehachse senkrecht stehenden
reziproken Gitterebenen um die durch den Ursprung des reziproken Gitters O gehende parallele Drehachse gedreht werden. Die
erste Schichtlinie schneidet diese Drehachse im Punkt 1. Verbindet man 1 mit dem Mittelpunkt der Lagekugel und verlängert
diese Gerade bis zu ihrem Schnittpunkt mit der Filmdrehachse,
so ist dieser Schnittpunkt die Lage des Filmmittelpunktes für
die erste Schichtlinie, die von der ursprünglichen Lage des
Filmes für die 0-te Schichtlinie den Abstand V_1 hat.
Aus Abbildung 89 entnimmt man die Beziehung

$$V_1 : M = \frac{1}{c} : \frac{1}{\lambda}$$

$$\boxed{V_1 = \frac{\lambda M}{c}}$$

Die Formel für V_1 ist ähnlich der auf Seite 115 abgeleiteten Formel. Verschiebt man den Film bei höheren Schichtlinien in der besprochenen Weise, so erhält man unverzerrte
Abbilder der reziproken Gitterebenen.

Allerdings ergeben sich gemäß Abbildung 89 auch hier ähnlich
wie beim Normalstrahl-Weissenbergverfahren für die höheren
Schichtlinien kreisförmige tote Bereiche, weil die entsprechenden Bereiche der reziproken Gitterebenen in der Nähe der Drehachse des reziproken Gitters nicht durch die Lagekugel wandern
können. Bezeichnet man den Radius des kreisförmigen toten Bereiches in Abbildung 89 mit r_{tot}, so gilt

$$x : 1/\lambda = r_{tot} : M$$

mit $x = \frac{\cos\mu_1}{\lambda} - \frac{\sin\psi_1}{\lambda}$ erhalten wir

$$r_{tot} = M(\cos\mu_1 - \sin\psi_1)$$

Da man das de Jong-Bouman Verfahren im allgemeinen nicht für
Intensitätsmessungen sondern vorwiegend für Raumgruppenbestim-

mungen benutzt, sind die toten Bereiche auf den höheren Schichtlinien nicht weiter störend.

e) Das Buerger-Präzessionsverfahren

Dem Weissenberg- und dem de Jong-Bouman Verfahren war gemeinsam, daß es beide Verfahren erlauben, die Reflexe auf den reziproken Gitterebenen senkrecht zur Drehachse des Kristalles zu
registrieren. Mit dem Buerger-Präzessionsverfahren ist es möglich, die reziproken Gitterebenen parallel oder nahezu parallel zur Drehachse zu registrieren. Es liefert daher für die
Raumgruppenbestimmung zusätzliche wertvolle Informationen und
ergänzt damit die bereits besprochenen Aufnahmeverfahren.

Während man für Weissenbergaufnahmen und für Buerger Präzessionsaufnahmen verschiedenartige Goniometer benutzt, ist es
möglich, de Jong-Bouman Aufnahmen und Buerger-Präzessionsaufnahmen mit dem gleichen Gerät, dem Explorer, herzustellen, worauf schon im letzten Abschnitt hingewiesen wurde. Dies ist
insofern von praktischer Bedeutung, weil das Buerger Präzessionsverfahren ebenso wie das de Jong-Bouman Verfahren unverzerrte Abbildungen der reziproken Gitterebenen im gleichen
Vergrößerungsmaßstab liefern. Man gewinnt durch die Kombination
beider Aufnahmeverfahren in unverzerrter Form die dreidimensionale Anordnung der reziproken Gitterpunkte innerhalb der Ewald'-
schen Lagekugel.

Für die Besprechung des Buerger Präzessionsverfahrens nehmen

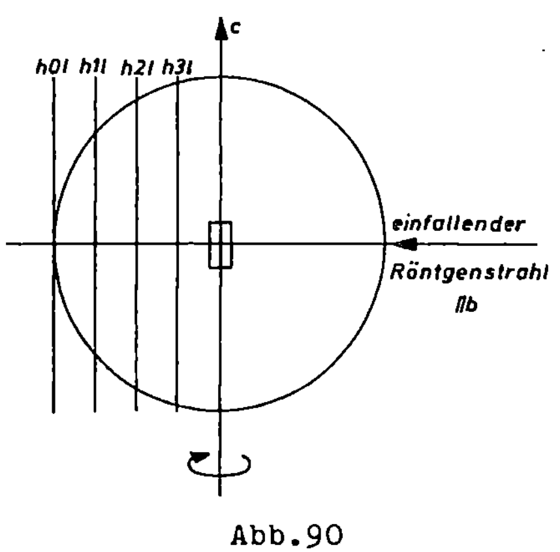

Abb.90

wir an, ein nadelförmi-
ger Kristall sei um die
c-Achse justiert. Die
c-Achse liegt in der Zei-
chenebene (siehe Abbil-
dung 90).

Um die reziproken Gitter-
ebenen parallel zur c-
Achse aufnehmen zu kön-
nen, ist es nötig, eine
andere Achse (in Abb.
90 ist es die

b-Achse) in Richtung des Röntgenstrahles zu justieren, der
senkrecht zu c auf den Kristall trifft. Diese Justierung der
b-Achse wird bei Orthogonalsystemen in einfacher Weise durch
Drehen um die c-Achse erreicht. Eine systematische Behandlung
der anderen Kristallsysteme erfolgt in den nächsten beiden
Abschnitten.

Die reziproken Gitterebenen mit den h0l, h1l, h2l ... Reflexen
stehen in Abbildung 90 senkrecht zum Röntgenstrahl. Will man
die h0l-Reflexe unverzerrt photographieren, so ist es zunächst
erforderlich, die Kristalldrehachse und damit die reziproken
Gitterebenen gegenüber dem Röntgenstrahl um den Winkel μ_0 zu
neigen. Damit schneidet die reziproke Gitterebene h0l die
Ewald'sche Lagekugel in einem Kreis. Damit alle reziproken
Gitterpunkte innerhalb dieses Schnittkreises durch die Lagekugel wandern können, führt man die 0-te reziproke Gitterebene
unter konstanter Neigung μ_0 durch die Lagekugel. Die Normale
zur reziproken Gitterebene beschreibt dann einen Kegelmantel
(d.h. eine Präzessionsbewegung) vom Öffnungwinkel $2\mu_0$ um den
einfallenden Röntgenstrahl (siehe Abbildung 91). Eine entsprechende Bewegung beschreibt auch die Kristalldrehachse
um ihre Nullstellung. Man bezeichnet μ_0 als den Präzessionswinkel.

Im Gegensatz zu den beiden vorher besprochenen Aufnahmeverfahren wird der Kristall beim Buerger Präzessionsverfahren nicht
gedreht, sondern er wird während der Aufnahme in einer definierten azimutalen Stellung festgehalten.

Durch die Präzessionsbewegung erhalten die innerhalb des
Schnittkreises mit der Lagekugel gelegenen reziproken Gitterpunkte Gelegenheit, in die Ewald'sche Lagekugel einzutreten
und diese wieder zu verlassen, so daß sie im Verlaufe einer
Umdrehung zweimal in Reflexionsstellung kommen. Während eines
vollen Umlaufs wird daher in Richtung des Röntgenstrahls gesehen der Schnittkreis zwischen der h0l-Ebene und der Lagekugel die in Abbildung 91a schematisch gezeichneten vier Stellungen einnehmen. Insgesamt erfaßt man auf einer Buerger Präzessionsaufnahme den in Abbildung 91a durch den großen Kreis
begrenzten Bereich der h0l-Ebene.

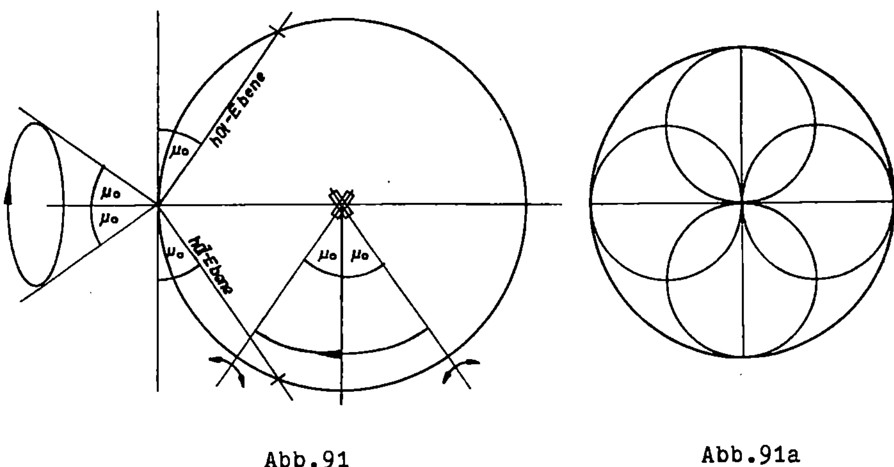

Abb.91   Abb.91a

Führt man den Film in der Entfernung M vom Kristall stets
parallel zur reziproken Gitterebene, so daß die Normale zur
Filmebene die gleiche Präzessionsbewegung um den einfallenden Röntgenstrahl beschreibt wie die Normale zur reziproken
Gitterebene, und blendet man alle unerwünschten Beugungskegel
der h11, h21 ... Reflexe mit einer kreisförmigen Blende aus,
so erhält man eine unverzerrte Buerger Präzessionsaufnahme
mit den h01-Reflexen.

Am Explorer ist die Entfernung Film-Kristall auch für Buerger
Präzessionsaufnahmen M=60 mm wie beim de Jong-Bouman Verfahren. Man erhält daher die gleiche auf S.115 abgeleitete Formel
für die Berechnung der reziproken Gitterkonstanten, was einen
bequemen Vergleich der Aufnahmen erlaubt.

In Abbildung 92 ist die Geometrie der Buerger Präzessionsaufnahme für die 0. Schichtlinie in allen Einzelheiten gezeichnet, wobei diesmal angenommen wurde, daß die a-Achse mit dem
Röntgenstrahl zusammenfällt. Um die 0. Schichtlinie aufzuneh-
men, muß man am Explorer den Präzessionswinkel μ_0 einstellen,
den man wählen kann. Die reziproke Gitterebene mit den 0kl-
Reflexen, die Kreisblende und der Film stehen parallel zur
Kristalldrehachse und beschreiben die erforderliche Präzessions-

bewegung. Die kreisförmige Blende vom mittleren Radius r_B und einer Ringbreite von 2mm muß den Abstand s_o vom Kristall haben, damit der Beugungskegel der Okl-Reflexe vom Öffnungswinkel $2\mu_o$ den Film erreicht.

Aus Abbildung 92 entnimmt man die Beziehung für den Blendenabstand s_o :

$$s_o = \frac{r_B}{tg\mu_o}$$

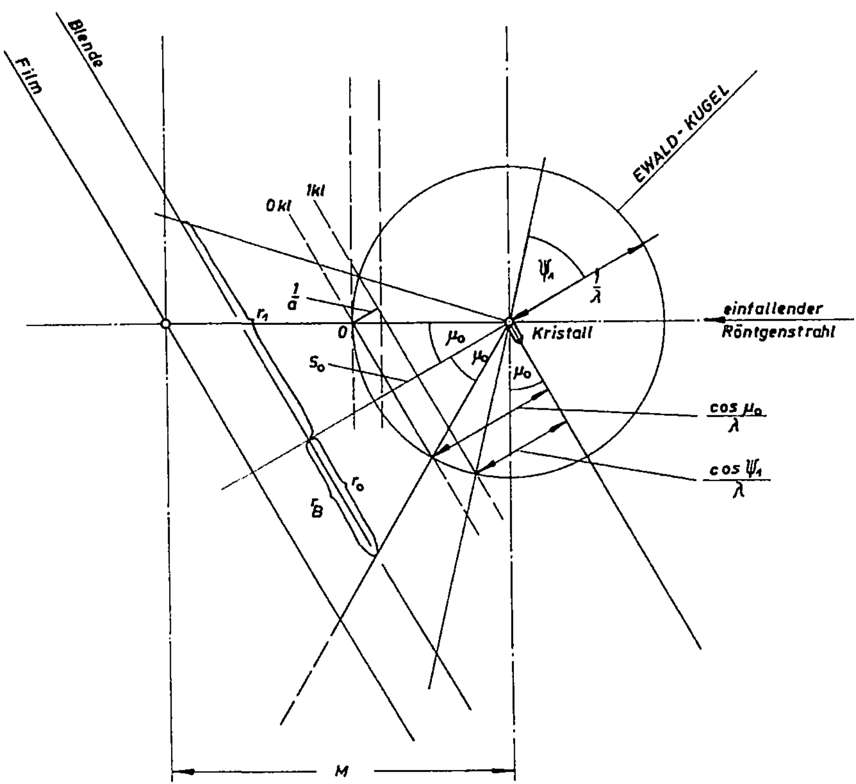

Abb.92 : Buerger-Präzessionsaufnahme, 0. Schichtlinie

Wie beim de Jong-Bouman Verfahren lassen sich auch beim Buerger-
Präzessionsverfahren in einfacher Weise Kegelaufnahmen herstel-
len, wenn man in den Blendenhalter nach der Seite zum Kristall
zu einen Planfilm einlegt. Aus der Kegelaufnahme läßt sich die
Gitterkonstante a ermitteln. Man entnimmt aus Abbildung 92 die
Beziehung

$$\frac{\cos\mu_O}{\lambda} - \frac{\cos\psi_1}{\lambda} = \frac{1}{a}$$

$$\boxed{\quad a = \frac{\lambda}{\cos\mu_O - \cos\psi_1} \quad}$$

mit $\quad \boxed{\; \operatorname{tg}\psi_1 = \frac{r_1}{\Delta} \;}$

r_1 und Δ haben dieselbe Bedeutung wie beim de Jong-Bouman Verfahren.

Den Abstand Film-Kristall (Δ) kann man mit größerer Genauigkeit
aus der Beziehung $\operatorname{tg}\mu_O = \frac{r_O}{\Delta}$ ableiten, und ψ_1 gemäß

$$\boxed{\quad \operatorname{tg}\psi_1 = \frac{r_1}{r_O}\operatorname{tg}\mu_O \quad}$$
berechnen.

r_1 ist der Radius des ersten, r_O der Radius des O-ten Beugungs-
kreises auf der Buerger-Präzessions-Kegelaufnahme.

Wie bei den de Jong-Bouman Aufnahmen ist auch für Buerger Präzessionsaufnahmen höherer Schichtlinien die Kenntnis der in
Richtung des Röntgenstrahles liegenden Gitterkonstanten wichtig, um am Explorer die Blenden sowie den Film richtig einstellen zu können.

Beim Buerger Präzessionsverfahren ist man häufig nicht unbe-
dingt auf Kegelaufnahmen angewiesen, um die in Richtung des
Röntgenstrahles liegende Gitterkonstante zu bestimmen, weil
diese Größe bereits aus de Jong-Bouman bzw. Weissenbergaufnahmen (meist sogar mit größerer Genauigkeit) bekannt ist. Eine
Ausnahme bildet der trikline Fall, bei dem man auf Kegelaufnahmen angewiesen ist (siehe Abschnitt h)).

In Abbildung 93 sind die geometrischen Verhältnisse für die
Buerger Präzessionsaufnahme der 1.Schichtlinie gezeichnet.
Zunächst muß die Blende in den erforderlichen Abstand s_1 vom
Kristall gebracht werden, damit der hkl-Kegel den Film er-
reicht.

Wir entnehmen aus Abbildung 93 die Beziehungen

$$s_1 = \frac{r_B}{\mathrm{tg}\psi_1}$$

mit $\quad \cos\psi_1 = \cos\mu_1 - \dfrac{\lambda}{a}$

r_B ist wie oben der mittlere Radius der Kreisblende und μ_1 ist der für die Aufnahme der 1. Schichtlinie gewählte Präzessionswinkel.

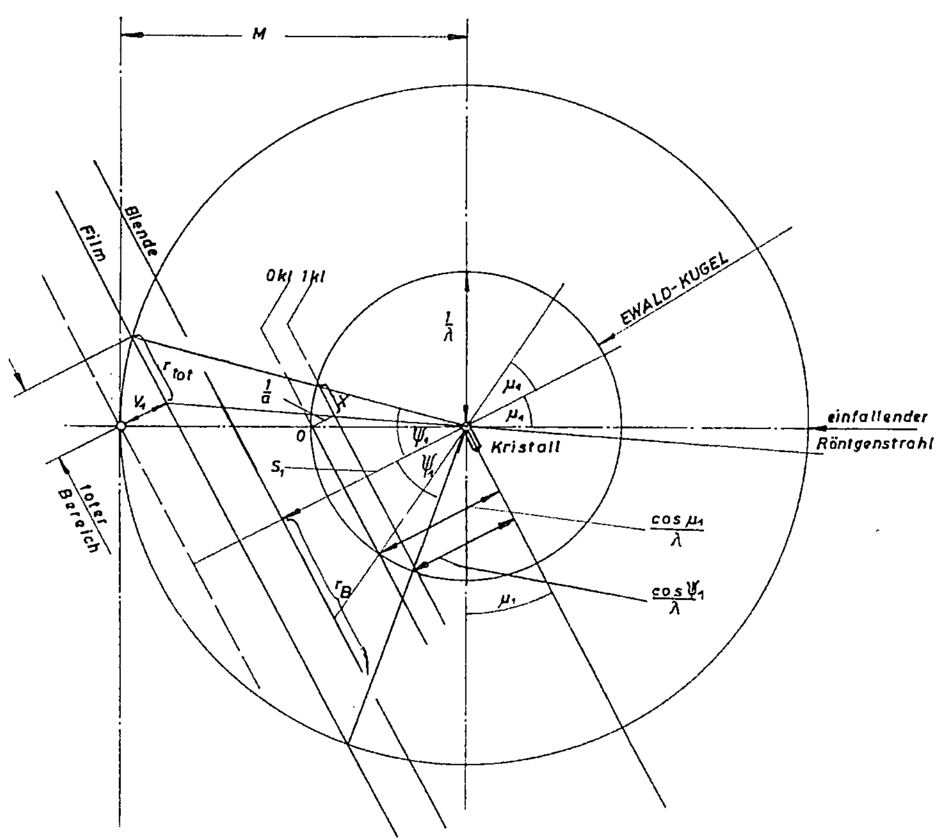

Abb.93 : Buerger-Präzessionsaufnahme, 1. Schichtlinie

Im Gegensatz zum de Jong-Bouman Verfahren kann man beim Buerger Präzessionsverfahren die Präzessionswinkel μ_0, μ_1, μ_2 etc. für die einzelnen Schichtlinien wählen. Es ist nur darauf zu achten, daß keine Kollisionen am Gerät auftreten, wenn man mit den gewählten bzw. berechneten Einstellungen die Präzessionsbewegungen durchführt. Es ist zweckmäßig, für Äquatoraufnahmen $\mu_0 = 30^{\circ}$ und für die höheren Schichtlinien Präzessionswinkel von 25° bzw. 20° zu wählen. Aus Abbildung 93 geht hervor, daß man bei höheren Schichtlinien ohnehin einen größeren Bereich des reziproken Gitters erfaßt als bei der 0. Schichtlinie.
Aus diesem Grunde kommt man bei höheren Schichtlinien mit kleineren Präzessionswinkeln aus und kann trotzdem den ganzen verfügbaren Film ausnutzen.

Um auch bei höheren Schichtlinien unverzerrte Buerger Präzessionsaufnahmen zu erhalten, muß man den Film um V mm verschieben. Allerdings erfolgt diesmal die Verschiebung V im Gegensatz zur de Jong-Bouman Methode in Richtung zum Kristall.
Es gilt gemäß Abbildung 93 für die erste Schichtlinie

$$V_1 : M = \frac{1}{a} : \frac{1}{\lambda}$$

$$\boxed{V_1 = \frac{\lambda M}{a}}$$

Die Filmverschiebung V_1 wird analog dem de Jong-Bouman Verfahren berechnet.

Vergleicht man für Äquatoraufnahmen die Radien der erfaßten Bereiche der reziproken Gitterebenen beim de Jong-Bouman Verfahren (R_J, $\mu_0 = 45^{\circ}$) und beim Buerger Präzessionsverfahren (R_B, $\mu_0 = 30^{\circ}$), so folgt

$$\frac{R_J}{R_B} = \frac{\frac{\sqrt{2}}{\lambda}}{\frac{1}{\lambda}} = \sqrt{2}$$

Dies bedeutet, daß man mit dem de Jong-Bouman Verfahren bei $\mu_0 = 45^{\circ}$ etwa doppelt so viele Reflexe erfassen könnte wie mit dem Buerger Präzessionsverfahren bei $\mu_0 = 30^{\circ}$. Da man jedoch beide Aufnahmeverfahren am Explorer durchführen kann, ist der effektive Filmradius mit 60 mm so gewählt, daß man bei Buerger Präzessions-Äquatoraufnahmen bei $\mu_0 = 30^{\circ}$ den

Film vollständig ausnutzt. Bei de Jong-Bouman Aufnahmen erfaßt
man dann notwendigerweise die gleichen Bereiche der reziproken
Gitterebene, da man die gleiche Filmkassette verwendet. In der
Praxis hat es sich gezeigt, daß man mit kreisförmigen Filmen
von 120 mm effektivem Durchmesser in allen Fällen auskommt.

Aus Abbildung 93 kann man erkennen, daß auch beim Buerger
Präzessionsverfahren für höhere Schichtlinien kreisförmige
tote Bereiche vom Radius r_{tot} um den Filmmittelpunkt auftreten, innerhalb derer keine Reflexe erfaßt werden können, weil
die entsprechenden Bereiche der reziproken Gitterebenen nicht
durch die Lagekugel wandern. Die Größe dieser toten Bereiche
nimmt wie beim de Jong-Bouman Verfahren bei höheren Schichtlinien zu. Da auch Buerger Präzessionsaufnahmen ebenso wie
de Jong-Bouman Aufnahmen in erster Linie zum Zwecke der Raumgruppenbestimmung gemacht werden, stören die toten Bereiche
jedoch nur in seltenen Fällen.

Aus Abbildung 93 entnimmt man die Beziehungen

$$x : \frac{1}{\lambda} = r_{tot} : M$$

$$x = \frac{\sin\psi_1}{\lambda} - \frac{\sin\mu_1}{\lambda}$$

und man erhält:

$$r_{tot} = M(\sin\psi_1 - \sin\mu_1)$$

Die Indizierung der Buerger Präzessionsaufnahmen ist ebenso
einfach wie bei de Jong-Bouman Aufnahmen durchzuführen.

Beispiele für Buerger Präzessionsaufnahmen findet man in
Abschnitt h) dieses Kapitels sowie in Kapitel IX.

f) <u>Die Kombination von de Jong-Bouman - und Buerger Präzessionsaufnahmen am Explorer für die verschiedenen Kristallsysteme</u>

Nachdem wir in den letzten beiden Abschnitten das de Jong-Bouman
und das Buerger Präzessionsverfahren besprochen haben, mit denen es möglich ist, die reziproken Gitterebenen senkrecht und
parallel zur Kristalldrehachse unverzerrt zu photographieren,
wollen wir in diesem Abschnitt die Kombination dieser beiden

Verfahren am Explorer für die verschiedenen Kristallsysteme
systematisch besprechen.

Man beginnt die Untersuchungen am Explorer immer zweckmäßig
mit de Jong-Bouman Aufnahmen. Unabhängig vom Kristallsystem
sind hierfür erforderlich

- die genaue Justierung des Kristalles
- die Bestimmung der Gitterkonstanten in Drehrichtung
  mittels einer Oszillationsaufnahme oder einer de Jong-
  Bouman-Kegelaufnahme.

Der experimentelle Aufwand zur Herstellung von de Jong-Bouman
Aufnahmen ist somit völlig gleich für die verschiedenen Kristallsysteme.

Beim Buerger Präzessionsverfahren ist es erforderlich, daß
eine Gittergerade mit dem Röntgenstrahl zusammenfällt. Da
Buerger Präzessionsaufnahmen am Explorer unmittelbar im Anschluß an die de Jong-Bouman Aufnahmen hergestellt werden,
liegt bereits ein um die Drehachse justierter und im Röntgenstrahl zentrierter Kristall vor. Dies bedeutet, daß eine Kante
der Elementarzelle mit der Drehachse zusammenfällt. Die Herstellung von Buerger Präzessionsaufnahmen ist daher besonders
einfach, wenn die anderen Kanten der Elementarzelle in einer
Ebene senkrecht zur Drehachse liegen. Diese Ebene enthält auch
den einfallenden Röntgenstrahl. In solchen Fällen kann man es
durch Drehen am Handrad der Kristalldrehachse erreichen, daß
der Röntgenstrahl mit einer Kante der Elementarzelle zusammenfällt, und man braucht keine Verstellungen an den Schlitten
des Goniometerkopfes vorzunehmen, um von de Jong-Bouman Aufnahmen zu Buerger Präzessionsaufnahmen überzugehen.

Wir wollen in diesem Abschnitt zeigen, daß dieser einfache
Übergang zwischen de Jong-Bouman - und Buerger-Präzessionsaufnahmen für alle Kristallsysteme mit Ausnahme des triklinen
Systems möglich ist, wenn man nur die Raumgruppe des Kristalles
mittels photographischer Aufnahmen bestimmen will.

Für die orthogonalen Kristallsysteme (kubisch, tetragonal,
orthorhombisch) ist dies sofort einzusehen, weil jeweils zwei
Kanten der Elementarzelle senkrecht zur dritten stehen.

Beim hexagonalen System haben wir die folgenden Fälle zu unterscheiden:
Liegt ein um die c-Achse justierter Kristall vor, so liegen
a und b in einer zu c senkrechten Ebene, und wir haben die
gleiche Situation wie oben. Liegt hingegen ein um die a- oder
b-Achse justierter Kristall vor, so finden wir nur die c-Achse
in der hierzu senkrechten Ebene, während a oder b mit dieser Ebene
einen Winkel von 30° einschließt. Es ist jedoch überflüssig,
Buerger Präzessionsaufnahmen um die b-Achse herzustellen, wenn
bereits de Jong-Bouman Aufnahmen um die a-Achse vorliegen, da
die b-Achse identisch ist mit a und nichts Neues ergeben würde.

Beim monoklinen System haben wir ebenfalls wieder zwei Fälle
zu unterscheiden:
Liegt ein um die b-Achse justierter Kristall vor, so bleibt
alles wie für die Orthogonalsysteme beschrieben, weil wir senkrecht zu b die beiden anderen Achsen a und c vorfinden, die
miteinander den Winkel ß bilden. Ist der Kristall dagegen um
die a-(oder c-Achse)justiert, so liegt in der Ebene senkrecht
zur Drehachse nur die b-Achse, während die c- (oder a-Achse)
mit dieser Ebene den Winkel $ß-90^{\circ}$ bildet.
Da im monoklinen Kristallsystem die beiden Achsen a und c in
jedem Fall nur einzählige Achsen sind, ist es für die Zwecke
der Raumgruppenbestimmung völlig ausreichend, wenn man die
reziproken Gitterebenen senkrecht zu b mit den h0l, h1l,
h2l... Reflexen sowie diejenigen senkrecht zu a mit den 0kl,
1kl, 2kl... Reflexen aufnimmt.

Bei einem triklinen Kristall finden wir in der Ebene senkrecht
zur Drehachse c nur die beiden reziproken Achsen a^{*} und b^{*},
jedoch weder a noch b. Hier liegt daher der einzige Fall vor,
bei dem man zum Zwecke der Raumgruppenbestimmung die Schlitten
des Goniometerkopfes verstellen muß, um von de Jong-Bouman
zu Buerger Präzessionsaufnahmen überzugehen.
Der trikline Fall ist ausführlich in den beiden nächsten Abschnitten besprochen.

g) <u>Die Justierung einer Kristallachse in die Richtung des einfallenden Röntgenstrahles mittels Buerger-Präzessions-Justieraufnahmen.</u>

Die Justierung einer Achse in die Richtung des einfallenden Röntgenstrahles, wie dies bei triklinen Kristallen erforderlich ist, läßt sich in einfacher Weise mittels Buerger-Präzessions-Justieraufnahmen erreichen, die in diesem Abschnitt besprochen werden sollen.

Um das Prinzip der Methode zu erläutern, kommen wir nochmals auf Abb.90 zurück, wo die Stellung der reziproken Gitterebenen h0l, h1l ... eingezeichnet sind für den Fall, daß die b-Achse mit dem Röntgenstrahl zusammenfällt. Diese Abbildung wollen wir nun in der Weise modifizieren (Abb.94 links), daß wir annehmen, die b-Achse sei in der $\mu_0 = 0^\circ$-Stellung des Segmentes um den Winkel ε in der Zeichenebene gegenüber dem einfallenden Röntgenstrahl verschwenkt. Führt man mit diesem um ε verjustierten Kristall am Explorer unter dem Winkel μ_0 die Präzessionsbewegung aus, so schließt, wie aus Abbildung 94 rechts zu entnehmen ist, die h0l-Ebene des reziproken Gitters mit ihrer 0-Lage senkrecht zum Röntgenstrahl die Winkel $\mu_0+\varepsilon$ (oben) bzw. $\mu_0-\varepsilon$ (unten) ein. Da jedoch der Film am Explorer stets um

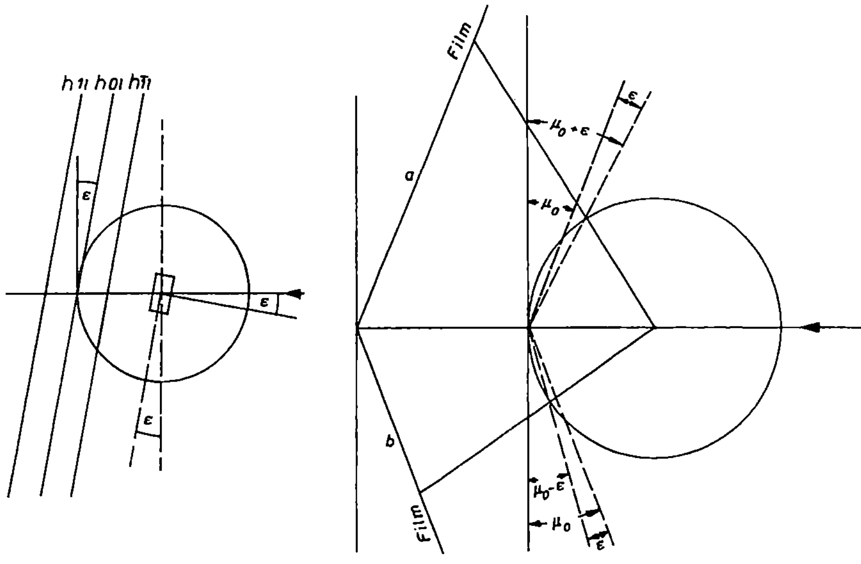

Abb.94

den Winkel μ_o zur O-Lage geneigt ist, wird man am Film bei
einer derartigen Verjustierung des Kristalles auf der oberen
Hälfte eine längere Strecke (a) vom Bremskontinuum registrieren als auf der unteren Hälfte (b). Aus der Differenz der beiden Strecken a-b läßt sich ε ermitteln. Um die Strecken a und
b möglichst gut zu erfassen, benutzt man für Justieraufnahmen
ungefilterte Strahlung und registriert auf diese Weise auch
das Bremskontinuum. Man verzichtet bei diesen Justieraufnahmen auf die kreisförmige Blende zwischen Kristall und Film.
Um nicht von den Reflexen höherer Schichtlinien gestört zu
werden, arbeitet man bei kleineren Präzessionswinkeln von etwa
10°. Bei sehr großen Gitterkonstanten (etwa 50 Å) wählt man
kleinere Präzessionswinkel von etwa 3°.

Bei der Justierung einer Achse in die Richtung des einfallenden Röntgenstrahles haben wir, wie schon im vorigen Abschnitt
erwähnt, zwei Fälle zu unterscheiden:

1. Die Goniometerkopfschlitten brauchen nicht verändert zu
   werden :
   Die Justierung einer Kristallachse in die Richtung des einfallenden Röntgenstrahles wird in diesem Falle allein mit
   der Skalentrommel der Kristalldrehachse am Explorer vorgenommen. Eine falsche Einstellung dieser Trommel macht sich
   nach Abbildung 94 dadurch bemerkbar, daß wir am Film in
   der Richtung senkrecht zur Drehachse die Streckendifferenz
   a-b messen (in mm). Für $\mu=10^o$ und M=60 mm ergibt sich der
   folgende für kleine Dejustierungen gültige Zusammenhang zwischen der Strecke a-b (in mm) und dem Winkel ε :

a-b (in mm)	ε(in Grad)
0	0
4,3	1
8,5	2
12,8	3
17,1	4
21,5	5
44,5	10

Den Korrekturwinkel ε kann man der graphischen Darstellung
der Abbildung 95 entnehmen. Durch Verdrehen der Gradtrommel
um $\varepsilon°$ im richtigen Sinne erreicht man eine korrekte Justierung des Kristalles für die Buerger Präzessions-Filmaufnahme.
Ist die Verjustierung ε größer als der eingestellte Präzessionswinkel μ, so ergibt sich um den Mittelpunkt des Filmes
in Richtung des Justierfehlers ein toter Bereich, aus dem
die Größe der Dejustierung bestimmt werden kann. In solchen
Fällen empfiehlt sich zunächst eine näherungsweise Korrektur der Skalentrommel, um in den oben diskutierten Bereich
des Justierfehlers zu kommen. Durch eine weitere Aufnahme
kann dann der exakte Korrekturwert ε ermittelt werden.

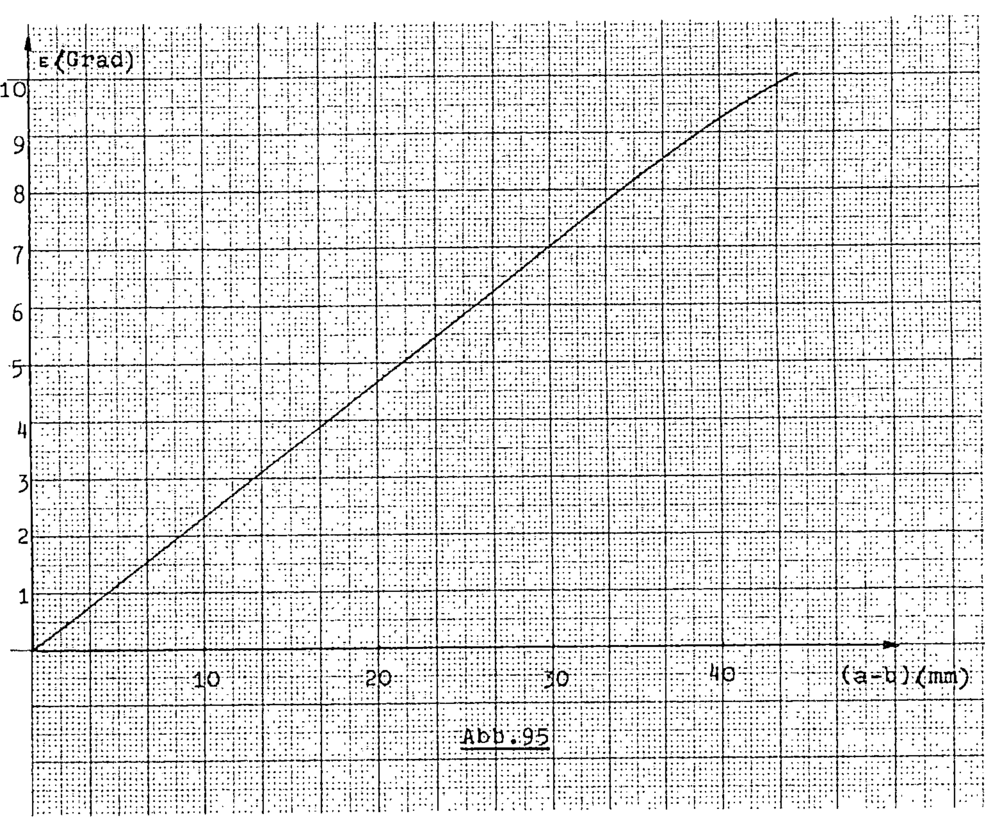

Abb. 95

2. Bei triklinen Kristallen müssen die Kreisschlitten des
   Goniometerkopfes nachjustiert werden.

   Auch in diesem Fall macht sich ein Fehler in der Stellung
   der Skalentrommel dadurch bemerkbar, daß man in Richtung
   senkrecht zur Kristall-Drehachse auf der Justieraufnahme
   die Streckendifferenz a-b beobachtet. Die Korrektur dieses
   Fehlers erfolgt wie oben beschrieben. Außerdem wird man jedoch wegen der falschen Stellung der Kreisschlitten des Goniometerkopfes auch eine Korrektur in Richtung der Mittellinie des Filmes ausführen müssen. Man sucht sich daher auf
   der Justieraufnahme einen starken Kontinuumsstreifen aus,
   der etwa in Richtung der Mittellinie liegt, und mißt von
   der Mitte der Aufnahme aus nach links und rechts die Strek-
   ken c und d. Nun bildet man wie oben die Differenz c-d und
   korrigiert unter Benutzung der Abbildung 95 den Winkel ε,
   wobei man sich desjenigen Kreisschlittens bedient, der ungefähr horizontal steht.
   Solche Korrekturen an den Kreisschlitten lassen sich immer
   dann leicht durchführen, wenn sie nicht zu groß sind. Handelt
   es sich um große Korrekturen, so führt man zunächst eine
   annähernde Korrektur aus und bestimmt den genauen Korrekturwert mit einer zweiten Justieraufnahme. Im nächsten Abschnitt
   wird die soeben besprochene Methode der Kristalljustierung
   näher erläutert.

h) <u>Die Bestimmung der Gitterkonstanten eines triklinen Kristalles am Explorer</u>

Als praktisches Beispiel für die zweckmäßige Kombination von
de Jong-Bouman und Buerger Präzessionsaufnahmen am Explorer
sei die Bestimmung der Gitterkonstanten eines triklinen Kristalles besprochen, wobei vorausgesetzt wird, daß am Kristall
keine Prismenflächen ausgebildet sind, so daß alle Justierungen
auf röntgenographischem Wege durchgeführt werden müssen.

Die Bestimmung der Gitterkonstanten erfolgt in folgenden
Teilschritten:

1. Röntgenographische Justierung des Kristalles durch Oszillationsaufnahmen.

2. Herstellung von de Jong-Bouman Aufnahmen.

3. Vorbereitung der Buerger-Präzessionsaufnahmen und Veränderung der Kristalljustierung unter Kontrolle von $\mu=10^{\circ}$ - Präzessions-Justieraufnahmen.

4. Herstellung von Buerger Präzessionsaufnahmen sowie einer Buerger-Präzessions-Kegelaufnahme.

<u>zu 1.</u>: Um am Explorer Oszillationsaufnahmen herzustellen, wird der Verschiebemechanismus für den Film in seine Buerger-Stellung geschraubt. Das Segment steht dabei in der Stellung $\mu = 0^{\circ}$. Der Goniometerkopf wird mit dem Aufnahmeteller verschraubt und der Kristall durch seitliche Verschiebung auf die Höhe des Eintrittskollimators gebracht. Die Zentrierung des Kristalles erfolgt mit Hilfe des Mikroskopes. Nach Aufsetzen des Primärstrahlfängers und nach Einstellen des Oszillationsbereiches von etwa $\pm 10^{\circ}$ kann man mit den Oszillationsaufnahmen beginnen. Man justiert nacheinander die beiden Kreisschlitten des Goniometerkopfes wie in Abschnitt b) dieses Kapitels beschrieben. Da man am Explorer einen Planfilm benutzt, projiziert sich die 0. Schichtlinie auf der Aufnahme als Gerade und die höheren Schichtlinien als Hyperbeln (Abbildung 96). Steht der Verschiebemechanismus in seiner Nullstellung, so beträgt der Abstand Kristall zu Film M = 60 mm. Dies ist bei der Berechnung der Gitterkonstanten in Drehrichtung (c-Achse) zu berücksichtigen.

<u>zu 2.</u>: <u>De Jong-Bouman Aufnahmen.</u>
Nach beendeter röntgenographischer Justierung des Kristalles stellt man eine Serie von de Jong-Bouman Aufnahmen her mit den hk0, hk1, hk2 etc. Reflexen. Hierzu muß der Verschiebemechanismus des Explorers aus seiner Buerger Stellung in die de Jong-Bouman Stellung gebracht werden. Aus der Aufnahme der 0. Schichtlinie (Abbildung 99) kann man die a^{*} und b^{*}-Achsen sowie den Winkel γ^{*} bestimmen. Abbildung 98 zeigt die zugehörige de Jong-Bouman Kegelaufnahme.

Für die anschließenden Buerger Präzessionsaufnahmen ist es wichtig, während der de Jong-Bouman Aufnahmen die Winkel-

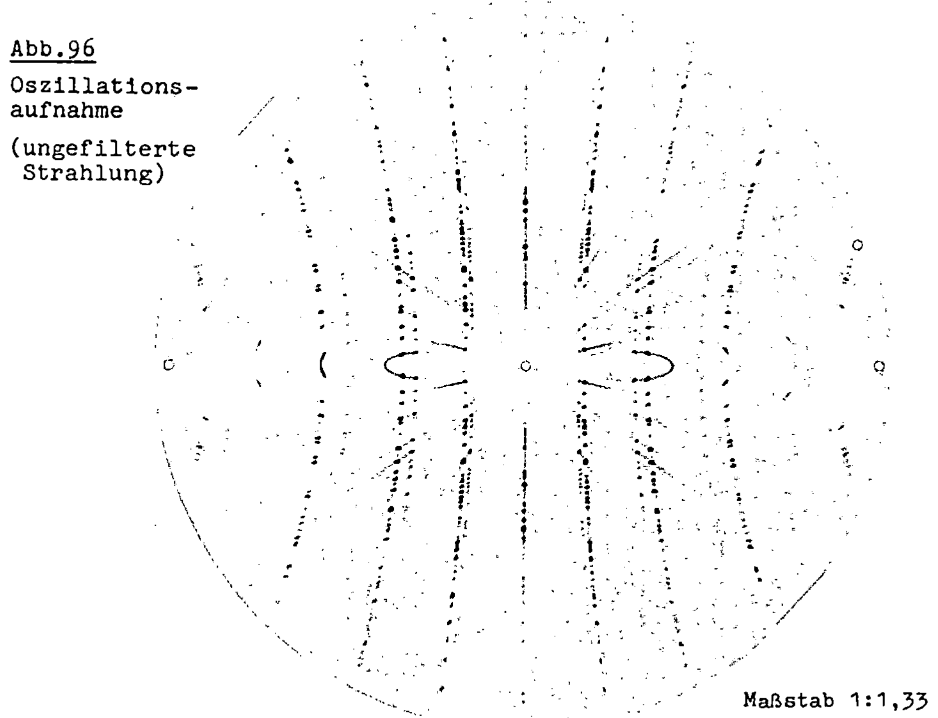

Abb.96

Oszillations-
aufnahme

(ungefilterte
Strahlung)

Maßstab 1:1,33

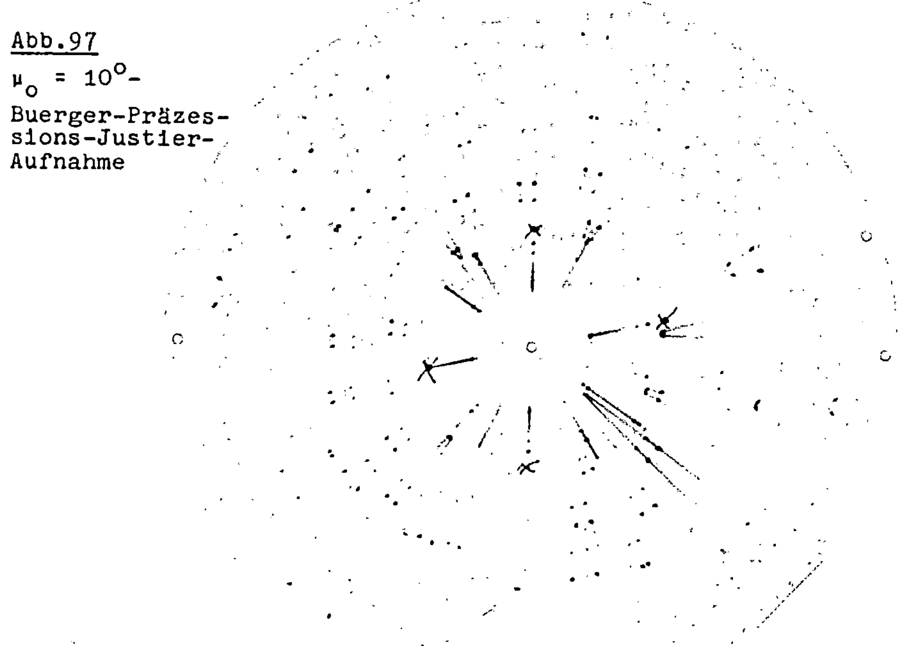

Abb.97

$\mu_O = 10^O$-
Buerger-Präzes-
sions-Justier-
Aufnahme

Maßstab 1:1,33

de Jong-Bouman Aufnahmen

Abb.99

hk0-Reflexe

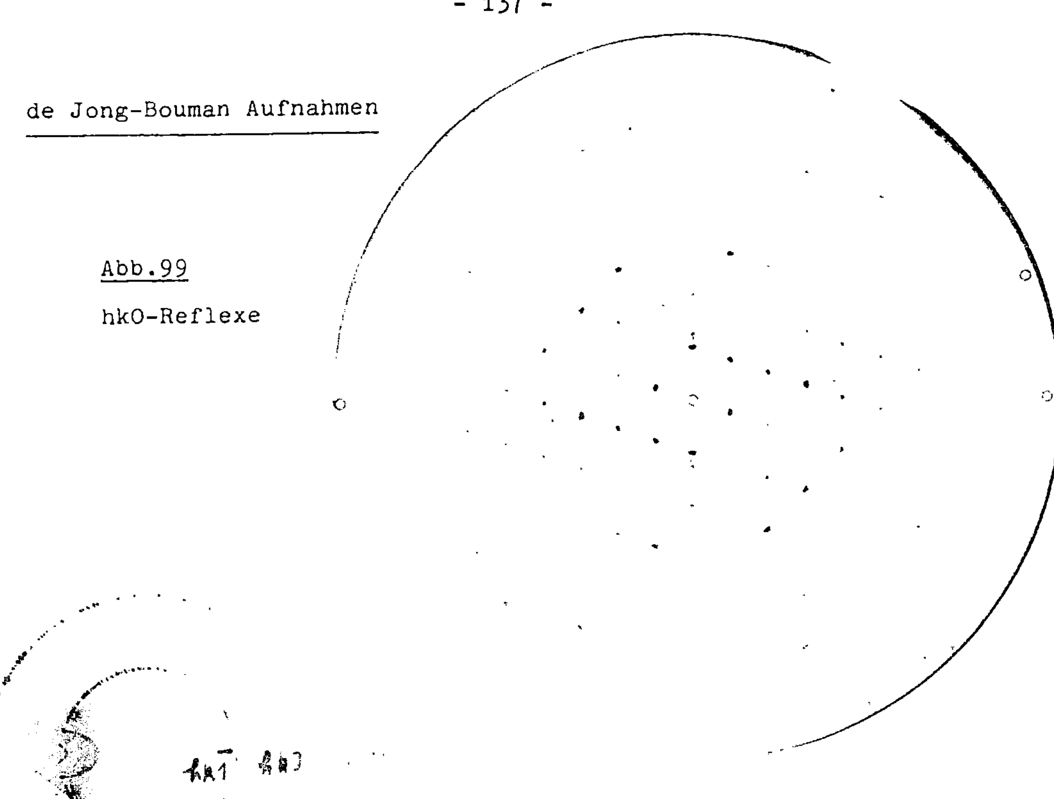

Maßstab 1:1,33

Abb.98
de Jong-Bouman
Kegelaufnahme

Abb.100

hk1-Reflexe

stellung ω des Kristalles, die man auf der Skalentrommel
der Kristalldrehachse abliest, eindeutig der Winkelstellung
des Filmes zuzuordnen. Am Explorer wird diese Zuordnung dadurch erreicht, daß die Mittellinie des runden Filmes, die
durch zwei einander gegenüberliegende Stanzlöcher definiert
ist, immer dann horizontal steht, wenn die beiden Gradmarken
am feststehenden Halteblock und am de Jong-Bouman Filmdreh-
mechanismus einander gegenüber liegen. In dieser Filmaus-
gangsstellung startet man daher die de Jong-Bouman Aufnahmen
und notiert sich die Kristall-Ausgangsstellung sowie den
Drehsinn von Kristall und Film. Auf diese Weise ist es dann
später eindeutig möglich, aus der Lage der a^* - und b^*-
Achsen am de Jong-Bouman Film die Stellungen ω_a^* und ω_b^*
des Kristalles abzuleiten, bei denen die reziproken Gitterkonstanten a^* oder b^* senkrecht zur Mittellinie des de Jong-
Bouman Filmes stehen.
Abbildung 99 zeigt die de Jong-Bouman Aufnahme der 0. Schichtlinie mit den hk0-Reflexen, und Abbildung 100 zeigt die
zugehörige 1. Schichtlinie mit den hk1-Reflexen. Der Leser
indiziere diese de Jong-Bouman Aufnahmen und berechne die
reziproken Gitterkonstanten a^*, b^* und γ^*. ($Cu_{K\alpha}$ - Strahlung)

<u>zu 3.</u>: <u>Veränderung der Kristalljustierung durch μ = 10° Präzes-
sions-Justieraufnahmen</u>

Gehen wir bei den nun folgenden Buerger-Präzessions-Justieraufnahmen von der Winkelstellung ω_a^* aus, so steht in dieser Winkelstellung die reziproke Achse a^* senkrecht zur Mittellinie des Filmes und damit zur Kristalldrehachse c. Gemäß
der Definition des reziproken Gitters liegt dann die Netzebene (100) horizontal. In dieser Netzebene (100) liegen
die Achsen b und c und außerdem der einfallende Röntgenstrahl. Um daher für die Buerger Präzessionsaufnahme die
Achse b in die Richtung des Röntgenstrahles zu justieren,
muß man den horizontal stehenden Kreisschlitten des Goniometerkopfes um den Winkel φ_b verdrehen, wie aus der Abbildung 101 zu entnehmen ist, in der die (100)-Fläche in Drauf-
sicht gezeichnet ist. Die Verdrehung der b-Achse in die
Richtung des Röntgenstrahles mit den Goniometerkopfschlitten

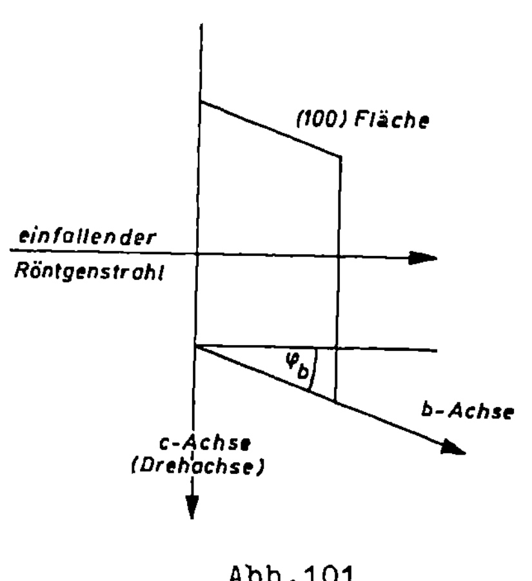

Abb.101

kann grob unter Kontrolle des Mikroskopes erfolgen, falls am Kristall die b-Achse als Kante ausgebildet ist.

Auf jeden Fall muß die genaue Justierung der b-Achse in die Richtung des Röntgenstrahles röntgenographisch mittels Buerger-Präzessions-Justieraufnahmen überprüft werden, wie dies im letzten Abschnitt besprochen wurde. Da die azimutale Stellung ω_a^* der Skalentrommel bereits festgelegt ist und keiner größeren Korrektur bedarf, wird die Streckendifferenz a-b nur klein sein, jedoch wird man auf den Justieraufnahmen gegebenenfalls große Differenzen c-d messen. Die Korrektur gemäß Abbildung 95 erfolgt vor allem mit demjenigen Kreisschlitten des Goniometerkopfes, der einer Horizontallage am nächsten kommt. In Abbildung 97 ist für unseren triklinen Fall eine $\mu = 10^\circ$ Buerger-Präzessions-Justieraufnahme abgebildet, die bezüglich ihres Vertikaldurchmessers symmetrisch ist (a-b = 0), die jedoch in der Richtung etwa senkrecht dazu noch einer Korrektur bedarf. Aus der Aufnahme entnimmt man c-d = 24-18 = 6,0 mm, was laut Abbildung 95 eine Korrektur des horizontalen Kreisschlittens von $1,4^\circ$ erforderlich macht, um die b-Achse in die Richtung des Röntgenstrahles zu bringen.

<u>zu 4.</u>: <u>Herstellung von Buerger Präzessionsaufnahmen und einer</u>
<u>Buerger-Präzessions-Kegelaufnahme</u>

Nach beendeter Justierung setzt man mit der Präzessionsaufnahme der 0. Schichtlinie um die b-Achse gleichzeitig auch eine Kegelaufnahme an, aus der man die b-Achse berechnen kann. Aus der Buerger Präzessionsaufnahme der 0.Schichtlinie mit den h0l-Reflexen liest man die reziproken Gitterkonstanten a^* und c^* sowie den Winkel β^* ab. Anschließend

Buerger-Präzessions-Aufnahmen

Abb.103

hOl-Reflexe

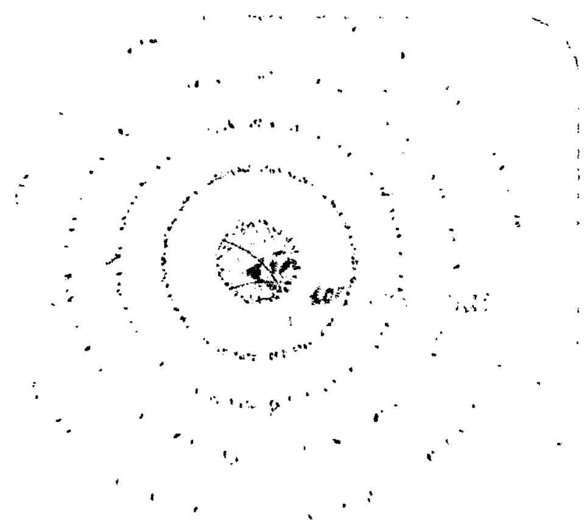

Maßstab 1:1,33

Abb.102

Buerger-Präzessions-
Kegelaufnahme

Abb.104

h1l-Reflexe

werden die Buerger Präzessionsaufnahmen der höheren Schichtlinien mit den h1l, h2l etc. Reflexen angesetzt. Die Abbildungen 103 und 104 zeigen für den triklinen Kristall die
Präzessionsaufnahmen mit den h0l- und h1l-Reflexen. Abbildung 102 zeigt die zugehörige Buerger-Präzessions-Kegelaufnahme.

In analoger Weise kann man vorgehen, um die noch fehlenden
Buerger-Präzessionsaufnahmen mit den 0kl- und 1kl-Reflexen
am Explorer vorzubereiten. Hierzu ist eine erneute röntgenographische Nachjustierung des Kristalles notwendig, um
diesmal die a-Achse in die Richtung des Röntgenstrahles zu
bringen. Man geht dabei aus von der azimutalen Stellung $\omega_b{}^*$
des Kristalles. Aus der Kegelaufnahme ermittelt man a, aus
der 0. Schichtlinie die reziproken Gitterkonstanten b^*,
c^* und a^*.
Damit sind alle reziproken Gitterparameter der triklinen
Elementarzelle am Explorer mit hinreichender Genauigkeit
bestimmt. Die Gitterparameter a, b, c, α, β und γ können
nach den bekannten Formeln (Internationale Tabellen Bd.II,
Seite 106) aus den reziproken Gitterkonstanten berechnet
werden.

V. Die röntgenographische Bestimmung der Raumgruppe

Nachdem wir in den vorangegangenen Kapiteln die theoretischen
Grundlagen der röntgenographischen Kristallstrukturanalyse und
die röntgenographischen Aufnahmeverfahren behandelt haben, wollen wir uns im folgenden mit der Problematik der röntgenographischen Strukturbestimmung beschäftigen.

Der erste Schritt im Verlaufe einer Kristallstrukturanalyse ist
die Bestimmung der Raumgruppe, die wir in diesem Kapitel behandeln wollen. Da wir die Informationen hierzu im allgemeinen
aus Einkristall-Röntgenaufnahmen erhalten, die die Symmetrieverhältnisse des reziproken Gitters aufzeigen, müssen wir uns
zunächst mit den Symmetriebeziehungen befassen, die zwischen
dem Kristallgitter und dem reziproken Gitter bestehen.

a) <u>Symmetriebeziehungen zwischen Kristallraum und reziprokem Raum</u>

Die Strukturamplitude $F_{hkl} = \sum\limits_{\nu} f_{\nu} \cdot e^{2\pi i(hx_{\nu}+ky_{\nu}+lz_{\nu})}$ hat für die Kristallstrukturanalyse die größte Aussagekraft, weil sie die gesuchten Atompunktlagen $x_{\nu}y_{\nu}z_{\nu}$ enthält. Die wellenkinematische Streutheorie lieferte das wichtige Ergebnis, daß die im allgemeinen komplexe Strukturamplitude F_{hkl} der Messung nicht zugänglich ist, sondern nur deren Betragsquadrat $|F_{hkl}|^2$. Diese Tatsache ist ganz entscheidend für die nun näher zu untersuchenden Beziehungen, die zwischen der Symmetrie des Kristallraumes und der des reziproken Raumes bestehen.
Sie bedingt,daß die Symmetrie des reziproken Raumes höher oder gleich der des Kristallraumes ist, daß wir die Raumgruppe nicht eindeutig aus der Symmetrie des reziproken Gitters ableiten können, und daß die Bestimmung der Atompunktlagen nicht problemlos und vollautomatisch ablaufen kann.

<u>Die Zentrosymmetrie des reziproken Raumes und ihre Konsequenzen für die Raumgruppenbestimmung</u>

Die wichtigste Symmetrieeigenschaft des reziproken Raumes ist seine Zentrosymmetrie, die wir beweisen können, wenn wir uns im Kristallraum die einfachsten Punktlagen vorgeben und die Symmetrie der ihnen entsprechenden Strukturamplituden F_{hkl} bzw. die der Betragsquadrate $|F_{hkl}|^2$ ableiten. Die Symmetrie der $|F_{hkl}|^2$ ist identisch mit der Symmetrie, die wir auf den Röntgenaufnahmen beobachten und identisch mit der gesuchten Symmetrie des reziproken Raumes.

Punktlagen	F_{hkl}	$F_{\bar{h}\bar{k}\bar{l}}$
1 : x y z	$f \cdot e^{2\pi i(hx+ky+lz)} = f \cdot e^{i\phi}$	$f \cdot e^{-i\phi}$
2 : $\bar{x}$ $\bar{y}$ $\bar{z}$	$f \cdot e^{-2\pi i(hx+ky+lz)} = f \cdot e^{-i\phi}$	$f \cdot e^{i\phi}$
3 : xyz, $\bar{x}\bar{y}\bar{z}$	$2f \cdot \cos 2\pi(hx+ky+lz)$	$2f \cdot \cos 2\pi(hx+ky+lz)$

Gehen wir von den drei in der obigen Aufstellung aufgeführten Punktlagen aus, so resultieren die Ausdrücke für die Strukturamplituden F_{hkl} und $F_{\bar{h}\bar{k}\bar{l}}$. Die Orte hkl und $\bar{h}\bar{k}\bar{l}$ liegen im reziproken Gitter zentrosymmetrisch zum Nullpunkt.

Setzen wir die Atomformamplitude zu f = 1, bzw. im 3. Fall zu $f = \frac{1}{2}$, so ergeben sich im Einheitskreis in Abbildung 105 für

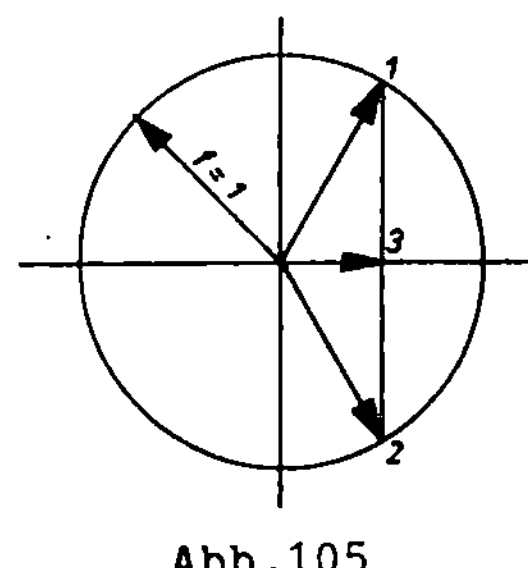

die F_{hkl}-Werte die drei gezeichneten Vektoren 1, 2 und 3, die den drei vorgegebenen Punktlagen entsprechen.

Aus der obigen Zusammenstellung können wir die folgenden wichtigen Schlüsse ziehen:

Abb.105

- Die einzählige Punktlagen xyz der triklinen Raumgruppe P1 bedingt an den zentrosymmetrisch gelegenen Positionen des reziproken Raumes hkl und $\bar{h}\bar{k}\bar{l}$ wegen der entgegengesetzten Phasen $e^{i\phi}$ und $e^{-i\phi}$ Betragsquadrate der Strukturamplituden $|F_{hkl}|^2$ bzw. $|F_{\bar{h}\bar{k}\bar{l}}|^2$, die wir nicht voneinander unterscheiden können. Das gleiche gilt für die einzählige Punktlage $\bar{x}\bar{y}\bar{z}$. Was wir für diese beiden niedrigstsymmetrischen Punktlagen gezeigt haben gilt ganz allgemein:

Es ist stets

$$F_{\bar{h}\bar{k}\bar{l}} = F^{*}_{hkl} \quad \text{und} \quad |F_{hkl}|^2 = |F_{\bar{h}\bar{k}\bar{l}}|^2$$

d.h. der reziproke Raum ist zentrosymmetrisch. F^{*}_{hkl} ist der zu F_{hkl} konjugiert komplexe Wert.

Wichtig ist für uns die Tatsache, daß nur die Betragsquadrate $|F_{hkl}|^2$ der Messung zugänglich sind, nicht aber die Phasen $e^{i\phi}$ bzw. $e^{-i\phi}$. Wir sprechen von dem Phasenproblem.

- Die zentrosymmetrischen Lagen xyz und $\bar{x}\bar{y}\bar{z}$ im Kristallraum führen ebenfalls zu entgegengesetzten Phasen $e^{i\phi}$ und $e^{-i\phi}$ und damit zu identischen $|F_{hkl}|^2$ bzw. $|F_{\bar{h}\bar{k}\bar{l}}|^2$-Werten (siehe hierzu die letzte Spalte der Tabelle auf S.142). Daraus folgt die wichtige Konsequenz, daß wir wegen des Phasenproblems die Positionen xyz und $\bar{x}\bar{y}\bar{z}$ im Bereich der Elementarzelle nicht voneinander unterscheiden können.

. Der dritte wichtige Schluß aus der dritten Zeile der obigen
Aufstellung ist der, daß zentrosymmetrische Punktlagen zu
reellen Strukturamplituden führen. Das Phasenproblem reduziert sich in solchen Fällen auf ein Vorzeichenproblem.

Schließlich sehen wir, daß sich die Beträge der Strukturamplituden für den zentrosymmetrischen Fall 3 von denen für
die nicht-zentrosymmetrischen Fälle 1 und 2 unterscheiden,
was schon aus dem Grunde verständlich ist, weil im zentrosymmetrischen Fall zwei Atome zum Streuvermögen beitragen,
im nicht-zentrosymmetrischen Fall dagegen nur eines. Eine
Unterscheidung zwischen den Punktlagen 3 und 1 bzw. 2 ist
daher prinzipiell möglich.

Durch die Zentrosymmetrie des reziproken Raumes wird dessen
Symmetriemannigfaltigkeit drastisch reduziert. Im Kristallraum hatten wir 32 mögliche Kristallklassen kennengelernt, von
denen nur 11 ein Symmetriezentrum aufweisen. Nur diese 11 zentrosymmetrischen Kristallklassen, die sogenannten Lauegruppen,
sind demnach für den reziproken Raum verfügbar. Anders ausgedrückt: aus den Röntgenaufnahmen können wir nur zwischen den
11 Lauegruppen unterscheiden.

Die Tabelle 3 gibt eine Gegenüberstellung der 32 Kristallklassen mit den   zugehörigen Lauegruppen für die verschiedenen Kristallsysteme. Auf die in der dritten Spalte aufge-
führte Symmetrie des Pattersonraumes kommen wir in Kapitel VII
Abschnitt c) zu sprechen.

Auf einige Konsequenzen, die sich aus der Zentrosymmetrie des
reziproken Raumes ergeben, wollen wir eigens hinweisen. Sie
sind aus Tabelle 3 zu ersehen:

Haben wir z.B. im Kristallraum eine 2-zählige Achse, so folgt
für den reziproken Raum die Symmetrie $\frac{2}{m}$. Liegt im Kristallraum
eine Spiegelebene vor, so folgt für den reziproken Raum die
gleiche Symmetrie $\frac{2}{m}$. Daher können wir im monoklinen System die
Kristallklassen 2, m und $\frac{2}{m}$ auf Grund von Röntgenaufnahmen nicht
unterscheiden. Da in der enantiomorphen Klasse 2 entweder
rechts- oder linksdrehende Moleküle vorhanden sein können, in

Tabelle 3

Gegenüberstellung der 32 Kristallklassen und der 11 zentrosymmetrischen Lauegruppen

System	Lauegruppe	Symmetrie des Pattersonraumes	Kristallklasse
triklin	$\bar{1}$	$P\bar{1}$	$1,\ \bar{1}$
monoklin	$\frac{2}{m}$	$P\frac{2}{m},\ C\frac{2}{m}$	$2,\ m,\ \frac{2}{m}$
rhombisch	$\frac{2}{m}\frac{2}{m}\frac{2}{m}$	$P,\ C,\ I,\ F\left(\frac{2}{m}\frac{2}{m}\frac{2}{m}\right)$	$222,\ mm2,\ \frac{2}{m}\frac{2}{m}\frac{2}{m}$
tetragonal	$\frac{4}{m}$	$P\frac{4}{m},\ I\frac{4}{m}$	$4,\ \bar{4},\ \frac{4}{m}$
	$\frac{4}{m}\frac{2}{m}\frac{2}{m}$	$P\frac{4}{m}\frac{2}{m}\frac{2}{m},\ I\frac{4}{m}\frac{2}{m}\frac{2}{m}$	$422,\ 4mm,\ \bar{4}2m,\ \frac{4}{m}\frac{2}{m}\frac{2}{m}$
trigonal	$\bar{3}$	$P\bar{3}$	$3,\ \bar{3}$
	$\bar{3}\frac{2}{m}$	$P\bar{3}\frac{2}{m}$	$32,\ 3m,\ \bar{3}\frac{2}{m}$
hexagonal	$\frac{6}{m}$	$P\frac{6}{m}$	$6,\ \frac{3}{m},\ \frac{6}{m}$
	$\frac{6}{m}\frac{2}{m}\frac{2}{m}$	$P\frac{6}{m}\frac{2}{m}\frac{2}{m}$	$622,\ 6mm,\ \frac{3}{m}m2,\ \frac{6}{m}\frac{2}{m}\frac{2}{m}$
kubisch	$\frac{2}{m}\bar{3}$	$P,\ F,\ I\left(\frac{2}{m}\bar{3}\right)$	$23,\ \frac{2}{m}\bar{3}$
	$\frac{4}{m}\bar{3}\frac{2}{m}$	$P,\ F,\ I\left(\frac{4}{m}\bar{3}\frac{2}{m}\right)$	$432,\ \bar{4}3m,\ \frac{4}{m}\bar{3}\frac{2}{m}$

$\frac{2}{m}$ jedoch beide Arten, kann man mit Röntgenmethoden über die Absolutkonfiguration optisch aktiver Moleküle keine Aussagen machen (siehe hierzu auch Abschnitt VIIg).

Weiter erkennen wir, daß z.B. eine 3-zählige Achse im Kristallraum automatisch zur Symmetrie $\bar{3}$ im reziproken Raum führt, während 4 im Kristallraum zur Symmetrie $\frac{4}{m}$ im reziproken Raum und 6 im Kristallraum zu $\frac{6}{m}$ im reziproken Raum führen.

Hingegen läßt die Tabelle 3 auch erkennen, daß man die Drehachsen 2, 3, 4 und 6 sehr wohl voneinander unterscheiden kann, und zwar durch einfaches Betrachten der de Jong-Bouman bzw. der Buerger Präzessions-Diagramme, da sich das Beugungsbild entsprechend der vorhandenen Drehachse nach 180°, 120°, 90° oder 60° wiederholt. Auch auf Weissenbergaufnahmen sind Drehachsen leicht zu erkennen.

b) <u>Der Einfluß der Translationsvektoren im Kristallraum auf den reziproken Raum. Integrale, zonale und seriale Auslöschungen.</u>

Wie wir in Abschnitt Id) dargelegt haben, spielen die Translationsvektoren im Kristallgitter eine wichtige Rolle

    als Kanten der Elementarzelle
    als zusätzliche Vektoren bei zentrierten Elementarzellen
    als wichtige Komponenten der Zusatzsymmetrieelemente
      (bei Gleitspiegelebenen und Schraubenachsen)

Es soll nun die Frage behandelt werden, welche Gesetzmäßigkeiten die Translationsvektoren dieser drei Gruppen im reziproken Raum bewirken.

Besprechen wir zunächst die drei Translationsvektoren primitiver Elementarzellen. Aus der Theorie des reziproken Gitters wissen wir, daß den Vektoren a, b und c die reziproken Gittervektoren a^*, b^* und c^* eindeutig zugeordnet sind. Aus der Metrik der (primitiven) Elementarzelle ergibt sich daher eindeutig die Metrik der (primitiven) Elementarzelle im reziproken Gitter.

Ganz anders ist die Wirkung der zusätzlichen Translationsvektoren zentrierter Elementarzellen auf die Röntgeninterferenzen

Um dies zu erkennen gehen wir von den Strukturamplituden für
zentrierte Gitter aus.

Beim C-zentrierten Bravaistyp gehört zu xyz die mit einem
identischen Atom zu besetzende Lage $x+\frac{1}{2}$ $y+\frac{1}{2}$ z. Für diese beiden
Atome lautet die Strukturamplitude

$$F_{hkl} = f \cdot \left(e^{2\pi i(hx+ky+lz)} + e^{2\pi i\left[h(x+1/2)+k(y+1/2)+lz\right]} \right)$$

$$= f \cdot e^{2\pi i(hx+ky+lz)} \left(1 + e^{\pi i(h+k)} \right)$$

für h+k = 2n folgt hieraus: $F_{hkl} = 2f \cdot e^{2\pi i(hx+ky+lz)}$, d.h. die
beiden Atome streuen in Phase.

für h+k = 2n+1 folgt hieraus: F_{hkl}= 0, d.h. die beiden Atome
streuen in Gegenphase.

Der zusätzliche Translationsvektor $\frac{1}{2}$ $\frac{1}{2}$ 0 im Kristallgitter
bewirkt daher gesetzmäßige Auslöschungen an bestimmten Punk-
ten des gesamten reziproken Gitters, und das integrale Auslöschungsgesetz lautet:

$$F_{hkl} = 0 \text{ für } h+k = 2n+1$$

Ähnliche Auslöschungsgesetze finden wir auch für die anderen
zentrierten Gittertypen F und I.

Für den flächenzentrierten Gittertyp F muß das integrale Auslöschungsgesetz entsprechend erweitert werden:

Zu der Punktlage xyz gehören die äquivalenten Punktlagen
$x+\frac{1}{2}$ $y+\frac{1}{2}$ z , $x+\frac{1}{2}$ y $z+\frac{1}{2}$ und x $y+\frac{1}{2}$ $z+\frac{1}{2}$. Für diese vier Atome
lautet die Strukturamplitude

$$F_{hkl} = f \cdot e^{2\pi i(hx+ky+lz)} \left(1 + e^{\pi i(h+k)} + e^{\pi i(h+l)} + e^{\pi i(k+l)} \right)$$

Sind alle drei Miller-Indizes gerade oder ungerade Zahlen, so
folgt $F_{hkl} = 4f \cdot e^{2\pi i(hx+ky+lz)}$ und alle vier Atome streuen in
Phase. Für gemischte Indizes hingegen ergibt sich F_{hkl} = 0,
weil jeweils zwei Glieder des obigen Klammerausdrucks den Wert
+1 und zwei Glieder den Wert -1 ergeben.

Bei flächenzentrierten Gittern sind daher die Strukturamplituden F_{hkl} für gemischte Indizes gleich 0.

- 148 -

Beim innenzentrierten Gitter I gehört zu jeder Punktlage xyz
die äquivalente Lage $x+\frac{1}{2}$ $y+\frac{1}{2}$ $z+\frac{1}{2}$. Die Strukturamplitude berechnet sich daher für diese zwei Atome zu

$$F_{hkl} = f \cdot e^{2\pi i(hx+ky+lz)} \left(1 + e^{\pi i(h+k+l)}\right)$$

für $h+k+l = 2n$ folgt hieraus: $F_{hkl} = 2f \cdot e^{2\pi i(hx+ky+lz)}$
d.h. die beiden Atome streuen in Phase.

Für $h+k+l = 2n+1$ folgt: $F_{hkl} = 0$, d.h. die beiden Atome streuen
in Gegenphase.
Das integrale Auslöschungsgesetz für das innenzentrierte
Gitter I lautet

$$F_{hkl} = 0 \quad \text{für } h+k+l = 2n+1$$

Zusammenfassend können wir sagen, daß sich zentrierte Bravais-
typen durch integrale Auslöschungsgesetze im reziproken Gitter
bemerkbar machen, wodurch es in eindeutiger Weise möglich ist,
den Bravaistyp aus Einkristall-Aufnahmen abzuleiten.

Als Übungsbeispiel überlege man sich, wie sich die drei besprochenen integralen Auslöschungsgesetze in den Äquatoraufnahmen mit den hk0, h0l und 0kl-Reflexen sowie in den Aufnahmen der ersten Schichtlinien mit den hk1, h1l und 1kl-Reflexen
bemerkbar machen.

Die dritte Gruppe von Translationsvektoren, die bei Gleitspiegelebenen und Schraubenachsen auftreten, bewirken ebenfalls
gesetzmäßige Auslöschungen. Im Gegensatz zur vorher behandelten Gruppe treten diese Auslöschungen jedoch nur in bestimmten Ebenen bzw. auf bestimmten Geraden des reziproken Gitters
auf, wie wir anhand von zwei Beispielen zeigen wollen.

<u>Beispiel 1</u> Gleitspiegelebene c ∥ ac
              Punktlage   xyz, $x\ \bar{y}\ z+\frac{1}{2}$

Strukturamplitude:

$$F_{hkl} = f \cdot e^{2\pi i(hx+lz)} \cdot \left(e^{2\pi iky} + e^{\pi il} e^{-2\pi iky}\right)$$

Beschränken wir uns nur auf h0l-Reflexe, so folgt hieraus

$$F_{h0l} = f \cdot e^{2\pi i(hx+lz)} \cdot \left(1 + e^{\pi il}\right)$$

für $l=2n$ erhalten wir : $F_{h0l} = 2f\ e^{2\pi i(hx+lz)}$, d.h. die beiden
Atome streuen in Phase.

Für l=2n+1 erhalten wir : F_{h0l} = 0, d.h. die beiden Atome
streuen in Gegenphase.

Die Beziehung zwischen der Lage und Art der Gleitspiegelebene
im Kristallraum und der Lage der Ebene im reziproken Gitter,
die vom zonalen Auslöschungsgesetz betroffen wird und der Art
der Auslöschungen ergibt sich aus Abbildung 106 :

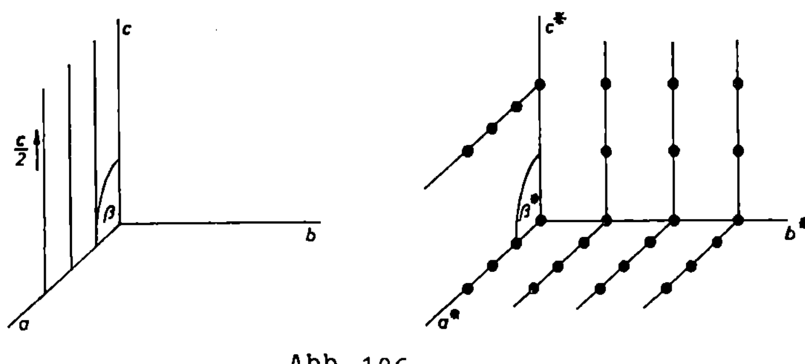

Abb. 106

Der ac-Ebene im Kristallraum, in der die Gleitspiegelebene
liegt, entspricht die $a^* c^*$-Ebene mit den h0l-Reflexen im reziproken Gitter, die von dem zonalen Auslöschungsgesetz betroffen
ist. Der Translationsvektor $\frac{1}{2}c$ der Gleitspiegelebene c bewirkt
dabei, daß die h0l-Reflexe mit l=2n+1 ausgelöscht sind. Läge
eine Gleitspiegelebene n vor, so wären dementsprechend die
h0l-Reflexe mit h+l = 2n+1 ausgelöscht. Diese Beispiele zeigen, daß sich die Gleitspiegelebenen im Kristallraum und die
durch sie bedingten zonalen Auslöschungen im reziproken Raum
in einfacher Weise einander zuordnen lassen.

<u>Beispiel 2</u>   Schraubenachse $2_1 \| b$

   Punktlage $xyz \quad \bar{x} \; y+\frac{1}{2} \; \bar{z}$

Strukturamplitude:

$$F_{hkl} = f \cdot e^{2\pi i k y} \cdot \left(e^{2\pi i (hx+lz)} + e^{\pi i k} \cdot e^{-2\pi i (hx+lz)} \right)$$

Beschränken wir uns nur auf 0k0-Reflexe, so folgt hieraus

$$F_{0k0} = f \cdot e^{2\pi i k y} \left(1 + e^{\pi i k} \right)$$

Für k=2n erhalten wir $F_{0k0} = 2f \cdot e^{2\pi i k y}$, d.h. die beiden
Atome streuen in Phase.

Für k = 2n+1 erhalten wir F_{0k0}= 0, d.h. die beiden Atome
streuen in Gegenphase.
Die Beziehung zwischen der Lage der Schraubenachse im Kristallraum und der Lage der Geraden im reziproken Gitter, die vom
serialen Auslöschungsgesetz betroffen wird, ergibt sich aus
der Abbildung 107.

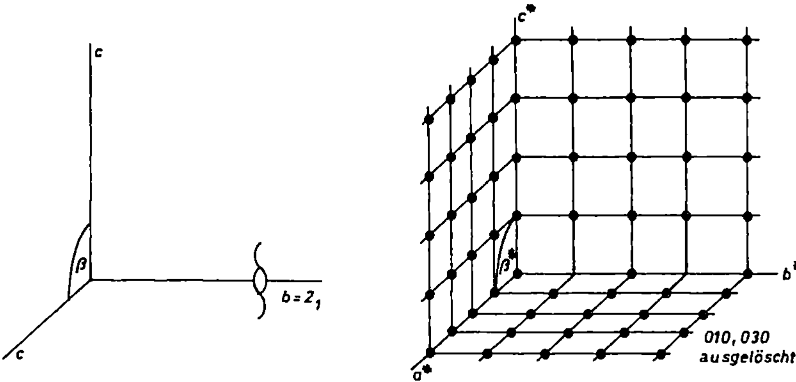

Abb. 107

Auch diesmal entspricht der Schraubenachse 2_1 längs b im Kristallraum die reziproke Achse b^* im reziproken Raum, und der
Translationsvektor $\frac{1}{2}b$ der Schraubenachse bewirkt die Auslöschung
jedes ungeraden Reflexes mit k = 2n+1 längs b^*. Läge eine Achse
$3_1 \| c$ vor, so wären nur Reflexe mit l = 3n vorhanden, bei $4_1 \| c$
nur solche mit l = 4n etc.

Fassen wir die obigen Ergebnisse zusammen, so können wir feststellen, daß Gleitspiegelebenen und Schraubenachsen im Kristallraum Anlaß geben zu zonalen und serialen Auslöschungsgesetzen im reziproken Raum, wobei die Lagen der Zusatzsymmetrieelemente im Kristallraum in einfacher Weise den Lagen der Ebenen bzw. Geraden im reziproken Raum zugeordnet sind, die von
den Auslöschungen betroffen werden.

Ergänzend müssen wir bemerken, daß die zonalen und serialen
Auslöschungen nicht ganz eindeutig sind. Sie werden gelegentlich durch die Umweganregung (Renninger-Effekt) durchbrochen
(siehe hierzu Seite 159). Daher ist immer

dann besondere Vorsicht geboten, wenn man bei Schraubenachsen
nur eine geringe Zahl von Auslöschungen beobachtet, von denen
eine durch Umweganregung durchbrochen ist, so daß an der be-
treffenden Stelle des reziproken Gitters ein schwacher Reflex
erscheint. In solchen Fällen ist man nicht sicher, ob es
sich wirklich um das betreffende Zusatzsymmetrieelement handelt
oder nicht. In diesen Zweifelsfällen hilft ein Übergang zu
einer anderen Wellenlänge.

Es bleibt noch die Frage zu klären, welche Symmetrie im reziproken Raum durch Gleitspiegelebenen bzw. Schraubenachsen her-
vorgerufen wird. Da die Symmetrie des reziproken Gitters durch
die Symmetrie der $|F_{hkl}|^2$ gegeben ist, vergleichen wir die
Symmetrie der $|F_{hkl}|^2$ bei Vorliegen einer Spiegelebene mit der-
jenigen bei Vorliegen einer Gleitspiegelebene.

Eine Spiegelebene m ‖ ac liefert mit der Punktlage xyz x$\bar{y}$z
die Strukturamplitude:

$$F_{hkl} = f \cdot e^{2\pi i(hx+lz)}\left(e^{2\pi iky} + e^{-2\pi iky}\right)$$

Demgegenüber liefert die Gleitspiegelebene c ‖ ac mit
xyz, x $\bar{y}$ z+$\frac{1}{2}$ die Strukturamplitude:

$$F_{hkl} = f \cdot e^{2\pi i(hx+lz)}\left(e^{2\pi iky} + (-1)^l\, e^{-2\pi iky}\right)$$

Für l = 2n sind beide Ausdrücke identisch.
Für l = 2n+1 erhalten wir wegen $(e^{2\pi iky}-e^{-2\pi iky}) = 2i\sin 2\pi ky$
die Beziehung

$$F_{hkl} = -F_{h\bar{k}l}\ , \text{wenn wir k durch } \bar{k} \text{ ersetzen.}$$

Die $|F_{hkl}|^2$ -Werte weisen jedoch für die Spiegelebene und für
die Gleitspiegelebene die gleiche Symmetrie auf. Mithin bewirken Gleitspiegelebenen und Spiegelebenen die gleichen Symmetrien im reziproken Raum.

Gleitspiegelebenen kann man von Spiegelebenen daher nur durch
zonale Auslöschungen im reziproken Raum unterscheiden. Analog
läßt sich zeigen, daß man Schraubenachsen von Drehachsen nur
durch seriale Auslöschungen unterscheiden kann. Es bleibt daher bei den in Tabelle 3 aufgeführten 11 Lauegruppen als mögliche Symmetrieklassen für den reziproken Raum.

c) <u>Inwieweit ist die röntgenographische Raumgruppenbestimmung eindeutig?</u>

Wir wollen in diesem Abschnitt die Frage der Eindeutigkeit der Raumgruppenbestimmung am Beispiel der monoklinen Raumgruppen behandeln.

Die drei monoklinen Kristallklassen und die 13 monoklinen Raumgruppen sind in Tabelle 4 spaltenweise zusammengefaßt. Die jeweils in einer Spalte stehenden Raumgruppen können wir nach den obigen Ausführungen auf röntgenographischem Wege nicht voneinander unterscheiden. In zwei Spalten stehen jeweils drei Raumgruppen zur Auswahl, in drei weiteren Spalten stehen jeweils zwei Raumgruppen zur Auswahl und nur die Raumgruppe $P\frac{2_1}{c}$ ist bis auf Umweganregungseffekte eindeutig bestimmbar, weil sich die beiden Zusatzsymmetrieelemente durch die entsprechenden Auslöschungen bemerkbar machen. Da die Kombination $\frac{2_1}{c}$ ein Symmetriezentrum bedingt, ist dieses damit auf indirektem Wege auch eindeutig nachweisbar.

Tabelle 4

Klassen	Raumgruppen					
2	P2	$P2_1$			C2	
m	Pm		Pc		Cm	Cc
$\frac{2}{m}$	$P\frac{2}{m}$	$P\frac{2_1}{m}$	$P\frac{2}{c}$	$P\frac{2_1}{c}$	$C\frac{2}{m}$	$C\frac{2}{c}$
	3-deutig, keine Auslöschungen	2-deutig seriale Ausl.	2-deutig zonale Ausl.	eindeutig zonale u. seriale Ausl.	3-deutig integr. Ausl.	2-deutig integr. u.zonale Ausl.

Die hier festgestellte Tatsache, daß sich Raumgruppen nur in Ausnahmefällen eindeutig auf röntgenographischem Wege bestimmen lassen, gilt ganz allgemein und erschwert den weiteren Verlauf einer Kristallstrukturanalyse im allgemeinen nicht, wie wir anhand der Beispiele in Kapitel IX zeigen werden.

d) <u>Physikalische Methoden zur Ermittlung des Inversionszentrums einer Kristallstruktur</u>

Wegen der Zentrosymmetrie des reziproken Raumes haben wir keine
Möglichkeit, das Inversionszentrum auf direktem Wege eindeutig röntgenographisch nachzuweisen; nur auf indirektem Wege
über gesetzmäßige Auslöschungen oder aufgrund statistischer
Aussagen über die Verteilung der Strukturamplituden (siehe Abschnitt VII e) ist es möglich, zwischen einer zentrosymmetrischen und einer nicht-zentrosymmetrischen Struktur zu unterscheiden. Will man ein Inversionszentrum auf anderem Wege nachweisen oder dieses ausschließen, so stehen eine Reihe physika-
lischer Methoden zur Verfügung, die kurz besprochen werden
sollen.

1. <u>Lichtoptische Vermessung der Kristalle am 2-Kreis-Gonio-
meter</u>
   Da man ein Inversionszentrum dadurch erkennen kann, daß
   an den für die 32 Kristallklassen typischen Kristallformen
   jeweils Fläche und Gegenfläche ausgebildet sind, ist es
   immer nur dann möglich, durch lichtoptische Vermessung der
   Kristalle das Inversionszentrum nachzuweisen bzw. dieses
   auszuschließen, wenn an den Kristallen Flächen in allgemeiner Lage ausgebildet sind.

2. <u>Ätzfiguren</u>
   Wenn der Habitus der Kristalle eine eindeutige Bestimmung
   der Kristallklasse nicht zuläßt, liefern Ätzfiguren gelegentlich Informationen bezüglich eines Inversionszentrums.

   Ätzfiguren werden mit einem Tröpfchen eines geeigneten Lösungsmittels erzeugt, das nicht optisch aktiv ist.
   Die Einwirkung des Lösungsmittels erfolgt bevorzugt längs
   bestimmter Flächen und führt zu charakteristischen Ätzfiguren, die z.B. auf einander gegenüberliegenden Flächen⊥ zu
   einer 2-zähligen polaren Achse unterschiedlich sind.
   Die Symmetrie der Ätzfiguren entspricht den 10 verschiedenen 2-dimensionalen Symmetrieklassen, auf die wir in Kapitel I nicht weiter eingegangen sind (siehe International
   Tables Bd.I). Durch Kombination der Symmetrien der Ätzfi-

guren auf verschiedenen Kristallflächen ist es gelegentlich
möglich, die Abwesenheit eines Symmetriezentrums eindeutig
nachzuweisen. Da jedoch Ätzfiguren unter Umständen eine
höhere Flächensymmetrie vortäuschen können, ist der Nachweis
eines Inversionszentrums aufgrund von Ätzfiguren nicht immer
eindeutig möglich.

3. Optische Aktivität

Optische Aktivität tritt nur bei 15 der 21 nicht-zentrosymmetrischen Kristallklassen auf. Von diesen 15 Klassen sind
11 Klassen enantiomorph und enthalten nur Drehachsen, jedoch
weder Inversionszentren noch Spiegelebenen. In enantiomorphen Klassen können wir rechts- oder linksdrehende Moleküle
vorfinden, die sich zueinander wie Bild und Spiegelbild
verhalten. Dies ist bei Klassen mit Spiegelebenen nicht
möglich, weil in diesen Fällen beide Molekülformen vorliegen.

4. Pyroelektrizität

Pyroelektrizität beruht darauf, daß sich bei bestimmten,
nicht zentrosymmetrischen Kristallen mit polarer Achse bei
gleichmäßiger Erwärmung auf den Gegenflächen senkrecht zur
polaren Achse entgegengesetzte Ladungen bilden. Dieser sogenannte wahre pyroelektrische Effekt hängt ab von der Größe
der Temperaturänderung, von der Kristallart und vom Kristall-
querschnitt.
Ist eine gleichmäßige Erwärmung des Kristalles nicht gesi-
chert, so kann Pyroelektrizität vorgetäuscht werden. Es
bedarf daher einer gewissen Erfahrung, um durch Nachweis
von Pyroelektrizität ein Inversionszentrum auszuschließen.

5. Piezoelektrizität

Manche Kristalle bilden auf ihrer Oberfläche elektrische
Ladungen aus, wenn man sie hohen Drücken aussetzt. Piezoelektrizität kann nur in den   nicht-zentrosymmetrischen

Kristallklassen auftreten, wobei aber die hochsymmetrische
Klasse 432 ausgenommen ist. Die verbleibenden 20 nicht-
zentrosymmetrischen Kristallklassen können bezüglich ihres
piezoelektrischen Verhaltens in drei verschiedene Gruppen
eingeteilt werden, je nachdem ob das entstehende elektri-
sche Moment entlang einer Richtung durch Kompression, durch
Torsion oder durch hydrostatischen Druck erfolgt.
Es ist anzumerken, daß man nur dann, wenn man eindeutig
Piezoelektrizität nachweisen kann, auf die Abwesenheit eines
Symmetriezentrums schließen kann. Läßt sich hingegen ein
piezoelektrischer Effekt nicht nachweisen, so bleibt die
Frage offen, ob er wegen eines Inversionszentrums überhaupt
nicht auftritt oder ob er zu schwach ist, und aus diesem
Grunde nicht nachgewiesen werden kann.

Zusammenfassend ist zu sagen, daß die Abwesenheit eines Inversionszentrums mit verschiedenen physikalischen Methoden bewiesen werden kann. Allen diesen Methoden ist jedoch gemeinsam, daß sie mit einer gewissen Vorsicht angewendet werden
müssen.

VI. Automatische Einkristall-Diffraktometer

Die im Abschnitt IV besprochenen Filmmethoden werden vor allem
zur Raumgruppenbestimmung, nicht aber zur systematischen Sammlung von Meßdaten eingesetzt. Nur das Äqui-Inklinations-Weis-
senberg-Verfahren kann zur halbautomatischen Datensammlung benutzt werden. Die hierzu verwendeten Diffraktometer unterscheiden sich in wesentlichen Konstruktionsmerkmalen von den oben
beschriebenen Weissenberg-Goniometern, werden auch heute noch
benutzt und bieten für eine Reihe von Meßproblemen Vorteile.

Als Datensammelgeräte werden heute in der Regel vollautomati-
sche 4-Kreis-Diffraktometer eingesetzt. Je nach der Speicherkapazität der dabei eingesetzten Kleinrechner unterscheidet
man reine Datensammelgeräte und größere Anlagen, mit denen
vollständige Kristallstrukturanalysen durchgeführt werden können.

Bei den Datensammelanlagen werden die Meßdaten auf Datenträger
(Magnetbänder, Platten) abgespeichert und in großen zentralen
Rechenanlagen weiterverarbeitet.

Anlagen, die mit Strukturrechnern und hinreichender Peripherie
(Display, Drucker, Plotter, Magnetbänder, graphische Terminals)
ausgestattet sind, ermöglichen es, im Simultanbetrieb die Datensammlung am 4-Kreis-Diffraktometer und Strukturrechnungen
durchzuführen. Solche Anlagen haben sich wegen des Dialogver-
kehrs zwischen Rechner und Benutzer im praktischen Betrieb nach
übereinstimmenden Aussagen zahlreicher Benutzer hervorragend
bewährt.

Der Gang einer Röntgen-Kristallstrukturanalyse wird auf solchen
Anlagen in folgenden Teilabschnitten durchgeführt:

- Vorbereitung des Kristalles für die automatische Datensammlung.

- Sammlung der Meßdaten.

- Datenreduktion.

- Ermittlung der Kristallstruktur (Lösung des Phasenproblems).

- Verfeinerung der Kristallstruktur.

Nach einem einleitenden Abschnitt, der sich mit der Wirkungs-
weise automatischer 4-Kreis-Diffraktometer und Weissenberg-
Diffraktometer befaßt, werden in diesem Kapitel die ersten
drei Schritte behandelt. Die beiden folgenden Schritte erfordern weitere theoretische Überlegungen und werden in den Kapiteln VII und VIII besprochen.

Es soll an dieser Stelle betont werden, daß auch das komforta-
belste Diffraktometer einen Operator voraussetzt, der sein
Handwerk versteht. Vor allem aber spielt die Qualität des am
Diffraktometer gemessenen Einkristalles eine entscheidende Rolle für den erfolgreichen Abschluß der Kristallstrukturanalyse.
Es ist immer lohnend, einige Zeit in die Kristallzüchtung zu
investieren und die Kristallqualität im Rahmen der vorbereitenden Arbeiten für die Datensammlung zu überprüfen. Auf diese
Weise erspart man sich später Ärger und Enttäuschung.

a) Automatische 4-Kreis-Diffraktometer

Automatische 4-Kreis-Diffraktometer ermöglichen eine vollauto-
matische Vermessung des integralen Reflexionsvermögens aller
Reflexe eines Kristalles, soweit die zugehörigen reziproken
Gitterpunkte innerhalb der Ewald'schen Lagekugel liegen. Da
es sich dabei im Mittel um etwa 3000 Reflexe pro Struktur
handelt, liegen die praktischen Vorteile solcher Datensammelgeräte auf der Hand.

4-Kreis-Diffraktometer beruhen entweder auf der Eulerwiegen-
Geometrie oder auf der Kappa-Kreis-Geometrie. Geräte vom erst-
genannten Typ werden heute von den Firmen Nicolet und Siemens-
Stoe, Geräte vom zweiten Typ von der Firma Enraf-Nonius angeboten. Im folgenden werden wir daher die Grundlagen der Eulerwiegen-Geometrie und der Kappa-Kreis-Geometrie besprechen.

Abbildung 108 erläutert das Prinzip der Vollkreis-Eulerwiege.

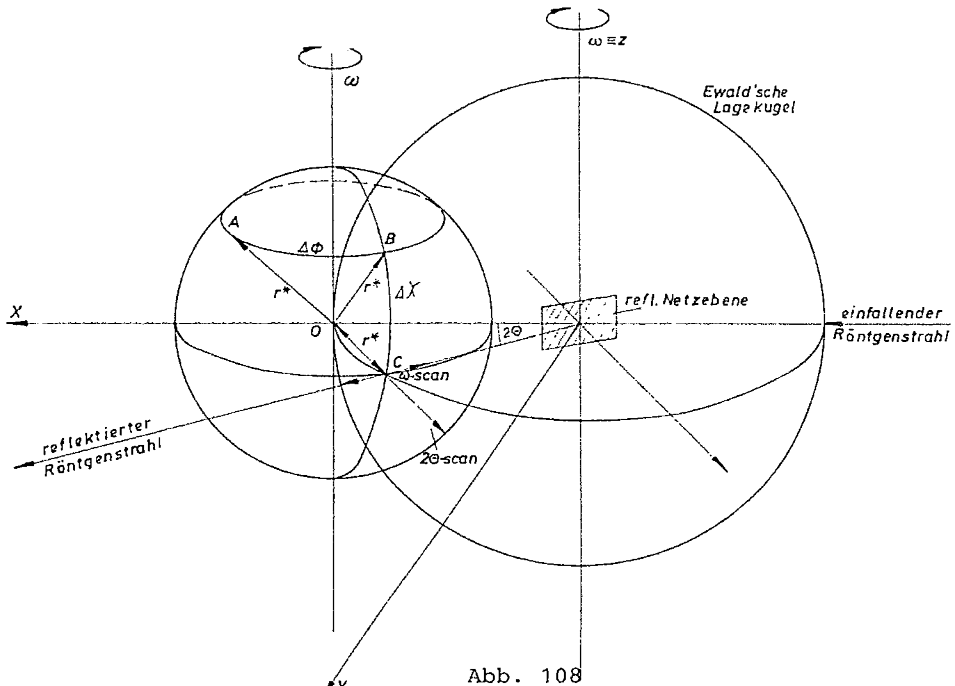

Abb. 108

In der rechten Hälfte der Abbildung ist die Ewald'sche Lagekugel in der üblichen Form gezeichnet. Um den Ursprung des reziproken Gitters ist eine zweite Kugel gezeichnet, in welche die beiden Euler'schen Winkel ϕ und χ eingetragen sind. Die Eulerwiegen-Geometrie beruht darauf, daß ein reziproker Gittervektor r* in beliebiger räumlicher Lage mit Hilfe der beiden Kreise ϕ und χ der Eulerwiege in die Äquatorebene gedreht werden kann, wie dies im linken Teil der Abbildung 108 näher erläutert ist. Der reziproke Gittervektor r* sei in seiner Ausgangsstellung nach A gerichtet. Es gibt viele Möglichkeiten, r* in die Äquatorebene zu drehen. Um eine symmetrische Reflexionsstellung zu erreichen, wählt man jene Äquatorlage, bei der r* in der Ebene des χ-Kreises liegt. Zu diesem Zweck muß man gemäß Abbildung 108 r* aus A zunächst um $\Delta\phi$ in die Ebene des χ-Kreises nach B drehen. Hierauf dreht man dann r* um $\Delta\chi$ in die Äquatorebene nach C. Damit hat r* die für eine symmetrische Reflexion erforderliche Lage. Es ist nur noch nötig, die reflektierende Netzebene in die richtige Lage zum Primärstrahl zu drehen, so daß sie mit diesem den Winkel θ einschließt. Dies wird durch Drehung um die vertikale ω-Achse erreicht. Schließlich muß noch das Zählrohr in die Winkelposition 2θ gebracht werden.

In der beschriebenen Weise können alle reziproken Gittervektoren in die Äquatorebene gedreht und das integrale Reflexionsvermögen der entsprechenden Netzebenen gemessen werden. Allerdings ist der eben beschriebene Fall besonders hochsymmetrisch, weil gemäß Abbildung 109 die Ebene des χ-Kreises mit r* den Winkel zwischen dem einfallenden und dem reflektierten Röntgenstrahl halbiert.

Wegen der vier unabhängigen Drehsysteme des 4-Kreis-Diffraktometers kann man auch eine weniger symmetrische Reflexionsstellung wählen. Dies ist oft sogar wegen der durch Umweganregung verfälschten Intensitäten vorteilhaft.

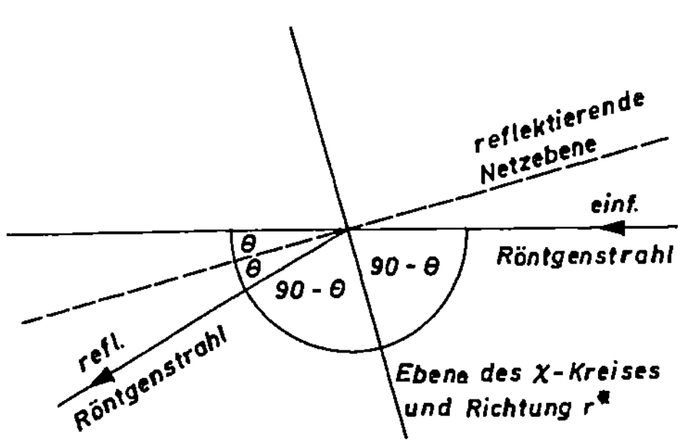

Abb. 109

Das Prinzip der Umweganregung soll anhand der Abbildung 110 erläutert werden: Der reziproke Gittervektor r_1^* möge einer stark reflektierenden Netzebenenschar 1 entsprechen. Das gleiche soll von r_2^* gelten. Treffen diese Voraussetzungen zu, so wird die an der Netzebenenschar 1 reflektierte Strahlung zunächst in Richtung I reflektiert. Diesen reflektierten Strahl kann man als Primärstrahl für die an der Netzebenenschar 2 reflektierte Strahlung auffassen, die in Richtung II reflektiert wird.

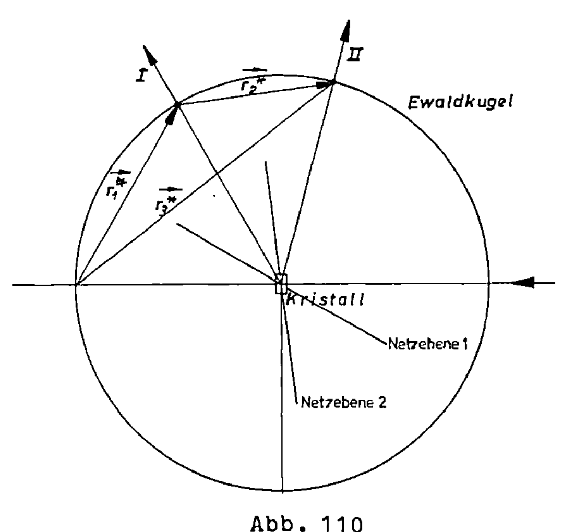

Abb. 110

Von Umweganregung spricht man, wenn der reziproke Gittervektor $r_3^* = r_1^* + r_2^*$ einer Netzebenenschar 3 entspricht, deren Strukturamplitude Null oder nahezu Null ist. In diesem Fall würde diese Netzebenenschar 3 nicht in der Lage sein, auf direktem Wege nach II Strahlung zu reflektieren, während dies durch Umweganregung über die beiden Netzebenenscharen 1 und 2 möglich ist.

Um den Einfluß der Umweganregung auf das integrale Reflexionsvermögen abzuschätzen, kann man nach RENNINGER die reflektierende Netzebene um ihre Normale drehen. Aus Abbildung 109 können wir entnehmen, daß die Reflexionsbedingungen erhalten bleiben, wenn man r^* um sich selbst dreht. Wollen wir dies tun,
so müssen wir nach Abbildung 111 drei Kreise des 4-Kreis-
Diffraktometers, nämlich ω um $\Delta\omega$, χ um $\Delta\chi$ und ϕ um $\Delta\phi$ verdrehen.
Damit haben wir r^* um den Azimutwinkel β von r_a^* nach r_e^* ge-
dreht.

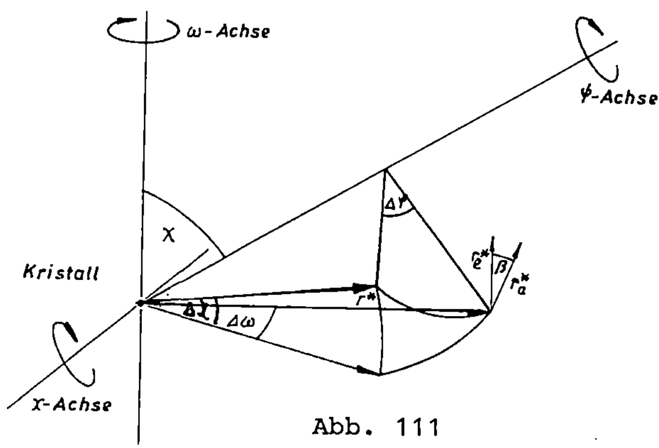

Abb. 111

Das von der Firma NONIUS entwickelte CAD 4 verzichtet auf eine
Vollkreis-Eulerwiege, behält jedoch die beiden Kreise ω und
2θ bei. Um alle reziproken Gittervektoren in die Äquatorebene
drehen zu können, wird eine Kappa-Drehachse benutzt, die mit
der ortsfesten ω-Achse einen Winkel von 50° bildet.
Die Achse des ϕ-Kreises mit dem Kristall zeigt zum Mittelpunkt
des Diffraktometers und sitzt auf dem Kappa-Kreis, wobei die
ϕ-Achse mit der Kappa-Achse ebenfalls einen Winkel von 50° bildet. Beim Drehen des Kappa-Kreises beschreibt daher die ϕ-Achse
einen Kegel vom Öffnungswinkel 100° um die Kappa-Achse, wobei
in der einen Extremstellung die ϕ-Achse mit der vertikalen
ω-Achse zusammenfällt, während sie in der anderen Extremstellung über die horizontale Äquatorebene gedreht wird und mit

dieser einen Winkel von 10° bildet, wodurch der Raum über dem
Kristall frei bleibt und für Zusatzeinrichtungen (z.B. für
Heiz- oder Kühlvorrichtungen) benutzt werden kann.

Im übrigen kann man mit dem CAD 4 den gleichen Bedienungs-
komfort und die gleiche Meßgenauigkeit erzielen wie mit den
auf der Eulerwiegen-Geometrie beruhenden 4-Kreis-Diffrakto-
metern. Da man die Kappa-Kreis Koordinaten ohne großen Aufwand in Eulerwiegen-Koordinaten umrechnen kann, gelten die
nachfolgenden Bemerkungen für alle Arten von 4-Kreis-Diffrak-
tometern.

Um die Justierung des 4-Kreis-Diffraktometers möglichst einfach zu gestalten, ist die liegende Röhrenhaube auf einem
xyz-Tisch montiert, der außerdem noch innerhalb gewisser Grenzen Drehbewegungen der Röhre erlaubt. Der xyz-Tisch ist fest
mit dem Diffraktometer verbunden. Am Röhrengehäuse ist der
Monochromator angeflanscht. Die Justierung des monochromatischen Primärstrahles zum Mittelpunkt der Eulerwiege muß nach
jedem Röhrenwechsel durchgeführt werden. Hierfür stehen
Justierhilfen bereit, um dem Benutzer die Arbeit zu erleichtern. Die Justierung des Diffraktometers in sich wird von
der Lieferfirma durchgeführt. Um eine einwandfreie Funktion
zu gewährleisten, müssen sich alle Achsen des Diffraktometers innerhalb einer Fehlerkugel von 0,01 mm Radius schneiden,
und die Neigungen der Achsen zueinander müssen innerhalb von
ca. 1' stimmen. So soll z.B. die Achse des ϕ-Kreises beim
Drehen des χ-Kreises innerhalb eines Fehlers von kleiner als
1' in der Ebene des χ-Kreises verbleiben. Ferner müssen die
ω-Achse und die 2θ-Achse sowie in der Stellung $\chi = 0$ die
ϕ-Achse mit der ω-Achse zusammenfallen.
Ähnliche Bedingungen gelten auch für das Kappakreis-Diffrakto-
meter.

b) <u>Halbautomatische   2-Kreis-Weissenberg-Diffraktometer</u>

Ein kommerzielles Gerät dieses Typs wird von der Firma Stoe
gebaut (STADI 2). Es beruht auf der Weissenberg-Inklinations-
geometrie und ist das einzige von den in Abschnitt IV bespro-

chenen Filmverfahren, das sich zur Sammlung von Meßdaten
eignet. Mit dem Diffraktometer können die Reflexe auf den
einzelnen Schichtlinien automatisch gemessen werden. Ist
die Messung einer Schichtlinie beendet, so muß man den Äqui-
Inklinationswinkel μ_n für die nächstfolgende Schichtlinie
am Diffraktometer und am Zählrohr gemäß Abb. 112 einstellen.

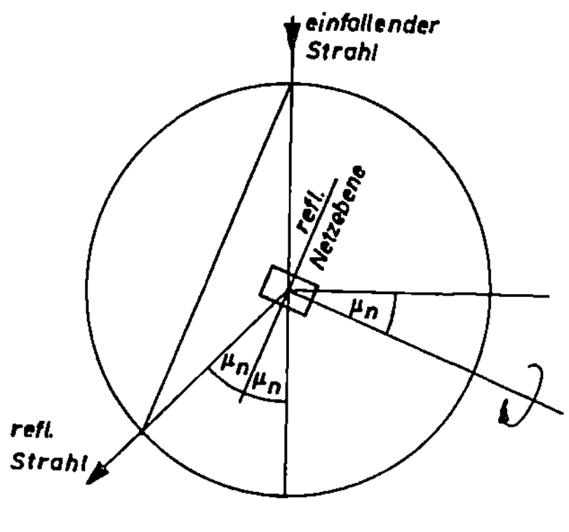

Abb. 112

Die automatische Messung
des integralen Reflexionsvermögens eines Reflexes
geschieht so, daß die re-
flektierende Netzebene
durch die Reflexionsstel-
lung gedreht wird, während
sich das Zählrohr durch
die Winkelstellung 2θ
dreht. Sowohl die Kristalldrehachse als auch der als
Halbkreis ausgebildete und
in zwei Punkten gelagerte
Zählrohrträger werden über
große Getrieberäder und Schneckengetriebe von Schrittmotoren
angetrieben. Ein Schritt dieser Motoren entspricht $0{,}0025^{\circ}$.

Das automatische Weissenberg-Diffraktometer wird mit einem
am Röhrengehäuse befestigten ebenen Graphitmonochromator
betrieben. Für die Zentrierung und Justierung der zu vermes-
senden Kristalle steht wie beim Filmgerät ein Justier-Mikro-
skop-Teleskop zur Verfügung.

Im Unterschied zu den 4-Kreis-Diffraktometern, auf denen die
Kristalle in beliebiger Orientierung vermessen werden können, müssen sie beim Äqui-Inklinations-Weissenberg-Diffrak-
tometer wie bei den Filmgeräten genau längs einer Achse
justiert werden, bevor man mit den automatischen Messungen
der einzelnen Schichtlinien beginnen kann. Die zur Justierung erforderlichen Justierschritte können mit Hilfe ent-

sprechender Programme vom Benutzer ohne Schwierigkeiten durchgeführt werden.

2-Kreis-Diffraktometer werden meist als reine Datensammelgeräte benutzt. Die reduzierten Meßdaten werden auf einem
Magnetband oder einer Minidiskette zur Weiterverarbeitung
abgespeichert und außerdem über einen Drucker ausgegeben.
Die auf den gleichen Datenträgern abgespeicherten Steuerprogramme ermöglichen ähnlich wie beim 4-Kreis-Diffrakto-
meter einen Dialogverkehr zwischen Benutzer und Rechner.
Die Steuerprogramme für das STADI 2 sind ähnlich wie die
des 4-Kreis-Diffraktometers aufgebaut.

Für manche Anwendungsgebiete bringt die Äqui-Inklinations-
geometrie gewisse Vorteile gegenüber der 4-Kreisgeometrie.
Da sich der Kristall bei der Weissenberg-Geometrie während
der Messungen nur um seine Achse dreht, ergeben sich z.B.
Vorteile, wenn man in Kapillaren eingeschlossene und von
Mutterlauge umgebene,nicht genau in ihrer Lage fixierbare
Kristalle vermessen muß. Tieftemperaturmessungen können aus
dem gleichen Grund an 2-Kreis-Diffraktometern einfacher durchgeführt werden als an 4-Kreis-Diffraktometern.
Lineare ortsempfindliche Proportionalzähler kann man
am 2-Kreis-Diffraktometer benutzen, um die Meßgeschwindig-
keiten erheblich zu steigern.

Wegen solcher Vorteile werden 2-Kreis-Diffraktometer voraus-
sichtlich auch in Zukunft in der Röntgenstrukturanalyse zum
Einsatz kommen.

c) <u>Vorbereitung des Kristalles für die automatische Messung</u>.

Vor Beginn der automatischen Datensammlung muß der zu vermes-
sende Kristall am Diffraktometer für diese Messungen sorgfältig vorbereitet werden. Er wird in üblicher Weise an einem
Glasfaden festgeklebt oder in einer Glaskapillare eingeschmol-
zen. Goniometerkopf und Kristall werden dann auf die Drehachse des Diffraktometers aufgeschraubt und mit einem Justier-
mikroskop in den Apparatemittelpunkt des Diffraktometers

zentriert. Wie bereits oben bemerkt, ist die Justierung des
Kristalles am automatischen 4-Kreis-Diffraktometer beliebig;
beim 2-Kreis-Diffraktometer muß der Kristall, wie bei den Filmgeräten, um eine niedrig indizierte Gittergerade justiert
werden.
Nach erfolgter Kristallzentrierung bzw. -justierung werden
die Gitterkonstanten sowie die Orientierungsmatrix berechnet.
Die hierzu erforderlichen Messungen werden weitgehend automatisch durchgeführt, indem ein bestimmter Teil des reziproken
Gitters in einem bestimmten Raster nach Reflexen systematisch
abgesucht wird. Die Bereiche und das Raster kann der Benutzer
festlegen. Neben dieser Methode ist es auch möglich, einige
Reflexpositionen aus Oszillationsaufnahmen zu ermitteln.
Beide Methoden führen in etwa den gleichen Zeiten zu vorläufigen Werten der Gitterkonstanten und der Orientierungsmatrix.

Die vorläufigen Werte werden dadurch verbessert, daß man weitere Reflexe (insgesamt etwa 20-30) aufsucht und alle Reflex-
schwerpunkte unter Verwendung von Hilfseinrichtungen (Begren-
zungsspalte, Halbblenden) sehr genau ermittelt. Aus den verbesserten Reflexpositionen gewinnt man dann verbesserte Gitterkonstanten und eine verbesserte Orientierungsmatrix.

Das Rechenprogramm liefert zunächst primitive Elementarzellen.
Um die Möglichkeiten für höhersymmetrische,zentrierte Elementarzellen zu untersuchen, werden auf Wunsch des Benutzers vom
Programm alle möglichen linearen Achsentransformationen durchgeführt und entsprechende Elementarzellen höherer Symmetrie
vorgeschlagen.

Um zonale und seriale Auslöschungsgesetze zum Zwecke der Raumgruppenbestimmung mit Sicherheit zu erkennen, ist es zweckmäßig, etwa 100 Reflexe relativ schnell zu vermessen, um die
Auslöschungsgesetze eindeutig zu bestätigen.

Damit sind die vorbereitenden Messungen abgeschlossen, die
sich bei einiger Übung in 2-3 Stunden bequem durchführen lassen (siehe hierzu Beispiel c) in Kapitel IX).

d) <u>Die Sammlung der Meßdaten</u>

Bei einer Kristallstrukturanalyse nimmt die Datensammlung die
längste Zeit in Anspruch. Die für die automatische Datensammlung notwendigen Kontrollfunktionen des Diffraktometers werden
in der Regel von festprogrammierten Mikroprozessoren übernommen. Dadurch und wegen der hochentwickelten Programme ist es
möglich, mit einer modernen Anlage etwa 2000 Reflexe pro Tag
mit guter Genauigkeit und großer Betriebssicherheit zu vermessen. Auf diese Weise lassen sich automatische Datensamm-
lungen in der Regel in 2 Tagen erledigen. Da eine doppelte Meßgenauigkeit die vierfache Meßzeit erfordert, müssen die Meßzeiten bedeutend erhöht werden, wenn man sich für extrem ge-
naue Bindungslängen (Δc = 0,001 $\overset{\circ}{A}$ - 0,003 $\overset{\circ}{A}$) oder gar für genaue Valenzelektronenverteilungen ($\Delta\rho$ = 0,05 El/$\overset{\circ}{A}^3$) interessiert.

Um für die zu messenden Reflexe eine bestimmte Meßgenauigkeit
zu erreichen, hat man verschiedene Meßstrategien ermittelt.
Man kann z.B. das integrale Reflexionsvermögen zunächst relativ schnell messen. Aus der Gesamtimpulszahl (N) ermittelt man
die Meßgenauigkeit ($\sim\sqrt{N}$). Ist die angestrebte Meßgenauigkeit
erreicht, ist die Messung des Reflexes beendet. Sie ist auch
dann beendet, wenn sich bei schwachen Reflexen die erstrebte
Meßgenauigkeit erst nach langen Meßzeiten erreichen ließe, die
nicht zur Verfügung stehen. Mittlere Reflexe werden mehrmals
gemessen, bis die erstrebte Meßgenauigkeit erreicht ist.

Auf diese Weise hat man in starke Reflexe wenig Meßzeit in-
vestiert, bei denen systematische Meßfehler (Extinktionseffekte) auftreten, während für mittelstarke Reflexe, die uns
die wertvollsten Informationen liefern, auch die meiste Zeit
verwendet wird. Werden hingegen genaue Bindungslängen ange-
strebt, so muß man die Meßzeiten für schwache Reflexe herauf-
setzen. Untersuchungen von Valenzelektronendichten erfordern
neben Extinktionsmessungen auch sorgfältige Studien des inelastischen Streuuntergrundes zu beiden Seiten der Reflexprofile,
und wenn möglich auch die Berücksichtigung des inelastischen
Streuanteiles unter den Reflexprofilen.

Im Durchschnitt kann man bei Routine-Strukturuntersuchungen
die Genauigkeiten der Bindungslängen mit ca. 0,01 $\overset{o}{A}$ und die
Genauigkeiten der Bindungswinkel mit 1-2° veranschlagen.
Erfahrungsgemäß lassen sich bei solchen Untersuchungen etwa
60% aller Reflexe mit der vorgesehenen kürzesten Meßzeit registrieren. Bei 2000 Reflexen pro Tag beträgt diese Mindest-
meßzeit 15-20 sec pro Reflex.
Wie schon oben bemerkt, benutzt man für Diffraktometermessungen monochromatische Primärstrahlen, um den Streuuntergrund
zu vermindern. Meist werden dünne Graphitplatten benutzt, die
sich durch ihr hohes Reflexionsvermögen an (002) auszeichnen.
Diese Monochromatoren können das Kα-Dublett nicht trennen.
Der monochromatische Strahl enthält daher zwei eng benachbarte
Wellenlängen Kα_1 und Kα_2 im Intensitätsverhältnis 2:1.

Die Messung des integralen Reflexionsvermögens erfolgt mit
einem engen Zählrohrspalt zur Vermeidung des Streuuntergrundes.
Da man in der Regel über Winkelbereiche von $\Delta 2\theta = 2^o$ registrieren muß, um das gesamte integrale Reflexionsvermögen zu
erfassen, ergeben sich für die Praxis verschiedene Möglichkeiten für die Messung der Reflexprofile. Man kann z.B. den Kristall in symmetrischer Reflexion gemäß Abb.108 in Schritten
von $\Delta \omega = 0,02^o$ durch den Reflex drehen, während man den Zähler
in doppelt so großen Schritten ($\Delta 2\theta = 0,04^o$) bewegt. Oft hat
es sich jedoch im praktischen Betrieb als zweckmäßig erwiesen,
den Zähler in gleich großen Schritten ($\Delta 2\theta = 0,02^o$) zu bewe-
gen. Zur Bestimmung der Umweganregung und zur Ermittlung der
Absorptionskorrektur mißt man das integrale Reflexionsvermögen ausgesuchter Netzebenen gemäß Abbildung 111 in verschiedenen azimutalen Stellungen der reflektierenden Netzebenen
(ψ-scan). Alle diese Meßroutinen und auch andere lassen sich
durch die Steuerprogramme der automatischen Diffraktometer in
einfacher Weise realisieren.

Zusammenfassend können wir feststellen, daß der Benutzer des
Diffraktometers die Meßstrategie zur Gewinnung der Datensätze
weitgehend seinem Problem anpassen kann. Dabei ist der Zeit-
bedarf sehr verschieden, je nach dem, ob es sich um Standard-
Untersuchungen oder um Präzisionsbestimmungen von Bindungslängen, Bindungswinkeln oder Valenzelektronendichten handelt.

e) Datenreduktion

Rohdaten muß man zur Weiterverarbeitung in $|F_{hkl}|^2$-Werte bzw.
E-Werte umrechnen. Außerdem muß man Störeffekte berücksichtigen, die während der Datensammlung z.B. infolge Netzspan-
nungsschwankungen aufgetreten sind. Um solche Störeffekte nachweisen zu können, wird die automatische Datensammlung in der
Weise überwacht, daß man eine Reihe (meist 3) Standardreflexe
in regelmäßigen Abständen mißt, deren Reflexintensitäten man
im Verlauf der Messung miteinander vergleicht. Beobachtet man
eine Abnahme der Intensitäten dieser Reflexe, so kann dies auf
eine Änderung der Kristalljustierung zurückzuführen sein. In
solchen Fällen ist es notwendig, die Orientierungsmatrix neu
zu ermitteln. Die Intensitätsabnahme der Standardreflexe kann
jedoch auch darauf zurückzuführen sein, daß der Kristall durch
die Röntgenstrahlen Veränderungen erleidet.

Es ist dem Benutzer möglich, zu veranlassen, daß durch eine
Intensitätsänderung von Standardreflexen automatisch eine Neu-
bestimmung der Orientierungsmatrix ausgelöst wird. Nach jeder
Neubestimmung wird dann ein neues Datenfile angelegt, damit
für die Datenreduktion die zum Zeitpunkt der Messung gültige
Orientierungsmatrix zur Verfügung steht. Die Skalierung der
Daten erfolgt anhand der Standardreflexe. Die auf diese Weise
erhaltenen skalierten Werte für das integrale Reflexionsvermögen werden nach den in Kapitel III abgeleiteten Formeln für
das integrale Reflexionsvermögen in die $|F_{hkl}|^2$ umgerechnet.
Wir stellen die Ergebnisse in diesem Abschnitt nochmals kurz
zusammen.

Auf Seite 78 haben wir als Maß für die von einem Einkristall
reflektierte Energie das integrale Reflexionsvermögen

$$\frac{E\omega}{I_o} = QV$$

mit dem Reflexionskoeffizienten Q

$$Q = \left(\frac{e^2}{mc^2}\right)^2 \cdot \left(\frac{1+\cos^2 2\theta}{2}\right) \cdot \frac{\lambda^3}{\sin 2\theta} |F_{hkl}|^2 \cdot \frac{1}{v^2}$$

eingeführt.

Das Betragsquadrat der Strukturamplitude $|F_{hkl}|^2$ ist dabei
die wichtige Meßgröße, die wir aus den Diffraktometermessungen gewinnen. Mit Berücksichtigung der Absorption (μ) ergab
sich für die symmetrische Durchstrahlung einer planparallelen
Kristallplatte der Dicke t (symmetrischer Lauefall)

$$\frac{E\omega}{I} = Q \frac{t}{\cos\theta} e^{-\frac{\mu t}{\cos\theta}}$$

Für die Praxis hat der symmetrische Lauefall größere Bedeutung
als der Braggfall (S.84), weil eine große Anzahl von Netzebenen, die parallel zur Plattennormale liegen, an ein und dersel-
ben planparallelen Platte gemessen werden können. Ist z.B. die
Platte senkrecht zur c-Achse geschnitten, so können alle hk0-
Reflexe im symmetrischen Lauefall vermessen werden. Weiterhin
können alle diejenigen Netzebenen, die nur wenig zur Plattennormale geneigt sind, in asymmetrischer Durchstrahlung an der
gleichen Platte gemessen werden.

Um die obige Formel anwenden zu können, muß man über Einkri-
stallplatten von einigen mm^2 Oberfläche verfügen, denn die
Plattenoberfläche muß hinreichend groß sein im Vergleich zum
Durchmesser des Primärstrahls von etwa 1 mm^2. Nur dann ist es
möglich, die Leistung I des monochromatischen Primärstrahls
mittels Schwächungsfilter genau zu messen.

Bei den meisten Substanzen, deren Struktur man röntgenographisch bestimmen will, liegen jedoch nur sehr kleine, oft
nadelförmige Kristalle von etwa 0,1 mm^2 Querschnitt vor, die
vom Röntgenstrahl umspült werden. In diesen Fällen kann man
I nicht direkt messen, und es erhebt sich die Frage, wie für
diese in der Praxis wichtigen Fälle die Formeln für das integrale Reflexionsvermögen zu modifizieren sind.
Da man I nicht messen kann, muß man sich mit relativen Meß-
größen $|F_{hkl}|^2_{rel}$ begnügen. Gemäß Seite 86 erhalten wir für
$(E)_{rel}$ den Ausdruck

$$(E)_{rel} = |F_{hkl}|^2_{rel} \cdot P \cdot L \cdot A$$

Untergrundkorrektur

Ein Maß für die relative Energie $(E)_{rel}$ ist das Integral über das am Diffraktometer über dem Untergrund registrierte Reflexprofil. Um $(E)_{rel}$ zu erhalten, muß man an den am Diffraktometer zunächst gewonnenen Rohdaten eine Untergrundkorrektur anbrin-

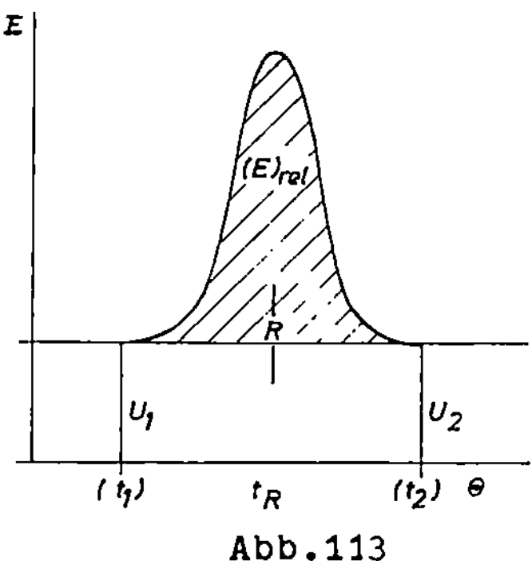

Abb.113

gen. In Abbildung 113 ist das Prinzip einer automatischen Messung dargestellt. Während t_1 Sekunden wird der Untergrund links vom Reflex gemessen. Es werden hierbei U_1 Impulse registriert. Es folgt während t_R Sekunden die Messung des Reflexes mit R Impulsen.

Schließlich werden während t_2 Sekunden U_2 Impulse im Untergrund rechts vom Reflex gemessen.

Die Differenz $R - (E)_{rel}$ ist die Impulszahl im Untergrund während der Meßzeit t_R. Die Größe $U_1 + U_2$ ist die Impulszahl im Untergrund während der Meßzeit $t_1 + t_2$. Wir können daher ansetzen:

$$\frac{R - (E)_{rel}}{U_1 + U_2} = \frac{t_R}{t_1 + t_2}$$

woraus sich die gesuchte Größe $(E)_{rel}$ ergibt zu

$$(E)_{rel} = R - \frac{t_R}{t_1 + t_2}(U_1 + U_2)$$

Um aus $(E)_{rel}$ die gesuchten Relativwerte $|F_{hkl}|_{rel}$ abzuleiten, müssen wir zunächst eine Skalierung auf Grund der Standardreflexe vornehmen und sodann den Polarisationsfaktor P, den Lorentzfaktor L, den Absorptionsfaktor A und gelegentlich noch einige weitere Korrekturfaktoren berücksichtigen. Diese Faktoren werden in diesem Abschnitt für die Eulerwiegen-Geometrie sowie für die Äqui-Inklinations-Weissenberg-Geometrie besprochen.

Polarisationsfaktor

Da die Messungen am Diffraktometer heute in der Regel mit monochromatischer Strahlung durchgeführt werden, müssen wir die Vorpolarisation des Primärstrahles am Monochromator berücksichtigen. Bei der Ableitung des Polarisationsfaktors auf S.61 hatten wir den Vektor der elektrischen Feldstärke in zwei Komponenten zerlegt, wobei die eine in der aus einfallendem und gebeugtem Strahl gebildeten Ebene lag und die andere hierzu senkrecht stand. Die Amplituden dieser beiden Komponenten verhielten sich wie $\cos 2\theta$: 1, die Intensitäten wie $\cos^2 2\theta$: 1. Die mittlere Intensität beider Komponenten ergab den Polarisationsfaktor $\frac{1+\cos^2 2\theta}{2}$. Für den monochromatischen Primärstrahl haben wir eine Vorpolarisation in der eben beschriebenen Art anzunehmen.

Trifft nun der monochromatische Primärstrahl die reflektierende Netzebene des Kristalles bei der Diffraktometermessung, so ergeben sich verschiedene Ausdrücke für den Polarisationsfaktor, je nachdem ob die aus einfallendem und reflektiertem Strahl gebildeten Ebenen am Monochromator und am Kristall parallel zueinander liegen, senkrecht aufeinander stehen oder einen beliebigen Winkel miteinander bilden. Für die Eulerwiegen-Geometrie des 4-Kreis-Diffraktometers ergeben sich für die Praxis die beiden wichtigen Fälle der Abbildungen 114 und 115.

Im ersten Fall stehen die beiden reflektierenden Ebenen von Monochromator und Kristall parallel zueinander. Die Intensitätsverhältnisse der beiden Komponenten sind eingetragen und betragen nach der Reflexion am Monochromator $1:\cos^2 2\theta$ und nach der Beugung am Kristall $1:\cos^2 2\theta_M \cdot \cos^2 2\theta$, wobei $2\theta_M$ den Winkel zwischen einfallendem und reflektiertem Strahl am Monochromator und 2θ den gleichen Winkel am Kristall bedeuten. Der Polarisationsfaktor ergibt sich hieraus zu

$$P = \frac{\frac{1}{2}(1+\cos^2 2\theta_M \cdot \cos^2 2\theta)}{\frac{1}{2}(1+\cos^2 2\theta_M)} = \frac{1+\cos^2 2\theta_M \cdot \cos^2 2\theta}{1+\cos^2 2\theta_M}$$

im zweiten Fall ergibt sich entsprechend

$$P = \frac{\frac{1}{2}(\cos^2 2\theta + \cos^2 2\theta_M)}{\frac{1}{2}(1+\cos^2 2\theta_M)} = \frac{\cos^2 2\theta + \cos^2 2\theta_M}{1+\cos^2 2\theta_M}$$

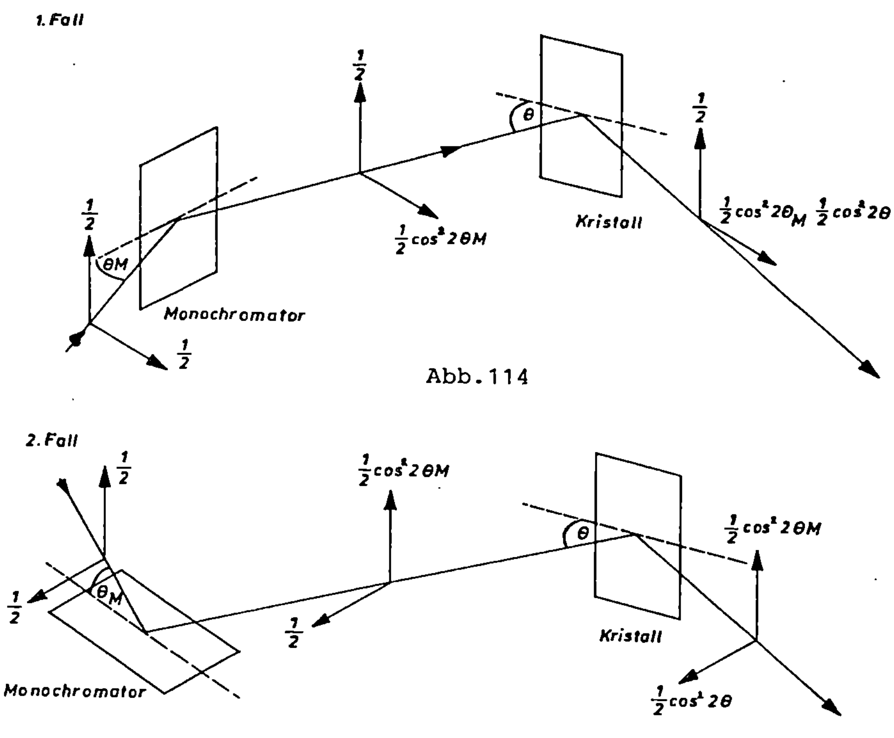

Abb. 114

Abb. 115

Am 4-Kreis-Diffraktometer lassen sich beide Fälle experimentell ohne Schwierigkeiten realisieren. Die erste Anordnung des
Monochromators wird benutzt, wenn man eine hohe Winkelauflösung der Reflexe anstrebt. Im allgemeinen wird die zweite Anordnung bevorzugt, weil in diesem Fall die Winkelauflösung zu
beiden Seiten des monochromatischen Primärstrahles gleich
groß ist.

Für die Äqui-Inklinationsgeometrie des 2-Kreis-Diffraktometers
können wir ebenfalls die folgenden beiden Fälle unterscheiden:

Wenn die durch einfallenden und reflektierten Strahl am Monochromator gebildete Ebene mit der Ebene zusammenfällt, die aus
monochromatischem Primärstrahl und Kristalldrehachse am Diffraktometer gebildet wird, ergibt sich der Polarisationsfaktor

P zu [*] :

$$P = \frac{\cos^2 2\theta_M \left[1 - \sin^2\mu \cdot \cos^2\mu (1 + \cos 2\theta')^2\right] + 1 - \cos^2\mu \cdot \sin^2 2\theta'}{1 + \cos^2 2\theta_M}$$

Für den Fall, daß die beiden Ebenen senkrecht zueinander stehen, ergibt sich [*]

$$P = \frac{\cos^2 2\theta_M (1 - \cos^2\mu \cdot \sin^2 2\theta') + 1 - \sin^2\mu \cdot \cos^2\mu (1 - \cos 2\theta')^2}{1 + \cos^2 2\theta_M}$$

Hierbei bedeuten: μ den Äqui-Inklinationswinkel, $2\theta'$ den Zählerwinkel und $2\theta_M$ den Bragg'schen Glanzwinkel am Monochromator (s.Abb.68 auf S.81).

Für Äquatorreflexe ist $\mu=0$ und $2\theta'\equiv 2\theta$, und beide Ausdrücke sind mit denen für die Eulerwiegen-Geometrie identisch.

Bei den hier angegebenen Formeln ist angenommen, daß die Beugung sowohl am Monochromator als auch am Kristall nach der wellenkinematischen Theorie erfolgt. Verwendet man Graphit als Monochromatorkristall, und zeigt der zu untersuchende Kristall keine allzu großen Extinktionseffekte, so dürfte diese Voraussetzung hinreichend gut erfüllt sein.

Der Lorentzfaktor L

Die Lorentzfaktoren haben wir in Kapitel III abgeleitet. Für die Eulerwiegen-Geometrie ergab sich (abgesehen von Konstanten)

$$L = \frac{1}{\sin 2\theta}$$

und für die Äqui-Inklinations-Geometrie

$$L = \frac{1}{\cos^2\mu \cdot \sin 2\theta'}$$

Für Äquatorreflexe mit $\mu=0$ und $2\theta'\equiv 2\theta$ sind beide Ausdrücke identisch.

Der Absorptionsfaktor

Der Absorptionsfaktor läßt sich nur für die einfachsten Fälle in geschlossener Form angeben. Den symmetrischen Braggfall

---

[*] H.A. LEVY und R.D. ELLISON, Acta Crystallogr. 13(1960)270.

und den symmetrischen Lauefall haben wir in Kapitel III behandelt. Für kugelförmige Kristalle läßt sich die Absorptionskorrektur ebenfalls in geschlossener Form angeben (siehe hierzu Internationale Tabellen Band III, S.195).

Es hat sich jedoch in der Praxis gezeigt, daß sich kleine,
kugelförmige Kristalle nur sehr unvollkommen herstellen lassen, so daß die Absorptionskorrektur besonders bei hoher Absorption mit großen Fehlern behaftet ist. Man geht daher heute
im allgemeinen dazu über, die Kristallgestalt sehr exakt mit
dem Mikroskop am Diffraktometer zu vermessen und die effektive
durchstrahlte Weglänge für jeden Reflex mit Hilfe eines Rechen-
programmes zu ermitteln. Dabei geht man so vor, daß man den
Kristall in einzelne Volumenelemente unterteilt und für jedes
Volumenelement den durchstrahlten Weg ermittelt (s.Abschnitt IX c).

In vielen praktischen Fällen kann man auf eine Absorptionskorrektur ganz verzichten, wenn man kleine Kristalle untersucht und $Mo_{K\alpha}$-Strahlung benutzt.

Volumenkorrektur

Am 2-Kreis-Diffraktometer werden oft lange, nadelförmige
Kristalle vermessen. In solchen Fällen hat man zu beachten,
daß bei höheren Schichtlinien ein größeres Volumen durchstrahlt wird als bei der Vermessung des Äquators. Der Korrek-
turfaktor $\cos\mu_n$ ist daher bei der Datenreduktion zu berücksichtigen (μ_n ist der Äqui-Inklinationswinkel).

Sonstige Korrekturen

Zu den "Sonstigen Korrekturen" wollen wir alle diejenigen
Korrekturen zählen, die nur bei angestrebter hoher Meßgenauigkeit zur Anwendung gelangen, die aber bei den üblichen Rönt-
genstrukturanalysen unberücksichtigt bleiben können.

Es handelt sich hierbei um

    die Extinktionskorrektur

    die Korrektur der Umweganregung

    die Korrektur der inelastischen thermisch-diffusen

                     Streustrahlung (TDS).

Extinktion

Bisher hatten wir die strenge Gültigkeit der wellenkinematischen
Streutheorie vorausgesetzt. Handelt es sich um ideale Mosaikkristalle, so ist diese Theorie in guter Näherung erfüllt.
Für stark reflektierende Netzebenen (große Strukturamplituden)
ergeben sich in manchen Fällen erhebliche Abweichungen von der
wellenkinematischen Theorie, sogenannte Extinktionseffekte,
die sich gelegentlich auch schon bei kleinen Kristallen bemerkbar machen. Die Extinktion läßt sich formal in der Art beschreiben, daß man dem Kristall in Reflexionsstellung einen
effektiven linearen Absorptionskoeffizienten $\mu_{eff} = \mu + \varepsilon(Q)$
zuordnet, der größer ist als der lineare Absorptionskoeffizi-
ent μ. Hierbei ist $\varepsilon(Q)$ abhängig von dem Reflexionskoeffizienten Q. Für starke Reflexe kann $\varepsilon(Q)$ gelegentlich die Größen-
ordnungen von μ erreichen. Für $\varepsilon = f(Q)$ ergeben sich meist
glatte Kurven, die man zur Korrektur der Extinktion benutzen
kann. Für die Praxis der Strukturanalyse spielt die Extinktion
nur eine untergeordnete Rolle, weil sie die Genauigkeit der
Atompunktlagen nur wenig beeinflußt. Interessiert man sich jedoch für Einzelheiten der Valenzelektronenverteilung, so muß
man die Extinktion genau ermitteln, da die Valenzelektronen
nur im Bereich kleiner Glanzwinkel merkliche Streubeiträge
leisten. Gerade im Bereich kleiner Glanzwinkel finden sich jedoch viele starke Reflexe, die durch Extinktion beeinflußt
werden.

In Abschnitt IX a) wird am Beispiel des MgF_2 etwas näher auf
den Einfluß der Extinktion auf die Meßergebnisse eingegangen.

Umweganregung

Bei der Besprechung der automatischen 4-Kreis-Diffraktometer
sind wir auf die Umweganregung näher eingegangen und haben gesehen, daß man deren Einfluß auf das integrale Reflexionsvermögen bestimmen kann, wenn man dieses in verschiedenen azimutalen Stellungen der reflektierenden Netzebene mißt (ψ-scan).
Da derartige Messungen zeitaufwendig sind, begnügt man sich
in der Regel nur mit einigen Tests, die man bei einer geringen
Zahl von Netzebenen ausführt. Bezüglich des Einflusses der Umweganregung auf die Elektronendichteverteilung siehe z.B.
D. Panke und E. Wölfel, Journal Appl. Cryst. <u>1</u> (1968)255.

Thermisch-diffuse Streustrahlung (TDS)

Wir haben zu Beginn dieses Abschnittes eine lineare Untergrundkorrektur angegeben, die unter anderem auch die thermisch
diffuse Streustrahlung enthält. Diese lineare Untergrundkorrektur stellt nur eine Näherung dar, da der Verlauf der TDS unter
den Bragg-Reflexen nicht gradlinig ist, sondern ein flaches
Maximum aufweist. Die elastischen und inelastischen Streuanteile im Bereich der Bragg-Reflexe kann man mit Hilfe einer
starken Mössbauer-Quelle mit zugehörigem Absorber relativ
genau messen. Damit ist es auch möglich, den genauen Verlauf
der TDS innerhalb des Bereiches der Bragg-Reflexe punktweise
zu bestimmen. Dieser Anteil kann bei Reflexen höherer Ordnung
30% des gesamten integralen Reflexionsvermögens betragen.
Wegen der niedrigen Zählraten sind diese Messungen sehr zeitaufwendig und erfordern relativ große Strahlenquerschnitte
und auch große Kristalle (siehe hierzu z.B. E. Bärnighausen,
Journal Appl. Cryst. 11 (1978)221).

Für die Strukturanalyse ist die Berücksichtigung der TDS innerhalb des Bereiches der Braggreflexe meistens gleichbedeutend
mit einem zusätzlichen Debye-Waller'schen Temperaturfaktor, der
sich auf die Atomparameter im allgemeinen nicht auswirkt. Interessiert man sich hingegen für die Schwingungen der Gitterbausteine, so muß man den Verlauf der TDS zumindest für einige
Reflexe messen.

Fassen wir die Ergebnisse dieses Abschnittes zusammen, so
kommen wir zu folgendem Schema für die Datenreduktion zur Ge-
winnung von relativen Werten $|F_{hkl}|^2_{rel}$:

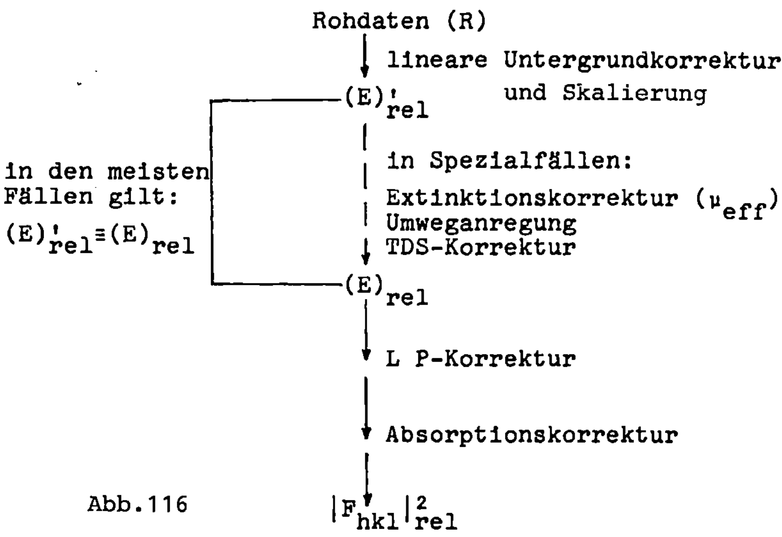

Abb.116

VII. <u>Über die Bestimmung der Atomlagen in der Elementarzelle.
Einführung in die Methoden zur Lösung des Phasenproblems.</u>

a) <u>Einleitung</u>

In diesem Kapitel sollen die verschiedenen Methoden der röntgenographischen Kristallstrukturbestimmung besprochen werden.
Konkret geht es dabei um die Ermittlung der Punktlagen x_ν y_ν z_ν
der Atome innerhalb der Elementarzelle. Könnte man die im allgemeinen komplexe Strukturamplitude

$$F_{hkl} = \sum_\nu f_\nu \cdot e^{2\pi i(hx_\nu + ky_\nu + lz_\nu)} = |F_{hkl}| \cdot e^{i\phi}$$

messen, d.h. sowohl ihren Betrag als auch ihre Phase bestimmen,
so würden sich für die Strukturermittlung keine prinzipiellen
Schwierigkeiten ergeben. Wenn wir von dem im Abschnitt g) dieses
Kapitels behandelten Fall der anormalen Dispersion zunächst
absehen, sind nur die Beträge der Strukturamplituden $|F_{hkl}|$,
nicht aber deren Phasen $e^{i\phi}$ der Messung zugänglich.

Dieses sogenannte Phasenproblem kompliziert die Strukturbestimmung erheblich.

Für die Lösung des Phasenproblems sind im Laufe der Zeit eine Reihe verschiedenartiger Methoden vorgeschlagen worden, die sich in die folgenden vier Gruppen einteilen lassen:

1. Die "trial and error" Methode

Bei der "trial and error" Methode berechnet man mit Hilfe eines plausiblen Strukturmodelles die Phasen $e^{i\phi}$ der Strukturamplituden. Man geht dabei so vor, daß man bei Kenntnis der Zahl der Formeleinheiten in der Elementarzelle und unter Berücksichtigung verschiedener Strukturargumente (z.B. dichte Packung kugelförmiger Ionen, Atome oder Moleküle, elektrischer Ladungsausgleich zwischen benachbarten Ionen, Berücksichtigung bekannter Baugruppen wie SiO_4-Tetraeder etc.) ein plausibles Modell für die unbekannte Struktur zu finden versucht, aus dem man für alle v-Atome die $x_v y_v z_v$-Koordinaten entnimmt.

Hieraus berechnet man die Strukturamplituden

$$(F_{hkl})_{theor} = \sum_v f_j \cdot e^{B_v \left(\frac{\sin\theta}{\lambda}\right)^2} \cdot e^{2\pi i (hx_v + ky_v + lz_v)}$$

(eventuell unter Annahme der B_v oder unter Vernachlässigung des Temperaturfaktors) und vergleicht deren Beträge $|F_{hkl}|_{theor}$ mit den gemessenen Werten $|F_{hkl}|_{exp}$. Der Grad der Übereinstimmung wird durch den R-Faktor

$$R = \frac{\sum \left| |F_{hkl}|_{exp} - |F_{hkl}|_{theor} \right|}{\sum |F_{hkl}|_{exp}}$$

bestimmt.

Je kleiner der R-Wert ist, umso wahrscheinlicher ist es, daß das angenommene Strukturmodell richtig ist.

Das Prinzip dieser trial and error Methode wird in Abschnitt IX a) anhand der Strukturbestimmung des MgF_2 erläutert. Diese Methode führt nur bei einfachen Strukturen zum Ziel und hat daher heute nur noch eine verhältnismäßig geringe praktische Bedeutung, da man es im allgemeinen mit relativ komplizierten Strukturtypen zu tun hat.

2. Fouriermethoden zur Lösung des Phasenproblems

Da sich die Atomanordnung der Elementarzelle im Gitter periodisch in den drei Raumrichtungen wiederholt, kann sie nach Fourier durch eine periodische Funktion $\rho(xyz)$ näherungsweise dargestellt werden, wobei jeder gemessene Reflex eine Teilwelle zu dieser Funktion beisteuert, deren "Wellenlänge" durch die Miller'schen Indizes hkl und deren Koeffizienten durch die Strukturamplituden F_{hkl} bestimmt sind. Da nur die Beträge $|F_{hkl}|$ der Messung zugänglich sind, kann man die Fourierreihe wegen des Phasenproblems zwar auch zunächst nicht direkt berechnen, man kann jedoch modifizierte Fourierreihen - sogenannte Pattersonreihen - berechnen, bei denen die der Messung direkt zugänglichen Größen $|F_{hkl}|^2$ als Koeffizienten eingehen. Die Pattersonreihen liefern zwar nicht die gesuchte Elektronendichtefunktion $\rho(xyz)$, man erhält jedoch in vielen Fällen die Lagen der schweren Atome in der Elementarzelle. Diese Teilinformation kann man benutzen, um die Strukturanalyse komplizierter Strukturen erfolgreich durchzuführen. Mit der Theorie der Fouriermethoden und deren praktischer Anwendung werden wir uns in den Abschnitten b-d dieses Kapitels befassen. Ein ausführliches praktisches Beispiel findet der Leser in Kapitel IX b).

3. Direkte Methoden der Phasenbestimmung

Im Ausdruck für die Strukturamplitude F_{hkl} sind die zu bestimmenden Lagekoordinaten x_ν, y_ν und z_ν enthalten. Da es wegen des regelmäßigen Aufbaues der Kristallgitter im allgemeinen möglich ist, eine große Anzahl von Reflexen zu messen, erscheint es plausibel, die Atomkoordinaten oder zumindest die unbekannten Phasen $e^{i\phi}$ direkt aus den Meßgrößen $|F_{hkl}|^2$ abzuleiten. Um eine Vorstellung von der vorliegenden Problematik zu erhalten, können wir davon ausgehen, daß wir von einem Kristall, der ein 50-atomiges Molekül in der asymmetrischen Einheit der Elementarzelle enthält, ca. 3000 $|F_{hkl}|^2$-Werte messen können. Diesen 3000 Informationen stehen nur 50 x 3 = 150 zu bestimmende Parameter gegenüber. Dieses einfache Beispiel soll uns deutlich machen, daß direkte Methoden, die Phasen aus den Meßgrößen $|F_{hkl}|^2$ zu ermitteln, wegen des überbestimmten Problems aussichtsreich erscheinen.

Da mit der Entwicklung der Rechentechnik direkte Methoden in zunehmendem Maße immer dann wichtig werden, wenn keine schweren Atome vorhanden sind, wollen wir uns mit dem Prinzip der direkten Methoden und deren Anwendung in der Praxis in den Abschnitten e) und f) dieses Kapitels ausführlich befassen. Ein Anwendungsbeispiel enthält Abschnitt IX c.

4. __Experimentelle Phasenbestimmung durch Ausnutzung der anormalen Dispersion__

Im Gegensatz zu den beiden zuletzt beschriebenen mathematischen Methoden handelt es sich hier um eine experimentelle Methode der Phasenbestimmung. Diese Methode beruht auf jenen Beugungseffekten, die immer dann auftreten, wenn die Frequenz der benutzten Röntgenstrahlen in der Nähe der Absorptionskante eines Atomes (bzw. einer Anzahl von Atomen) liegt. Das Prinzip der Methode wird in Abschnitt g) dieses Kapitels erläutert.

__b) Theorie der Fourierreihen__

Als wichtigsten Intensitätsfaktor haben wir die Strukturamplitude

$$F_{hkl} = \sum_{\nu} f_{\nu} \cdot e^{2\pi i (hx_{\nu} + ky_{\nu} + lz_{\nu})}$$

kennengelernt, die den Streubeitrag aller Atome der Elementarzelle darstellt.

Die Atomformamplituden

$$f = \int \rho(r) \cdot e^{\frac{2\pi}{\lambda} i (rS)} \cdot d\tau$$

kann man aufgrund der theoretischen kugelsymmetrischen Elektronendichten $\rho(r)$ berechnen. Der oben angegebene Ausdruck für die Strukturamplitude F_{hkl} bedeutet daher, daß wir uns die Elementarzelle aus kugelsymmetrischen Atomen bzw. Ionen aufbauen, deren Elektronenhüllen identisch sind mit denjenigen freier Atome oder Ionen.

Dieses theoretische Modell weicht in zwei Punkten von den tatsächlichen Verhältnissen in den Kristallgittern ab:
Erstens haben wir im Kristallgitter schwingende Atome. Wir haben allerdings gesehen, daß man den Einfluß der Temperaturschwingungen in guter Näherung durch den Debye-Waller-Faktor

$$f_T = f_o \cdot e^{-B\left(\frac{\sin\theta}{\lambda}\right)^2}$$

berücksichtigen kann.

Zweitens gehen die Atome, besonders wenn sie zum Verband eines Moleküls zusammentreten, starke gerichtete Bindungen zu ihren Nachbarn ein, bzw.sie stellen, wie z.B. bei den Metallen, ihre Valenzelektronen als Leitungselektronen dem Gitterverband zur Verfügung. Diese Bindungseffekte werden durch das obige theoretische Modell nicht berücksichtigt.

Was Bindungseffekte bewirken können sieht man besonders deutlich im Diamantgitter, wo starke gerichtete Bindungen zwischen Nachbaratomen auftreten, die zu einer Elektronenbrücke zwischen Nachbaratomen z.B. in $\frac{1}{8}\frac{1}{8}\frac{1}{8}$ von 1,67 El/A^3 führen, während man dort nach dem aus kugelsymmetrischen Ladungsverteilungen aufgebauten theoretischen Modell unter Berücksichtigung der Temperaturschwingungen nur 1,16 El/A^3 erwarten würde. [+)]
Wegen des Zusammentritts der C-Atome zum Diamantgitter werden also in der Umgebung von $\frac{1}{8}\frac{1}{8}\frac{1}{8}$ als Folge der σ-sp^3-Bindungen Ladungen angehäuft, während die kugelsymmetrischen Rümpfe der C-Atome entsprechend abgebaut werden.

Dies sieht man aus Abbildung 117, wo man die Differenz der tatsächlich beobachteten und der theoretischen Elektronendichte (sogenannte Differenzfouriersynthese) in der Ebene xxz abgebildet hat. In dieser Ebene liegt die Raumdiagonale und damit auch die kürzeste Verbindungslinie zwischen den beiden benachbarten C-Atomen in 000 und in $\frac{1}{4}\frac{1}{4}\frac{1}{4}$.

In der Umgebung von $\frac{1}{8}\frac{1}{8}\frac{1}{8}$ (mit 0,51 El/A^3) ergeben sich in Abbildung 117 stark positive Werte, die auf Valenzelektronen zurückzuführen sind.

[+)]S.Göttlicher und E.Wölfel. Zeitschr. Elektrochemie <u>63</u>(1959) 891.

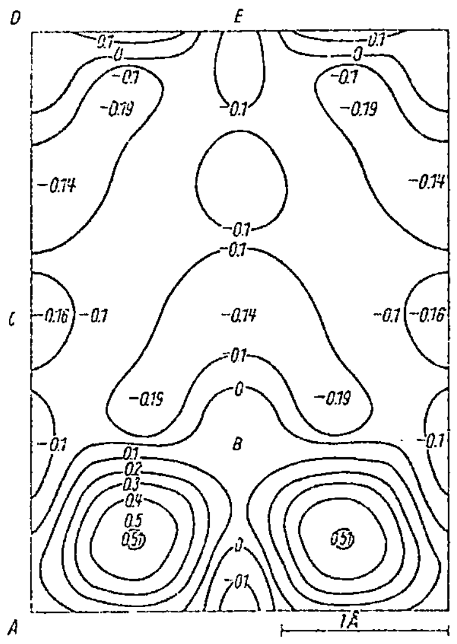

Abb.117

Differenz-Fouriersynthese
in der Ebene xxz vom
Diamanten.

Auf die Atomformamplitude f wirken sich diese Verschiebungen
der Valenzelektronen ebenfalls aus. Abbildung 118 zeigt die
Meßwerte der F_{hkl} (umgerechnet auf ein C-Atom also entsprechend f_C). Man erkennt aus der Abb.118, daß die Meßwerte ganz erheblich um die glatte Kurve streuen, die man für das kugelsymmetrische C-Atom erwarten würde. Man beachte besonders die Reflexe 111, 311, 400 und 331. Die Abweichungen von der glatten Kurve betragen bis zu

Δf = 0,1 Elektronen. Als Folge der Ladungsanhäufung der Valenzelektronen um $\frac{1}{8}\,\frac{1}{8}\,\frac{1}{8}$ etc. tritt beim Diamanten zusätzlich der Reflex 222 auf, der eigentlich

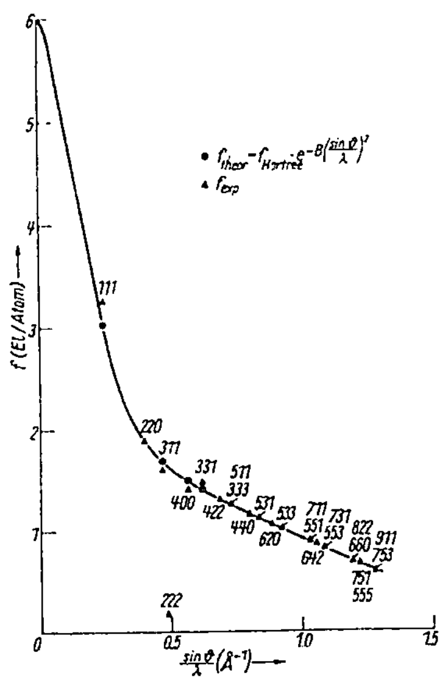

Abb.118

nach dem theoretischen Modell für das Diamantgitter mit kugelsymmetrischen C-Atomen verboten sein sollte (siehe Abb.118).
Man findet für diesen verbotenen Reflex 222 den Meßwert
$\Delta f = 0,15$ Elektronen.
Nun sind allerdings die Bindungseffekte im Diamantgitter besonders groß; man findet aber auch bei vielen anderen einfachen Gittertypen gewisse Verschiebungen der Valenzelektronen,
so daß es angezeigt ist, einen Ausdruck für die Strukturamplitude anzugeben, der von den theoretischen kugelsymmetrischen Elektronendichten unabhängig ist und der tatsächlichen
Elektronenverteilung im Kristallgitter entspricht.

Dabei gehen wir so vor, wie wir es in Kapitel III bei der Ableitung der Atomformamplitude getan haben und zerlegen die
Elementarzelle in kleine Volumenelemente $d\tau$. Der Streubeitrag
eines Volumenelementes ist dann proportional der Zahl der Elektronen in diesem Volumenelement $\rho(xyz)d\tau$. Zum Unterschied von
$\rho(r)$ ist die hier eingeführte Elektronendichtefunktion $\rho(xyz)$
nicht kugelsymmetrisch sondern stellt die wahre Elektronendichte im Kristallgitter dar. $\rho(xyz)$ ist eine mit den Gitterkonstanten a, b und c periodische Funktion.

Unter Berücksichtigung des Phasenfaktors liefert ein Volumenelement der Elementarzelle den Streubeitrag

$$\Delta F_{hkl} = \rho(xyz) \cdot e^{2\pi i(hx+ky+lz)} \cdot d\tau$$

Der Streubeitrag der gesamten Elementarzelle F_{hkl} ergibt sich
dann zu

$$F_{hkl} = \int \rho(xyz) \cdot e^{2\pi i(hx+ky+lz)} \cdot d\tau$$

mit $d\tau = abc \cdot dxdydz$ und $abc = v$ finden wir

$$\boxed{(F_{hkl})_{exp} = v \int \rho(xyz) \cdot e^{2\pi i(hx+ky+lz)} \cdot dxdydz}$$

Dies ist nun ein Ausdruck für die experimentell ermittelten
Strukturamplituden. Wir stellen den entsprechenden theoretischen Ausdruck nochmals gegenüber

$$\boxed{(F_{hkl})_{theor} = \sum_{\nu} f_{\nu} \cdot e^{-B\left(\frac{\sin\theta}{\lambda}\right)^2} \cdot e^{2\pi i(hx_{\nu}+ky_{\nu}+lz_{\nu})}}$$

Für die Zwecke der Kristallstrukturanalyse interessieren wir
uns für die periodische Funktion $\rho(xyz)$, deren Maxima die Atomlagen bestimmen. Wir finden durch Fouriertransformation

$$\rho(xyz) = \frac{1}{V} \sum_h \sum_k \sum_{l=-\infty}^{+\infty} F_{hkl} \cdot e^{-2\pi i(hx+ky+lz)}$$

Den Beweis wollen wir für den eindimensionalen Fall führen
und definieren die eindimensional-periodische Elektronendichte.
$\rho(x)$:

$$\rho(x) = \sum_{h=-\infty}^{+\infty} C_h\, e^{-2\pi ihx}$$

Die Koeffizienten dieser Reihe sind so zu bestimmen, daß die

Reihe $\sum\limits_{-\infty}^{\infty} C_h\, e^{-2\pi ihx}$ die Funktion $\rho(x)$ möglichst genau darstellt.
Sie müssen daher nach dem Gauss'schen Prinzip des Minimums der
Summe der Fehlerquadrate festgelegt werden.
Bei Fourierreihen kennt man eine einfache Regel, die Koeffi-
zienten C_h nach diesem Prinzip optimal zu bestimmen. Diese
Regel lautet: Man multipliziere jedes Glied der Reihe mit dem
konjugiert komplexen Glied und integriere über die Periode.
Wendet man diese Regel für unseren Fall an, so erhält man:

$$\rho(x) = \sum_{h=-\infty}^{+\infty} C_h\, e^{-2\pi ihx} \,\Big|\, \int_{x=0}^{1} e^{2\pi ih'x} \cdot dx$$

$$\int_{x=0}^{1} \rho(x)\, e^{2\pi ih'x} \cdot dx = \sum_{h=-\infty}^{+\infty} C_h \int_{x=0}^{1} e^{2\pi i(h'-h)x} \cdot dx$$

Das Integral über jedes Glied der Summe liefert:

$$\int_{x=0}^{1} e^{2\pi i(h'-h)x} \cdot dx = \frac{e^{2\pi i(h'-h)}-1}{2\pi i(h'-h)}$$

Da h und h' ganzzahlig sind, erhalten wir jeweils 0 für $h' \neq h$.
Für $h'=h$ finden wir den Wert 1, nachdem wir Zähler und Nenner
nach h'-h differenziert haben.
Dies bedeutet, daß von der Summe $\sum\limits_{h=-\infty}^{+\infty} C_h \int_{x=0}^{1} e^{2\pi i(h'-h)x} dx$ nur das
Glied mit $h'=h$ einen Beitrag liefert.
Wir erhalten daher für die gesuchten Koeffizienten:

$$C_h = \int_{x=0}^{1} \rho(x)\, e^{2\pi ihx} \cdot dx$$

Dieser Wert entspricht jedoch der eindimensionalen Struktur-amplitude $F_h = a \int \rho(x) \cdot e^{2\pi i h x} \cdot dx$, die analog dem obigen 3-dimensionalen Ausdruck definiert ist.
Somit erhalten wir

$$C_h = \frac{1}{a} F_h$$

oder dreidimensional

$$C_{hkl} = \frac{1}{v} F_{hkl}, \text{ was zu beweisen war.}$$

Die dreidimensionale Fourierreihe

$$\rho(xyz) = \frac{1}{v} \sum_h \sum_k \sum_{l=\infty}^{\infty} F_{hkl} \cdot e^{-2\pi i (hx+ky+lz)}$$

läßt sich nicht unmittelbar ausrechnen, weil man, wie wir gesehen haben, aus dem Experiment nur $|F_{hkl}|$ ableiten kann.

Betrachten wir uns den obigen Ausdruck für die dreidimensionale Fourierreihe etwas genauer, so sehen wir, daß jeder Reflex eine harmonische Schwingung zur Abbildung der periodischen Funktion $\rho(xyz)$ beisteuert. Die Reflexe bei kleinen Glanzwinkeln (kleine h,k,l) tragen zu $\rho(xyz)$ langwellige, die bei grossen Glanzwinkeln kurzwellige Terme bei. Die Details von $\rho(xyz)$ lassen sich ohne die kurzwelligen Terme nicht abbilden. Es ist daher wichtig, alle meßbaren Reflexe im Bereich großer θ-Werte zu erfassen. Durch Erniedrigung der Meßtemperatur und der damit verbundenen Erniedrigung der Debye-Waller-Faktoren ist es möglich, eine größere Anzahl kurzwelliger Terme zu messen, wodurch die Qualität der Abbildung der Elektronendichtefunktion $\rho(xyz)$ verbessert wird.
Streng genommen müßte man, um eine perfekte Abbildung von $\rho(xyz)$ zu erreichen ohnehin unendlich viele Terme messen, was schon aus dem Grund unmöglich ist, weil nur eine endliche Anzahl reziproker Gitterpunkte in den Bereich der Ewald'schen Lagekugel gelangen. Erniedrigt man die Wellenlänge, indem man z.B. von $Cu_{K\alpha}$ - zu $Mo_{K\alpha}$-Strahlung oder gar zu $Ag_{K\alpha}$-Strahlung übergeht, so vergrößert sich zwar der Radius der Ewald'schen Lagekugel, die Intensitäten nehmen jedoch mit λ^3 ab, und die Auflösung der einzelnen Reflexe bereitet bei großen Gitterkonstanten Schwierigkeiten, so daß sich in den meisten Fällen $Mo_{K\alpha}$-Strahlung als optimale Wellenlänge erweist.

Der am Diffraktometer gemessene Datensatz umfaßt somit notwendigerweise nur eine begrenzte Anzahl von Reflexen, und man muß damit rechnen, daß die Abbildung von $\rho(xyz)$ durch die Fourierreihe wegen der begrenzten Gliederzahl fehlerhaft ist. Aus der Theorie der Fourierreihen ist bekannt, daß ein vorzeitiger Abbruch der Reihe zu Abbrucheffekten führt, wie dies in Abbildung 119 für eine Dreieckkurve gezeigt wird. Bei der Elektronendichtefunktion $\rho(xyz)$ haben die Maxima die Form von Gauss-Kurven, und die Abbrucheffekte machen sich nicht so stark bemerkbar. Immerhin haben wir jedoch auch hier mit Abbruchwellen im Bereich geringer Elektronendichten zu rechnen.

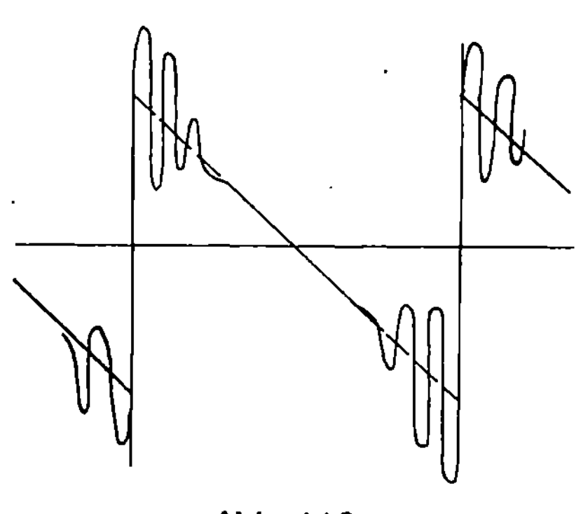

Abb.119

Da dreidimensionale Fourierreihen einen hohen Rechenaufwand erfordern, begnügt man sich gelegentlich mit der Berechnung von Schnitten, die besonders interessant sind.
Wir erhalten z.B. für z=0 :

$$\rho(xy0) \;=\; \frac{1}{V} \sum_{h} \sum_{k} \sum_{1=-\infty}^{+\infty} F_{hkl} \cdot e^{-2\pi i(hx+ky)}$$

Da sich diesmal die 1-Summation nur auf die F_{hkl}-Werte erstreckt, können wir schreiben

$$\rho(xy0) \;=\; \frac{1}{V} \sum_{h,k=-\infty}^{+\infty} \left(\underbrace{\sum_{1=-\infty}^{+\infty} F_{hkl}}_{A_{hk}} \right) \cdot e^{-2\pi i(hx+ky)}$$

analog finden wir für $z=\frac{1}{2}$:

$$\rho(xy\tfrac{1}{2}) \;=\; \frac{1}{V} \sum_{h,k=-\infty}^{\infty} \left(\sum_{1=-\infty}^{\infty} e^{\pi i 1} F_{hkl} \right) \cdot e^{-2\pi i(hx+ky)}$$

$$\;=\; \frac{1}{V} \sum_{h,k=-\infty}^{+\infty} \left(\underbrace{\sum_{1=-\infty}^{+\infty} (-1)^{1} F_{hkl}}_{A_{hk}} \right) \cdot e^{-2\pi i(hx+ky)}$$

Im Falle einer kurzen Achse rechnet man gelegentlich auch Fourierprojektionen für die wir die zweidimensionale Elektronen-

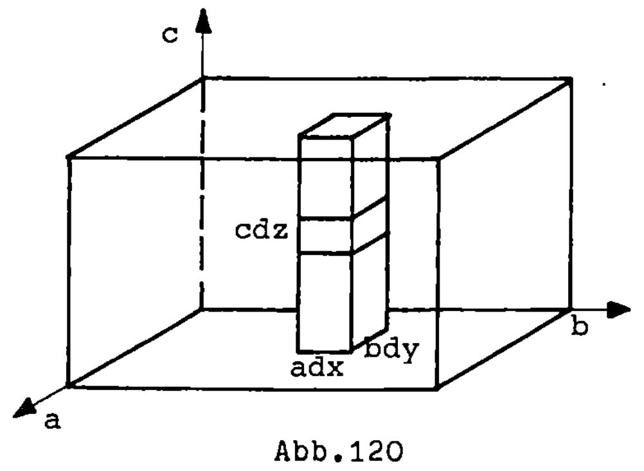

Abb.120

dichtefunktion

$\sigma(xy)$ $\left[(El/A^2)\right]$ einführen. Die Zahl der Elektronen im gezeichneten Parallelepiped ergibt sich nach Abbildung 120 zu

$$\int_{z=0}^{1}\rho(xyz)\cdot adx\ bdy\ cdz = v\int_{z=0}^{1}\rho(xyz)\cdot dx\ dy\ dz$$

Nach unserer Definition

gilt dann für $\sigma(xy)$:

$$\sigma(xy) = \frac{\text{Zahl d.Elektronen im Parallelepiped}}{\text{Grundfläche des Parallelepipedes}} = \frac{v\int_{z=0}^{1}\rho(xyz)\cdot dxdydz}{ab\ dx\ dy}$$

Setzen wir

$$\rho(xyz) = \frac{1}{v}\sum_{h,k,l=-\infty}^{+\infty}F_{hkl}\ e^{-2\pi i(hx+ky+lz)}$$ ein, so ergibt

sich mit $ab=F$ für $\sigma(xy)$ der Ausdruck

$$\sigma(xy) = \frac{1}{F}\sum_{h,k=-\infty}^{+\infty}F_{hkl}\cdot e^{-2\pi i(hx+ky)}\sum_{l=-\infty}^{+\infty}\int_{z=0}^{1}e^{-2\pi ilz}\ dz$$

Die Integrale der Summe ergeben für $l\neq0$ alle den Beitrag Null, nur das Glied mit $l=0$ ergibt 1, und es folgt

$$\boxed{\sigma(xy) = \frac{1}{F}\sum_{h,k=-\infty}^{+\infty}F_{hk0}\cdot e^{-2\pi i(hx+ky)}}$$

Projizieren wir daher längs der c-Achse, so liefern nur die hk0-Reflexe Beiträge zu $\sigma(xy)$, so daß man für die Berechnung einer Fourierprojektion nur die Reflexe einer reziproken Gitterebene vermessen muß.

Auf Projektionen weicht man gelegentlich auch aus, weil diese oft zentrosymmetrisch sind, während die gesamte Struktur kein Symmetriezentrum aufweist. Damit vereinfacht sich das Phasenproblem bei Fourierprojektionen auf ein Vorzeichenproblem.

Wie schon bemerkt, können Fourierreihen mit den Strukturamplituden F_{hkl} als Koeffizienten wegen deren unbekannten Phasen
nicht direkt berechnet werden. Sie spielen jedoch für die Strukturanalyse im Zusammenhang mit den beiden in den nächsten Abschnitten zu besprechenden Methoden zur Lösung des Phasenproblems eine sehr wichtige Rolle.

c) Theorie der Pattersonreihen

Im Jahre 1935 hat Patterson modifizierte Fourierreihen mit den
gemessenen $|F_{hkl}|^2$-Werten als Koeffizienten vorgeschlagen, die
nach ihm Patterson-Reihen genannt wurden.

Da $\rho(xyz)$ proportional zu F_{hkl} ist kann man annehmen, daß die
Patterson-Reihe proportional zu $\rho^2(xyz)$ sein wird. Um die phy-
sikalische Bedeutung der Pattersonreihen zu erkennen, definieren wir zunächst die folgende quadratische Funktion
$\rho(x) \cdot \rho(x+u)$ der eindimensionalen Dichtefunktion $\rho(x)$, die in
Abbildung 121 gezeich-
net ist.

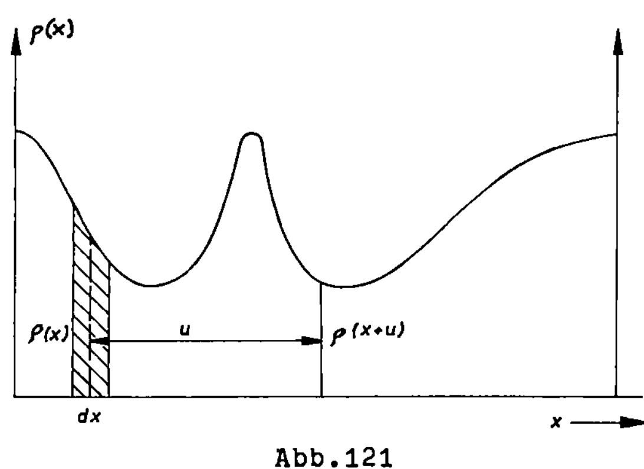

Abb.121

Dieses Produkt $\rho(x)\rho(x+u)$
nimmt dann, und nur
dann, große Werte an,
wenn beide Faktoren
groß sind. Dies ist
immer dann der Fall,
wenn der variable Pa-
rameter u gleich dem
Abstand zweier Atome
ist.

Was wir soeben für das Produkt festgestellt haben, gilt auch
für das Integral

$$f(u) \;=\; a \int_{x=0}^{1} \rho(x) \cdot \rho(x+u) \cdot dx$$

Allerdings nimmt f(u) auch für u=0 große Werte an und ergibt
dann

$$f(u=0) \;=\; a \int_{x=0}^{1} \rho^2(x) \cdot dx$$

Der variable Parameter u kann die Werte zwischen 0 und 1 annehmen.

Wir haben damit in der Pattersonfunktion f(u) offensichtlich
ein brauchbares Hilfsmittel gefunden, um von dem Parameter u
Informationen über die Abstandsvektoren zwischen den Atomen zu
erhalten.

Nach diesen einleitenden Bemerkungen wollen wir mit Hilfe der
definierten quadratischen Funktion f(u) die Pattersonreihe mit
den Koeffizienten $|F_h|^2$ ableiten und setzen daher in

$$f(u) = a \int_0^1 \rho(x) \cdot \rho(x+u) \cdot dx$$

die Werte für $\rho(x) = \frac{1}{a} \sum_h F_h \cdot e^{-2\pi i h x}$

und für $\rho(x+u) = \frac{1}{a} \sum_{h'} F_{h'} \cdot e^{-2\pi i h'(x+u)}$ ein.

Wir erhalten

$$f(u) = a \int_{x=0}^1 \frac{1}{a} \sum_h F_h \, e^{-2\pi i h x} \cdot \frac{1}{a} \sum_{h'} F_{h'} \cdot e^{-2\pi i h'(x+u)} \cdot dx$$

$$= \frac{1}{a} \sum_h \sum_{h'} F_h F_{h'} \, e^{-2\pi i h' u} \int_{x=0}^1 e^{-2\pi i (h+h')x} \cdot dx$$

wobei die Integrale mit $h \neq -h'$ auch diesmal wieder Null ergeben.

Für $h=-h'$ ergibt das Integral den Wert 1. Es bleibt daher von
einer Summe unserer Doppelsumme jeweils nur ein Glied übrig,
nämlich dasjenige mit $h=-h'$, und für dieses Glied ergibt das
Integral den Wert 1.
Wir können daher schreiben

$$f(u) = \frac{1}{a} \sum_h F_h F_{-h} \cdot e^{-2\pi i h u}$$

Mit $F_{-h} = F_h^*$ erhalten wir die gesuchte Fourierreihe für f(u) :

$$f(u) = \frac{1}{a} \sum_h |F_h|^2 \cdot e^{-2\pi i h u} = P(u)$$

Die Pattersonreihe P(u) gleicht genau der entsprechenden
Fourierreihe $\rho(x)$ mit dem einzigen Unterschied, daß wir dies-
mal $|F_h|^2$-Werte als Koeffizienten haben und daher die Patter-
sonreihe direkt aus den Meßdaten berechnen können. Für den
dreidimensionalen Fall können wir für P(uvw) schreiben:
(Für die Volumen der Elementarzelle schreiben wir in diesem
Abschnitt ausnahmsweise V)

$$P(uvw) = \frac{1}{V} \sum_{h,k,l=-\infty}^{+\infty} |F_{hkl}|^2 \cdot e^{-2\pi i(hu+kv+lw)}$$

u, v und w sind dabei analog zu xyz die relativen Koordinaten des Raumes der Pattersonfunktion $P(uvw)$, den man gelegentlich als Pattersonraum oder bei punktförmig angenommenen Atomen auch als Vektorraum bezeichnet. Pattersonraum und Vektorraum haben die gleichen Symmetrieverhältnisse.

Bevor im nächsten Abschnitt die Pattersonfunktion $P(uvw)$ zur Lösung des Phasenproblems angewendet wird, wollen wir (in den Punkten 1 bis 8) ihre wichtigsten Eigenschaften besprechen.

1. <u>Symmetrie des Pattersonraumes</u>
   <u>Der Pattersonraum (Vektorraum) ist zentrosymmetrisch</u>
   Dies folgt aus der Zentrosymmetrie der $|F_{hkl}|^2$-Werte

$$P(u) = \frac{1}{a} \sum_{h=-\infty}^{+\infty} |F_h|^2 \cdot e^{-2\pi i hu} = \frac{1}{a} \Bigg[F_0^2$$

$$+ \sum_{h=+1}^{\infty} |F_h|^2 \cdot (\cos 2\pi hu - i\sin 2\pi hu)$$

$$+ \sum_{h=-1}^{\infty} |F_{-h}|^2 (\cos 2\pi(\bar{h})u - i\sin 2\pi(\bar{h})u) \Bigg]$$

Fassen wir paarweise jeweils ein Glied mit +h und ein Glied mit -h zusammen, so fallen wegen $|F_h|^2 = |F_{-h}|^2$ die Imaginärteile weg, und wir erhalten

$$P(u) = \frac{c}{a} \sum_{h=0}^{\infty} |F_h|^2 \cdot \cos 2\pi hu$$

Die Konstante c nimmt für h=0 den Wert 1, und für h≠0 den Wert 2 an.

Analog hierzu können wir die dreidimensionale Pattersonfunktion $P(uvw)$ schreiben

$$P(uvw) = V \iiint \rho(xyz) \cdot \rho(x+u,y+v,z+w) \cdot dx \cdot dy \cdot dz$$

$$= \frac{c}{V} \sum_{h,k=-\infty}^{+\infty} \sum_{l=0} |F_{hkl}|^2 \cdot \cos 2\pi(hu+kv+lw)$$

Die Zentrosymmetrie des Vektorraumes können wir jedoch auch erkennen, wenn wir uns klarmachen, daß es zu jedem Vektor zwischen zwei Atomen einen Gegenvektor gibt.

Vektor und Gegenvektor liegen im Vektorraum zentrosymmetrisch
zueinander.

In Abbildung 122 sind die beiden Verbindungsvektoren r_{12}
und r_{21} zwischen den Atomen 1 und 2 gezeichnet.

Dabei bedeutet r_{12} den Vektor der vom Atom 1 ausgeht und
zum Atom 2 zeigt. r_{12} bedeutet demnach: Atom 2 wird von
Atom 1 aus gesehen.

Entsprechend bedeutet r_{21} : Atom 1 wird von Atom 2 aus gesehen. Die Vektoren r_{21} und r_{12} liegen daher symmetrisch
bezüglich des Nullpunktes des Vektorraumes.

Zentrierte Elementarzellen im Kristallraum (C, F, I) bleiben im Pattersonraum erhalten, weil in beiden Räumen die
gleichen Abstandsvektoren auftreten.

Die Translationsvektoren der Zusatzsymmetrieelemente im
Kristallgitter entfallen im Pattersonraum, der daher außer
dem Inversionszentrum nur Drehachsen und Spiegelebenen als
Symmetrieelemente aufweist. Allerdings bedingen Schraubenachsen und Gleitspiegelebenen eine Häufung von Pattersonmaxima längs bestimmter Ebenen bzw. Geraden.

Beispiel 1 : Kristallraum   2 längs b

Punktlage $xyz,\ \bar{x}y\bar{z}$

Verbindungsvektoren $2x\ 0\ 2z$ und $2\bar{x}\ 0\ 2\bar{z}$ liegen
in der Ebene uOw des
Vektorraumes

Beispiel 2 : Kristallraum 2_1 längs b

Punktlage $xyz,\ \bar{x}\ y+\tfrac{1}{2}\ \bar{z}$

Verbindungsvektoren $2x\ \tfrac{1}{2}\ 2z$ und $2\bar{x}\ \tfrac{1}{2}\ 2\bar{z}$ liegen
in der Ebene $u\ \tfrac{1}{2}\ w$ des
Vektorraumes.

In beiden Fällen liegen die Pattersonmaxima symmetrisch
bezüglich einer 2-zähligen Achse ‖ b.

Fassen wir die Ergebnisse zusammen, so erhalten wir die
Symmetrien des Pattersonraumes aus derjenigen des Kristallraumes indem wir

    ein Inversionszentrum hinzufügen

    den Bravaistyp beibehalten

    die Zusatzsymmetrieelemente unter Weglassung der Trans-
    lationsvektoren durch die entsprechenden Symmetrie-
    elemente ersetzen.

Auf diese Weise resultieren aus den 230 Raumgruppen des
Kristallraumes insgesamt 21 verschiedene Symmetrien des
Pattersonraumes, die man sich am einfachsten anhand der
11 Lauegruppen ableitet, indem man für die einzelnen Kristallsysteme die verschiedenen Bravaisgitter berücksichtigt.
Der Pattersonraum weist demnach eine viel geringere Symmetriemannigfaltigkeit auf als der Kristallraum. Die verschiedenen Symmetriefälle des Pattersonraumes sind in Tab.3 auf
S. 145 eingetragen.

2. Zahl der Pattersonmaxima

Die Elementarzellen von Kristallraum und Pattersonraum sind
identisch. Bei N-Atomen in der Elementarzelle gehen von jedem Atom N-1 Abstandsvektoren zu den übrigen Atomen aus.
Insgesamt haben wir in der gleichgroßen Elementarzelle des
Pattersonraumes daher $N(N-1)$ Maxima. Hinzu kommt noch das
triviale Maximum im Nullpunkt des Pattersonraumes. Dementsprechend haben wir oben gesehen, daß sich bei zwei Atomen
im Kristallraum zwei nicht triviale Maxima im Pattersonraum ergeben.
Bei drei Atomen im Kristallraum sind es sechs Maxima, bzw.
sechs Vektoren wie aus Abb.123 hervorgeht. Im Pattersonraum
entstehen drei gleichartige Dreiecke, die um den Nullpunkt
angeordnet sind, und zwar wird das gleiche Dreieck jeweils
von einem anderen Eckpunkt aus gesehen.

Gehen wir daher im Kristallraum von einem Molekül mit
N-Atomen aus, so erhalten wir im Pattersonraum eine Überlagerung von N Abbildungen dieses Moleküls, das jeweils
von einem Atom aus gesehen wird. Alle diese Abbildungen

sind um den Ursprung des Pattersonraumes herum angeordnet.
Im Ursprung des Pattersonraumes entsteht ein besonders starkes
triviales Maximum.

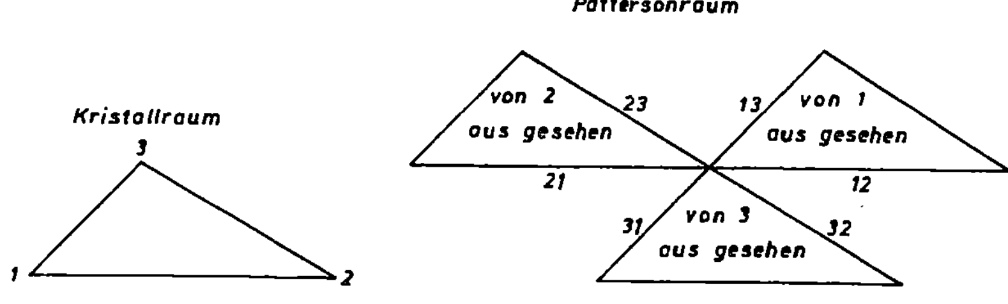

Abb.123

Die entstehenden $N(N-1)+1$ Maxima im Pattersonraum können
wir uns in Form einer Matrix veranschaulichen, die wir für
$N=5$ anschreiben wollen. Dabei steht 12 stellvertretend für

$$\begin{bmatrix} 11 & 12 & 13 & 14 & 15 \\ 21 & 22 & 23 & 24 & 25 \\ 31 & 32 & 33 & 34 & 35 \\ 41 & 42 & 43 & 44 & 45 \\ 51 & 52 & 53 & 54 & 55 \end{bmatrix}$$

r_{12} (Atom 2 vom Atom 1 aus
gesehen). In der ersten Zeile
dieser Matrix stehen demnach
alle Verbindungsvektoren,
die vom Atom 1 ausgehen.
Dies entspricht einer Abbildung des Moleküls mit 5 Atomen vom Punkt 1 aus.

Entsprechendes gilt von den anderen Zeilen der Matrix.
Die 5 Diagonalglieder der Matrix entsprechen dem trivialen
Maximum im Nullpunkt des Pattersonraumes.

3. Gewichte der Pattersonmaxima

Die Gewichte der Pattersonmaxima sind proportional dem
Produkt $Z_i Z_j$ der Ordnungszahlen Z_i und Z_j der beiden Atome
i und j an den beiden Enden des Abstandsvektors. Demgegenüber sind die Gewichte der Fouriermaxima proportional zu Z.
Unterteilen wir die N-Atome in der Elementarzelle entsprechend ihren Ordnungszahlen in leichte Atome (l) mit Z zwischen 4 und 6, mittlere Atome (m) mit $Z\sim 10$ und schwere
Atome (s) mit $Z>20$, so werden die Pattersonmaxima mit dem
Gewicht $Zs_i Zs_j$, die von schweren Atomen herrühren, im Pattersonraum besonders leicht auffindbar sein. Allenfalls
lassen sich auch noch Maxima vom Gewicht $Zs_i Zm_j$ lokali-

sieren, die den Abständen zwischen schweren und mittelschwe-
ren Atomen entsprechen, wogegen die Maxima mit den Gewichten $Zm_i Zm_j$ und besonders diejenigen mit den Gewichten $Zm_i Zl_j$
und $Zl_i Zl_j$ im Untergrund verschwinden.

Wegen der dargelegten Gewichtsverhältnisse lassen sich
schwere Atome anhand von Pattersonsynthesen leicht lokalisieren. Hierauf beruht die Anwendung der Pattersonreihen
in der Kristallstrukturanalyse, die wir in den nächsten
Abschnitten besprechen werden.

4. Halbwertsbreite der Pattersonmaxima

Die Halbwertsbreite der Pattersonmaxima ist etwa doppelt
so groß wie die der Fouriermaxima. Dies sehen wir aus
Abbildung 124.

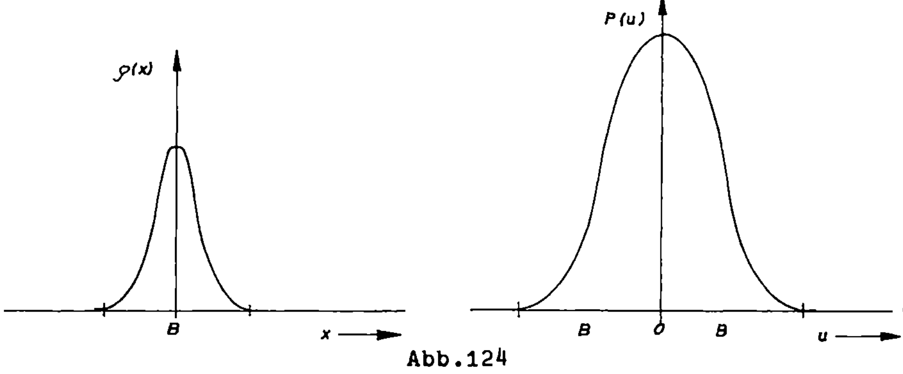

Abb.124

Im Kristallgitter sei ein Atom in $x=0$. Die entsprechende
Elektronendichte sei innerhalb der Basisbreite B von Null
verschieden. Im Pattersonraum erhalten wir im Ursprung $u=0$
das triviale Maximum. Wenn wir nun u von Null ausgehend
langsam vergrößern, so erhalten wir für die gezeichnete
Dichteverteilung $\rho(x)$ im Kristallraum immer noch Werte für
$P(u)$, die von Null verschieden sind, so lange $u \leq B$ ist.
Erst wenn wir u über den Wert B hinaus vergrößern, erhalten
wir $P(u)=0$. Die Basisbreite der Pattersonmaxima ist daher
gleich 2B. Daher kann man annehmen, daß auch die Halbwertsbreite der Pattersonmaxima etwa doppelt so groß ist wie
die der Fouriermaxima.

5. Auflösung der Pattersonreihen

Wir haben oben festgestellt, daß wir für Fourier- und Pattersonreihen die gleiche Anzahl an Informationen zur Verfügung haben, wobei jeder gemessene Reflex eine Harmonische zur Reihe liefert. Da die Pattersonfunktion $N(N-1)+1$ Maxima hat, die noch dazu etwa die doppelte Halbwertsbreite der Fouriermaxima aufweisen, dürfte die systematische Auswertung der Pattersonfunktion besonders dann hoffnungslos erscheinen, wenn viele leichte Atome in der Elementarzelle vorhanden sind.

Zu dem gleichen Schluß kommt man auch, wenn man sich überlegt, daß die Atome in den meisten Kristallstrukturen dicht gepackt sind, so daß sich die Elektronenhüllen benachbarter Atome berühren. Man kann sich daher vorstellen, welch große Überlappungen im Pattersonraum auftreten, wo bei der gleichen Größe der Elementarzelle N^2-N+1 Maxima mit der doppelten Halbwertsbreite unterzubringen sind.

6. Beziehungen zwischen der Symmetrie des Kristallraumes und der Anordnung der Pattersonmaxima; Harkerschnitte und Harkergeraden

Wie wir schon oben gesehen haben, bedingen Symmetrieelemente und Zusatzsymmetrieelemente im Kristallraum die Häufung der Pattersonmaxima längs bestimmter Ebenen und Geraden im Pattersonraum. Hierauf hat D. HARKER schon 1936 hingewiesen.

Eine 2-zählige Achse $\parallel b$ bedingt zwischenatomare Vektoren mit den Koordinaten 2x 0 2z. Im Pattersonraum mit den relativen Koordinaten (u,v,w) entstehen daher Maxima in $u=2x$ und $w=2z$, und zwar liegen alle diese Maxima in der Ebene $v=0$. Durch Berechnung des sogenannten Harkerschnittes

$$P(uOw) \;=\; \frac{c}{V} \sum_{h=-\infty}^{\infty} \sum_{l=0}^{\infty} \Big(\underbrace{\sum_{k=-\infty}^{\infty} |F_{hkl}|^2}_{A_{hl}} \Big) \cdot \cos 2\pi(hu+lw)$$

erfaßt man alle diese Pattersonmaxima und kann hieraus die

x und z Koordinaten der symmetrieäquivalenten Atome bestimmen.

<u>Eine 2-zählige Schraubenachse ∥b</u> bedingt dagegen zwischen-
atomare Vektoren mit den Koordinaten $2x$ $\frac{1}{2}$ $2z$ in der Ebene
$v=\frac{1}{2}$, so daß man in diesem Falle den Harkerschnitt

$$P(u,\tfrac{1}{2},w) \;=\; \frac{c}{V}\sum_{h=-\infty}^{\infty}\sum_{l=0}^{\infty}\Big(\underbrace{\sum_{k=-\infty}^{\infty}(-1)^k\,|F_{hkl}|^2}_{A_{hl}}\Big)\cdot\cos2\pi(hu+lw)$$

berechnen muß, um die gesuchten x und z Koordinaten symme-
trieäquivalenter Reflexe zu ermitteln.

<u>Eine Spiegelebene m ∥ xz</u> (Punktlage   xyz, x$\bar{y}$z) bedingt
zwischenatomare Vektoren O 2y O. Die entsprechenden Maxima
liegen im Pattersonraum auf der Harkergeraden OvO :

$$P(OvO) \;=\; \frac{c}{V}\sum_{k=0}^{\infty}\Big(\underbrace{\sum_{h,l=-\infty}^{\infty}|F_{hkl}|^2}_{A_k}\Big)\cdot\cos2\pi kv$$

<u>Eine Gleitspiegelebene c ∥ xz</u> (Punktlage   xyz, x $\bar{y}$ z$+\frac{1}{2}$)
bedingt zwischenatomare Vektoren O 2y $\frac{1}{2}$. Die entsprechenden
Maxima liegen im Pattersonraum auf der Harkergeraden O v $\frac{1}{2}$:

$$P(0,v,\tfrac{1}{2}) \;=\; \frac{c}{V}\sum_{k=0}^{\infty}\Big(\underbrace{\sum_{h,l=-\infty}^{\infty}(-1)^l|F_{hkl}|^2}_{A_k}\Big)\cdot\cos2\pi kv$$

Man sieht aus diesen Beispielen, daß man im Pattersonraum
gewisse Ebenen bzw. Geraden vorfindet, auf denen sich die
Maxima konzentrieren, die durch symmetrieäquivalente Atome
im Kristallraum bedingt sind. Man wird daher bei der Analyse der Pattersonfunktion zweckmäßigerweise zunächst diese
Ebenen bzw. Geraden auf Maxima absuchen. Dabei muß man allerdings besonders bei Harkergeraden vorsichtig sein, weil
wegen der relativ großen Ausdehnung der Elektronenhüllen
der Atome auch Scheinmaxima auftreten können, die von Atomen herrühren, bei denen die Symmetriebedingungen nur näherungsweise erfüllt sind. Außerdem muß man mit großen
Überlappungen der Maxima rechnen, so daß auch hierdurch
Scheinmaxima auftreten können, die nichts mit den gesuchten symmetrieäquivalenten Atomen zu tun haben.

7. Satellitenmaxima im Pattersonraum

In die Kategorie störender Maxima gehören auch die Satellitenmaxima wie sie von Drehachsen erzeugt werden. Als Beispiel ist in Abbildung 125 eine 4-zählige Achse gezeichnet. Es entsteht die quadratische Punktanordnung 1,2,3,4. Im Pattersonraum erscheinen die Diagonalmaxima als Satelliten mit dem Gewicht 1 neben den Seitenmaxima mit dem Gewicht 2.

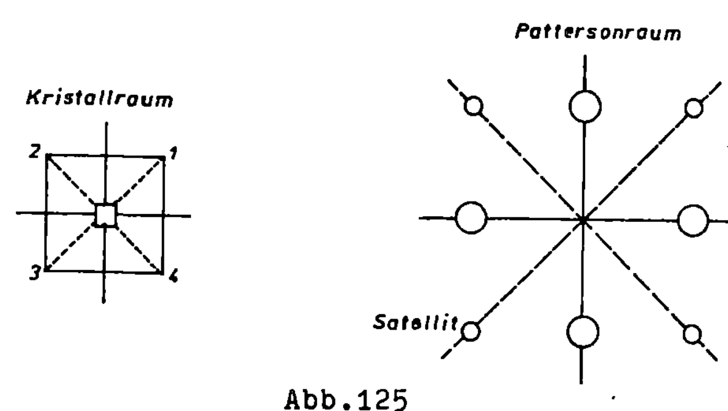

Abb.125

8. Ein- und mehrdeutige Pattersonmaxima (Rotations- und Reflexionsmaxima)

Wir wissen, daß zwei aufeinander senkrecht stehende Spiegelebenen m_1 und m_2 eine 2-zählige Drehachse erzeugen, die mit der Schnittkante der beiden Spiegelebenen zusammenfällt. Es ergibt sich die in Abbildung 126 gezeichnete Punktanordnung:

$$m_1 : 1 \rightarrow 2$$
$$m_2 : 1 \rightarrow 4$$
$$2 : 1 \rightarrow 3 \text{ etc.}$$

Nach den obigen Ausführungen finden wir die dem Viereck 1234 entsprechende Anordnung im Vektorraum, indem wir es von jedem seiner Eckpunkte aus abbilden (Abbildung 127).

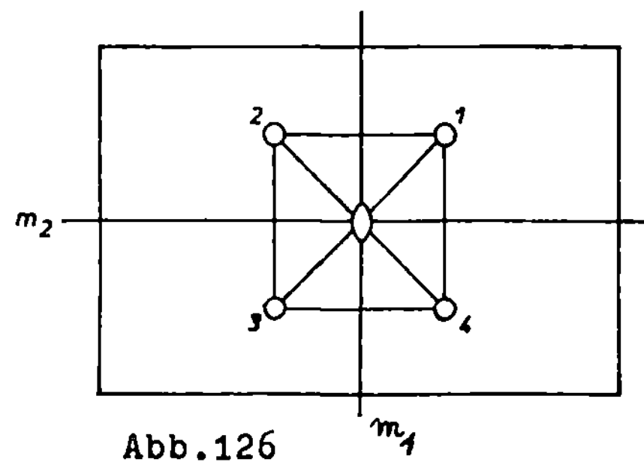

Abb.126

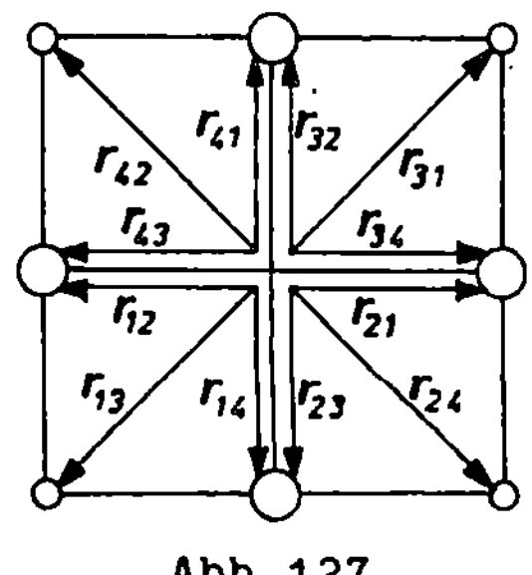

Abb.127

Rechts oben erscheint das Viereck vom Punkt 3 aus gesehen.
Wir finden in diesem Quadranten die Vektoren r_{32}, r_{31} und
r_{34}, links oben erscheint es von Punkt 4 aus gesehen mit
den Vektoren r_{43}, r_{42} und r_{41}. Rechts unten schließlich erscheint es vom Punkt 2 aus gesehen und links unten von
Punkt 1 aus gesehen.
Aus Abbildung 127 entnehmen wir, daß alle Reflexionsvekto-
ren, die durch Spiegelebenen bewirkt werden, stets paarweise
auftreten, während dies bei den Rotationsvektoren, die durch
die 2-zählige Drehachse bewirkt werden, nicht der Fall ist.
Wir haben daher bei gleichen Atomen mehrdeutige Pattersonmaxima mit dem Gewicht 2 neben eindeutigen Maxima mit dem
Gewicht 1.

Die gleichen Beziehungen finden wir, wenn wir die Spiegelebenen durch Gleitspiegelebenen ersetzen.

d) Schweratom-Methode zur Lösung des Phasenproblems

Die nun zu besprechenden Schweratommethoden beruhen darauf, daß
man im Pattersonraum die stärksten Maxima mit den Gewichten
$Zs_i Zs_j$ aufsucht, die den Abstandsvektoren zwischen schweren
Atomen entsprechen. Nachdem man die Lagen der schweren Atome
bestimmt hat, berechnet man sich eine Fourierreihe, bei der
als Koeffizienten die experimentell ermittelten Beträge der
Strukturamplituden $|F_{hkl}|_{exp}$ mit den angenäherten Phasen $e^{i\phi s}$
eingehen, wobei diese angenäherten Phasen nur aufgrund der
Lagen der schweren Atome berechnet sind.

Im folgenden wollen wir uns zunächst etwas mit der Problematik der Lagebestimmung der schweren Atome befassen, um dann
an einem Beispiel die Anwendung der Schweratom-Methode zu besprechen. Am Schluß dieses Abschnittes wollen wir noch auf
die Methode des isotypen Ersatzes hinweisen.

1. **Problematik der Lagebestimmung von schweren Atomen aufgrund
   der Pattersonmaxima**

   Die Problematik der Lagebestimmung von schweren Atomen im
   Kristallraum aufgrund der Pattersonmaxima wollen wir für
   verschiedene wichtige Raumgruppen anhand von Beispielen

besprechen.

Trikline Raumgruppe P1
Punktlage xyz

Das schwere Atom in xyz können wir in alle mögliche Lagen
setzen, da kein Punkt der triklinen Elementarzelle durch
höhere Punktsymmetrie ausgezeichnet ist. Am einfachsten ist
es, das schwere Atom nach 000 zu legen. Dann ist sein Streubeitrag gleich der Atomformamplitude f_S. Die vorläufigen
Phasen der ersten Fouriersynthese sind daher alle +1, die
Koeffizienten der Fourierreihe daher $+ F_{hkl}$. Wir erhalten
eine erste zentrosymmetrische Elektronendichtefunktion
$\rho_1(xyz)$, die eine Überlagerung der gesuchten Struktur mit
ihrem zentrosymmetrischen Bild darstellt. Aus dieser Fouriersynthese müssen wir versuchen, die Struktur oder Teile
davon zu lokalisieren. Anschließend werden mit dem schweren
Atom in 000 und mit den in der ersten Fouriersynthese aufgefundenen nicht zentrosymmetrisch liegenden Atomen neue
verbesserte Phasen berechnet, die zu einer zweiten Fouriersynthese führen, aus der man weitere Einzelheiten entnehmen kann. Das gleiche Verfahren wird gegebenenfalls noch
mehrmals wiederholt, bis man alle Atome ermittelt hat.

Trikline Raumgruppe P$\bar{1}$
Punktlage xyz, $\bar{x}\bar{y}\bar{z}$

Abstandsvektor zwischen zwei schweren Atomen 2x 2y 2z.
Im Pattersonraum erscheinen Maxima in $u = \pm 2x$, $v = \pm 2y$
und $w = \pm 2z$. Hieraus bestimmt man die gesuchten Koordinaten
x,y und z und benutzt diese Lagen zur Berechnung vorläufi-
ger Vorzeichen $(\pm)_1$. Mit den Koeffizienten $(\pm)_1 |F_{hkl}|$ be-
rechnet man eine zentrosymmetrische erste Fouriersynthese
die der Symmetrie der zentrosymmetrischen Raumgruppe $\bar{1}$ entspricht. Aus dieser Synthese entnimmt man die Lagen mittel-
schwerer und leichter Atome, berechnet damit einen neuen
Vorzeichensatz $(\pm)_2$, und erhält aus der zweiten Fouriersynthese eventuell weitere neue Informationen, die man für
eine dritte Fouriersynthese auswertet etc. In diesem Fall
ergeben sich keine prinzipiellen Schwierigkeiten.

Monokline Raumgruppe $P2_1$ (2 ‖ b)

Punktlage   xyz, $\bar{x}$ $y{+}\frac{1}{2}$ $\bar{z}$
Abstandsvektor 2x $\frac{1}{2}$ 2z.

Wie wir im letzten Abschnitt gesehen haben, finden wir die
Pattersonmaxima im Harkerschnitt u $\frac{1}{2}$ w. Aus den u und w
können wir die Koordinaten x und z der beiden schweren
Atome ableiten. Die y-Koordinate kann beliebig festgelegt
werden, z.B. zu y = $\frac{1}{4}$. Damit kommen wir zur gleichen Problematik, die wir oben für die Raumgruppe P1 erwähnt haben,
denn die nunmehr zentrosymmetrische Lage der schweren Atome
x $\frac{1}{4}$ z, $\bar{x}$ $\frac{3}{4}$ $\bar{z}$ liefert eine zentrosymmetrische Fouriersynthese
für die nicht-zentrosymmetrische Raumgruppe $P2_1$. Hätten wir
den Parameter y anders gewählt, so hätten wir zwar eine
azentrische Fouriersynthese erhalten, aus der wir aber wegen
der möglicherweise ganz falschen Phasen noch weniger Informationen hätten gewinnen können als aus der zentrosymmetrischen Fouriersynthese, bei der sich Bild und Spiegelbild
der gesuchten Struktur überlagern.

Im nächsten Abschnitt wollen wir für die Raumgruppe $P2_1$
anhand eines Beispieles (Samandarin) zeigen, wie man in
günstig gelagerten Fällen durch Berechnung von zentrosymmetrischen Projektionen diese Schwierigkeiten umgehen kann.
Eine analoge Problematik wie bei $P2_1$ tritt in der Raumgruppe
P2 auf.

Monokline Raumgruppe Pc   (c ‖ ac)
Punktlage   xyz, x $\bar{y}$ $z{+}\frac{1}{2}$
Abstandsvektor 0 2y $\frac{1}{2}$

Die gesuchten Maxima liegen diesmal auf der Harkergeraden
0 v $\frac{1}{2}$, wobei wir aus v = ±2y den Parameter y ableiten
können. Die Parameter x und z können wir beliebig festlegen
und gelangen auch diesmal mit x=0 und z=$\frac{1}{4}$ zu der zentrosymmetrischen Punktlage 0 y $\frac{1}{4}$ und 0 $\bar{y}$ $\frac{3}{4}$, die eine zentrosymmetrische erste Fouriersynthese ergibt, womit auch hier die schon
mehrfach behandelte Problematik gegeben ist.

Monokline Raumgruppe $P\frac{2_1}{c}$

Punktlage mit $\bar{1}$ in 000 : xyz, $\bar{x}\bar{y}\bar{z}$, $x\ \frac{1}{2}-y\ \frac{1}{2}+z$, $\bar{x}\ \frac{1}{2}+y\ \frac{1}{2}-z$

Diesmal haben wir eine 4-zählige Punktlage. Bei 4 schweren Atomen erhalten wir im Pattersonraum 12 Maxima und ein triviales Maximum im Nullpunkt. Die Koordinaten der Abstandsvektoren dieser 12 Maxima sind zusammen mit den Lagekoordinaten der Atome in der Tabelle 5 angegeben.

In der dritten Spalte ist verzeichnet, ob die beiden symmetrieäquivalenten Atome durch $\bar{1}$, 2_1 oder c untereinander verknüpft sind.

Das Ergebnis einer Analyse der Abstandsvektoren besteht darin, daß von den 12 auftretenden Maxima vier paarweise zusammenfallen, so daß wir nur insgesamt 8 Maxima beobachten, deren Koordinaten in den beiden Kästchen der Tabelle angegeben sind. Von diesen 8 Maxima haben demnach vier das Gewicht 1 und vier das Gewicht 2.

Da die Zusatzsymmetrieelemente 2_1 und c gegenüber den Symmetrieelementen 2 und m nur eine Verlagerung der Pattersonmaxima bewirken, jedoch nichts an deren Symmetrie ändern, können wir uns das Zustandekommen der beiden Sorten von Maxima mit den Gewichten 1 und 2 auch anhand der Raumgruppe $P\frac{2}{m}$ klarmachen, wobei die Seitenvektoren jeweils doppelt, und die Diagonalvektoren jeweils einmal vorkommen, wie wir dies auch im vorigen Abschnitt für die Raumgruppe Pmm2 festgestellt haben.

Hinsichtlich der Bestimmung der Parameter xyz der schweren Atome ergeben sich in der zentrosymmetrischen Raumgruppe $P\frac{2_1}{c}$ keine besonderen Probleme. Es stehen uns hierfür sogar jeweils zwei Möglichkeiten zur Verfügung. So können wir die x und z-Parameter gemäß Tabelle 5 entweder aus den Maxima im Harkerschnitt $u\ \frac{1}{2}\ w$ entnehmen, oder aus den Maxima u v w. Für den y-Parameter stehen uns ebenfalls die Maxima uvw zur Verfügung, zusätzlich jedoch die Harkergerade $0\ v\ \frac{1}{2}$.

Die mit den vorläufigen Vorzeichen berechnete erste Fouriersynthese ist im Einklang mit der Raumgruppe $P\frac{2_1}{c}$ zentrosymmetrisch.

Ähnlich wie in den behandelten Fällen lassen sich auch bei

Tabelle 5

Lagekoordinaten und Abstandsvektoren der Raumgruppe $P\frac{2_1}{c}$

		SE bzw. ZSE	Abstandsvektoren		Gewicht
① x y z	② $\bar{x}\,\bar{y}\,\bar{z}$	$\bar{1}$	$\overline{12}$: 2x 2y 2z,	$\overline{21}$: $2\bar{x}\ 2\bar{y}\ 2\bar{z}$	1
① x y z	③ $x,\frac{1}{2}-y,\frac{1}{2}+z$	c	$\overline{13}$: 0, $2y-\frac{1}{2}$, $\frac{1}{2}$	$\overline{31}$: 0, $\frac{1}{2}-2y$, $\frac{1}{2}$	2
① x y z	④ $\bar{x},\frac{1}{2}+y,\frac{1}{2}-z$	2_1	$\overline{14}$: 2x, $\frac{1}{2}$, $2z+\frac{1}{2}$,	$\overline{41}$: $2\bar{x}$, $\frac{1}{2},\frac{1}{2}-2z$	2
② $\bar{x}\,\bar{y}\,\bar{z}$	③ $x,\frac{1}{2}-y,\frac{1}{2}+z$	2_1	$\overline{23}$: $2\bar{x}$, $\frac{1}{2}$, $2\bar{z}-\frac{1}{2}$	$\overline{32}$: 2x, $\frac{1}{2}$, $\frac{1}{2}+2z$	
				identisch mit $\overline{14}$ und $\overline{41}$	
② $\bar{x}\,\bar{y}\,\bar{z}$	④ $\bar{x},\frac{1}{2}+y,\frac{1}{2}-z$	c	$\overline{24}$: 0, $2\bar{y}-\frac{1}{2}$, $\frac{1}{2}$	$\overline{42}$: 0, $\frac{1}{2}+2y$, $\frac{1}{2}$	
				identisch mit $\overline{13}$ und $\overline{31}$	
③ $x,\frac{1}{2}-y,\frac{1}{2}+z$	④ $\bar{x},\frac{1}{2}+y,\frac{1}{2}-z$	$\bar{1}$	$\overline{34}$: $2x,2\bar{y}$, 2z	$\overline{43}$: $2\bar{x}\ 2y\ 2\bar{z}$	1

Tabelle 6

Vergleichende Übersicht der wichtigsten Eigenschaften des Kristallraumes, des reziproken
Raumes sowie des Pattersonraumes und deren Bedeutung für die Kristallstrukturanalyse

	Kristallraum	reziproker Raum	Pattersonraum
absolute u. relative Koordinaten	abc, xyz	$a^*b^*c^*$ hkl	abc, uvw
Symmetrie	230 Raumgruppen	11 Lauegruppen sowie integrale zonale Auslöschungen seriale	21 Symmetrie-Kombinationen (Kombinationen von Laue- gruppen und Bravaistypen)
liefert folgende Informationen zur Struktur	Struktur (eindeutig)	Raumgruppe (nicht eindeutig)	Position der schweren Atome (nicht eindeutig)
erhalten durch	Fouriersynthese	Explorer-Aufnahmen Weissenberg-Aufnahmen	Pattersonsynthese

höhersymmetrischen Raumgruppen die Abstandsvektoren der
schweren Atome ableiten. Man stellt sich hierzu zweckmäßigerweise eine Tabelle der Lageparameter sowie der Abstandsvektoren nach Art der Tabelle 5 her.

Tabelle 6 gibt eine vergleichende Übersicht der Eigenschaften des Kristallraumes, des reziproken Raumes sowie des
Pattersonraumes und deren Bedeutung für die röntgenographische Kristallstrukturanalyse.

2. <u>Beispiel der Anwendung der Methode des schweren Atoms bei</u>
   <u>der Strukturbestimmung von Samandarin</u> [*]

Samandarin ist ein Alkaloid und kristallisiert als Hydro-
chlorid, Hydrobromid und Hydrojodid mit einem Kristallme-
thanol pro Molekül in der monoklinen Raumgruppe $P2_1$. Die
drei Verbindungen sind isotyp, d.h. alle Atome liegen auf
den gleichen Gitterplätzen. Die Strukturen unterscheiden
sich voneinander nur durch die schweren Atome Cl, Br und J.
In einer Elementarzelle sitzen 2 Moleküle, daher finden
wir jeweils zwei schwere Atome pro Elementarzelle.

Auf die Problematik bei der Strukturbestimmung nach der
Schweratommethode in der azentrischen Raumgruppe $P2_1$ sind
wir oben bereits eingegangen. Das folgende Beispiel soll
zeigen, wie die Schwierigkeiten für nicht-zentrosymmetrische Raumgruppen umgangen werden können, wenn man mit zentrosymmetrischen Projektionen arbeitet. Gleichzeitig soll
dieses Beispiel zeigen, wie effektiv die Schweratommethode
in der Praxis arbeitet.

Die Elementarzellen der untersuchten Samandarin-Verbindun-
gen zeichnen sich durch eine besonders kurze b-Achse aus.
Hieraus war zu schließen, daß die relativ großflächigen
Moleküle des Alkaloids näherungsweise parallel zur ac-Ebene
liegen. Eine Projektion längs der b-Achse erschien daher
aussichtsreich, da Überlappungen längs der kurzen b-Achse
nicht zu erwarten waren.

---

[*] G. WEITZ und E. WÖLFEL; Acta Crystallogr. <u>15</u> (1962) 484.

Die Punktlage   in P2$_1$: xyz, $\bar{x}$ y+$\frac{1}{2}$ $\bar{z}$ geht über in die zentrosymmetrische Punktlage   der Projektion längs b : xz,$\bar{x}\bar{z}$
mit den Abstandsvektoren 2x und 2z.
Aus der Pattersonprojektion

$$P(uw) = \frac{c}{F} \sum_{h=-\infty}^{\infty} \sum_{l=0} |F_{h0l}|^2 \cdot \cos 2\pi(hu+lw)$$

die analog zu einer Fourierprojektion nur die Strukturamplituden F_{h0l} einer reziproken Gitterebene als Fourierkoeffi-
zienten enthält, kann man die Koordinaten der beiden schweren Atome xz und $\bar{x}\bar{z}$ bestimmen.

Die Pattersonprojektionen der untersuchten Verbindungen des
Samandarins sind in den Abbildungen 128a für das Hydrochlo-
rid, in 128b für das Hydrobromid und in 128c für das Hydrojodid dargestellt. In diesen Abbildungen erkennt man deutlich die starken, nicht-trivialen Pattersonmaxima, wodurch
die x- und z-Koordinaten des schweren Atoms festgelegt sind
und die vorläufigen Vorzeichen (±)$_1$ für die $|F_{h0l}|_{exp}$-Werte
berechnet werden können.

Die erste ebenfalls zentrosymmetrische Fourierprojektion
wurde gemäß

$$\sigma(xz)_1 = \frac{c}{F} \sum_{h=-\infty}^{\infty} \sum_{l=0}^{\infty} (\pm)_1 |F_{h0l}|_{exp} \cdot \cos 2\pi(hx+lz)$$

gerechnet. (Abbildung 129). Man erkennt außer der eingegebenen Lage des schweren Atoms schon das gesamte Steroid-
gerüst des Moleküls. Dies ist ein Beweis dafür, daß das
schwere Atom allein sehr weitgehend die Vorzeichen der Strukturamplitude bestimmt, und daß der vorläufige Vorzeichensatz
(±)$_1$ schon weitgehend richtig war.
Aus der ersten Fourierprojektion der Abbildung 129 wurden
nun die Lagen der leichten Atome entnommen und damit ein
verbesserter zweiter Vorzeichensatz (±)$_2$ berechnet, der zu
einer zweiten Fourierprojektion führte

$$\sigma(xz)_2 = \frac{c}{F} \sum_{h=-\infty}^{\infty} \sum_{l=0}^{\infty} (\pm)_2 |F_{h0l}|_{exp} \cdot \cos 2\pi(hx+lz)$$

Diese Synthese brachte weitere kleine Verbesserungen. Nach
mehreren Zyklen resultierte die letzte Fourierprojektion

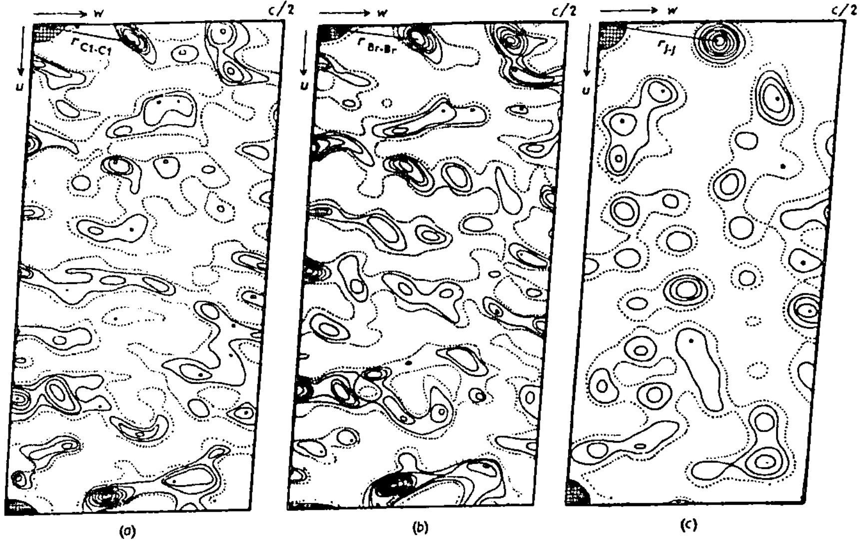

Abb.128 : Pattersonprojektionen P(uw) von Samandarin

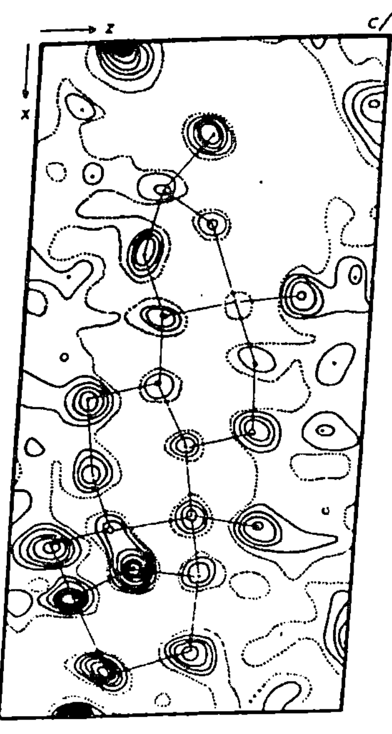

Abb.129 :

Erste Fourierprojektion
σ(xz) von Samandarin

(Abbildung 130), aus der schon alle Details des Moleküls erkennbar sind einschließlich des Kristallmethanols.

Aufgrund der bekannten x- und z-Koordinaten der Atome und der bekannten Bindungslängen konnte verhältnismäßig leicht ein dreidimensionales Modell für das Molekül aufgestellt und eine dreidimensionale Fourierreihe berechnet werden, die in Abbildung 131 schnittweise gezeichnet ist.

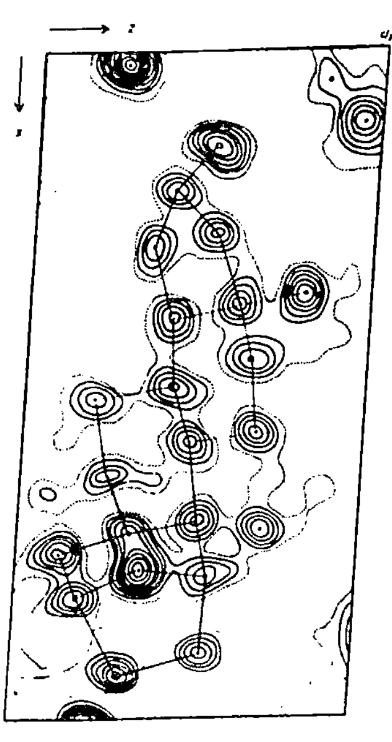

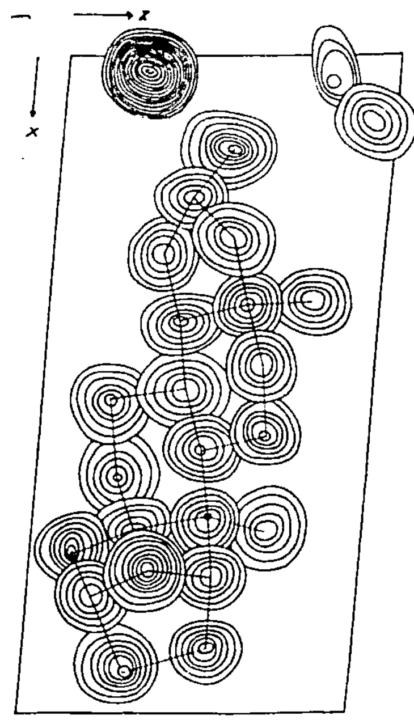

Abb.130

Letzte Fourierprojektion
σ(xz) von Samandarin

Abb.131

σ(xyz) von Samandarin
in Schnitten gezeichnet

3. Die Methode des isotypen Ersatzes

Die Methode des isotypen Ersatzes beruht darauf, daß man
von einem isotypen Verbindungspaar, das sich nur durch die
Art des schweren Atoms unterscheidet, alle Reflexe sorgfältig mißt und aus Pattersonsynthesen die Lage des schweren
Atoms bestimmt. Aufgrund der Intensitätsdaten und der bekannten Lage der beiden verschieden schweren Atome ist es
dann möglich, die Phasen der Strukturamplituden innerhalb
gewisser Grenzen festzulegen wie das folgende einfache Beispiel zeigen soll.

Es liegen die beiden isotypen Verbindungen Strychninsulfat-
pentahydrat und Strychninselenat-pentahydrat vor, die sich
nur dadurch voneinander unterscheiden, daß in 000 die Atome
Schwefel bzw. Selen sitzen. Der Streubeitrag dieser schweren Atome ist daher f_S bzw. f_{Se}. Bezeichnet man die Strukturamplituden der beiden Verbindungen mit F_S und F_{Se}, so
ergibt sich $F_{Se} - F_S = f_{Se} - f_S$.
Da aus den Messungen $|F_{Se}|$ und $|F_S|$ bekannt sind, kann man

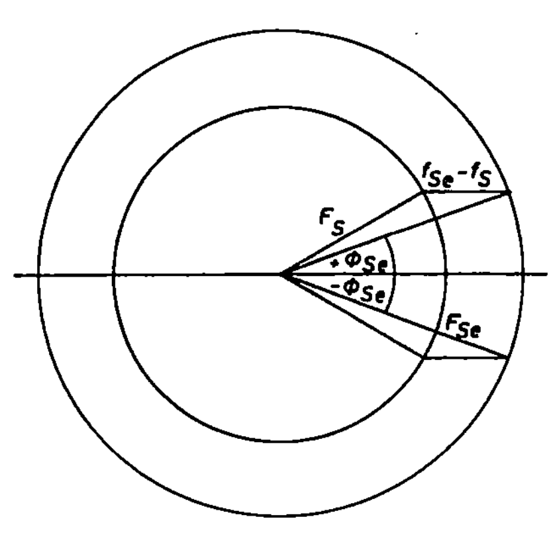

Abb.132

gemäß Abbildung 132 die
Phasenwinkel bis auf ihr
Vorzeichen festlegen. Man
zeichnet für jeden Reflex
zwei konzentrische Kreise
mit den Radien $|F_{Se}|$ und
$|F_S|$ und paßt die reelle,
positive Strecke $f_{Se}-f_S$
zwischen die beiden Kreise
ein. Auf diese Weise ge-
langt man zu den beiden
Lösungen $\pm\phi_{Se}$ und $\pm\phi_S$ für
die Phasenwinkel.

Anschließend berechnet man sich Fourierreihen, wobei man
für jeden Koeffizienten jeweils beide Phasen einsetzt, so
daß man die überlagerten Bilder von Struktur und zentrosym-
metrischer Struktur erhält aus denen man unter Umständen
ähnlich wie oben besprochen die gesuchte Struktur heraus-
finden kann.

Beim Samandarin lagen drei isotype Verbindungen vor, und
wir hätten die Methode des isotypen Ersatzes benutzen können.
Wegen des zu großen experimentellen Aufwandes haben wir den
viel einfacheren Weg der Schweratommethode benutzt, bei der
wir mit zentrosymmetrischen Projektionen zum Ziel gekommen
sind.
Die Methode des isotypen Ersatzes besitzt heute noch eine
praktische Bedeutung für die Ermittlung von Proteinstruk-
turen.

4. **Die systematische Analyse des Pattersonraumes durch Bild-
suchmethoden**

Während wir bisher mit Teilinformationen zufrieden waren
und uns nur mit der Ermittlung der Lagen der schweren Atome
aus der Pattersonfunktion begnügt haben, wollen wir zum
Schluß dieses Abschnittes noch die Frage untersuchen, wie
weit es überhaupt möglich ist, die Pattersonfunktion in
systematischer Weise zu analysieren. Einen Weg hierfür hat
M.J. BUERGER mit den sogenannten Bildsuchfunktionen aufge-
zeigt.

Wir wissen, daß man das Pattersonbild eines N-atomigen
Moleküls auffassen kann als eine Überlagerung von N verschiedenen Abbildungen dieses Moleküls. In jeder Abbildung
wird dabei das Molekül von einem anderen Atom aus betrachtet.

Als Beispiel ist ein 5-atomiges Molekül in Form des Stern-
bildes des Kreuzes des Südens gezeichnet.

Abbildung 133a zeigt das Pattersonbild mit den fünf übereinander gelagerten Abbildungen. Würde man innerhalb jeder dieser Abbildungen einen Punkt markieren (x) und diese
Punkte miteinander verbinden, so erhielte man das inver-
tierte Bild des Moleküls, wie es in Abb.133b gezeichnet ist.

Bisher nutzt uns diese Erkenntnis allerdings nicht viel,
da es wegen der besprochenen Überlappungen der Pattersonmaxima unmöglich ist, die N Abbildungen des Moleküls im
Pattersonraum zu erkennen.

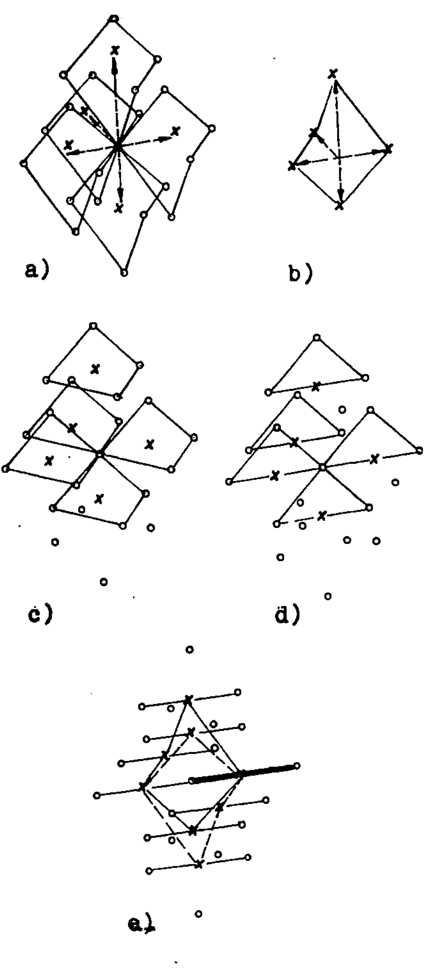

Abb.133

Abbildung 133c zeigt jedoch, daß man auch zum Ziel kommt, wenn man nicht die vollständigen Fünfecke, sondern jeweils nur ein Viereck daraus zu erkennen in der Lage ist. Markiert man in den gezeichneten fünf Vierecken wieder wie oben jeweils einen Punkt (x), so erhält man wieder die Abbildung 133b. Man kann im Fünfeck fünf verschiedene Vierecke abgrenzen. In 133c ist eine dieser fünf Möglichkeiten gezeichnet.

Abbildung 133d zeigt, daß man auch mit Dreiecken arbeiten kann, wenn man in der Weise wie oben beschrieben vorgeht. Auch hier erhält man aus den markierten fünf Punkten die Abbildung 133b. Es gibt zehn verschiedene Möglichkeiten, in einem Fünfeck verschiedene Dreiecke abzugrenzen. Eine dieser Möglichkeiten ist in Abb.133d gezeichnet.

Abbildung 133e zeigt, daß es schließlich auch möglich ist, zu dem gewünschten Bild des Fünfecks b) zu kommen, wenn man im Pattersonraum nur von einem Vektor innerhalb des Fünfecks ausgeht. Allerdings erhält man dann nicht fünf sondern acht gleichartige Vektoren, was daher resultiert, daß man eine Gerade von ihrem Spiegelbild nicht unterscheiden kann. Markiert man auf den acht Geraden jeweils wieder einen bestimmten Punkt und verbindet diese acht Punkte untereinander, so erhält man laut Abb.133e

das gesuchte Bild des Fünfecks neben dessen invertiertem
Bild. Innerhalb des Fünfecks können wir uns für 10 verschie-
dene Geraden entscheiden. Eine dieser Möglichkeiten ist in
Abbildung 133e gezeichnet.

Wie kann man nun diese Erkenntnisse benutzen, um eine systematische Analyse der Pattersonfunktion durchzuführen?
Bleiben wir bei unserem eben besprochenen Beispiel mit dem
5-atomigen Modell, dessen Pattersonfunktion wir berechnen
können. Diese Pattersonfunktion enthält die $N(N-1)+1 = 21$
Maxima, die in Abb.133e durch Kreise bezeichnet sind. Nehmen wir weiter an, wir wären in der Lage, im Pattersonraum ein Maximum zu lokalisieren. Verbunden mit dem Nullpunkt ergibt dieses die in Abb.133e stark gezeichnete Gerade. Um nun zu dem gesuchten Bild unseres 5-atomigen Moleküls zu kommen, müssen wir die anderen sieben Lagen dieser
Geraden auffinden.
Dies können wir nach dem Vorschlag von Buerger so erreichen,
daß wir die Gerade zeilenweise über die Pattersonfunktion
führen und uns jedesmal diejenige Stelle anmerken, bei der
die Endpunkte der Geraden zwei Pattersonmaxima überdecken.
Wir benutzen die in Abbildung 133e gezeichnete Gerade daher als Bildsuchvektor.
Die Frage ist nun, auf welche Weise wir die Überdeckungen
des Bildsuchvektors mit den Pattersonmaxima am deutlichsten
erkennen können. Wir könnten uns z.B. in den verschiedenen
Lagen des Bildsuchvektors die Summe der Pattersonfunktions-
werte oder deren Produkt ausgeben lassen. Man könnte auch
daran denken, sich jeweils den kleineren der beiden Funk-
tionswerte an den Enden des Bildsuchvektors ausgeben zu
lassen (sogenannte Minimumfunktion). Man kann also im Prinzip verschiedene Bildsuchfunktionen wählen, um die Überdeckungen des Bildsuchvektors mit den Pattersonmaxima fest-
zustellen. Die gesuchten Überdeckungen würden sich in Maxi-
malwerten dieser Bildsuchfunktionen bemerkbar machen.

Es hat sich gezeigt, daß die Minimumfunktion gegenüber der
Summen- oder Produktfunktion das schärfste Kriterium zur
Erkennung der Überdeckung von Bildsuchvektor und Patterson-

maxima darstellt. In der Praxis benutzt man daher die Minimumfunktion als Bildsuchfunktion. Ebenso hat es sich gezeigt,
daß man in der Regel zunächst nur ein Maximum im Pattersonbild lokalisieren kann. Allerdings muß dieser Vektor eindeutig sein, d.h. er muß mit dem Gewicht 1 auftreten, um
als Bildsuchvektor mit Erfolg verwendet werden zu können.

Zusammengefaßt können wir sagen, daß die große Bedeutung
der Pattersonreihen für die Kristallstrukturanalyse darin
liegt, daß man die Lagen der Schweratome in der Elementarzelle ermitteln und mit anschließenden Fourierreihen die
vollständige Struktur bestimmen kann (siehe hierzu das Beispiel in Abschnitt IX b)).

e) Theorie der direkten Methoden

In diesem Abschnitt wollen wir die Grundlagen der direkten
Methoden zur Lösung des Phasenproblems besprechen. Diese beruhen auf gewissen Gesetzmäßigkeiten, die zwischen den Vorzeichen bzw. Phasen der F_{hkl} bestehen. Daher ist es möglich,
innerhalb berechenbarer Wahrscheinlichkeiten Aussagen über
Vorzeichen bzw. Phasen der Strukturamplituden zu machen.
In den beiden ersten Teilen dieses Abschnittes werden die
wichtigsten Gesetze aus der mathematischen Statistik bereitgestellt und die Intensitätsstatistik behandelt. Es folgen
dann die aus der Cauchy-Schwarz'schen Beziehung abgeleiteten
Ungleichungen zwischen den Strukturamplituden. Einige dieser
Ungleichungen werden unter Benutzung vorgegebener Symmetrie-
und Zusatzsymmetrieelemente abgeleitet. Schließlich werden,
ausgehend von der Sayregleichung, die Grundlagen der wahrschein-
lichkeitstheoretischen Methode behandelt.

1. Einige Gesetze und Begriffe aus der mathematischen Stati-
stik; Frequenz-Funktion, Wahrscheinlichkeitsdichte

x sei eine beliebige Variable, z.B. sei x die Geschwindigkeit eines Gasmoleküls. Wollen wir eine statistische Auswertung der Geschwindigkeiten aller Moleküle vornehmen,
so müssen wir den gesamten Bereich von x unterteilen in
Abschnitte der Breite Δx und auszählen, wie viele Teilchen
$N(x)$ der insgesamt vorhandenen N Teilchen Geschwindigkeiten

zwischen x und x+Δx haben. Das Ergebnis einer solchen Aus-
zählung ist schematisch in Abbildung 134 veranschaulicht.

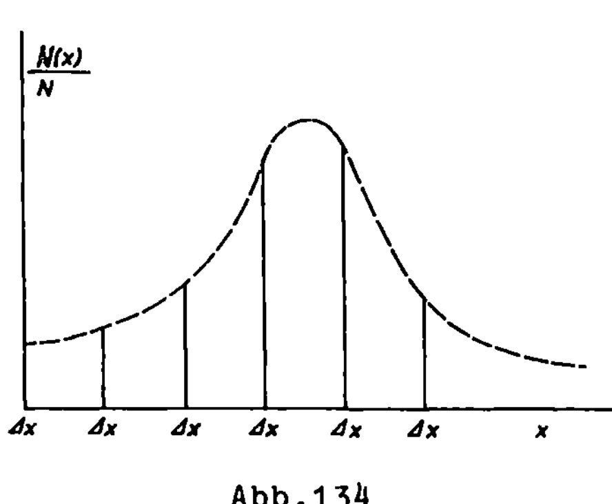

Abb.134

Dabei trägt man aus Grün-
den der Normierung nicht
N(x) sondern den Quotien-
ten N(x)/N in Abhängigkeit
von x auf. Macht man die
Intervallbreite Δx immer
kleiner, so gelangt man
schließlich zu einer steti-
gen Funktion f(x), der
sogenannten Frequenzfunk-
tion.

Diese Frequenzfunktion hat folgende Eigenschaften:

$$\int_{-\infty}^{\infty} f(x)dx = 1 \quad \text{(wegen der Normierung auf die Gesamtzahl der Teilchen)}$$

$$\int_{a}^{b} f(x)dx \quad \text{ist der Bruchteil der Teilchen mit Ge-schwindigkeiten zwischen a und b ($a \leq x \leq b$)}$$

Die Größe $\int_{a}^{b} f(x)dx$ macht uns den Zusammenhang zwischen
Statistik und Wahrscheinlichkeitsrechnung deutlich:
Unter der Wahrscheinlichkeit P, daß irgendein Ereignis
eintritt, wollen wir das folgende Verhältnis verstehen

$$P = \frac{\text{Zahl der günstigen Fälle}}{\text{Zahl der möglichen Fälle}}$$

So beträgt z.B. die Wahrscheinlichkeit $P = \frac{1}{6}$, um mit einem
Würfel eine 6 zu werfen.
Analog hierzu ist die Wahrscheinlichkeit P, daß in unserem
Gas ein Teilchen die Geschwindigkeit $a \leq x \leq b$ besitzt, gegeben
durch

$$P(a \leq x \leq b) = \frac{\int_{a}^{b} f(x)dx}{\int_{-\infty}^{\infty} f(x)dx} = \int_{a}^{b} f(x)dx$$

In infinitesimaler Schreibweise gilt dann entsprechend

$$P(x \leq \xi \leq x+dx) = f(x)dx$$

Die Frequenzfunktion ist somit gleichbedeutend mit einer
Wahrscheinlichkeitsdichte.

<u>Momente</u>

Der Erwartungswert irgendeiner Funktion $E(g(x))$ in Bezug
auf eine vorgegebene Verteilung, die durch die Frequenzfunktion $f(x)$ charakterisiert wird, ist gegeben durch

$$E(g(x)) = \int_{-\infty}^{\infty} g(x)\, f(x)\, dx$$

Setzt man für $g(x)=x^r$, so erhält man das r-te Moment α_r
der Verteilung

$$\alpha_r = E(x^r) = \int_{-\infty}^{\infty} x^r \cdot f(x) \cdot dx$$

Für r=1 ergibt sich der Mittelwert m von x :

$$m = \alpha_1 = \int_{-\infty}^{\infty} x \cdot f(x) \cdot dx$$

Die zentralen Momente μ_r sind die Momente in Bezug auf
den Mittelwert m.

$$\mu_r = E(x-m)^r = \int_{-\infty}^{\infty} (x-m)^r \cdot f(x) \cdot dx$$

Für unsere Zwecke ist das zweite zentrale Moment, die sogenannte Varianz einer Verteilung

$$\mu_2 = \alpha_2 - m^2$$

besonders wichtig. Die Varianz dient als Maß für die Dispersion einer Verteilung.
Unter dem im Folgenden oft benutzten Begriff der Standardabweichung σ verstehen wir die Quadratwurzel aus der Varianz $\sigma = \sqrt{\mu_2}$.

<u>Normalverteilung</u>

Eine Verteilung ist durch die beiden oben definierten
Parameter m und σ charakterisiert. Von einer Normalverteilung sprechen wir, wenn die zugehörige Frequenzfunktion
die Form hat

$$f(x) = \frac{1}{\sigma\sqrt{2\pi}} \cdot e^{\frac{-(x-m)^2}{2\sigma^2}}$$

Diese Funktion ist als Gauss'sche Glockenkurve bekannt.

Grenzwertsatz der Statistik (Central-limit-Theorem)

Gegeben sei eine Funktion $G(x)$, die sich als Summe von anderen Funktionen $g_j(x)$ darstellen läßt:

$$G(x) = \sum_j g_j(x)$$

Die einzelnen Glieder $g_j(x)$ mögen eine beliebige Verteilung besitzen, von der nur jeweils der Mittelwert m_j und die Standardabweichung σ_j bekannt sind. Das Central-limit-Theorem besagt, daß für den Grenzwert $j \to \infty$ die Funktion $G(x)$ eine Gaussverteilung besitzt, wobei für m und σ^2 gilt:

$$m = m_1 + m_2 + \ldots = \sum_j m_j$$

$$\sigma^2 = \sigma_1^2 + \sigma_2^2 + \ldots = \sum_j \sigma_j^2$$

2. Intensitätsstatistik

A.J.C. WILSON hat 1949 gezeigt, daß für zentrosymmetrische und nicht-zentrosymmetrische Strukturen unterschiedliche Verteilungen der Meßinformationen $|F_{hkl}|$ auftreten. Durch Bestimmung der Intensitätsverteilung der $|F_{hkl}|$ sollte man daher zwischen zentrosymmetrischen und nicht-zentrosymmetrischen Raumgruppen unterscheiden können.

Um die Verteilung der Strukturfaktoren im reziproken Raum zu ermitteln, ziehen wir das Central-limit-Theorem heran. Der Strukturfaktor

$$F_{hkl} = F_r^* = \sum_{j=1}^{N} f_j \cdot e^{2\pi i (r^* r_j)}$$

erfüllt nämlich gerade die von diesem Theorem geforderte Form der Summendarstellung der Variablen. Allerdings haben wir es nur mit einer endlichen Zahl (N) von Summanden zu tun, weshalb die abgeleiteten Formeln nur näherungsweise gelten.

Zentrosymmetrischer Fall

Hierfür gilt

$$F_r^* = \sum_{j=1}^{N/2} 2f_j \cdot \cos 2\pi (r^* r_j)$$

$$m_j = \overline{2f_j\cos2\pi(r^*r_j)}^{\,r^*} = 0; \quad (\overline{}^{r^*} \text{ bedeutet die Mittelung über alle } r^*)$$

$$\sigma_j^2 = \overline{4f_j^2\cos^2 2\pi(r^*r_j)}^{\,r^*} - m_j^2 = 2f_j^2$$

also ergibt sich

$$m = m_1 + \dots m_{N/2} = 0$$

$$\sigma^2 = 2f_1^2 + \dots 2f_{N/2}^2 = \sum_{j=1}^{N} f_j^2$$

und somit die Normalverteilung

$$P_{\bar{1}}(F_{r^*}) = \left(2\pi\sum_{j=1}^{N} f_j^2\right)^{-1/2} \cdot e^{-\dfrac{|F_{r^*}|^2}{2\sum f_j^2}}$$

Die Normalverteilung für den zentrosymmetrischen Fall $P_{\bar{1}}(F_{r^*})$ ist in Abbildung 135 schematisch gezeichnet.

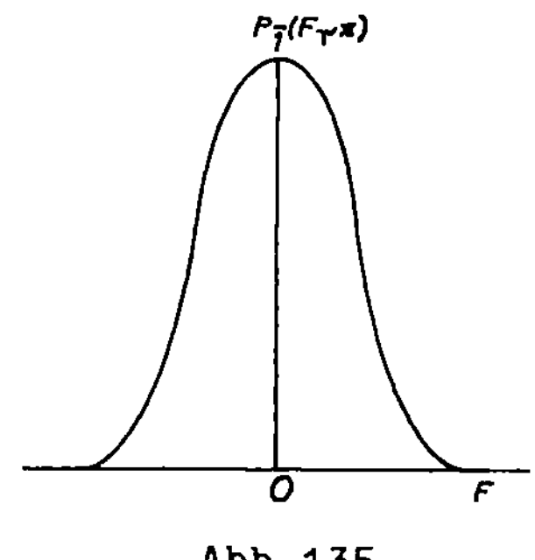

Abb.135

Azentrischer Fall

Wir wollen nun die Normalverteilung $P_1(F_{r^*})$ für eine Struktur ohne Inversionszentrum unter der gleichen Annahme wie oben herleiten.

In diesem Falle gilt

$$F_{r^*} = A_{r^*} + iB_{r^*}$$

$$A_{r^*} = \sum_{j=1}^{N} f_j \cdot \cos2\pi(r^*r_j)$$

$$B_{r^*} = \sum_{j=1}^{N} f_j \cdot \sin2\pi(r^*r_j)$$

Wir suchen die Verteilungen für die A und B. Es ist wie

im zentrischen Fall

$$\overline{A_r*} = 0$$

Mit $\sigma_j^2 = \frac{1}{2}f_j^2$ ergibt sich

$$\sigma^2 = \frac{1}{2}\sum_{j=1}^{N} f_j^2$$

und wir erhalten

$$P(A) = (\pi \sum_{j=1}^{N} f_j^2)^{-1/2} \cdot e^{-\frac{A_r*^2}{\Sigma f_j^2}}$$

Analog gilt für P(B) :

$$P(B) = (\pi \sum_{j=1}^{N} f_j^2)^{-1/2} \cdot e^{-\frac{B_r*^2}{\Sigma f_j^2}}$$

Die Wahrscheinlichkeit, daß A zwischen A und dA und B zwischen B und dB liegt ist gegeben durch

$$P(A) \cdot P(B) \cdot dA \cdot dB = (\pi \sum_{j=1}^{N} f_j^2)^{-1} \cdot e^{-\frac{(A_r*^2 + B_r*^2)}{\Sigma f_j^2}} \cdot dA \cdot dB$$

$$= (\pi \sum_{j=1}^{N} f_j^2)^{-1} \cdot e^{-\frac{|F_r*|^2}{\Sigma f_j^2}} \cdot dA\, dB$$

Dies ist die Wahrscheinlichkeit dafür, daß $|F|$ gemäß Abbildung 136 innerhalb des Rechteckes dAdB liegt. Daher ist die Wahrscheinlichkeit, daß $|F|$ im Kreisring mit den Radien $|F|$ und $|F| + d|F|$ liegt, gegeben durch

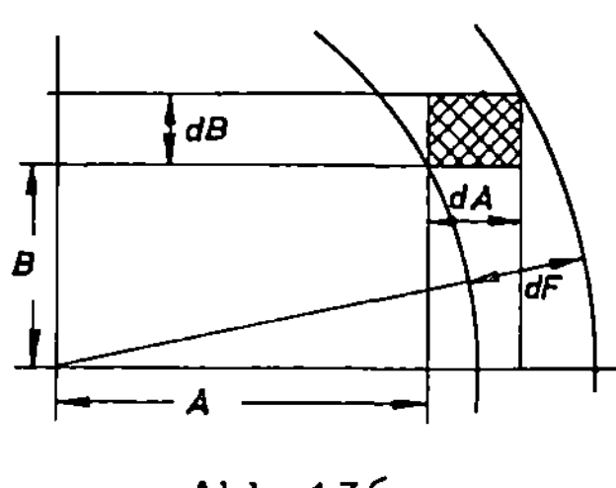

Abb.136

$$P_1(|F|)d|F| = (\pi \sum_{j=1}^{N} f_j^2)^{-1} \cdot e^{-\frac{|F_r*|^2}{\Sigma f_j^2}} \cdot 2\pi|F|d|F|$$

und wir erhalten die Normalverteilung $P_1(F_r*)$:

$$P_1(F_r*) = \frac{2}{\sum_{j=1}^{N} f_j^2} |F_r*| \cdot e^{-\frac{|F_r*|^2}{\Sigma f_j^2}}$$

$P_1(F)$ ist in Abbildung 137 gezeichnet. Der Vergleich mit
der Abbildung 135 zeigt,
daß sich die Normalverteilungen für den zentrischen
Fall und für den azentri-
schen Fall erheblich von
einander unterscheiden.

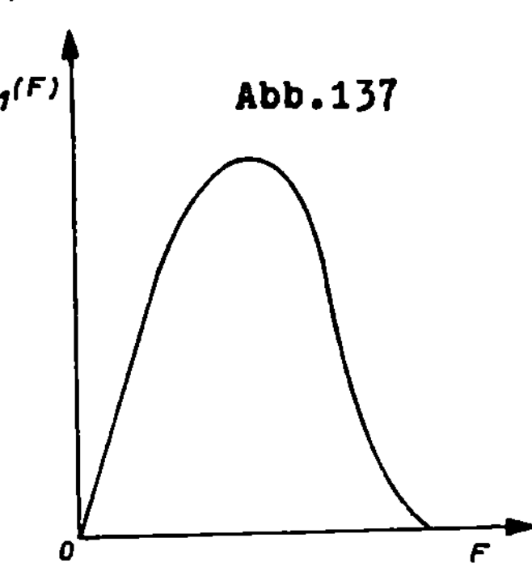

Als Mittelwerte für $|F|$ und $|F|^2$ erhalten wir

für den zentrischen Fall

$$|\overline{F}| = \int_0^{\infty} 2F P_{\overline{1}}(F)dF = \sqrt{\frac{2}{\pi} \sum_1^N f_j^2}$$

$$\overline{|F|^2} = \int_{-\infty}^{+\infty} F^2 P_{\overline{1}}(F)dF = \sum_{j=1}^N f_j^2$$

für den azentrischen Fall

$$|\overline{F}| = \int_0^{\infty} |F| P_1(|F|)d|F| = \frac{1}{2}\sqrt{\pi \sum_{j=1}^N f_j^2}$$

$$\overline{|F|^2} = \int_0^{\infty} |F|^2 P_1(|F|)d|F| = \sum_{j=1}^N f_j^2$$

Die Intensitätsverteilungen $P_1(F)$ und $P_{\overline{1}}(F)$ bedeuten:

a) für ein bestimmtes F_r* im reziproken Raum, wo $\sum_{j=1}^N f_j^2$
einen bestimmten Wert hat, sind $P_1(F)dF$ bzw.
$P_{\overline{1}}(F)dF$ die Wahrscheinlichkeiten dafür, daß F_r* zwischen
F und F+dF liegt (bzw. daß $|F|$ zwischen $|F|$ und $|F|$+d$|F|$
liegt).

b) innerhalb einer Kugelschale im reziproken Raum, wo $\sum_{j=1}^N f_j^2$
näherungsweise konstant ist, geben $P_1(F)dF$ bzw. $P_{\overline{1}}(F)dF$
die Wahrscheinlichkeiten dafür an, daß F_r* zwischen F
und F+dF liegt (bzw. daß $|F_r*|$ zwischen $|F|$ und $|F|$+d$|F|$
liegt).

Nun nimmt, wegen der Abhängigkeit der Atomformamplitude f
von $\frac{\sin\theta}{\lambda}$ der Ausdruck $\sum_{j=1}^N f_j^2$ stark mit $|r*|$ ab.

Aus diesem Grunde definiert man eine "unitäre" Strukturamplitude

$$U_r* = \frac{F_r*}{\sum_{j=1}^N f_j}$$

und da $F_{r*} \leq \sum_{j=1}^{N} f_j$, so folgt $|U_{r*}| \leq 1$.

Setzt man $n_j = \dfrac{f_j}{\sum_{j=1}^{N} f_j}$, so gilt für die unitären Strukturamplituden

$$U_{r*} = \frac{F_{r*}}{\sum_{j=1}^{N} f_j} = \sum_{j=1}^{N} n_j \cdot e^{2\pi i (r^* r_j)}$$

Die Annahme, daß die n_j über dem gesamten reziproken Raum konstant sind, gilt wegen des etwas verschiedenen Abfalles der f_j mit $|r^*|$ nur näherungsweise.

Für die U_{r*} (abgekürzt U) erhalten wir analog zu oben die folgenden Normalverteilungen

$$P_1 |U| = \frac{2}{\sum_{j=1}^{N} n_j^2} |U| \cdot e^{-\frac{|U|^2}{\sum n_j^2}}$$

$$P_{\bar{1}} |U| = \left(2\pi \sum_{j=1}^{N} n_j^2\right)^{-1/2} \cdot e^{-\frac{|U|^2}{2\sum n_j^2}}$$

Sind in der Elementarzelle N gleichartige Atome, so wird

$$n_j = \frac{f_j}{N f_j} = \frac{1}{N} \quad \text{und} \quad \sum_{j=1}^{N} n_j^2 = \sum_{j=1}^{N} \frac{1}{N^2} = \frac{1}{N}$$

Um nun zu entscheiden, ob eine Struktur zentrosymmetrisch ist oder nicht, benutzt man den N(z)-Test, der von Howells, Phillips & Rogers (1950) vorgeschlagen wurde.
Dabei gibt N(z) den Bruchteil der Reflexe mit Intensitäten (bzw. $|U|^2$) geringer oder gleich der z-fachen mittleren Intensität (bzw. $\overline{|U|^2}$) an.

Es gilt demnach

$$z = \frac{|U|^2}{\overline{|U|^2}}$$

und man erhält

$$N_1(z) = 1 - e^{-z}$$

$$N_{\bar{1}}(z) = \text{erf}\left(\sqrt{\tfrac{z}{2}}\right); \quad \text{wobei gilt} \quad \text{erf}(x) = \sqrt{\tfrac{2}{\pi}} \int_0^x e^{-\frac{t^2}{2}} \cdot dt$$

Die Zahlenwerte für $N_1(z)$ und $N_{\bar{1}}(z)$ ergeben sich aus der Tabelle 7.

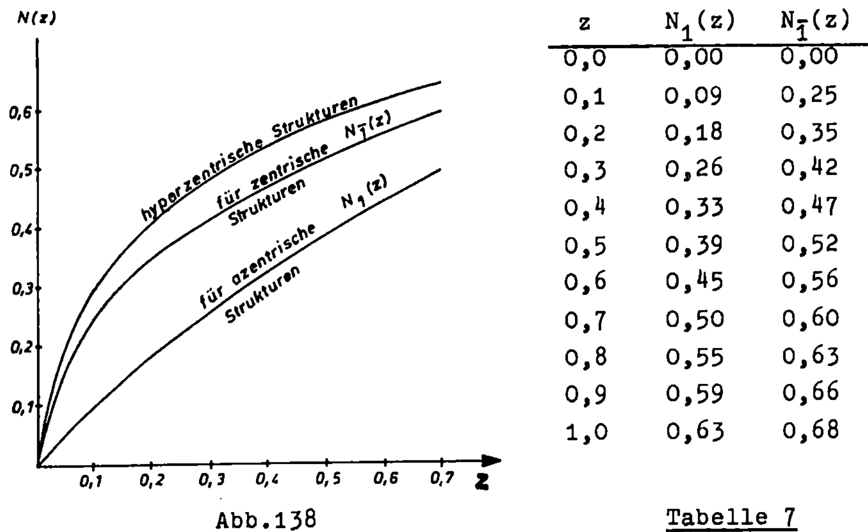

z	$N_1(z)$	$N_{\bar{1}}(z)$
0,0	0,00	0,00
0,1	0,09	0,25
0,2	0,18	0,35
0,3	0,26	0,42
0,4	0,33	0,47
0,5	0,39	0,52
0,6	0,45	0,56
0,7	0,50	0,60
0,8	0,55	0,63
0,9	0,59	0,66
1,0	0,63	0,68

Abb.138   <u>Tabelle 7</u>

In Abbildung 138 sind die Verteilungen gezeichnet.
Hyperzentrische Verteilungen liegen vor, wenn in einer
zentrosymmetrischen Struktur zentrosymmetrische Moleküle
vorhanden sind, deren Eigensymmetrie nicht mit den kristallographischen Symmetrieelementen der Elementarzelle über-
einstimmt. In solchen Fällen erhält man die in Abb. 138 als
oberste Kurve eingezeichnete modifizierte Verteilung.

3. Ungleichungsbeziehungen zwischen den unitären Struktur-amplituden U.

Die älteste Methode, für zentrosymmetrische Strukturen das
Vorzeichen "unitärer" Strukturamplituden zu bestimmen,
wurde 1948 von D. HARKER und J.S. KASPER angegeben.
Sie beruht auf der Cauchy-Schwarz'schen Ungleichung

$$\left| \sum_{j=1}^{N} a_j b_j \right|^2 \le \left(\sum_{j=1}^{N} |a_j|^2 \right) \left(\sum_{j=1}^{N} |b_j|^2 \right)$$

wobei a_j und b_j reelle oder komplexe Zahlen sein können.
Wenden wir diese Beziehung auf die unitäre Strukturamplitude

$$U_{r^*} = \sum_{j=1}^{N} n_j \cdot e^{2\pi i (r^* r_j)}$$

an, und setzen wir für $a_j = \sqrt{n_j}$, und für $b_j = \sqrt{n_j} \cdot e^{2\pi i (r^* r_j)}$, so erhalten wir für

$$|U_{r^*}|^2 \leq \sum_{j=1}^{N} n_j \cdot \sum_{j=1}^{N} n_j \cdot \left| e^{2\pi i (r^* r_j)} \right|^2$$

und es folgt

$$|U_{r^*}|^2 \leq 1.$$

Dies ist ein triviales Ergebnis und gilt unabhängig von Symmetrieelementen. Sobald Symmetrieelemente vorhanden sind, kann man nützliche Beziehungen ableiten, wie anhand einiger Beispiele gezeigt werden soll.

<u>Beispiel 1</u> $U_{r^*} = \sum_{j=1}^{N} n_j \cdot \cos 2\pi (r^* r_j)$

Setzen wir $a_j = \sqrt{n_j}$ und $b_j = \sqrt{n_j} \cdot \cos 2\pi (r^* r_j)$, so folgt

$$|U_{r^*}|^2 \leq \sum_{j=1}^{N} n_j \cdot \sum_{j=1}^{N} n_j \cdot \cos^2 2\pi (r^* r_j)$$

Mit $\cos^2 \alpha = \frac{1}{2} + \frac{1}{2}\cos 2\alpha$ und $\sum_{j=1}^{N} n_j = 1$ ist

$$\sum_{j=1}^{N} n_j \cdot \cos^2 2\pi (r^* r_j) = \frac{1}{2} + \frac{1}{2} \sum_{j=1}^{N} n_j \cdot \cos 2\pi \cdot 2(r^* r_j)$$

$$|U_{r^*}|^2 \leq \frac{1}{2}(1 + U_{2r^*})$$

$$\boxed{|U_{hkl}|^2 \leq \frac{1}{2}(1 + U_{2h,2k,2l})}$$

Da $|U_{hkl}|^2$ positiv ist, kann man diese Ungleichung benutzen, um das unbekannte Vorzeichen von $U_{2h,2k,2l}$ (Symbol: SU_{2h2k2l}) zu bestimmen.

Wie man anhand des folgenden Zahlenbeispiels sieht, ist die Vorzeichenbestimmung für große $|U_{hkl}|$ und $|U_{2h2k2l}|$ möglich. In dem Beispiel sind die $|U_{hkl}|^2$ und die $|U_{2h2k2l}|$ angenommene Werte.

$|U_{hkl}|^2$	$|U_{2h2k2l}|$	Ungleichung	SU_{2h2k2l}
0,60	0,20	$0,60 \leq 0,50 + 0,10$	+
0,50	0,10	$0,50 \leq 0,50 + 0,05$	+
0,40	0,10	$0,40 \leq 0,50 \pm 0,05$	+ oder -
0,40	0,20	$0,40 \leq 0,50 \pm 0,10$	+ oder -
0,40	0,30	$0,40 \leq 0,50 + 0,15$	+

Man erkennt an diesem Beispiel die prinzipielle Schwäche
der Methode der Ungleichungen: Um SU_{2h2k2l} eindeutig zu be-
stimmen, muß man von großen Werten $|U_{hkl}|$ und $|U_{2h2k2l}|$
ausgehen, die einen beträchtlichen Bruchteil von F_{000} re-
präsentieren. Derartige große $|U_{hkl}|$ sind bei komplizierten
Molekülgittern relativ selten, da große U-Werte nämlich
voraussetzen, daß der größte Teil der Atome des Moleküls
die Röntgenstrahlen "in Phase" streuen. Dies ist jedoch nur
bei einfachen Kristallstrukturen mit Atomen auf speziellen
Punktlagen erfüllt.

Außerdem zeigt uns das Zahlenbeispiel, daß die Ungleichungen Grenzfälle von allgemeineren Aussagen sind. Im allgemeinen Fall wird man das Vorzeichen aus den Beziehungen,
die zwischen den $|U_{hkl}|$ bestehen nicht mit Sicherheit,
sondern nur mit einer gewissen Wahrscheinlichkeit angeben
können. Auch hierauf werden wir noch ausführlich zu sprechen kommen.

Beispiel 2∥ b : Punktlage $\quad xyz \quad \bar{x}y\bar{z}$

$$U_{hkl} = \sum_{j=1}^{N} n_j \cdot e^{2\pi iky} \cdot \cos 2\pi(hx_j + lz_j)$$

Setzt man $a_j = \sqrt{n_j} \cdot e^{2\pi iky}$, und $b_j = \sqrt{n_j} \cdot \cos 2\pi(hx+lz)$,
so folgt

$$|U_{hkl}|^2 \leq \tfrac{1}{2}(1 + U_{2h02l})$$

Beispiel 2 ∥ b und m⊥ b :Punktlage $\quad \begin{matrix} xyz \\ \bar{x}\bar{y}\bar{z} \end{matrix} \quad \begin{matrix} \bar{x}y\bar{z} \\ x\bar{y}z \end{matrix}$

$$U_{hkl} = \sum_{j=1}^{N} n_j \cdot \cos 2\pi ky \cos 2\pi(hx_j + lz_j)$$

Setzt man $a_j = \sqrt{n_j} \cdot \cos 2\pi ky$ und $b_j = \sqrt{n_j} \cdot \cos 2\pi(hx_j + lz_j)$,
so folgt

$$|U_{hkl}|^2 \leq \tfrac{1}{4}(1 + U_{02k0})(1 + U_{2h02l})$$

Setzt man aber $a_j = \sqrt{n_j}$ und $b_j = \sqrt{n_j} \cos 2\pi ky \cdot \cos 2\pi(hx_j + lz_j)$,
so folgt

$$|U_{hkl}|^2 \leq \tfrac{1}{4}(1 + U_{02k0} + U_{2h02l} + U_{2h2k2l})$$

In der gleichen Weise lassen sich für die einzelnen Raumgruppen charakteristische Ungleichungen ableiten.

Die praktische Bedeutung solcher Ungleichungen ist begrenzt,
vor allem deshalb, weil mit steigender Zahl N der Atome in
der Elementarzelle die Anzahl besonders großer $|U_r*|$ immer
geringer wird.

Um zu erkennen, wie der Mittelwert $|\overline{U}|$ mit N abnimmt, gehen
wir von dem oben abgeleiteten Mittelwert $\overline{F^2}$ aus

$$\overline{F^2} = \sum_{j=1}^{N} f_j^2$$

Entsprechend gilt für den Mittelwert $\overline{U^2}$:

$$\overline{U^2} = \sum_{j=1}^{N} n_j^2 = \sum_{j=1}^{N} \left(\frac{f_j}{\sum\limits_{j=1}^{N} f_j}\right)^2$$

Unter der Annahme gleicher Atome in der Elementarzelle erhalten wir hierfür

$$\overline{U^2} = \sum_{j=1}^{N} \left(\frac{f_j}{N f_j}\right)^2 = \sum_{j=1}^{N} \frac{1}{N^2} = \frac{1}{N}$$

woraus sich ergibt:

$$\boxed{\sqrt{\overline{U^2}} = \frac{1}{\sqrt{N}}}$$

Da mit wachsendem N der Mittelwert $\overline{U^2}$ rasch abnimmt, hat
man bei komplizierten Strukturen großer Moleküle wenig
Chancen, eine genügende Zahl großer U_r* -Werte aufzufinden,
die zur Anwendung der Ungleichungen geeignet sind.

Wir werden im nächsten Abschnitt Methoden kennenlernen, die
auch bei kleineren U_r* Werten noch erfolgreich zur Phasenbestimmung herangezogen werden können und bei denen die Ungleichungen durch Wahrscheinlichkeitsbeziehungen ersetzt
sind. Es hat sich dabei als praktisch erwiesen, neben den
unitären Strukturamplituden U_r* neue Größen, die sogenannten normalisierten Strukturamplituden E_r* einzuführen. Die
$|E_r*|^2$ sind dabei wie folgt definiert:

$$|E_{r}*|^2 \;=\; \frac{|U_{r}*|^2}{\overline{U^2}}$$

Die Verteilung von E ist prinzipiell unabhängig von N, was
durch die Praxis oft bestätigt wird, hingegen ist sie abhängig davon, ob die Struktur zentrosymmetrisch ist oder
nicht. Die Mittelwerte $|\bar{E}|$ ergeben sich zu

$$|\bar{E}| \;=\; \sqrt{\frac{2}{\pi}} \;=\; 0,798 \quad \text{für } (\bar{1})$$

$$|\bar{E}| \;=\; \frac{1}{2}\sqrt{\pi} \;=\; 0,886 \quad \text{für } (1)$$

Für die Normalverteilungen der E erhalten wir:

$$P_{\bar{1}}(E) \;=\; (2\pi)^{-1/2} \cdot e^{-\frac{E^2}{2}}$$

und

$$P_{1}(|E|) \;=\; 2|E| \cdot e^{-|E|^2}$$

4. Die Sayre-Gleichung

SAYRE hat 1952 gezeigt, daß es möglich ist, "Gleichungen"
zwischen den F_{hkl} aufzustellen, die zwar nicht streng, jedoch mit großer Wahrscheinlichkeit gültig sind, aus denen
man Informationen bezüglich der Phasen ableiten kann.
KARLE und HAUPTMANN (seit 1950) haben auf etwas anderem
Wege ähnliche Beziehungen abgeleitet. COCHRAN, WOOLFSON und
KLUG haben schließlich die Frage untersucht, mit welcher
Wahrscheinlichkeit die Aussagen über die Phasen (bzw. über
die Vorzeichen) möglich sind.
Nachdem auf diese Weise die theoretischen Grundlagen für
einen direkten Weg zur Phasenbestimmung geschaffen waren,
wurden in den letzten Jahren unter Einsatz von Rechnern
praktisch zu handhabende Methoden ausgearbeitet, die es ge-
statten, die Phasenbestimmung in relativ kurzer Zeit zu erledigen.

Wir wollen in diesem Abschnitt die Grundlagen der Überlegungen von Sayre, Cochran und Woolfson besprechen und im
nächsten Abschnitt anhand eines Beispiels einen praktischen
Lösungsweg für das Phasenproblem nach der Methode der symbolischen Addition aufzeigen.

Nach Sayre kann man F_{r*} durch eine Summe von Produkten anderer Strukturamplituden darstellen:

$$F_{r*} = \sum c \; F_{r*'} \; F_{r*-r*'}$$

c ist dabei ein Skalierungsfaktor.

Ableitung der Sayre-Gleichung

Die Elektronendichtefunktion $\rho(xyz)$ läßt sich schreiben

$$\rho(xyz) = \rho(r) = \frac{1}{V} \sum_{r*} F_{r*} \; e^{-2\pi i (r* r)}$$

Durch Quadrieren erhalten wir

$$\rho(r)^2 = \frac{1}{V^2} \sum_{r*} \sum_{r*'} F_{r*} \; F_{r*'} \cdot e^{-2\pi i ((r*+r*')r)}$$

Mit $r*+r*' = R*$ und $r*' = R*'$ ist $r* = R*-R*'$, und wir schreiben für $\rho(r)^2$:

$$\rho(r)^2 = \frac{1}{V} \sum_{R*-R*'} \frac{1}{V} \sum_{R*'} F_{R*'} F_{R*-R*'} \cdot e^{-2\pi i (R* r)}$$

Da sich die Summationen von $-\infty$ bis $+\infty$ erstrecken, können wir die Summationsindizes vertauschen, was nur eine Änderung der Reihenfolge der Aufsummierung bedeutet; z.B. können wir die erste Summierung über $R*$ statt über $R*-R*'$ laufen lassen. Wir erhalten dann $\rho(r)^2$ in der Form

$$\rho(r)^2 = \frac{1}{V} \sum_{R*} \frac{1}{V} \sum_{R*'} F_{R*'} F_{R*-R*'} \cdot e^{-2\pi i (R* r)}$$

Andererseits können wir die periodische Funktion $\rho(r)^2$ analog zu $\rho(r)$ in eine Fourierreihe mit den Koeffizienten $\frac{1}{V} G_{r*}$ entwickeln:

$$\rho(r)^2 = \frac{1}{V} \sum_{r*} G_{r*} \cdot e^{-2\pi i (r* r)}$$

Durch Vergleich der Ausdrücke für $\rho(r)^2$ erhalten wir für G_{r*} die Beziehung (Übergang $R* \rightarrow r*$) :

$$G_{r*} = \frac{1}{V} \sum_{r*'} F_{r*'} \; F_{r*-r*'}$$

Zwischen den F_{r^*} und G_{r^*} läßt sich demnach eine einfache Beziehung angeben, die gültig ist, wenn keine allzu großen Überlappungen der Elektronendichten vorkommen.

Es ist

$$F_{r^*} = \sum_{j=1}^{N} f_j(r^*) \cdot e^{2\pi i (r^* r_j)}$$

$f_j(r^*)$ ist die Fouriertransformierte des j-ten Atoms (charakterisiert durch dessen $\rho(r)$ Verteilung) berechnet im reziproken Gitterpunkt r^*.

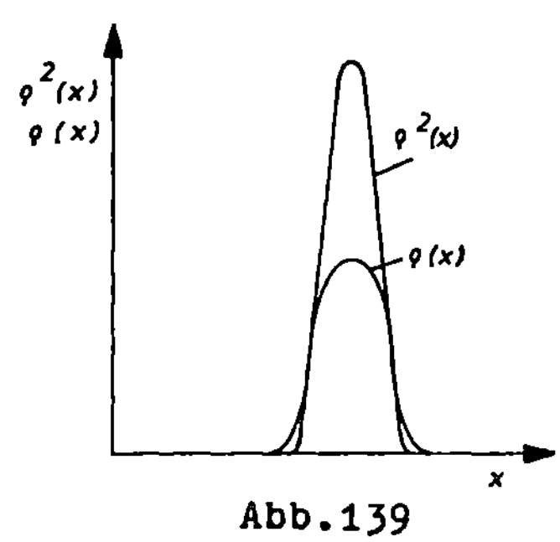

Abb.139

Analog schreiben wir

$$G_{r^*} = \sum_{j=1}^{N} g_j(r^*) e^{2\pi i (r^* r_j)}$$

wobei $g_j(r^*)$ die Fouriertransformierte der quadrierten Elektronenverteilung des j-ten Atoms ist (charakterisiert durch $\rho(r)^2$, wiederum berechnet bei r^*).

Mithin lassen sich die gesuchten G_{r^*} zu den F_{r^*} in Beziehung bringen, indem wir ansetzen

$$\frac{F_{r^*}}{G_{r^*}} = \frac{f_{r^*}}{g_{r^*}}$$

und

$$F_{r^*} = \frac{f_{r^*}}{g_{r^*}} G_{r^*}$$

Damit erhalten wir die Sayre-Gleichung

$$F_{r^*} = \frac{f_{r^*}}{g_{r^*}} \frac{1}{V} \sum_{r^{*\prime}} F_{r^{*\prime}} F_{r^* - r^{*\prime}} = \sum_{r^{*\prime}} c\, F_{r^{*\prime}} F_{r^* - r^{*\prime}}$$

$\dfrac{f_{r^*}}{g_{r^*}}$ ist eine Art Skalierungsfaktor und läßt sich in einfacher Form angeben, wenn wir für $\rho(r)$ eine Gauss-Verteilung annehmen.

Es mag zunächst scheinen, als hätte die Sayre-Gleichung
keine praktische Bedeutung, da sich eine bestimmte Strukturamplitude F_{r^*} nur durch eine große Anzahl von Produkten von
Strukturamplituden darstellen läßt, deren Phasen ja auch
bekannt sein müssen.

Für zentrosymmetrische Strukturen hatte Sayre jedoch schon
darauf hingewiesen, daß für große F_{r^*}-Werte die Summe je
nach dem Vorzeichen von F_{r^*} entweder nach + oder nach -
tendieren muß, und daß insbesondere die großen Summenglie-
der $F_{r'^*}$, $F_{r^*-r'^*}$, mit großer Wahrscheinlichkeit das Vorzeichen von F_{r^*} besitzen. Aufgrund dieser Überlegung sollte
für große F_{r^*} mit großer Wahrscheinlichkeit die Beziehung
gelten

$$SF_{r^*} \sim SF_{r'^*}, \ SF_{r^*-r'^*},$$

$S(F)$ bedeutet dabei das Vorzeichen von F_{r^*} und das Zeichen
$\sim$ soll die große Wahrscheinlichkeit andeuten, mit der die
obige Beziehung erfüllt ist.

Diese Sayre-Beziehung hat heute große praktische Bedeutung
für das Auffinden der Vorzeichen bzw. der Phasen der Strukturamplituden erlangt und läßt sich in der oben angegebenen
Form auch für die unitären Strukturamplituden U sowie für die
normalisierten Strukturamplituden E benutzen, so daß wir
allgemein schreiben

$$S(hkl) \sim S(h'k'l') \ S(h-h',k-k',l-l')$$

Die Sayre-Beziehung führt auch zu den im vorigen Abschnitt
angegebenen Ungleichungen, z.B. ist

$$S_{(2h,2k,2l)} \sim S_{(hkl)} \ S_{(hkl)}$$

während die entsprechende Ungleichung

$$|U_{hkl}|^2 \leq \tfrac{1}{2}(1 + U_{2h2k2l})$$

das gleiche Ergebnis für große Strukturamplituden zum Ausdruck brachte.

Um die Wahrscheinlichkeitsbeziehungen nach Sayre

$$S_{(hkl)} \sim S_{(h'k'l')} \; S_{h-h'k-k',l-l')}$$

die auch in der Form

$$S_{(hkl)} \; S_{(h'k'l')} \; S_{(h-h',k-k',l-l')} = +1$$

geschrieben werden können, sinnvoll anzuwenden, ist es wichtig, die Wahrscheinlichkeiten zahlenmäßig zu berechnen, mit denen sie gültig sind. P^+ soll die Wahrscheinlichkeit dafür sein, daß das Vorzeichen von U_{r*} gleich dem Produkt der Vorzeichen U_{r*}, U_{r*-r*}, ist.

Für P^+ haben Cochran und Woolfson 1955 den folgenden Ausdruck für die $|U|$ angegeben, der in guter Näherung gültig ist:

$$P^+ = \frac{1}{2} + \frac{1}{2} \tanh\left\{ \frac{\sum_{j=1}^{N} n_j^3}{\left(\sum_{j=1}^{N} n_j^2\right)^3} \left| U_{hkl} \; U_{h'k'l'} \; U_{h-h',k-k',l-l'} \right| \right\}$$

bei gleichartigen Atomen in der Elementarzelle gilt:

$$P^+ = \frac{1}{2} + \frac{1}{2} \tanh\left\{ N \left| U_{hkl} \; U_{h'k'l'} \; U_{h-h',k-k',l-l'} \right| \right\}$$

Der entsprechende Ausdruck für die normalisierten Strukturamplituden E lautet:

$$P^+ = \frac{1}{2} + \frac{1}{2} \tanh\left\{ \frac{\sum_{j=1}^{N} n_j^3}{\left(\sum_{j=1}^{N} n_j^2\right)^{\frac{3}{2}}} \left| E_{hkl} \; E_{h'k'l'} \; E_{h-h',k-k',l-l'} \right| \right\}$$

und bei gleichartigen Atomen

$$P^+ = \frac{1}{2} + \frac{1}{2} \left\{ \tanh \frac{1}{\sqrt{N}} \left| E_{hkl} \; E_{h'k'l'} \; E_{h-h',k-k',l-l'} \right| \right\}$$

Da der Tangens Hyperbolicus tanh in unserem Falle nur positive Werte zwischen O und +1 annehmen kann, liegt P^+ zwischen $\frac{1}{2}$ und +1.

Die Tabelle 8 enthält Zahlenwerte für P^+ für den Fall N gleicher Atome in der Elementarzelle in Abhängigkeit von

$$|E| = \sqrt[3]{E_{hkl} \; E_{h'k'l'} \; E_{h-h',k-k',l-l'}}$$

Tabelle 8

E	N				
	20	40	60	80	100
3,0	1,0	1,0	1,0	1,0	0,99
2,8	1,0	1,0	1,0	0,99	0,99
2,6	1,0	1,0	0,99	0,98	0,97
2,3	1,0	0,98	0,96	0,94	0,92
2,0	0,97	0,93	0,89	0,86	0,83
1,8	0,93	0,86	0,87	0,78	0,76
1,5	0,82	0,74	0,71	0,68	0,66

Bisher haben wir nur den zentrosymmetrischen Fall behandelt. Die Sayre-Gleichung gilt jedoch in der allgemeinen Form auch für den nicht-zentrosymmetrischen Fall:

$$|F_{r^*}| \cdot e^{i\phi_{r^*}} = \frac{\phi_{r^*}}{V} \sum_{r^*} |F_{r^*}| \, |F_{r^*-r^*{}'}| \cdot e^{i\phi_{r^*}} \, e^{i\phi_{r^*-r^*{}'}}$$

$$= \frac{\phi_{r^*}}{V} \sum_{r^*} |F_{r^*}| \, |F_{r^*-r^*{}'}| \cdot e^{i(\phi_{r^*} + \phi_{r^*-r^*{}'})}$$

und entsprechend für die U und E.

Auch diesmal argumentieren wir ähnlich wie vorher:

Die Sayre-Gleichung gilt streng für unendlich viele Glieder; kennen wir nur ein Glied, so ist die wahrscheinlichste Phase $\langle\phi_{r^*}\rangle$ bestimmt durch

$$\langle\phi_{r^*}\rangle = \phi_{r^*} + \phi_{r^*-r^*{}'}$$

Wenn mehrere Glieder $U_{r^*} U_{r^*-r^*{}'}$ bekannt sind, so ist die wahrscheinlichste Phase bestimmt durch $\langle\tan\phi_{r^*}\rangle$ wobei gilt:

$$\langle\tan\phi_{r^*}\rangle = \frac{\sum_{r^*{}'} |U_{r^*{}'}| \, |U_{r^*-r^*{}'}| \sin(\phi_{r^*} + \phi_{r^*-r^*{}'})}{\sum_{r^*{}'} |U_{r^*{}'}| \, |U_{r^*-r^*{}'}| \cos(\phi_{r^*{}'} + \phi_{r^*-r^*{}'})}$$

Dieser wahrscheinlichste Wert für $\langle \phi_{r*} \rangle$ kann von dem wahren Wert ϕ_{r*} abweichen, wie dies bei statistischen Aussagen üblich ist. Die Varianz σ^2 der geltenden Verteilungsfunktion für ϕ_{r*} nimmt mit dem Betrag von $|U_{r*} \sum U_{r*'} U_{r*-r*'}|$ ab.

f) Praktische Anwendung der direkten Phasenbestimmung

In diesem Abschnitt soll an einem Beispiel gezeigt werden, wie man in der Praxis die im letzten Abschnitt behandelte Sayre-Beziehung anwendet, um die Vorzeichen der Strukturamplituden zu bestimmen.

1. Allgemeines Konzept

Die Sayre-Beziehung $S(H_1) \sim S(H_2) \, S(H_3)$ mit der Abkürzung $H_1 = (h_1,k_1,l_1)$, $H_2 = (h_2,k_2,l_2)$ und $H_3 = (h_1-h_2,k_1-k_2,l_1-l_2)$ verknüpft die Vorzeichen der drei Strukturamplituden H_1, H_2 und H_3 miteinander. Hat man also ein Reflextripel gefunden, das dieser Indexbedingung genügt und sind die Vorzeichen von zwei der drei beteiligten Strukturamplituden bekannt, so läßt sich das dritte Vorzeichen bestimmen.

Die systematische Anwendung der Sayre-Beziehung auf einen vorgegebenen $|F|$-Datensatz verlangt deshalb zunächst das Aufsuchen aller Reflextripel und deren Auswertung, ausgehend von einem Startphasensatz.

Wir wollen deshalb nachfolgend die drei notwendigen Arbeitsgänge nacheinander besprechen:

Auswahl der Startphasen (2)

Aufsuchen der Reflextripel (3)

Vorzeichenbestimmung (4)

2. Auswahl der Startphasen

Die Vorgabe einiger Startphasen (Vorzeichen) zu Beginn ist deshalb notwendig, weil wir stets zwei bekannte Vorzeichen brauchen, um zu einem nicht bekannten dritten zu kommen. Wir wollen nun zeigen, daß man drei Vorzeichen (in manchen Fällen auch weniger) innerhalb gewisser Grenzen frei wählen kann. Der Grund für diese Freiheit ist die Vieldeutigkeit der Lösung des Phasenproblems

Die Strukturamplitude

$$F_H = \sum_{j=1}^{N} f_j \cdot e^{2\pi i(HX_j)}$$

ist nämlich abhängig von der Wahl des Ursprungs des Koordinatensystems, in dem wir die Atomkoordinaten $X_j = x_j y_j z_j$ schreiben. Beziehen wir die Koordinaten anstatt auf 000 auf einen anderen Ursprung $X_0 = x_0 y_0 z_0$, so lautet der Strukturfaktor $F_H^{(X_0)}$

$$F_H^{(X_0)} = \sum_{j=1}^{N} f_j \cdot e^{2\pi i(H(X_j - X_0))} = e^{-2\pi i HX_0} \cdot F_H$$

Wir wollen alle Größen dann strukturinvariant nennen, wenn sie von der Wahl des Ursprunges unabhängig sind, und somit allein durch die Struktur, d.h. durch die relative Lage der Atome zueinander festgelegt sind.

Die folgenden Überlegungen wollen wir auf primitive, zentrosymmetrische Raumgruppen beschränken und betrachten als einfachstes Beispiel die Raumgruppe P$\bar{1}$. Abbildung 140 zeigt die trikline Elementarzelle und die Inversionszentren.

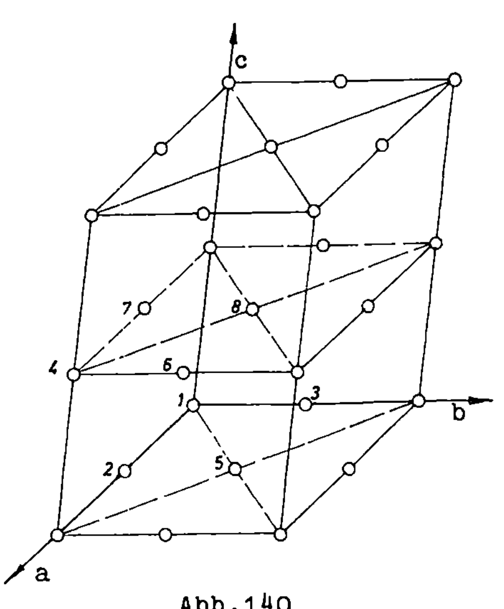

Abb.140

Beziehen wir die Koordinaten der Atome in der Zelle auf einen Nullpunkt, der mit einem der acht Inversionzentren zusammenfällt, so wird der Strukturfaktor reell

$$F_H = 2 \sum_{j=1}^{N|2} f_j \cos 2\pi HX_j$$

und deshalb wird die Phasenbestimmung zu einer Vorzeichenbestimmung. Um diese Vereinfachung zu erhalten, wird man deshalb in unserem Falle als Nullpunkt der Zelle nur eines der acht Inversionszentren zulassen.

Wir müssen nun etwas genauer untersuchen, wie sich die Vorzeichen der Strukturfaktoren verändern, wenn wir den Ursprung
der Elementarzelle von 1 nach einem anderen Inversionszentrum, z.B. nach 5, verlegen. Es sei der Übergang von (000)
nach 5 mit den Koordinaten $(\frac{1}{2}\,\frac{1}{2}\,0)$ betrachtet.
Es gilt

$$F_H^{(\frac{1}{2}\,\frac{1}{2}\,0)} = e^{\pi i(h+k)}\,F_H^{(000)} = (-1)^{h+k}\,F_H^{(000)}$$

Der Übergang bedeutet für alle Reflexe mit h+k = 2n keine
Vorzeichenänderung, für h+k = 2n+1 dagegen eine Umkehr des
Vorzeichens von F_H.
Es ist daher zweckmäßig, die Reflexe in 8 Paritätsklassen
gemäß den 8 Spalten der Tabelle 9 einzuteilen. g bedeutet
dabei gerade, u ungerade. Aus der Tabelle kann man entnehmen, wie sich das Vorzeichen eines Reflexes F_H einer bestimmten Paritätsklasse ändert, wenn man vom Nullpunkt (000) zu
irgendeinem anderen übergeht. + bedeutet keine Änderung des
Vorzeichens, - bedeutet Änderung des Vorzeichens. Verlegen
wir z.B. den Ursprung von 000 nach $\frac{1}{2}\,\frac{1}{2}\,0$, so verändert sich
das Vorzeichen in 4 Paritätsklassen, während es in 4 anderen
erhalten bleibt.

Tabelle 9

			(1)	(2)	(3)	(4)	(5)	(6)	(7)	(8)
Nr.	Ursprung	h	g	g	g	u	g	u	u	u
		k	g	g	u	g	u	g	u	u
		l	g	u	g	g	u	u	g	u
1	0 0 0		+	+	+	+	+	+	+	+
2	$\frac{1}{2}$ 0 0		+	+	+	–	+	–	–	–
3	0 $\frac{1}{2}$ 0		+	+	–	+	–	+	–	–
4	0 0 $\frac{1}{2}$		+	–	+	+	–	–	+	–
5	$\frac{1}{2}\,\frac{1}{2}$ 0		+	+	–	–	–	–	+	+
6	$\frac{1}{2}$ 0 $\frac{1}{2}$		+	–	+	–	–	+	–	+
7	0 $\frac{1}{2}\,\frac{1}{2}$		+	–	–	+	+	–	–	+
8	$\frac{1}{2}\,\frac{1}{2}\,\frac{1}{2}$		+	–	–	–	+	+	+	–

Die Tabelle 9 zeigt, daß für die Reflexe der Paritätsklasse
ggg niemals ein Vorzeichenwechsel auftritt, gleichgültig
welchen Ursprung man wählt. Reflexe der Paritätsklasse ggg
sind daher strukturinvariant. Strukturinvariant sind weiter
die Produkte der drei Vorzeichen von solchen Paritätsklassen
wie z.B. (2), (3) und (5) oder (4), (5) und (8). In diesen
Klassen sind die Produkte der drei Indizesvorzeichen jeweils positiv, und die Summen dreier Indizes ergeben jeweils
gerade Zahlen.
Zum Beispiel ergibt sich für die Klassen (2), (3) und (5):

$$
\begin{array}{lccccccc}
 & (2) & + & (3) & + & (5) & = & (1) \\
\text{für } h & g & + & g & + & g & = & g \\
\text{für } k & g & + & u & + & u & = & g \\
\text{für } l & u & + & g & + & u & = & g \\
\end{array}
$$

Anhand der Tabelle 9 zeigen wir nun wie es möglich ist,
durch die Festlegung dreier Vorzeichen aus drei Paritätsklassen eine eindeutige Entscheidung für einen bestimmten
Ursprung der Elementarzelle zu erreichen, der dann für alle
weiteren Überlegungen fixiert ist. Strukturinvariante Paritätsklassen können offensichtlich nicht zur eindeutigen
Definition des Ursprungs verwendet werden, denn ihr Vorzeichen wird völlig eindeutig allein durch die Struktur bestimmt und kann durch eine Wahl des Ursprungs der Elementarzelle nicht geändert werden.

Wenn wir drei Reflexe aus drei verschiedenen Paritätsklassen auswählen und dabei darauf achten, daß in diesen Klassen beim Übergang auf die anderen Inversionszentren alle
möglichen Dreier-Kombinationen von + und - auftreten, dann
haben wir die Freiheit, die Vorzeichen dieser drei Reflexe
beliebig wählen zu können, und der Ursprung ist mit dieser
Wahl gemäß Tabelle 9 eindeutig festgelegt. Dies gilt z.B.
für drei Reflexe aus den Paritätsklassen (2), (3) und (4):
Wie man auch immer die drei Vorzeichen wählt, stets ergibt
sich nur ein einziger Ursprung. Würde man hingegen drei
Reflexe aus den Klassen (2), (3) und (5) auswählen und diesen die Vorzeichen +++ zuordnen, so würden sich für diese

Vorzeichenkombination für den Ursprung die beiden Möglichkeiten 000 und $\frac{1}{2}$00 ergeben, und der Ursprung wäre in diesem
Falle nicht eindeutig festgelegt.

Nach den obigen Ausführungen können wir zur eindeutigen Null-
punktbestimmung solche Paritätsklassen nicht verwenden, deren Indizessumme ggg ergibt. Dabei darf in dem Dreiersatz
jede Paritätsklasse nur einmal vertreten sein.

Die vorstehenden Überlegungen gelten allerdings nur für zentrosymmetrische primitive Raumgruppen. Für zentrierte Zellen
und für solche, in denen verschiedene Typen von Drehachsen
(z.B. 2- und 4-zählige) gemeinsam auftreten, sind die Verhältnisse komplizierter. In solchen Fällen kann es möglich
sein, daß man nur zwei, einen oder gar keinen Reflex zur
Ursprungsdefinition verwenden darf.

3. <u>Aufsuchen der Reflextripel</u>

Die in der Sayre'schen Vorzeichenbeziehung auftretenden
drei Indizes H_1, H_2, H_3 müssen der Indexbedingung
$(h_1,k_1,l_1) = (h_2,k_2,l_2)+(h_1-h_2,k_1-k_2,l_1-l_2)$ genügen. Die
Suche nach solchen Indextripeln soll im folgenden an einem
konkreten Beispiel erläutert werden. Dabei wollen wir uns
klarmachen, wie man die Symmetrie des Kristalles bei diesen
Überlegungen zu berücksichtigen hat.

Das vorliegende Beispiel stammt aus einer Strukturbestimmung des Trianisyl-triazins der Summenformel $C_{24}H_{21}N_3O_3$ [*)].
Die Substanz kristallisiert monoklin in der Raumgruppe $P\frac{2_1}{c}$
mit vier Molekülen in der Elementarzelle. Wir werden sehen,
daß die Angabe der Zahl und Art der Atome in der Elementarzelle und der Symmetrie des Kristalles für die weiteren
Überlegungen notwendig ist. Zusätzlich müssen selbstver-
ständlich die gemessenen $|F_{hkl}|$-Werte und die daraus berech-
neten normalisierten Strukturfaktoren $|E_{hkl}|$ vorliegen. In
der Tabelle 10 sind 20 der größten E-Werte angegeben, und
wir wollen, um das Prinzip der Phasenbestimmung zu erläutern,
nur für diese 20 Reflexe die Vorzeichen bestimmen. Die Er-

[*)] E.Oeser und L.Schiele; Chem.Ber. <u>105</u> (1972)3704

weiterung auf einen größeren Satz von Reflexen, die man
meist auf alle $|E|$-Werte $\geq 1,5$ ausdehnt, erfordert so viel
Rechenaufwand, daß man sie einem Rechner überläßt.

Tabelle 10

Nr.	h k l	E	Nr.	h k l	E
1	8 1 6	4,68	11	9 1 7	3,14
2	3 1 17	4,56	12	0 5 18	2,93
3	6 1 $\overline{12}$	4,02	13	2 1 16	2,90
4	6 2 $\overline{11}$	3,99	14	1 2 17	2,82
5	7 1 $\overline{11}$	3,49	15	1 3 $\overline{1}$	2,61
6	7 3 4	3,47	16	2 2 18	2,54
7	5 4 $\overline{12}$	3,45	17	2 5 1	2,49
8	8 1 5	3,36	18	1 2 2	2,38
9	3 3 18	3,30	19	9 2 5	2,22
10	7 4 6	3,24	20	8 4 $\overline{12}$	2,23

Die in der Tabelle 10 angegebenen E-Werte müssen zunächst
auf den gesamten reziproken Raum erweitert werden. Hierzu
berechnen wir die Strukturamplituden F_{hkl} für die Raumgruppe
$P\frac{2_1}{c}$ auf Grund der Punktlage xyz, $\overline{x}\overline{y}\overline{z}$, $\overline{x}\ \frac{1}{2}+y\ \frac{1}{2}-z$, $x\ \frac{1}{2}-y\ \frac{1}{2}+z$.
Fassen wir xyz und $\overline{x}\ \frac{1}{2}+y\ \frac{1}{2}-z$ zusammen, so ergibt sich

$$e^{2\pi iky}\left(e^{2\pi i(hx+lz)} + (-1)^{k+l}\ e^{-2\pi i(hx+lz)}\right)$$

Analog ergeben die beiden anderen Glieder den Beitrag

$$e^{-2\pi iky}\left(e^{-2\pi i(hx+lz)} + (-1)^{k+l}\ e^{2\pi i(hx+lz)}\right)$$

Für $\underline{k+l = 2n}$ erhalten wir für F_{hkl} :

$$F_{hkl} = 4f\cdot\cos 2\pi(hx+lz)\cdot\cos 2\pi ky$$

und es ergibt sich die folgende Symmetrie für die F_{hkl}-
Werte:

$$F_{hkl} = F_{\overline{h}\overline{k}\overline{l}} = F_{\overline{h}k\overline{l}} = F_{\overline{h}\overline{k}\overline{l}} \neq F_{hk\overline{l}}$$

$$F_{hk\overline{l}} = F_{\overline{h}\overline{k}l} = F_{h\overline{k}\overline{l}} = F_{\overline{h}kl}$$

Für $\underline{k+l = 2n+1}$ erhalten wir für F_{hkl} :

$$F_{hkl} = -4f \cdot \sin 2\pi(hx+lz) \cdot \sin 2\pi ky$$

und es ergibt sich die folgende Symmetrie für die F_{hkl}-Werte:

$$F_{hkl} = F_{\bar{h}\bar{k}\bar{l}} = -F_{h\bar{k}l} = -F_{\bar{h}k\bar{l}} \neq F_{hk\bar{l}}$$

$$F_{hk\bar{l}} = F_{\bar{h}\bar{k}l} = -F_{h\bar{k}\bar{l}} = -F_{\bar{h}kl}$$

Entsprechend dieser Symmetrie können die E-Werte auf den gesamten reziproken Raum erweitert werden:

Mit $(6\ 1\ \overline{12}) = (8\ \bar{1}\ 6)+(\bar{2}\ 2\ \overline{18})$ können wir ein Sayre'sches Tripelprodukt anschreiben

$$S(6\ 1\ \overline{12}) \sim S(8\ \bar{1}\ 6)\ S(\bar{2}\ 2\ \overline{18})$$

Da jedoch die beiden Reflexe auf der rechten Seite nicht in der Form $8\ \bar{1}\ 6$ und $\bar{2}\ 2\ \overline{18}$ in Tabelle 10 sondern als Nr.1 = $(8\ 1\ 6)$ und als Nr.16 = $(2\ 2\ 18)$ vorkommen, müssen wir die Vorzeichen von $8\ \bar{1}\ 6$ und $\bar{2}\ 2\ 18$ entsprechend der abgeleiteten Symmetrie der F_{hkl} bestimmen:

$$S(8\ \bar{1}\ 6) = -S(8\ 1\ 6)\ ,\ \text{und}$$

$$S(\bar{2}\ 2\ \overline{18}) = S(2\ 2\ 18)$$

und unsere Sayre-Gleichung heißt dann

$$S(6\ 1\ \overline{12}) = -S(8\ 1\ 6)\ S(2\ 2\ 18), \quad \text{oder mit der Numerierung}$$
$$\text{der Tab.10:}$$

$$S(3)\ S(1)\ S(16) = -$$

(siehe hierzu das zweite Tripelprodukt in Tab.11).

Gleichzeitig können wir über die Wahrscheinlichkeitsformel angeben, wie zuverlässig diese Beziehung ist; für den zentrosymmetrischen Fall gilt:

$$P^+ = 0,5 + 0,5\ \tanh\frac{E_1\ E_2\ E_3}{N}$$

In der Abbildung 141 ist für unser Beispiel $C_{24}H_{21}N_3O_3$ (N=120) die Wahrscheinlichkeit P in Abhängigkeit vom Produkt $E_1 \cdot E_2 \cdot E_3$ aufgetragen. Wir entnehmen dieser Kurve für $E_1 \cdot E_2 \cdot E_3 = 4,02 \cdot 4,68 \cdot 2,54 = 47,8$ den Wert P = 100%.

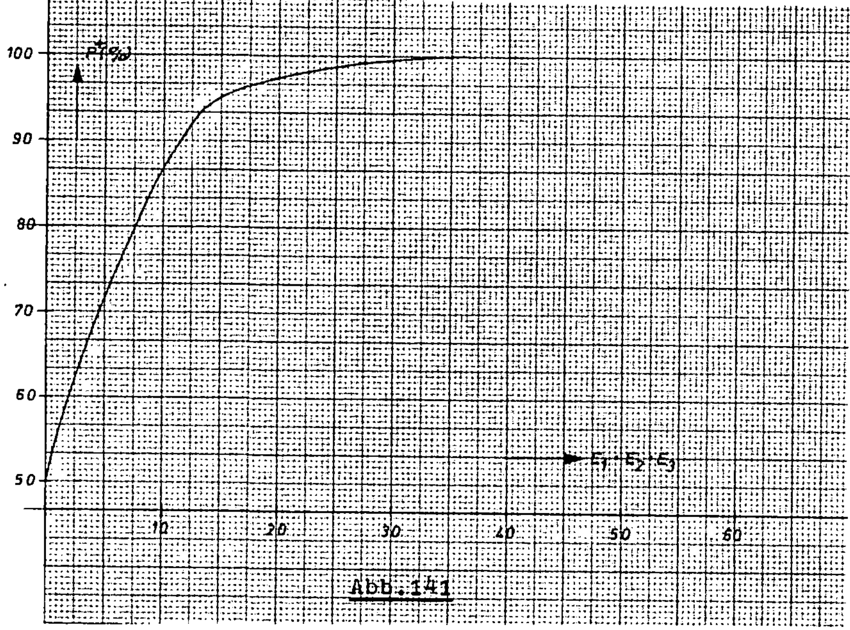

Eine weitere Sayre-Beziehung mit dem Reflex Nr.3 der Tabelle
10 lautet

$$(6\ 1\ \overline{12})\ =\ (3\ \overline{1}\ \overline{17})+(9\ 2\ 5)$$

Wegen $S(3\ \overline{1}\ \overline{17}) = S(3\ 1\ 17)$ erhalten wir:

$$S(3)\ S(2)\ S(19)\ =\ +\quad (\text{mit } P = 100\%).$$

Für den Reflex Nr.3 (6 1 $\overline{12}$) lassen sich keine weiteren
Beziehungen im vorliegenden Datensatz finden.

Die weitere Auswertung besteht im Aufsuchen aller Tripelprodukte für die Reflexe der Tabelle 10. Zweckmäßig faßt
man das Ergebnis in zwei Tabellen zusammen:

- In einer Liste aller gefundenen Tripelprodukte (Tabelle
  11) mit durchlaufender Numerierung, der Angabe der drei
  beteiligten Reflexe A, B und C gemäß Tabelle 10, dem Vorzeichen des Tripelproduktes und der zugehörigen Wahrscheinlichkeit.

- In einer Liste der Tripelprodukte in denen ein bestimmter Reflex vorkommt (Tabelle 12).

Tabelle 11

Liste   der Tripelprodukte

Nr.des Tripel- produktes	Reflex A	Reflex B	Reflex C	Vorzeichen	P %
1	1	7	9	-	100
2	1	3	16	-	100
3	1	5	14	+	100
4	1	6	18	+	100
5	1	12	20	+	99
6	1	15	19	-	99
7	2	3	19	+	100
8	2	15	16	+	99
9	4	9	11	-	100
10	4	8	13	-	100
11	4	10	14	+	100
12	5	7	17	+	99
13	5	11	16	+	99
14	5	13	19	+	99
15	5	15	20	+	98
16	6	7	13	-	100
17	6	17	19	-	98
18	8	10	15	+	99
19	8	11	18	+	99
20	9	13	18	+	99
21	9	14	17	-	99
22	10	11	17	+	99
23	12	14	15	+	99
24	13	14	15	-	99
25	14	19	20	-	95
26	15	17	18	+	96

<u>Tabelle 12</u>

Liste der Tripelprodukte, in denen ein
bestimmter Reflex vorkommt sowie die
ermittelten Vorzeichen der Reflexe.

Nr.des Reflexes (Tab.10)	Nummern der Tripelprodukte aus Tabelle 11						Vorzeichen
1	1	2	3	4	5	6	+
2	7	8					b
3	2	7					a
4	9	10	11				+
5	3	12	13	14	15		a
6	4	16	17				b
7	1	12	16				-
8	10	18	19				-b
9	1	9	20	21			+
10	11	18	22				a
11	9	13	19	22			-
12	5	23					-b
13	10	14	16	20	24		b
14	3	11	21	23	24	25	a
15	6	8	15	18	23	24	-ab
16	2	8	13				-a
17	12	17	21	22	26		-a
18	4	19	20	26			b
19	6	7	14	17	25		ab
20	5	15	25				-b

4. <u>Vorzeichenbestimmung (symbolische Addition)</u>

Anhand der Tabellen 11 und 12 wollen wir nun versuchen, die
Vorzeichen der Reflexe zu bestimmen.
Wie oben beschrieben dürfen wir zur Fixierung des Ursprungs
der Elementarzelle in günstig gelagerten Fällen drei Reflexen die Vorzeichen willkürlich zuordnen, wenn wir die
Paritätsklassen entsprechend berücksichtigen. Hierzu wählt
man solche Reflexe aus, die in möglichst vielen Sayre-Be-
ziehungen mit möglichst großer Wahrscheinlichkeit auftreten.
Am häufigsten kommen folgende Reflexe vor:

$15 = (1\ 3\ \bar{1})$: 7-mal; $14 = (1\ \ 2\ 17)$: 6-mal; $1 = (8\ 1\ 6)$: 6-mal.

Diese drei Reflexe dürfen jedoch nicht zur Nullpunktfixierung
herangezogen werden, denn die Summe ihrer Indizes ergibt
die Parität ggg. Der Ersatz von 15 durch $5 = (7\ 1\ \overline{11})$ führt
zum gleichen Ergebnis; ebenso ist der Ersatz von 15 durch
$13 = (2\ 1\ 16)$ nicht erlaubt, denn dann wäre im Startsatz
die Paritätsklasse gug zweifach vertreten.

Eine Möglichkeit ist die Wahl der drei Reflexe 1, 4 und 9
als Startsatz zur Nullpunktfixierung. Wir weisen diesen
drei Reflexen die Startvorzeichen +++ zu. Eine andere Kombination als Startsatz unter Beachtung der obigen Regeln
läßt sich mit Sicherheit finden und würde uns einen anderen
Nullpunkt liefern.

Aus der Tabelle 11 entnimmt man nun, in welchen Reflextri-
peln die Reflexe 1, 4 und 9 vorkommen und trägt bei diesen
drei Reflexen ihre zugewiesenen Vorzeichen +++ ein. Aus der
Tabelle 11 entnehmen wir, daß in den Tripelprodukten 1 und
9 jetzt jeweils zwei Vorzeichen bekannt sind. Das dritte
läßt sich aufgrund der Sayre-Beziehung bestimmen. Wir finden $S(7) = -$ und $S(11) = -$. Diese beiden neu gewonnenen Vorzeichen werden nun überall dort in die Tabelle 11 übertragen, wo die beiden Reflexe 7 und 11 vorkommen, in der Hoff-
nung, mit ihrer Hilfe weitere Vorzeichen bestimmen zu können. Wie sich zeigt ist dies jedoch in unserem Beispiel
nicht möglich.
Da wir keinerlei weitere Zuweisungen von Vorzeichen machen
können, wählen wir nun ein Symbol, z.B. a, für das wir die

beiden möglichen Vorzeichen + oder - offenlassen und weisen
dieses "Vorzeichen" einem Reflex zu, z.B. dem Reflex 14.
Zunächst tragen wir in Tabelle 11 überall dort ein "a" ein,
wo der Reflex 14 vorkommt. Damit erhalten wir dann $S(5) = a$
aus dem Tripelprodukt 3, $S(10) = a$ aus dem Tripelprodukt 11
und $S(17) = -a$ aus dem Tripelprodukt 21. Beim Eintragen der
so gewonnenen Vorzeichen bzw. Symbole stellt man fest, daß
das Vorzeichen des Reflexes 17 auch auf andere Weise mit
dem gleichen Resultat hätte bestimmt werden können, ein Beweis für die Konsistenz der bisherigen Zuweisungen. Nach
einigen weiteren Vorzeichenbestimmungen kommt man erneut zu
einem Stopp, der durch die Einführung eines weiteren Sym-
nols b für das Vorzeichen von Reflex 18 beseitigt werden
kann. Man kann sich überzeugen, daß sich mit den beiden Symbolen a und b die Vorzeichenbestimmung vollständig durchführen läßt. Man nennt das beschriebene Vorgehen "Symbolische Addition". Die gefundenen Vorzeichen sind in der letzten
Spalte der Tabelle 12 eingetragen.

Das Resultat dieser Auswertung ist die Zuweisung von Vorzeichen oder Symbolen zu den einzelnen Reflexen. Im vorliegenden Beispiel ergeben sich keinerlei Widersprüche, was
durch die beteiligten großen E-Werte bedingt ist. Dehnt man
aber die Vorzeichenbestimmung auf kleinere E-Werte aus, so
kann es z.B. passieren, daß irgendein Reflex, der in 12 Tripelprodukten vorkommt, 10-mal zu + und 2-mal zu - bestimmt
wurde. Man wird in einem solchen Fall das Plus-Zeichen als
wahrscheinlicher annehmen und stets mit demjenigen Phasen-
satz arbeiten, der die beste interne Konsistenz aufweist.

Wir haben bei der symbolischen Addition zwei Symbole a und
b eingeführt mit der ausdrücklichen Voraussetzung, daß für
beide Symbole + und - zugelassen werden und erhalten damit
vier verschiedene Phasensätze:

	a	b
Phasensatz 1 :	+	+
Phasensatz 2 :	+	-
Phasensatz 3 :	-	+
Phasensatz 4 :	-	-

Insgesamt wurden bei der Strukturermittlung von $C_{24}H_{21}N_3O_3$ durch symbolische Addition die Vorzeichen von 247 E-Werten bestimmt und damit 16 Fouriersynthesen berechnet. Damit E-Synthesen zum Erfolg führen, sollte man pro Atom des unbekannten Moleküls etwa 10 Vorzeichen aus ungefähr 100 Tripelprodukten bestimmen. Für unser Beispiel mit 30 Atomen (ohne die Wasserstoffatome) war die Zahl der bestimmten Vorzeichen für die erste E-Fouriersynthese ausreichend.

Um aus den verschiedenen E-Synthesen die richtige zu erkenen, konzentriert man sich auf bekannte Strukturmerkmale. In Abbildung 142 ist das Molekül mit den drei Anisylresten abgebildet, auf die man sich bei der Analyse der E-Synthese konzentrierte. In der "richtigen" E-Synthese konnten 26 der gesuchten Atome lokalisiert werden. Die übrigen 4 Atome wurden durch weitere Fouriersynthesen aufgefunden.
Das Trianisyl-1,2,3-Triazin und die thermischen Schwingungen der Atome sind in Abbildung 143 dargestellt.

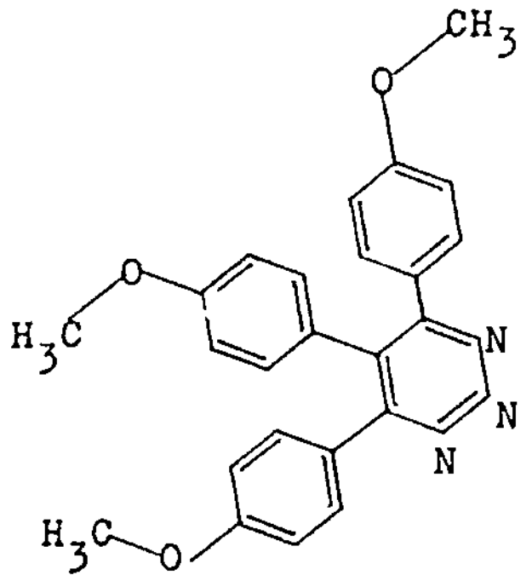

Abb.142 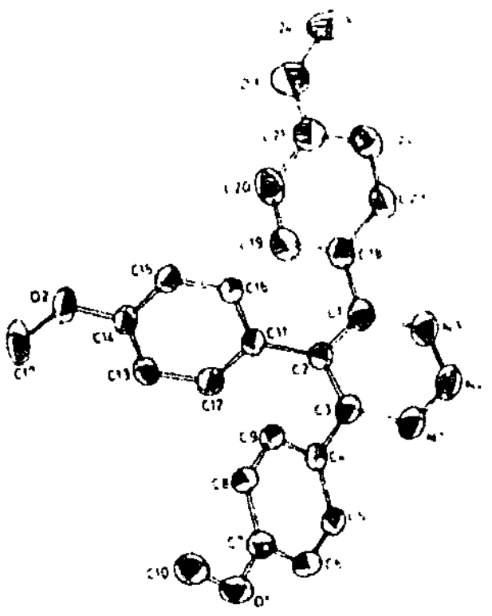   Abb.143

g) <u>Die Bedeutung der anormalen Dispersion für die röntgeno-graphische Strukturbestimmung</u>

Während wir bisher die Phasen nur indirekt ermitteln konnten, gestattet die anormale Dispersion eine experimentelle Bestimmung der Phasen. Aus diesem Grunde wollen wir etwas näher dar-

auf eingehen. Allerdings liegt die Bedeutung der anormalen
Dispersion auch darin, daß sie es ermöglicht, die Absolutkonfiguration von Molekülen zu ermitteln.

Wir wollen zunächst die Grundlagen der anormalen Dispersion
kurz behandeln, werden anhand eines sehr einfachen Beispiels
dann auf das Problem der Phasenmessung eingehen und schließlich das Prinzip der Bestimmung der Absolutkonfiguration von
Molekülen besprechen.

1. Grundlagen der anormalen Dispersion

Bisher haben wir stets vorausgesetzt, daß die Frequenz der
einfallenden Röntgenstrahlen ω_0 groß ist gegenüber den Fre-
quenzen der K-Absorptionskanten ω_K der Atome in der Elementarzelle.

Es galt daher immer $\omega_0 \gg \omega_K$. Die Atomformamplitude war unter diesen Bedingungen f, wir wollen sie jetzt f_o nennen.

Strahlt man mit einer Frequenz ein, die in der Nähe von
ω_K liegt, gilt also $\omega_0 \sim \omega_K$, so wird die Atomformamplitude
infolge anormaler Dispersion komplex und wir müssen schrei-
ben

$$f = f_o + f' + if''$$

Da f_o von $\frac{\sin\theta}{\lambda}$ abhängt, während die Korrekturgrößen f' und
f'' als von $\frac{\sin\theta}{\lambda}$ unabhängig angenommen werden, nimmt der
komplexe Charakter der Atomformamplitude f mit dem Phasen-
winkel ϕ gemäß

$$\text{tg}\phi = \frac{f''}{f_o + f'}$$

mit steigenden $\frac{\sin\theta}{\lambda}$-Werten zu.

Die Größen f' und f'' sind quantenmechanisch von HÖNL
berechnet worden und hängen vom Quotienten $\frac{\omega_0}{\omega_K}$ ab. Sie sind
als $\frac{f'}{g_K}$ bzw. $\frac{f''}{g_K}$ (g_K = Oszillatorstärke) in Abbildung 144
als Funktion von $\frac{\omega_0}{\omega_K}$ aufgetragen.

In Abbildung 145 ist $\Delta f = |f| - f_o$ als Funktion von $\frac{\omega_0}{\omega_K}$ auf-
getragen. Die Größen f' und f'' sind in Band III der Inter-
nationalen Tabellen auf Seite 214 ff tabelliert.

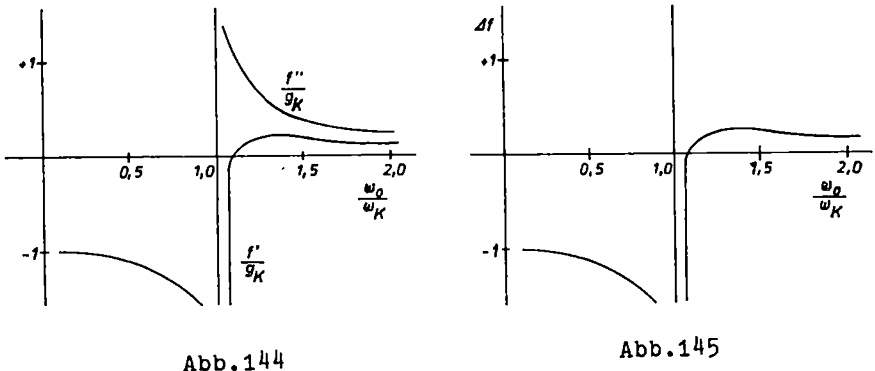

Abb.144   Abb.145

2. Die Messung der Phasen der Strukturamplituden

Wie kann man den Effekt der anormalen Dispersion benutzen, um die Phasen der Strukturamplituden zu messen?

Als einfachstes Beispiel betrachten wir ein anormal streuendes Atom in 000. Dieses Atom liefert zu F_{hkl} und $F_{\overline{hkl}}$ nach den obigen Ausführungen den Streubeitrag

$$f = f_o + f' + if'' = f_1 + if''$$

Die Beiträge der azentrisch angeordneten leichten Atome zu den Strukturamplituden F_{hkl} bzw. $F_{\overline{hkl}}$ seien F_1 bzw. $F_{\overline{1}}$. Nach Abbildung 146 ergibt sich:

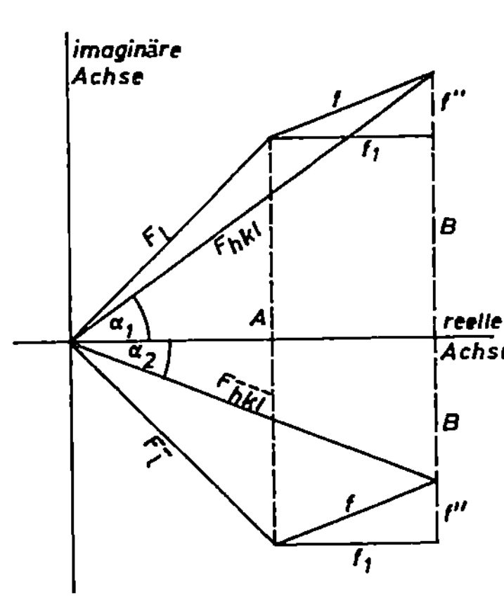

$$|F_{hkl}|^2 = A^2 + (B + f'')^2$$
$$= A^2 + B^2 + f''^2 + 2Bf''$$

$$|F_{\overline{hkl}}|^2 = A^2 + (B - f'')^2$$
$$= A^2 + B^2 + f''^2 - 2Bf''$$

Mithin folgt:

$$|F_{hkl}|^2 - |F_{\overline{hkl}}|^2 = \Delta|F|^2 = 4Bf''$$

oder

$$B = \frac{\Delta|F|^2}{4f''}$$

Abb.146

Hieraus folgt für α_1 und α_2 laut Abbildung 146 :

$$\sin\alpha_1 = \frac{B + f''}{|F_{hkl}|} \quad \text{und} \quad \sin\alpha_2 = \frac{B - f''}{|F_{\overline{hkl}}|}$$

Da wir $|F_{hkl}|^2$ und $|F_{\overline{hkl}}|^2$ messen können ("Friedel-Paare") und da ferner f'' tabelleiert ist, können wir B und damit die Phasenwinkel α_1 und α_2 bestimmen.

Wir sehen an diesem einfachen Beispiel, daß bei Auftreten von anormaler Dispersion die Eigensymmetrie $\overline{1}$ des Streuvorganges verloren geht. Es ist jetzt: $|F_{hkl}| \neq |F_{\overline{hkl}}|$.

Allerdings setzt die soeben beschriebene Methode sehr genaue Absolutmessungen der Röntgenintensitäten am Diffraktometer voraus. $\Delta|F|^2$ ist als Differenz zweier im allgemeinen großer Zahlen $|F_{hkl}|^2$ und $|F_{\overline{hkl}}|^2$ störanfällig gegenüber Meßfehlern. Außerdem ist es derzeit noch unsicher, inwieweit man sich auf die theoretischen Werte für $\Delta f''$ verlassen kann. Es wird daher wohl noch einige Zeit dauern, ehe die beschriebene Methode allgemein anwendbar sein wird. Sie ist jedoch schon heute als prinzipielle Möglichkeit der Phasenmessung von großem Interesse.

3. Bestimmung der Absolutkonfiguration von Molekülen.

Die jetzt zu beschreibende Methode setzt im Gegensatz zur vorher beschriebenen weniger anspruchsvolle Messungen voraus. Es gibt von manchen Molekülen, z.B. von solchen mit sogenannten "asymmetrischen" C-Atomen enantiomorphe Formen, die sich zueinander wie Bild und Spiegelbild verhalten. Ein Beispiel hierfür ist der Glycerinaldehyd. Aus Abbildung 147 ersieht man die tetraedrische Anordnung der Atome bzw. Atomgruppen um das zentrale asymmetrische Kohlenstoffatom des Glycerinaldehyds.

Emil FISCHER hat im Jahre 1890 definiert, daß diejenige Form, welche die Ebene des polarisierten Lichtes nach rechts dreht, die Molekülstruktur haben soll, wie sie im linken Bild der Abbildung 147 gezeigt ist. Bei dieser Form gelangt man durch Drehung entgegen dem Uhrzeigersinn auf dem kür-

zesten Wege von H nach OH. Von dem derart definierten
Glycerinaldehyd gelangt man über die Zucker zu den Amino-
säuren und den Sterinen, womit bereits die Konfigurationen
wichtiger enantiomorpher Moleküle festgelegt sind.

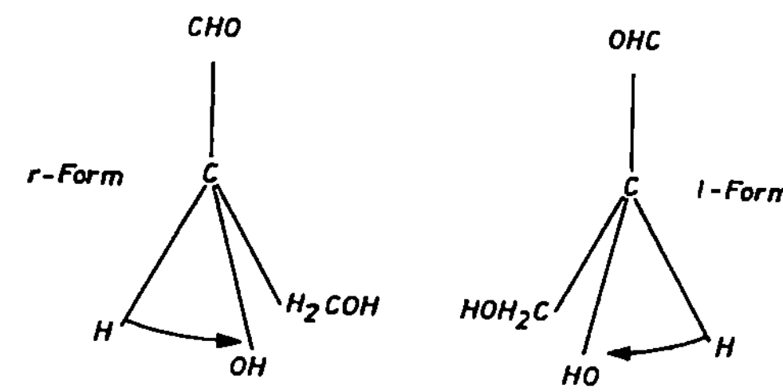

Abb.147

Die Definition Fischers war willkürlich, solange nicht
röntgenographisch bewiesen werden konnte, daß die rechts-
drehende Molekülform tatsächlich die angenommene Struktur
besitzt. Der Beweis gelang 1951 BIJVOET für das Na-Rb-Tar-
trat. Bijvoet benutzte Zirkon-Strahlung, die bei Rb einen
anormalen Streueffekt bewirkt.

Die von Bijvoet angewandte Methode beruht auf der Annahme,
daß im Gitterverband nur eine aktive Form des Moleküls vorliegt, von der die optische Aktivität bekannt ist, nicht
aber ihre Konfiguration. In der enantiomorphen Raumgruppe
ergeben sich zwei verschiedene theoretische Strukturmodelle
I und II, und zwar

Modell I   : positives Achsensystem der Elementarzelle mit
             r-Molekülen

Modell II : positives Achsensystem der Elementarzelle mit
             l-Molekülen

Auf Grund dieser beiden theoretischen Modelle berechnet
man sich mit Berücksichtigung der anormalen Dispersion je-
weils einige F-Werte, bei denen sich $|F_{hkl}|^2$ von $|F_{\overline{hkl}}|^2$
einigermaßen voneinander unterscheiden. Diese theoretischen
Wertepaare für die Modelle I und II vergleicht man dann
mit den gemessenen experimentellen Werten $|F_{hkl}|^2_{exp}$ und
$|F_{\overline{hkl}}|^2_{exp}$.

Man erhält zum Beispiel:

Tabelle 13

Reflex	Modell I (r)-Form		Modell II (l)-Form	
	$|F_{hkl}|^2$	$|F_{\bar{h}\bar{k}\bar{l}}|^2$	$|F_{hkl}|^2$	$|F_{\bar{h}\bar{k}\bar{l}}|^2$
1 1 0	72	94	94	72
4 2 0	82	104	104	82
3 2 1	3	12	12	3

Das Experiment kann dann eindeutig zugunsten eines Modelles
entscheiden, wenn man für eine größere Anzahl von Reflexen
jeweils die Werte $|F_{hkl}|^2_{exp}$ und $|F_{\bar{h}\bar{k}\bar{l}}|^2_{exp}$ gemessen hat,
wobei die Genauigkeitsanforderungen diesmal relativ gering
sind. Im Falle des Na-Rb-Tartrates konnte die Fischer'sche
Definition auf diese Art von Bijvoet eindeutig als richtig
bewiesen werden.

h) <u>Rechenprogramme zur röntgenographischen Strukturbestimmung</u>
   <u>an Kleinrechnern.</u>

In der Einleitung zu diesem Kapitel haben wir auf die große
Bedeutung hingewiesen, die heutzutage mit Strukturrechnern aus-
gestattete 4-Kreis-Diffraktometer für die praktische Röntgenstrukturanalyse haben. Nachdem wir die theoretischen Gundlagen
der Methoden zur Lösung des Phasenproblems behandelt haben,
wollen wir in diesem Abschnitt zum Abschluß kurz auf die Rechenprogramme für Kleinrechner zu sprechen kommen, die für Kristallstrukturanalysen zur Verfügung stehen. Zum Glück sind Kleinrechner hinreichender Kernspeicherkapazität mit ausreichenden
peripheren Einheiten heute finanzierbar, so daß für größere
Institute, wo genügend Strukturprobleme anfallen, die Beschaf-
fung leistungsfähiger Anlagen in der Regel möglich ist.

An die Programmsysteme zur Lösung von Kristallstrukturen müssen
die folgenden allgemeinen Forderungen gestellt werden:

● Die Programme müssen leicht handhabbar sein.

● Die nötigen Eingaben sollten auf ein Minimum beschränkt sein.

- Ein Dialogbetrieb zwischen Benutzer und Rechner muß ähnlich
  wie bei den Steuerprogrammen gewährleistet sein.

- Die Programme müssen möglichst effizient sein.

- Das Programm darf keine "black box" sein, und der Benutzer
  soll stets die Möglichkeit haben, Änderungen nach seinen
  Wünschen ohne allzugroße Mühe durchführen zu können. Aus
  diesem Grunde sollten ihm alle Quellprogramme zur Verfügung
  stehen.

Im einzelnen sollten folgende Einzelprogramme in einem übersichtlichen interaktiven Rahmenprogramm integriert sein:

- Programm zur Erstellung eines files, das alle Informationen
  wie Gitterkonstanten, Raumgruppe, Formfaktoren auch in kom-
  plexer Form enthält. Alle anderen Programme sollen schnell
  auf dieses file zurückgreifen können. Der Inhalt des files
  sollte in einfacher Weise verändert werden können.

- Programme zur Datenreduktion berechnen aus den Rohdaten
  $|F_{hkl}|$ bzw. $|E|$ -Werte. Sie führen die Skalierung an Hand
  der Referenzreflexe durch, berechnen die Absorptionskorrektur und die LP-Korrektur und mitteln über symmetrieäquiva -
  lente Reflexe.

- Zur Lösung des Phasenproblems sollten dem Benutzer die neu-
  esten Versionen gut eingeführter Standardprogramme (z.Zeit
  z.B. SHELX 76/77, MULTAN 80) zur Verfügung stehen. Ideal
  wäre eine gewisse Auswahl solcher Programme, was sich in
  nächster Zukunft sicher erreichen läßt. Die Interpretation
  der E-Fouriersynthesen ist hierbei von besonderer Bedeutung.

- Die Rechenprogramme für alle Arten von E- und F-Fourier-
  synthesen, von Differenzfouriersynthesen und von Pattersonsynthesen müssen auch die automatische Peaksuche übernehmen.

- Schließlich werden Programme zur Verfeinerung der Lage- und
  Temperaturparameter benötigt. Die theoretischen Grundlagen
  der Strukturverfeinerung werden im nächsten Kapitel besprochen.

- Auf Grund des verfeinerten Modells der Kristallstruktur

werden alle Bindungslängen, Bindungswinkel sowie die besten
Ebenen durch ebene Moleküle oder Molekülfragmente berechnet
und schließlich Strukturfaktorlisten sowie Parameterlisten
in einem Format erstellt, das sich zur Veröffentlichung
eignet.

- Eine besondere Bedeutung für die praktische Röntgenstrukturanalyse kommt einem leistungsfähigen Graphik-Terminal mit
Plotter für die Anfertigung von Molekülzeichnungen und Mole-
külpackungen zu. Stehen solche Geräte zur Verfügung, so kann
man die beste Orientierung des Moleküls zunächst am Display
bestimmen und diese dann auf den Plotter geben.

Mit Hilfe eines derartigen Systems von leistungsfähigen Einzel-
programmen innerhalb eines übersichtlichen Programmsystems ist
es in den meisten Fällen möglich, die Lösung einer Struktur in
wenigen Stunden durchzuführen. Die Verfeinerung dauert etwas
länger und kann in den Nachtstunden erledigt werden.

VIII. <u>Die Verfeinerung der Atomlagen</u>

In Kapitel VII haben wir die wichtigsten Methoden zur Lösung
des Phasenproblems behandelt. Den für die Praxis wichtigen
Methoden ist gemeinsam, daß man hinreichende Informationen bezüglich der Phasen gewinnt, die man dann benutzen kann, um das
Strukturmodell in einem Iterationsprozeß durch Fouriersynthesen weiter zu verbessern, bis man schließlich alle Atompunktlagen in der Elementarzelle ermittelt hat. Beispiele findet
der Leser im Kapitel IX.

Ein Kriterium für die Güte der Strukturbestimmung ist der
R-Faktor

$$R = \frac{\sum \left| |F_{hkl}|_{exp} - |F_{hkl}|_{theor} \right|}{\sum |F_{hkl}|_{exp}}$$

In diesem Kapitel wollen wir zwei wichtige Methoden besprechen,
die es uns ermöglichen, die gefundenen Atomlagen zu verbessern
und die Wasserstoffpunktlagen festzulegen. Es handelt sich
hierbei um die Methode der kleinsten Fehlerquadrate und um
die Differenzsynthesen.

a) Die Methode der kleinsten Fehlerquadrate

In allen den Fällen, in denen ein überbestimmtes System mit
mehr Meßdaten als zu bestimmenden Parametern vorliegt, kann
die Methode der kleinsten Fehlerquadrate zur Optimierung dieser Parameter benutzt werden. Wir haben im Kapitel VI darauf
hingewiesen, daß dieser Fall für die $|F_{hkl}|_{exp}$ -Werte und die
zu bestimmenden Lage- und Temperaturparameter der Atome in
der Elementarzelle gegeben ist.

Das Prinzip der kleinsten Fehlerquadrate wollen wir zunächst
anhand eines einfachen Beispieles erläutern.
Es geht hierbei darum, durch zahlreiche (1...n...N) Meßpunkte
$x_n y_n$ die optimale Kurve

$$y = ax^2 + bx + c$$

zu legen.
Dabei sei angenommen, daß jeder Meßpunkt mit einem Fehler v_n
behaftet ist:

$$y_n - ax_n^2 - bx_n - c = v_n$$

Das Theorem der kleinsten Fehlerquadrate besagt, daß die optimale Kurve, die man durch die fehlerhaften Meßwerte legen
kann, dadurch bestimmt ist, daß man die Summe der Fehlerquadrate zu einem Minimum macht

$$\sum_n v_n^2 = \text{Minimum}$$

oder

$$\sum_{n=1}^{N} (y_n - ax_n^2 - bx_n - c)^2 = \text{Minimum}$$

Auch in unserem einfachen Beispiel handelt es sich um ein
überbestimmtes System, weil eine große Anzahl N von Meßwerten
vorliegt, aber nur drei Parameter a, b und c zu bestimmen
sind.

Um die Summe der Fehlerquadrate zu einem Minimum zu machen,
müssen wir die partiellen Ableitungen nach den Parametern
a, b und c zu O setzen:

$$\frac{\partial \sum (\ )^2}{\partial a} = \frac{\partial \sum (\ )^2}{\partial b} = \frac{\partial \sum (\ )^2}{\partial c} = 0$$

und wir erhalten hierfür

$$\frac{\partial \sum (\ )^2}{\partial a} = \sum_{n=1}^{N} 2(y_n - ax_n^2 - bx_n - c)(-x_n^2) = 0$$

$$\frac{\partial \sum (\ )^2}{\partial b} = \sum_{n=1}^{N} 2(y_n - ax_n^2 - bx_n - c)(-x_n) = 0$$

$$\frac{\partial \sum (\ )^2}{\partial c} = \sum_{n=1}^{N} 2(y_n - ax_n^2 - bx_n - c)(-1) = 0$$

Formen wir etwas um, so ergeben sich hieraus drei sogenannte Normalgleichungen, aus denen man die gesuchten optimalen Parameter a, b und c berechnen kann.

$$\sum_n y_n(-x_n^2) - \sum_n x_n^2(-x_n^2)a - \sum_n x_n(-x_n^2)b - \sum_n (-x_n^2)c = 0$$

$$\sum_n y_n(-x_n) - \sum_n x_n^2(-x_n)a - \sum_n x_n(-x_n)b - \sum_n (-x_n)c = 0$$

$$\sum_n y_n(-1) - \sum_n x_n^2(-1)a - \sum_n x_n(-1)b - \sum_n (-1)c = 0$$

In diesen Normalgleichungen treten jeweils die Summen über N Meßwerte auf. Die Glieder der ersten Zeile ergeben sich durch Multiplikation der vorgegebenen Funktion mit dem Koeffizienten $(-x_n^2)$, die der zweiten Zeile mit $(-x_n)$ und die der dritten Zeile mit (-1). Sie sind einfach gebaut und können durch die Matrix

$$\begin{bmatrix} \sum_n x_n^2(-x_n^2) & \sum_n x_n(-x_n^2) & \sum_n (-x_n^2) \\[2ex] \sum_n x_n^2(-x_n) & \sum_n x_n(-x_n) & \sum_n (-x_n) \\[2ex] \sum_n x_n^2(-1) & \sum_n x_n(-1) & \sum_n (-1) \end{bmatrix}$$

gekennzeichnet werden. Aus der Theorie linearer Gleichungssysteme folgt dann für den gesuchten optimalen Parameter a

$$
a = \frac{\begin{vmatrix} \sum_n y_n(-x_n^2) & \sum_n x_n(-x_n^2) & \sum_n (-x_n^2) \\[2mm] \sum_n y_n(-x_n) & \sum_n x_n(-x_n) & \sum_n (-x_n) \\[2mm] \sum_n y_n(-1) & \sum_n x_n(-1) & \sum_n (-1) \end{vmatrix}}{D}
$$

wobei die Determinante D im Nenner der obigen Matrix entspricht.

In analoger Weise können b und c berechnet werden.
Ähnlich läßt sich die Methode der kleinsten Fehlerquadrate
auf unser Problem anwenden, wie schon 1941 von E.W. HUGHES
gezeigt wurde.

Wir haben N-Meßwerte $|F_{hkl}|_{exp}$ gesammelt und N theoretische
Strukturamplituden $(F_{hkl})_{theor}$ auf Grund vorläufiger Atomkoor-
dinaten berechnet. Die Abweichungen $\Delta F = |(F_{hkl})_{exp}| - |(F_{hkl})_{theor}|$
sind uns daher bekannt. In der asymmetrischen Einheit der Elementarzelle sitzen i-Atome, mithin sind 31 Atomparameter und
1 Debye-Waller-Faktoren, insgesamt also 41 Parameter nach der
Methode der kleinsten Fehlerquadrate zu verfeinern, indem wir
die Summe $\sum_{n=1}^{N} w_n (\Delta F_n)^2$ zu einem Minimum machen, wobei wir die
Gewichtsfaktoren w_n einführen, mit denen die einzelnen Meß-
werte in die Rechnung eingehen. Durch diese Gewichtsfaktoren
können wir z.B. berücksichtigen, daß starke Reflexe wegen Ex-
tinktionseffekten mit großen Meßfehlern behaftet sind und
schwache Reflexe wegen der ungünstigen Intensitätsstatistik
unzuverlässig sind. Sehr starke und sehr schwache Reflexe sollten daher mit kleineren Gewichten in die Rechnung eingehen als
mittelstarke Reflexe.

Nach unserem obigen Schema erhalten wir wegen der 41 zu optimierenden Parameter einen Satz von 41 Normalgleichungen. Dabei
ergibt sich jedoch zunächst eine Schwierigkeit. In unserem
einfachen Beispiel war der Meßfehler $v = y - ax^2 - bx - c$ linear von
den zu optimierenden Parametern a, b und c abhängig, während
die Größe

$$
(F_{hkl})_{theor} = \sum_i f_i \cdot e^{B_i \left(\frac{\sin\theta}{\lambda}\right)^2} \cdot e^{2\pi i (hx_i + ky_i + lz_i)}
$$

keineswegs linear von den Parametern x_1, x_2 ... B_i abhängt.

Nehmen wir an, die $(F_{hkl})_{theor}$ seien schon hinreichend genau
bekannt, da die Ausgangsparameter $(x_1)_o$, $(x_2)_o$ ....$(B_i)_o$, die
wir einer Fouriersynthese entnehmen, schon einigermaßen stimmen, so ist es möglich, die $(F_{hkl})_{theor}$ in eine Taylor-Reihe
zu entwickeln:

$$(F_{hkl})_{theor} = F_o + \left(\frac{\partial F}{\partial x_1}\right)^o (x_1 - (x_1)_o) + \dots \left(\frac{\partial F}{\partial B_i}\right)^o (B_i - (B_i)_o)$$

$$+ \left(\frac{\partial^2 F}{\partial x_1{}^2}\right)^o (x_1 - (x_1)_o)^2 + \dots \text{ weitere höhere Glieder.}$$

Wegen der kleinen Differenzen $x_1 - (x_1)_o = \Delta x_1, x_2 - (x_2)_o = \Delta x_2 \dots$
$B_i - (B_i)_o = \Delta B_i$ brechen wir diese Reihe nach den linearen Gliedern ab und schreiben mit Vernachlässigung der $( )^o$:

$$(F_{hkl})_{theor} = F_o + \left(\frac{\partial F}{\partial x_1} \Delta x_1 + \frac{\partial F}{\partial x_2} \Delta x_2 + \dots \frac{\partial F}{\partial x_i} \Delta x_i\right.$$

$$+ \frac{\partial F}{\partial y_1} \Delta y_1 + \frac{\partial F}{\partial y_2} \Delta y_2 + \dots \frac{\partial F}{\partial y_i} \Delta y_i$$

$$+ \frac{\partial F}{\partial z_1} \Delta z_1 + \frac{\partial F}{\partial z_2} \Delta z_2 + \dots \frac{\partial F}{\partial z_i} \Delta z_i$$

$$\left. + \frac{\partial F}{\partial B_1} \Delta B_1 + \frac{\partial F}{\partial B_2} \Delta B_2 + \dots \frac{\partial F}{\partial B_i} \Delta B_i\right)$$

Setzen wir nun $(F_{hkl})_{theor} - F_o \simeq \Delta F$, so ist es möglich, die
Parameteränderungen Δx_1, Δx_2 ...ΔB_i zu berechnen.
Gehen wir aus von $\sum\limits_{n=1}^{N} w_n (\Delta F_n)^2$ = Minimum, so erhalten wir für die
partielle Ableitung nach dem Parameter x_1, die wir zu Null
setzen, den Ausdruck

$$\frac{\partial \sum w_n (\Delta F_n)^2}{\partial x_1} = 0 = \sum\limits_{n=1}^{N} 2w_n \Delta F_n \frac{\partial F_{theor}}{\partial x_1} \simeq \sum 2w_n \Delta F_n \left(\frac{\partial F_{theor}}{\partial x_1}\right)^o$$

Setzen wir die obige Näherung für ΔF_n ein, so lautet die
erste der 41 Normalgleichungen mit Vernachlässigung der $( )^o$:

$$\frac{\partial \sum w_n (\Delta F_n)^2}{\partial x_1} = 0 = \sum\limits_{N} w_n \left(\frac{\partial F_n}{\partial x_1}\right)\left(\frac{\partial F_n}{\partial x_1}\right) \Delta x_1 + \sum\limits_{N} w_n \left(\frac{\partial F_n}{\partial x_2}\right)\left(\frac{\partial F_n}{\partial x_1}\right) \Delta x_2 + \dots$$

$$+ \sum\limits_{N} w_n \left(\frac{\partial F_n}{\partial B_i}\right)\left(\frac{\partial F_n}{\partial x_1}\right) \Delta B_i$$

- 253 -

Die 41 Normalgleichungen werden durch die folgende Matrix M
mit 41 Zeilen und 41 Spalten beschrieben:

$$M = \begin{bmatrix}
\sum_N w_n \left(\frac{\partial F_n}{\partial x_1}\right)\left(\frac{\partial F_n}{\partial x_1}\right) & \sum_N w_n \left(\frac{\partial F_n}{\partial x_2}\right)\left(\frac{\partial F_n}{\partial x_1}\right)\dots & \sum_N w_n \left(\frac{\partial F_n}{\partial x_1}\right)\left(\frac{\partial F_n}{\partial x_1}\right)\dots & \sum_N w_n \left(\frac{\partial F_n}{\partial B_1}\right)\left(\frac{\partial F_n}{\partial x_1}\right) \\[2ex]
\sum_N w_n \left(\frac{\partial F_n}{\partial x_1}\right)\left(\frac{\partial F_n}{\partial x_2}\right) & \sum_N w_n \left(\frac{\partial F_n}{\partial x_2}\right)\left(\frac{\partial F_n}{\partial x_2}\right)\dots & \sum_N w_n \left(\frac{\partial F_n}{\partial x_1}\right)\left(\frac{F_n}{\partial x_2}\right)\dots & \sum_N w_n \left(\frac{\partial F_n}{\partial B_1}\right)\left(\frac{\partial F_n}{\partial x_2}\right) \\[2ex]
\vdots & \vdots & \vdots & \vdots \\[2ex]
\sum_N w_n \left(\frac{\partial F_n}{\partial x_1}\right)\left(\frac{\partial F_n}{\partial x_1}\right) & \sum_N w_n \left(\frac{\partial F_n}{\partial x_2}\right)\left(\frac{\partial F_n}{\partial x_1}\right)\dots & \sum_N w_n \left(\frac{\partial F_n}{\partial x_1}\right)\left(\frac{\partial F_n}{\partial x_1}\right)\dots & \sum_N w_n \left(\frac{\partial F_n}{\partial B_1}\right)\left(\frac{\partial F_n}{\partial x_1}\right) \\[2ex]
\vdots & \vdots & \vdots & \vdots \\[2ex]
\sum_N w_n \left(\frac{\partial F_n}{\partial x_1}\right)\left(\frac{\partial F_n}{\partial B_1}\right) & \sum_N w_n \left(\frac{\partial F_n}{\partial x_2}\right)\left(\frac{\partial F_n}{\partial B_1}\right) & \sum_N w_n \left(\frac{\partial F_n}{\partial x_1}\right)\left(\frac{\partial F_n}{\partial B_1}\right) & \sum_N w_n \left(\frac{\partial F_n}{\partial B_1}\right)\left(\frac{\partial F_n}{\partial B_1}\right)
\end{bmatrix}$$

Die insgesamt 41 Korrekturgrößen Δx_1 bis ΔB_1 lassen sich aus
den Normalgleichungen im Prinzip auf die gleiche Art berechnen,
wie wir dies in unserem einfachen Beispiel oben angegeben haben. In den zu diesem Zweck aufgestellten Programmen erfolgt
die Berechnung über die Inversmatrix M^{-1}, was den Vorteil hat,
daß die Standardabweichungen σ der Parameter sowie die Korre-
lationskoeffizienten der Parameter gleichzeitig dabei gewonnen werden.

Ohne weitere Einzelheiten zu erörtern, sei nur noch bemerkt,
daß die Verfeinerung in einem Iterationsverfahren mit mehreren Zyklen erfolgt, wobei man zu Beginn der Verfeinerung die
Anzahl der freien Parameter möglichst klein hält, indem man
z.B. eine Phenylgruppe als starre Gruppe behandelt und für
deren Schwerpunkt nur drei Parameter zur Verfeinerung freigibt, oder indem man für alle C-Atome zunächst einen gemein-
samen Debye-Waller-Faktor B freigibt etc. Man geht bei der
Verfeinerung von den Anfangskoordinaten $(x_1)_0 \dots (B_1)_0$ aus,
die man aus der letzten Fouriersynthese entnommen hat und von
den entsprechenden Werten $\left(|F_{hkl}|_{theor}\right)_0$, berechnet die Parameter-
korrekturen $\Delta x_1 \dots \Delta B_1$, errechnet hieraus neue Parameter und
neue $|F_{hkl}|_{theor}$-Werte etc. und gibt dabei im Verlaufe des
Iterationsverfahrens immer mehr Lage- und Temperaturparameter zur Verfeinerung frei. Das Verfahren wird abgebrochen,

wenn sich keine Verbesserung des Strukturmodelles mehr erreichen läßt.

Brauchbare Kriterien zur Beurteilung der Güte der erreichten
Verfeinerung sind einmal die Standardabweichungen σ der Lageparameter der Atome, die in günstigen Fällen bei 0,003-0,005 $\overset{o}{A}$
liegen können und zum anderen der R-Faktor, der in günstigen
Fällen von etwa 20% zu Beginn der Verfeinerung bis auf ungefähr
3%-5% zum Ende der Verfeinerung absinken kann. Eine gewisse
Restabweichung zwischen den beobachteten und berechneten Strukturamplituden wird immer zu beobachten sein. Dies hat zwei
Gründe:

> Erstens sind auch sehr genaue Datensätze noch mit Meßfehlern
> behaftet. Um diese Meßfehler abschätzen zu können, müssen
> die Rohdaten sorgfältig auf Absorption, Extinktion, Umwegan-
> regung etc. korrigiert werden. In den meisten Fällen wird
> man aus Zeitgründen von diesen zeitraubenden Messungen abse-
> hen.
> Wegen der bei tiefen Temperaturen stark reduzierten thermi-
> schen Schwingungen der Atome und der hierdurch bedingten
> höheren Reflexintensitäten sind Messungen bei Temperaturen
> des flüssigen Stickstoffs besonders vorteilhaft.

> Zweitens liegen die Restabweichungen zwischen experimentel-
> len und berechneten Strukturamplituden auch an der Unzuläng-
> lichkeit des theoretischen Strukturmodelles, weil man bei
> der Berechnung von $|F_{hkl}|_{theor}$ meistens von kugelsymmetri-
> schen Ladungsverteilungen der Atome ausgeht und Abweichungen
> der Bindungselektronen von der Kugelsymmetrie unbe-
> rücksichtigt läßt.

In Anbetracht der Unsicherheiten, die sowohl in den Datensät-
zen als auch in den theoretischen Modellen liegen, muß man
sich in jedem Fall überlegen, welcher Rechenaufwand für die
Strukturverfeinerung sinnvoll ist. Neben den in diesem Abschnitt behandelten Methoden spielen in den letzten Stadien der
Verfeinerung anisotrope Temperaturfaktoren eine wichtige Rolle
(Ein Beispiel hierfür ist im Abschnitt IX c) behandelt).

b) Differenz-Fouriersynthesen

Differenzfouriersynthesen mit $F_{hkl(exp)} - F_{hkl(theor)}$ als Koeffizienten hatten wir schon im Kapitel VI kennengelernt, wo es darum ging, die Verteilung der Bindungselektronen im Gitter des Diamanten zu veranschaulichen. In diesem Abschnitt wollen wir zeigen, daß man Differenz-Fouriersynthesen in in einem fortgeschrittenen Stadium der Verfeinerung immer dann mit Vorteil einsetzen kann, wenn es sich darum handelt, gewisse Einzelheiten der Elektronendichteverteilung zu erkennen. So kann man z.B. die Positionen der leichten Wasserstoffatome oder anisotrope Schwingungen von Atomen oder Atomgruppen mit Hilfe von Differenzfouriersynthesen bestimmen.

Zunächst besteht der folgende einfache Zusammenhang zwischen der Methode der kleinsten Quadrate und der Differenzfouriersynthese:
Die Differenzdichte $\Delta\rho(xyz)$ ist durch die Fourierreihe

$$\Delta\rho = \frac{1}{V} \sum_N \Delta F \cdot \cos\phi$$

bestimmt.
Bilden wir die partielle Ableitung nach dem Parameter x_n, so erhalten wir

$$\frac{\partial \Delta\rho}{\partial x_n} = - \frac{2\pi}{V} \sum_N h \cdot \Delta F \cdot \sin\phi$$

Setzen wir $\frac{\partial \Delta\rho}{\partial x_n} = 0$, so folgt bis auf einen unterschiedlichen Faktor das gleiche Resultat wie nach der Methode der kleinsten Quadrate, wo wir

$$\sum_N \frac{\partial W_n (\Delta F)^2}{\partial x_n} = 0 \quad \text{gesetzt haben.}$$

Dies bedeutet, daß an der Stelle $\frac{\partial \Delta\rho}{\partial x_i} = 0$ auch die Summe der Fehlerquadrate ein Minimum aufweist, was jedoch offensichtlich erst für ein sehr fortgeschrittenes Stadium der Verfeinerung zutrifft.

In Wirklichkeit werden ρ_{exp} und ρ_{theor} nicht genau übereinstimmen. Dies führt zu einem Verlauf von $\Delta\rho$, wie er in

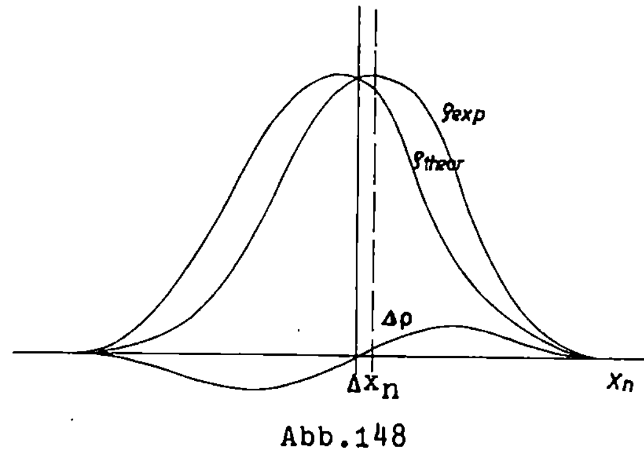

Abb.148

Abbildung 148 darge-
stellt ist.
Je größer die erforder-
liche Korrektur Δx_n ist,
um ρ_{theor} mit ρ_{exp} zur
Überdeckung zu bringen,
umso größer wird die
Steigung $\frac{\partial \Delta\rho}{\partial x_n}$ an der
Stelle x_n sein.

Wir ersehen daraus, daß in einem fortgeschrittenen Stadium
der Verfeinerung die Differenzfouriersynthese zur weiteren
Verfeinerung erfolgreich eingesetzt werden kann. Um zum Beispiel die Positionen der Wasserstoffatome aus einer Differenz-
fouriersynthese

$$\Delta\rho(xyz) = \frac{1}{V} \sum (F_{hkl\ exp} - F_{hkl\ theor}) \cdot e^{-2\pi i(hx+ky+lz)}$$

ablesen zu können, werden die $|F_{hkl}|_{theor}$ ohne diese Wasser-
stoffatome berechnet. Ist die Verfeinerung der Struktur schon
so weit gediehen, daß die übrigen Atomparameter festliegen,
so heben sich die Wasserstoffatome deutlich aus der Differenz-
fouriersynthese heraus.

In ähnlicher Weise kann man Differenzfouriersynthesen am Ende
der Verfeinerung auch dazu benutzen, die Temperaturparameter
einzelner Atome zu verbessern oder um anisotrope Temperaturschwingungen von Atomen oder Atomgruppen zu erkennen bzw. zu
verbessern.

Als Beispiel hierfür sei in Abbildung 149 für ein Atom angenommen, daß der Debye-
Waller-Faktor im theore-
tischen Modell zu hoch
angesetzt ist. Es ergibt
sich an der Stelle des
Atoms ein positives Ge-
biet $\Delta\rho = \rho_{exp} - \rho_{theor}$.

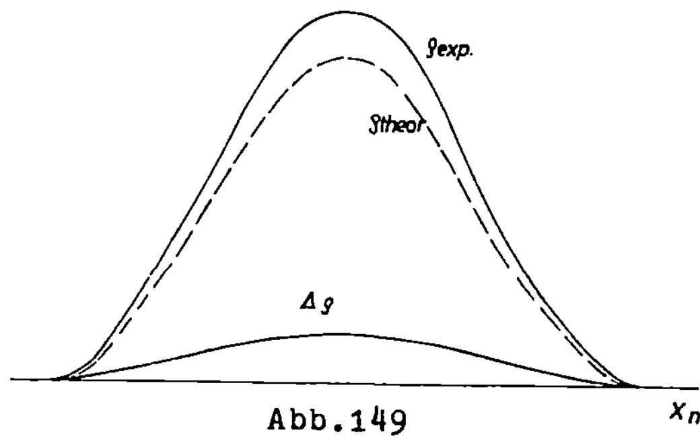

Abb.149

IX. Beispiele für Kristallstrukturbestimmungen

a) Die Kristallstruktur des Magnesiumfluorids (MgF_2).

In diesem Abschnitt wollen wir die Bestimmung der Kristallstruktur des Magnesiumfluorids nach der trial- and error-
Methode besprechen. Außerdem wollen wir anhand dieses Beispiels die Problematik genauer Messungen am 4-Kreis-Diffrak-
tometer mit Berücksichtigung der Extinktion behandeln, wie
sie zum Zwecke der Bestimmung der Valenzelektronenverteilung
im MgF_2 von Niederauer und Göttlicher [+] durchgeführt wurden.

Die Besprechung der Strukturanalyse von MgF_2 gliedert sich in
die folgenden Punkte:

1. Kristallhabitus und Kristallform
2. Filmaufnahmen am Explorer
3. Diffraktometer-Messungen
4. Bestimmung der Raumgruppe und der Zahl der Formeleinheiten
   in der Elementarzelle
5. Festlegen des Strukturmodelles für MgF_2
6. Berechnung der Elektronenverteilung im MgF_2 durch
   Fouriersynthesen.

1. Kristallhabitus und Kristallform

Für die Explorer-Aufnahmen wurden kleine nadelförmige Kristalle von MgF_2 benutzt, die aus einer Schmelze von MgF_2
in NaCl durch langsames Abkühlen gewonnen wurden. Eine
lange, dünne Nadel wurde am Explorer um die Nadelachse justiert. Die Winkel zwischen den vier Prismenflächen wurden
zu $90° \pm 0,1°$ festgestellt. Pyramidenflächen wurden nicht
beobachtet. Für die Diffraktometermessungen wurden große
MgF_2-Kristalle gezüchtet und daraus planparallele Platten
nach (100) und (110) mit Dicken zwischen 1,5 mm und 2 mm
geschliffen.

[+] K. Niederauer und S. Göttlicher: Elektronendichte in Mag-
nesiumfluorid. Zeitschr. Angew. Physik 29 (1970) 16.

2. Explorer-Aufnahmen

Die lichtoptische Justierung der dünnen nadelförmigen
Kristalle konnte am Explorer mit einer Genauigkeit von
etwa 0,05° durchgeführt werden. Es erübrigten sich daher
röntgenographische Justieraufnahmen. Aus einer Oszillationsaufnahme mit $Mo_{K\alpha}$- Strahlung ergab sich die Gitterkonstante c in Richtung der Nadelachse zu c = 3,05 Å. Für
alle übrigen Aufnahmen am Explorer wurde ebenfalls $Mo_{K\alpha}$-
Strahlung benutzt.

Im Anschluß an die Oszillationsaufnahme wurden de Jong-
Bouman-Aufnahmen hergestellt.

Abbildung 150 zeigt die Äquatoraufnahme mit den hkO-Reflexen.

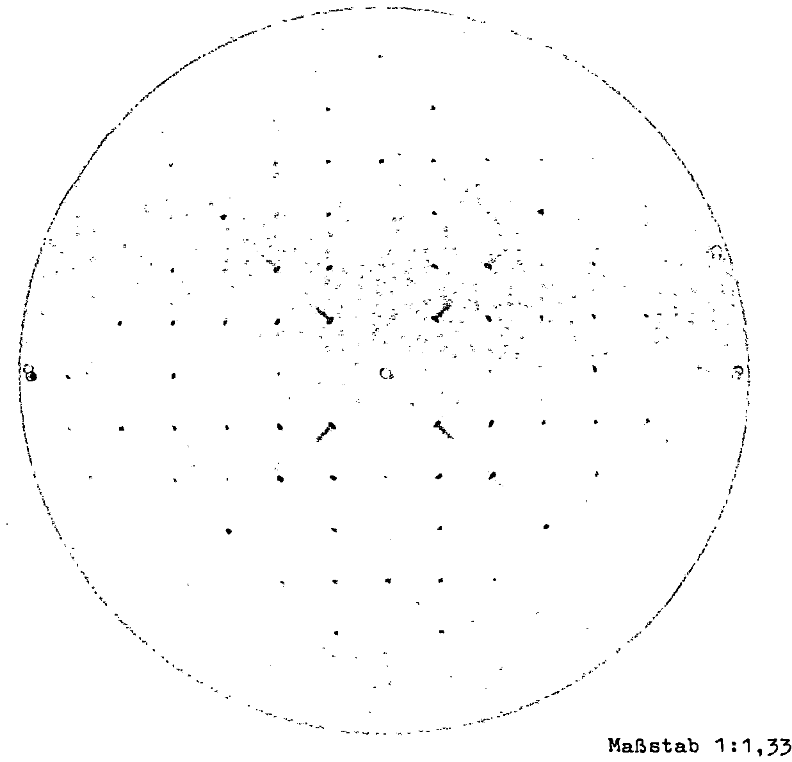

Maßstab 1:1,33

Abb.150

Abbildung 151 zeigt die erste Schichtlinie mit den
hkl-Reflexen.

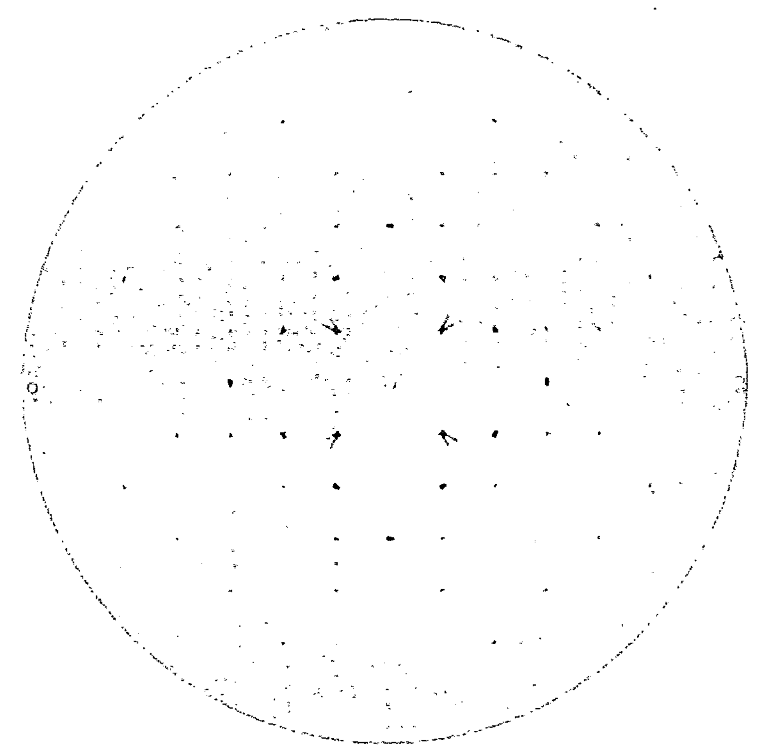

Maßstab 1:1,33

Abb.151

Auf diesen beiden Aufnahmen erkennt man die 4-zählige Achse
längs der Nadelachse c. Die Gitterkonstanten sind a=b=4,6 $\overset{\text{o}}{\text{A}}$.
Mit c=3,05 $\overset{\text{o}}{\text{A}}$ steht fest, daß MgF_2 im tetragonalen Kristallsystem kristallisiert.

Die anschließenden Präzessionsaufnahmen konnten ohne Nachjustierung hergestellt werden. Der Kristall wurde zunächst
in die Reflexionsstellung einer Prismenfläche ω_R gedreht.
Die in dieser Winkelstellung erhaltene Buerger-Präzessionsaufnahme der 0-ten Schichtlinie ist in Abbildung 152 dargestellt.

Abbildung 152, hh̄l-Reflexe

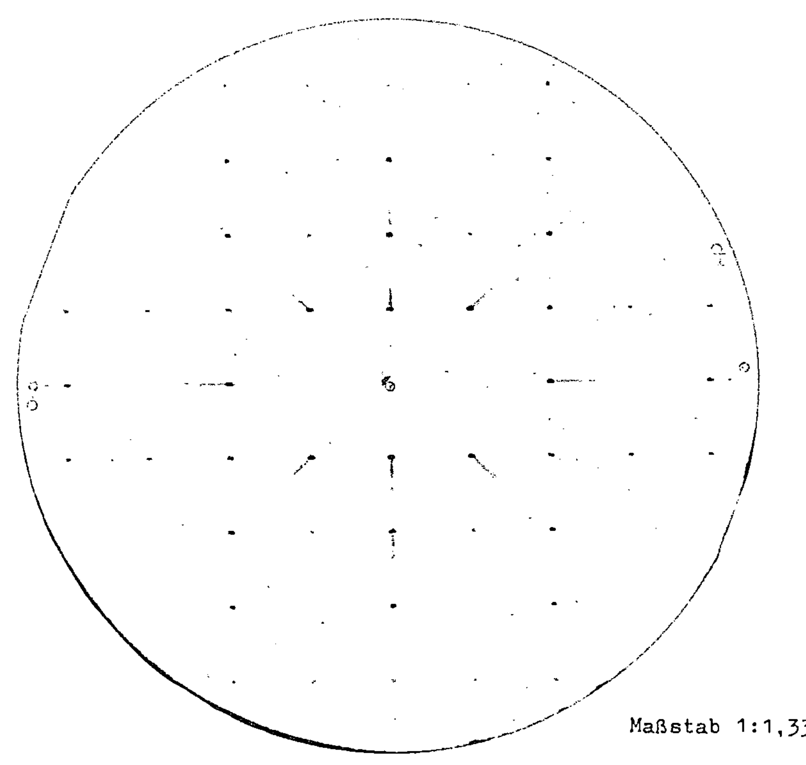

Maßstab 1:1,33

Hierauf wurde an der Gradskala der Kristalldrehachse die Winkelstellung ω_R+ 45° eingestellt und in dieser Stellung die Buerger-Präzessionsaufnahmen der O-ten (Abbildung 153) sowie der 1. Schichtlinie (Abbildung 154) hergestellt.

In den beiden Äquatoraufnahmen (Abbildungen 152 und 153) sind die horizontalen Durchmesser längs c^* gleich. Wir berechnen daraus c = 3,04 Å in guter Übereinstimmung mit dem aus der Oszillationsaufnahme erhaltenen Wert. Da der vertikale Durchmesser der in der Stellung ω_R+ 45° gewonnenen Aufnahme (Abb. 153) mit dem horizontalen bzw. vertikalen Durchmesser der de Jong-Bouman Aufnahme (Abb.150) identisch ist und zu einer Gitterkonstante von a = 4,6 Å führt, steht fest, daß es sich in Abbildung 153 um die Okl-Reflexe

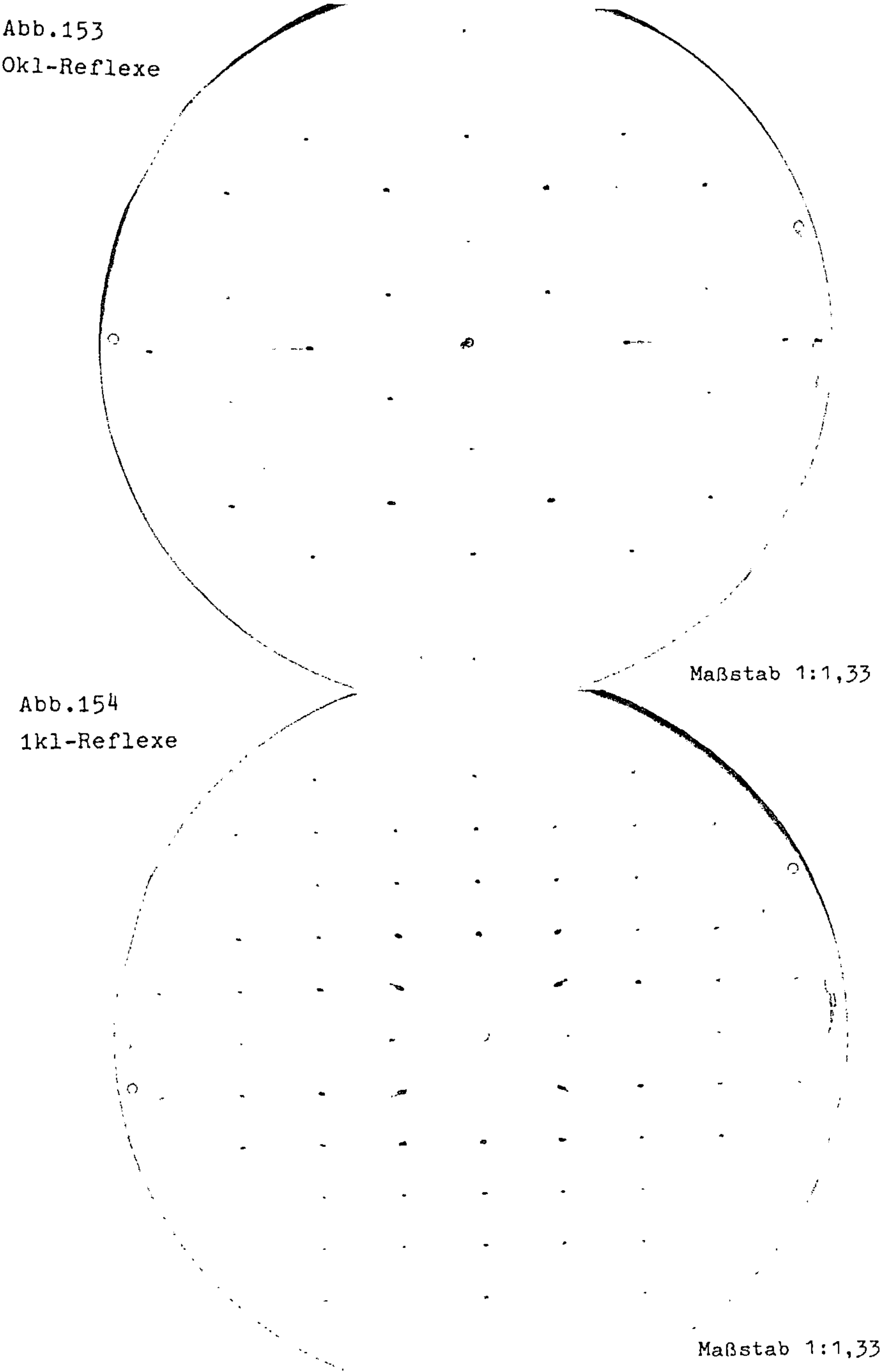

Abb.153
Okl-Reflexe
Abb.154
1kl-Reflexe
Maßstab 1:1,33
Maßstab 1:1,33

(bzw. die h0l-Reflexe) und bei Abbildung 154 um die 1kl-
bzw. h1l-Reflexe handelt. Bringt man diese beiden Aufnahmen miteinander zur Deckung, so erkennt man das zonale Auslöschungsgesetz der 0kl-Reflexe: Es sind in Abbildung 153
nur solche Reflexe vorhanden, für die die Beziehung k+l=2n
gilt. Auf der Aufnahme erkennt man unter anderen die Reflexe 020, 040, 002, 004, 011, 013, 042, 031, 033.
In der Elementarzelle des MgF_2 ist daher die bc-(bzw. ac-)-
Ebene eine Gleitspiegelebene vom Typ n.

Der Vertikaldurchmesser der in der Stellung ω_R gewonnenen
Abbildung 152 stimmt mit den Diagonalen der Abbildung 150
überein. In der Winkelstellung ω_R fällt daher die Diagonalrichtung [uvw] = [$\bar{1}$10] mit dem Röntgenstrahl zusammen.

Die Schichtlinienbeziehung für den Äquator (Abb.152) lautet:

$$hu + kv + lw = h + k = 0$$

In Abbildung 152 finden wir daher die h$\bar{h}$l-Reflexe. Längs
des Vertikaldurchmessers sind dies die Reflexe 1$\bar{1}$0, 2$\bar{2}$0,
3$\bar{3}$0 und längs des horizontalen Durchmessers die Reflexe
002 und 004. Außerdem finden wir in Abb.152 die Reflexe
1$\bar{1}$1, 2$\bar{2}$1, 1$\bar{1}$2, 2$\bar{2}$2, 3$\bar{3}$2 etc. Da in der Winkelstellung ω_R
eine Prismenfläche in Reflexionsstellung ist, und da in
dieser Winkelstellung außerdem die Richtung [110] mit dem
Röntgenstrahl zusammenfällt, haben die an den nadelförmigen Kristallen ausgebildeten Prismenflächen die Miller'schen
Indizes (110), (1$\bar{1}$0), ($\bar{1}$10) und ($\bar{1}\bar{1}$0).

3. Messungen am automatischen 4-Kreis-Diffraktometer

Die Messungen am automatischen 4-Kreis-Diffraktometer wurden an planparallelen nach [110] und [100] geschliffenen
Platten ausgeführt. [110] und [100] bezeichnen hierbei die
Richtungen der Plattennormalen. Bei den nach [110] geschliffenen Platten ist die Oberfläche identisch mit der
Spaltfläche. Diese Platten konnten daher parallel zu einer
natürlichen Spaltfläche geschliffen werden. Bei den [100]-
Platten betrug der Winkel zwischen den Spaltflächen (110)und
(1$\bar{1}$0) und der Schliff-Fläche (100) jeweils 45°.

Die planparallelen Platten wurden jeweils so in die Mitte
der Eulerwiege justiert, daß die Plattennormalen und die
Achse des χ-Kreises zusammenfielen. Bei den [110] -Platten
konnten daher, wie oben für Abbildung 152 beschrieben, alle
$h\bar{h}l$-Reflexe in symmetrischer Durchstrahlung gemessen werden.

Bei den [100] -Platten konnten die Okl-Reflexe in symmetrischer Durchstrahlung gemessen werden (siehe hierzu S.86).

hkl-Reflexe mußten stets in asymmetrischer Durchstrahlung
gemessen werden.

Die Formel für das integrale Reflexionsvermögen lautet für
den asymmetrischen Durchstrahlungsfall

$$\frac{E\omega}{I} = \frac{Q}{\mu_0} \frac{\cos(\theta-\alpha)}{\cos(\theta-\alpha)-\cos(\theta+\alpha)} \left[e^{-\frac{\mu_0 t}{\cos(\theta-\alpha)}} - e^{-\frac{\mu_0 t}{\cos(\theta+\alpha)}} \right]$$

α ist hierbei der Winkel zwischen der Plattennormale und
der Netzebenennormale, μ_0 der lineare Absorptionskoeffizient
und t die Plattendicke.

Da die Kristallplatten wegen der Bestimmung der Extinktion
zwischen den einzelnen Meßreihen jeweils dünner geschliffen
werden mußten, wurden sie in besondere Träger eingesetzt
und in genau definierter Weise gehalten. Auf diese Art war
sichergestellt, daß immer die gleiche Stelle der Platte vom
Primärstrahl getroffen wurde. Die Träger wurden in einen
Goniometerkopf eingesetzt, der auf die ϕ-Achse der Eulerwiege geschraubt wurde.

Die Messungen am 4-Kreis-Diffraktometer wurden mit monochromatischer Mo$_{K\alpha}$-Strahlung durchgeführt. Als Monochromator diente LiF mit (200) als reflektierender Netzebene. Die
Vorpolarisation am Monochromator wurde berücksichtigt.

Die Röntgenröhre wurde mit 40 kV, 20 mA betrieben. Da am
Monochromator außer der Wellenlänge λ an (200) auch die
Wellenlänge $\frac{\lambda}{2}$ an (400) in die gleiche Richtung reflektiert
wird, die bei 35 kV angeregt wird und daher noch mit merk-
licher Energie vorhanden ist, mußte $\frac{\lambda}{2}$ durch elektronische
Impulsbegrenzung mit dem Diskriminator der Zählkette beseitigt werden.

Um aus den Messungen des integralen Reflexionsvermögens
Absolutwerte $|F_{hkl}|^2$ abzuleiten, muß die Leistung des Pri-
märstrahles I gemessen werden. Wegen der großen Leistung
des Primärstrahles und der Totzeit des Szintillationszäh-
lers, die sich bei Zählraten über etwa 10.000 Impulsen/sec
bemerkbar macht, mußte der Primärstrahl vor der Messung mit
planparallelen Schwächungsplättchen aus Glas in definierter
Weise geschwächt werden. Für die Glasplättchen wurde der
Absorptionskoeffizient für $Mo_{K\alpha}$-Strahlung genau ermittelt.

Auch für die benutzten MgF_2-Platten wurde der lineare Absorptionskoeffizient experimentell bestimmt. Aus einer großen Zahl von Messungen ergab sich der Absorptionskoeffizient für $Mo_{K\alpha}$-Strahlung zu

$$\mu_0 = 7,464 \pm 0,04 \left[cm^{-1}\right]$$

Der aus den Internationalen Tabellen errechnete theoretische Wert liegt um etwa 10% höher.

Die Messung des integralen Reflexionsvermögens besteht
außer der eigentlichen Reflexmessung aus zwei Untergrund-
messungen, jeweils vor und nach dem Reflex. Die lineare
Untergrundkorrektur wurde durchgeführt wie im Kapitel VI
S. 169 beschrieben.

Um die Extinktion quantitativ zu messen, wurde für drei
verschiedene Platten das integrale Reflexionsvermögen als
Funktion der Plattendicke für eine große Anzahl von Reflexen gemessen. Dabei wurden die Platten nach jeder Meßreihe
auf dem Schleifgoniometer etwas dünner geschliffen und anschließend wieder in der gleichen Weise wie vorher am Diffraktometer justiert.

Die Extinktion macht sich im Winkelbereich der Reflexe durch
einen effektiven Absorptionskoeffizienten

$$\mu_{eff} = \mu_0 + \varepsilon(Q)$$

bemerkbar, der größer ist als der lineare Absorptionskoeffizient μ_0. Da die Größe $\varepsilon(Q)$ vom Reflexionskoeffizienten
Q abhängig ist, ist ε für starke Reflexe besonders groß.

Die Extinktion wird als Korrektur in den Formeln für das
integrale Reflexionsvermögen dadurch berücksichtigt, daß
μ_{eff} anstelle von μ_o eingesetzt wird.

Für den symmetrischen Durchstrahlungsfall ergibt sich demnach

$$\frac{E\omega}{I} = Q\,\frac{t}{\cos\theta} \cdot e^{-\frac{(\mu_o + \varepsilon_Q)t}{\cos\theta}}$$

oder

$$\ln\left(\frac{E\omega}{I}\,\frac{\cos\theta}{t}\right) = \ln Q - \frac{(\mu_o + \varepsilon_Q)t}{\cos\theta}$$

Trägt man für die verschiedenen Plattendicken t die gemessenen Werte $\ln(\frac{E\omega}{I}\cdot\frac{\cos\theta}{t})$ gegen t auf, so erhält man aus der
Steigung der Geraden die Größe $\mu_{eff} = \mu_o + \varepsilon(Q)$. Aus dem Ordinatenabstand der Geraden bei t=0 kann man den Reflexionskoeffizienten Q entnehmen und daraus $|F_{hkl}|^2$ berechnen.

Für den asymmetrischen Durchstrahlungsfall ist diese halblogarithmische Darstellung der Meßergebnisse nicht möglich,
so daß man $\frac{E\omega}{I}$ über t als Kurve auftragen muß.

Abbildung 155 zeigt als Resultat der Extinktionsmessungen
für die drei vermessenen MgF_2-Platten den Verlauf der $\varepsilon(Q)$-
Kurven. Zunächst fällt auf, daß diese drei Platten in Be-

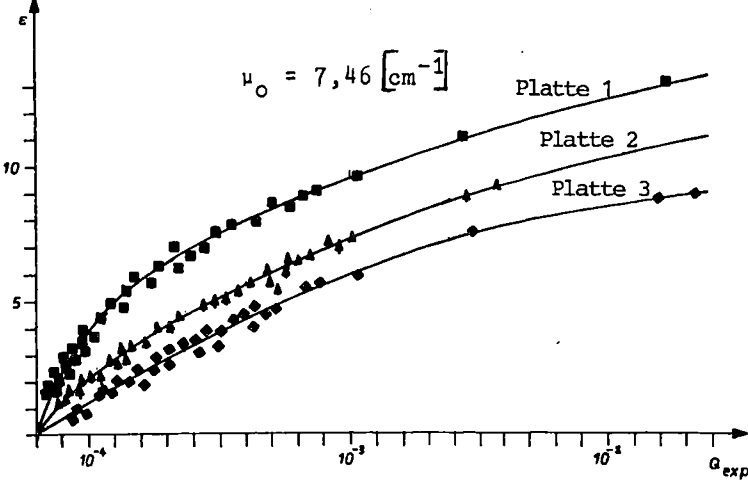

Abb.155

zug auf die Extinktion erhebliche Unterschiede aufweisen.

Tabelle 14 gibt für drei relativ starke Reflexe die an den drei Platten gemessenen Zahlenwerte für $\varepsilon(Q)$, die mit dem linearen Absorptionskoeffizienten μ_o= 7,46 zu vergleichen sind.

Tabelle 14

$\varepsilon_Q\left[cm^{-1}\right]$

Reflex	Platte 1	Platte 2	Platte 3
210	16,00	12,11	13,59
310	9,29	5,30	6,22
420	6,84	2,88	4,05

In Bereichen $0 < \varepsilon < 1$ verlaufen die Extinktionskurven für die drei Platten näherungsweise linear. Da in diesem Bereich alle diejenigen Reflexe liegen, für die $\varepsilon(Q)$ nicht auf direktem Wege durch Messung bestimmt wurde, konnten diese Reflexe mit dem linearen Ansatz $\varepsilon = cQ$ korrigiert werden.

Um zu prüfen, ob der zur Extinktionskorrektur der Einkristallplatten benutzte Ansatz $\mu_{eff} = \mu_o + \varepsilon(Q)$ auch für starke Reflexe genügt, wurden am Diffraktometer in Oberflächenreflexion und im Durchstrahlungsfall für eine Reihe von Reflexen relative Pulvermessungen durchgeführt. Der Absolutanschluß an die Einkristallmessungen erfolgt über den Reflex 210. Dabei zeigte es sich, daß die aus Pulvermessungen abgeleiteten $|F_{hkl}|$ -Werte innerhalb der Fehlergrenzen mit den aus Einkristallmessungen abgeleiteten Daten übereinstimmen.

Aus den Einkristallmessungen und den Pulveraufnahmen wurden die Mittelwerte von 190 $|F_{hkl}|$-Werten zusammen mit ihren mittleren Fehlern gewonnen. Dieser Datensatz wurde für die später zu besprechenden Fouriersynthesen benutzt. Die folgende Tabelle 15 enthält in der zweiten Spalte einige $|F_{hkl}|_{exp}$ - Werte.

<u>Tabelle 15</u>

Experimentelle und theoretische
Strukturamplituden von MgF_2.

h	k	l	F_{exp}	F_{theor}	δF
2	0	0	— 3,85	— 3,89	0,04
4	0	0	13,27	13,19	0,08
6	0	0	8,13	8,24	— 0,11
8	0	0	— 0,04	— 0,04	0,00
1	1	0	21,65	21,62	0,03
2	1	0	13,85	13,96	— 0,11
3	1	0	8,38	8,47	— 0,09
4	1	0	— 10,40	— 10,39	— 0,01
5	1	0	10,04	10,10	— 0,06
6	1	0	5,12	5,10	0,02
7	1	0	3,07	3,05	0,02
8	1	0	— 1,60	— 1,54	— 0,06
9	1	0	2,50	2,50	0,00
2	2	0	25,79	25,76	0,03
3	2	0	— 4,70	— 4,62	— 0,08
4	2	0	7,28	7,18	0,10
5	2	0	— 0,41	— 0,43	0,02
6	2	0	3,44	3,41	0,03
7	2	0	1,82	1,83	— 0,01
8	2	0	5,27	5,30	— 0,03
9	2	0	— 1,64	— 1,63	— 0,01
3	3	0	17,42	17,33	0,09
4	3	0	4,30	4,36	— 0,06
5	3	0	0,69	0,68	0,01
6	3	0	— 2,43	— 2,45	0,02
7	3	0	5,93	5,92	0,01
8	3	0	0,80	0,78	0,02
9	3	0	1,82	1,82	0,00
4	4	0	6,83	6,72	0,11
5	4	0	0,49	0,49	0,00
6	4	0	4,41	4,38	0,03
7	4	0	— 2,33	— 2,37	0,04
8	4	0	1,81	1,83	— 0,02
5	5	0	8,82	8,61	0,21
6	5	0	— 0,32	— 0,32	0,00
7	5	0	0,43	0,43	0,00

4. Bestimmung der Raumgruppe und der Zahl der Formeleinheiten MgF$_2$ in der Elementarzelle

Im tetragonalen System können wir zwischen den beiden Lauegruppen $\frac{4}{m}$ und $\frac{4}{m}\frac{2}{m}\frac{2}{m}$ unterscheiden. Da wir auf den de Jong-Bouman Aufnahmen (Abbildungen 150 und 151) die Spuren diagonaler Spiegelebenen beobachten, ergibt sich für MgF$_2$ eindeutig die höhersymmetrische Lauegruppe $\frac{4}{m}\frac{2}{m}\frac{2}{m}$; die de Jong-Bouman und die Buerger Präzessionsaufnahmen zeigen, daß kein integrales Auslöschungsgesetz vorliegt, womit sich für MgF$_2$ eine primitive Elementarzelle P ergibt.

Wir haben schon auf das zonale Auslöschungsgesetz hingewiesen

$$0kl \text{ mit } k+l = 2n \text{ vorhanden}$$
$$\text{bzw. } h0l \text{ mit } h+l = 2n \text{ vorhanden.}$$

Dieses Auslöschungsgesetz bedeutet das Vorliegen von Gleitspiegelebenen vom Typ n parallel der ac- bzw. bc-Ebene. Die serialen Auslöschungen: h00 mit h = 2n sowie 001 mit l = 2n vorhanden, sind in diesem weiterreichenden Auslöschungsgesetz enthalten und bringen nichts Neues.

Wichtig für die Raumgruppenbestimmung wird es sich erweisen, daß die hhl- und die hh0-Reflexe in allen Ordnungen vorhanden sind (s. Abbn. 150 und 152).

Zusammengefaßt haben wir aus den Explorer-Aufnahmen folgendes festgestellt:

Tetragonale Elementarzelle, P-Typ, a = b = 4,6 Å
c = 3,04 Å

Lauegruppe $\frac{4}{m}\frac{2}{m}\frac{2}{m}$

Symmetrie- bzw. Zusatzsymmetrieelemente:

4 parallel zu c

m parallel zur Ebene xxz

n parallel zu (100) und (010).

Aus Tabelle 3 auf Seite 145 entnehmen wir, daß die Lauegruppe $\frac{4}{m}\frac{2}{m}\frac{2}{m}$ die niedrig symmetrischen Kristallklassen 422, 4mm und $\bar{4}$2m enthält, von denen die Klasse 422 allerdings sofort ausscheidet, weil sie nur Drehachsen enthält, während wir die Existenz von Gleitspiegelebenen nachgewiesen haben. Zur Auswahl stehen daher für das MgF_2 die drei Kristallklassen 4mm, $\bar{4}$2m und $\frac{4}{m}\frac{2}{m}\frac{2}{m}$. Die Stereogramme dieser drei Kristallklassen sind in den Abbildungen 156, 157 und 158 nochmals gezeichnet.

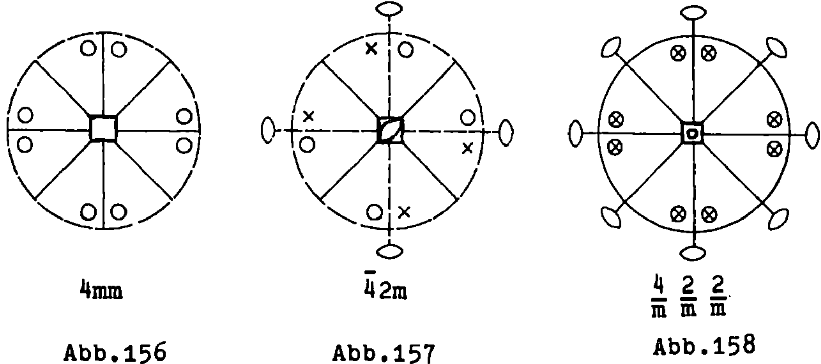

4mm $\bar{4}$2m $\frac{4}{m}\frac{2}{m}\frac{2}{m}$

Abb.156   Abb.157   Abb.158

Wir nehmen nunmehr den ersten Band der Internationalen Tabellen zur Hand und schlagen unter Berücksichtigung der gefundenen Auslöschungen die in den drei Kristallklassen möglichen Raumgruppen nach, wobei wir nur primitive Raumgruppen (P) zu berücksichtigen brauchen.

In der Kristallklasse 4mm gibt es nur eine Raumgruppe mit den geforderten Auslöschungsgesetzen, nämlich $P4_2$nm (Abbildung 159).

In der Kristallklasse $\bar{4}$2m findet man die Raumgruppe $P\bar{4}$n2 (Abbildung 160) und in der Kristallklasse $\frac{4}{m}\frac{2}{m}\frac{2}{m}$ die Raumgruppe $P\frac{4_2}{m}\frac{2_1}{n}\frac{2}{m}$ (Abbildung 161).

Bevor wir die Punktlagen dieser drei Raumgruppen näher diskutieren, wollen wir zunächst die Zahl der Formeleinheiten MgF_2 in der Elementarzelle berechnen.

Mit a=b=4,62 Å, c=3,04 Å, ρ = 3,127 g/cm^3, M = 62,32 und N_L= 6,022·10^{23} finden wir

$$\rho = \frac{\text{Gewicht der Elementarzelle}}{\text{Volumen der Elementarzelle}} = \frac{x \cdot M}{N_L \cdot a^2 c}$$

Die Zahl der Formeleinheiten MgF_2 pro Elementarzelle ergibt sich hieraus zu

$$x = \frac{\rho a^2 c N_L}{M} = \frac{3{,}127 \cdot (4{,}62)^2 \cdot 3{,}04 \cdot 10^{-24} \cdot 6{,}022 \cdot 10^{23}}{62{,}32}$$

$$= 1{,}96 \sim 2$$

5. Festlegen des Strukturmodells für MgF_2

Wir haben zwei Mg^{++}-Ionen und vier F^--Ionen in der Elementar-zelle unterzubringen.

Da es sich beim MgF_2 wahrscheinlich um ein Ionengitter handelt, ist eine statistische Besetzung der Punktlagen auszuschließen. Wir müssen deshalb die beiden Mg^{++}-Ionen auf eine 2-zählige Punktlage setzen. Für die F^--Ionen stehen uns entweder zwei 2-zählige Punktlagen oder eine 4-zählige Punktlage zur Verfü-gung. Wie wir den Abbildungen 159, 160 und 161 entnehmen, han-delt es sich durchweg um spezielle Punktlagen, die wir nun näher diskutieren wollen.

Raumgruppe $P4_2nm$ (Abbildung 159).

Wenn wir die beiden Mg^{++}-Ionen in die 2-zählige Punktlage a setzen, bleibt für die $4F^-$-Ionen nur die 4-zählige Lage c übrig. Aus Abb.159 ist zu entnehmen, daß sich integrale Auslöschungs-gesetze ergeben, wenn wir die Punktlagen a und b mit gleichen Ionen besetzen. Nun sind Mg^{++} und F^- zwar nicht identisch, ihre Elektronenhüllen enthalten jedoch jeweils 10 Elektronen, so daß die integralen Auslöschungen in guter Näherung erfüllt sein müßten. Da wir bei den Aufnahmen keine Andeutung eines inte-gralen Auslöschungsgesetzes beobachtet haben, scheidet die Punktlage b für die F^--Ionen aus. Wir gelangen daher in der Raumgruppe $P4_2nm$ zu folgendem Modell für die Struktur des MgF_2:

$2Mg^{++}$ in $00z_1$ und $\frac{1}{2}\,\frac{1}{2}\,\frac{1}{2}{+}z_1$

$4\ F^-$ in xxz_2, $\bar{x}\bar{x}z_2$, $\frac{1}{2}{+}x\ \frac{1}{2}{-}x\ \frac{1}{2}{+}z_2$, $\frac{1}{2}{-}x\ \frac{1}{2}{+}x\ \frac{1}{2}{+}z_2$

Setzen wir ein Mg^{++}-Ion in 000, so können wir schreiben

$2Mg^{++}$ in 000 und $\frac{1}{2}\,\frac{1}{2}\,\frac{1}{2}$

$4F^-$ in xxz, $\bar{x}\bar{x}z$, $\frac{1}{2}{+}x\ \frac{1}{2}{-}x\ \frac{1}{2}{+}z$, $\frac{1}{2}{-}x\ \frac{1}{2}{+}x\ \frac{1}{2}{+}z$

(mit $z = z_2{-}z_1$)

$P4_2nm$
C_{4v}^4

No. 102 $P\,4_2\,n\,m$ 4 m m Tetragonal

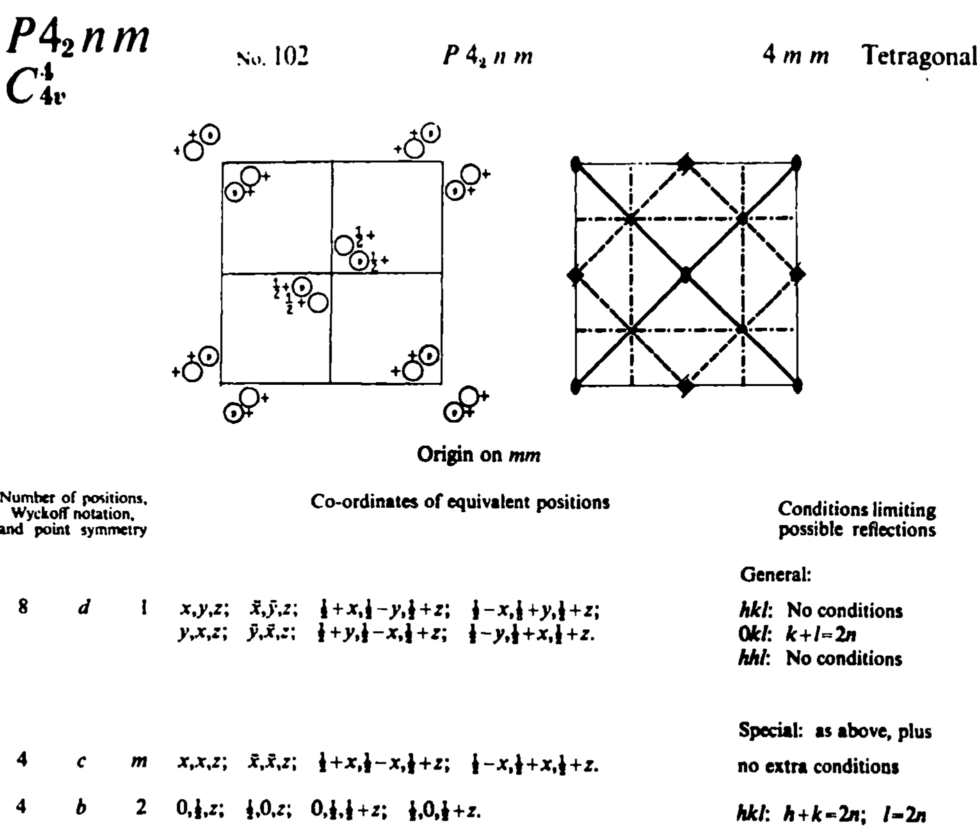

Origin on *mm*

Number of positions, Wyckoff notation, and point symmetry			Co-ordinates of equivalent positions			

8	*d*	1	$x,y,z;$ $\bar{x},\bar{y},z;$ $\tfrac{1}{2}+x,\tfrac{1}{2}-y,\tfrac{1}{2}+z;$ $\tfrac{1}{2}-x,\tfrac{1}{2}+y,\tfrac{1}{2}+z;$ $y,x,z;$ $\bar{y},\bar{x},z;$ $\tfrac{1}{2}+y,\tfrac{1}{2}-x,\tfrac{1}{2}+z;$ $\tfrac{1}{2}-y,\tfrac{1}{2}+x,\tfrac{1}{2}+z.$

Conditions limiting possible reflections

General:

hkl: No conditions
0kl: $k+l=2n$
hhl: No conditions

4	*c*	*m*	$x,x,z;$ $\bar{x},\bar{x},z;$ $\tfrac{1}{2}+x,\tfrac{1}{2}-x,\tfrac{1}{2}+z;$ $\tfrac{1}{2}-x,\tfrac{1}{2}+x,\tfrac{1}{2}+z.$

Special: as above, plus

no extra conditions

4	*b*	2	$0,\tfrac{1}{2},z;$ $\tfrac{1}{2},0,z;$ $0,\tfrac{1}{2},\tfrac{1}{2}+z;$ $\tfrac{1}{2},0,\tfrac{1}{2}+z.$

hkl: $h+k=2n;$ $l=2n$

2	*a*	*mm*	$0,0,z;$ $\tfrac{1}{2},\tfrac{1}{2},\tfrac{1}{2}+z.$

hkl: $h+k+l=2n$

"International Tables for X-Ray Crystallography", I. Band,
The Kynoch Press, Birmingham, England 1952

<u>Abb. 159</u>

Nach diesem Modell müßten wir zwei freie Parameter, nämlich x und z bestimmen.

Raumgruppe P$\bar{4}$n2 (Abbildung 160)

In dieser Raumgruppe stehen für das Mg^{++} vier 2-zählige Punktlagen a-d zur Verfügung. Besetzen wir eine dieser Punktlagen mit Mg^{++}, so scheiden auch diesmal wieder wegen des integralen Auslöschungsgesetzes die beiden 4-zähligen Punktlagen e und h sowie die übrigen 2-zähligen Punktlagen für die F^--Ionen aus. Wir können daher die beiden Mg^{++}-Ionen in die Punktlagen a, b, c oder d, und die vier F^--Ionen in die Punktlagen f und g setzen. Insgesamt gibt es demnach in der Raumgruppe P$\bar{4}$n2 acht Möglichkeiten der Besetzung, die wir zweckmäßigerweise in die beiden Gruppen aufteilen:

$$\boxed{\begin{array}{ll} af & bf \\ ag & bg \end{array}} \qquad \boxed{\begin{array}{ll} cf & df \\ cg & dg \end{array}}$$

Raumgruppe P$\frac{4}{m}\frac{2_1}{n}\frac{2}{m}$ (Abbildung 161)

Wegen der integralen Auslöschungsgesetze der speziellen Punktlagen bleiben in dieser Raumgruppe für die Mg^{++}-Ionen die beiden Punktlagen a und b und für die vier F^--Ionen die beiden 4-zähligen Punktlagen f und g übrig. Wir haben daher die folgenden vier Kombinationen zu diskutieren:

$$\boxed{\begin{array}{ll} af & bf \\ ag & bg \end{array}}$$

Wir wollen jetzt versuchen, in der Raumgruppe P$\frac{4}{m}\frac{2_1}{n}\frac{2}{m}$ die Zahl der möglichen Kombinationen zu reduzieren, indem wir untersuchen, ob sie sich durch Lineartransformation ineinander überführen lassen.

Zunächst sehen wir, daß durch Transformation um $\frac{1}{2}\frac{1}{2}\frac{1}{2}$ die Punktlage a in sich selbst und die Punktlage b ebenfalls in sich selbst übergeführt wird. Außerdem erkennen wir, daß durch die gleiche Transformation die Punktlage f in die Punktlage g überführbar ist. Es sind daher identisch af = ag und bf = bg,

$P\bar{4}n2$
D_{2d}^{8}

No. 118 $P\bar{4}n2$ $\bar{4}m2$ Tetragonal

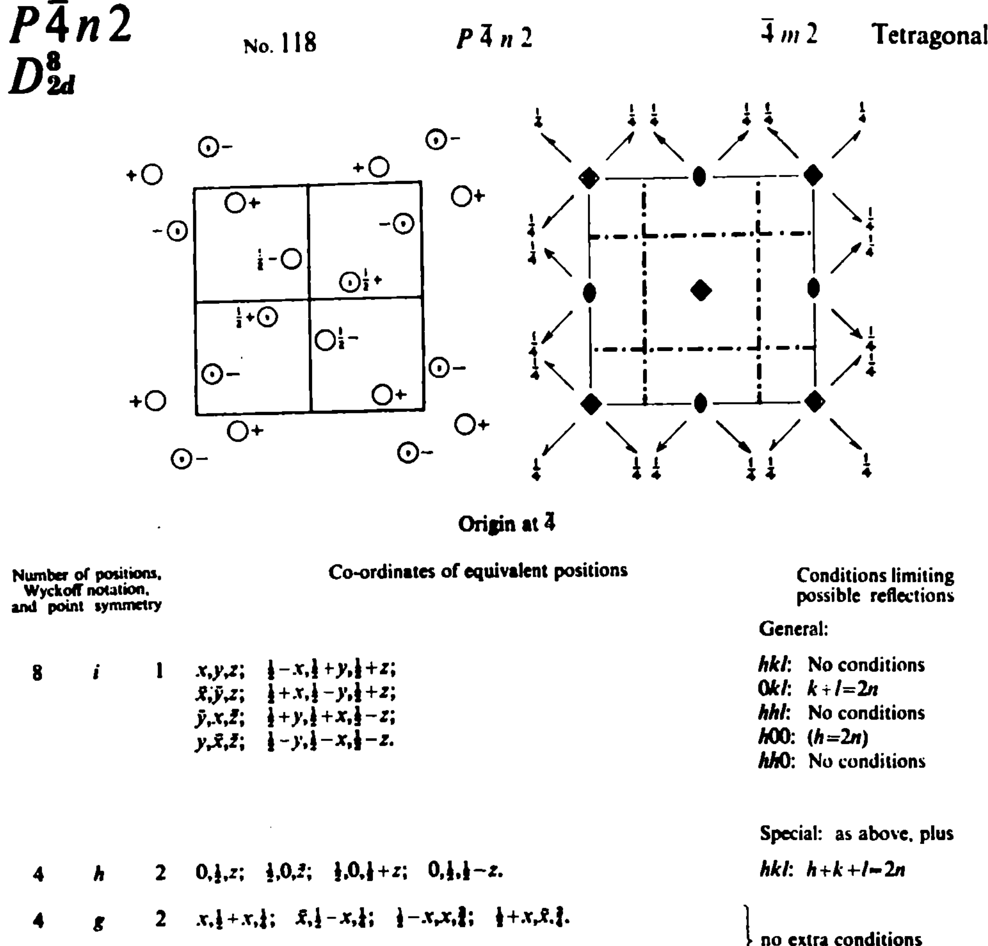

Origin at $\bar{4}$

Number of positions, Wyckoff notation, and point symmetry			Co-ordinates of equivalent positions	Conditions limiting possible reflections

General:

| 8 | i | 1 | x,y,z; $\frac{1}{2}-x,\frac{1}{2}+y,\frac{1}{2}+z$; $\bar{x},\bar{y},z$; $\frac{1}{2}+x,\frac{1}{2}-y,\frac{1}{2}+z$; $\bar{y},x,\bar{z}$; $\frac{1}{2}+y,\frac{1}{2}+x,\frac{1}{2}-z$; $y,\bar{x},\bar{z}$; $\frac{1}{2}-y,\frac{1}{2}-x,\frac{1}{2}-z$. |

hkl: No conditions
$0kl$: $k+l=2n$
hhl: No conditions
$h00$: $(h=2n)$
$hh0$: No conditions

Special: as above, plus

4	h	2	$0,\frac{1}{2},z$; $\frac{1}{2},0,\bar{z}$; $\frac{1}{2},0,\frac{1}{2}+z$; $0,\frac{1}{2},\frac{1}{2}-z$.	hkl: $h+k+l=2n$
4	g	2	$x,\frac{1}{2}+x,\frac{1}{4}$; $\bar{x},\frac{1}{2}-x,\frac{1}{4}$; $\frac{1}{2}-x,x,\frac{3}{4}$; $\frac{1}{2}+x,\bar{x},\frac{3}{4}$.	
4	f	2	$x,\frac{1}{2}-x,\frac{1}{4}$; $\bar{x},\frac{1}{2}+x,\frac{1}{4}$; $\frac{1}{2}+x,x,\frac{3}{4}$; $\frac{1}{2}-x,\bar{x},\frac{3}{4}$.	no extra conditions
4	e	2	$0,0,z$; $0,0,\bar{z}$; $\frac{1}{2},\frac{1}{2},\frac{1}{2}+z$; $\frac{1}{2},\frac{1}{2},\frac{1}{2}-z$.	
2	d	222	$0,\frac{1}{2},\frac{3}{4}$; $\frac{1}{2},0,\frac{1}{4}$.	
2	c	222	$0,\frac{1}{2},\frac{1}{4}$; $\frac{1}{2},0,\frac{3}{4}$.	hkl: $h+k+l=2n$
2	b	$\bar{4}$	$0,0,\frac{1}{2}$; $\frac{1}{2},\frac{1}{2},0$.	
2	a	$\bar{4}$	$0,0,0$; $\frac{1}{2},\frac{1}{2},\frac{1}{2}$.	

"International Tables for X-Ray Crystallography", I. Band,
The Kynoch Press, Birmingham, England 1952

Abb. 160

$P4_2\,mnm$
D_{4h}^{14}

No. 136 $P\,4_2/m\;2_1/n\;2/m$ $4/m\,m\,m$ Tetragonal

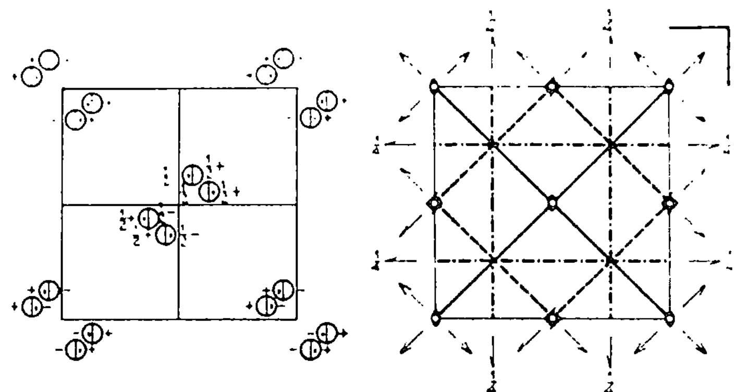

Origin at centre (mmm)

Number of positions, Wyckoff notation, and point symmetry			Co-ordinates of equivalent positions			Conditions limiting possible reflections

General:

| 16 | k | 1 | $x,y,z;$ $\bar{x},\bar{y},z;$ | $\tfrac{1}{2}+x,\tfrac{1}{2}-y,\tfrac{1}{2}+z;$ | $\tfrac{1}{2}-x,\tfrac{1}{2}+y,\tfrac{1}{2}+z;$ | $hkl:$ No conditions |

$hkl:$ No conditions
$hk0:$ No conditions
$0kl:$ $k+l=2n$
$hhl:$ No conditions

Special: as above, plus

| 8 | j | m | $x,x,z;$ $\bar{x},\bar{x},z;$ | $\tfrac{1}{2}+x,\tfrac{1}{2}-x,\tfrac{1}{2}+z;$ | $\tfrac{1}{2}-x,\tfrac{1}{2}+x,\tfrac{1}{2}+z;$ | |

no extra conditions

| 8 | i | m | $x,y,0;$ $\bar{x},\bar{y},0;$ | $\tfrac{1}{2}+x,\tfrac{1}{2}-y,\tfrac{1}{2};$ | $\tfrac{1}{2}-x,\tfrac{1}{2}+y,\tfrac{1}{2};$ | |

| 8 | h | 2 | $0,\tfrac{1}{2},z;$ $0,\tfrac{1}{2},\bar{z};$ | $0,\tfrac{1}{2},\tfrac{1}{2}+z;$ | $0,\tfrac{1}{2},\tfrac{1}{2}-z;$ | $hkl:$ $h+k=2n;\ l=2n$ |

| 4 | g | mm | $x,\bar{x},0;$ $\bar{x},x,0;$ | $\tfrac{1}{2}+x,\tfrac{1}{2}-x,\tfrac{1}{2};$ | $\tfrac{1}{2}-x,\tfrac{1}{2}-x,\tfrac{1}{2}.$ | |

| 4 | f | mm | $x,x,0;$ $\bar{x},\bar{x},0;$ | $\tfrac{1}{2}+x,\tfrac{1}{2}-x,\tfrac{1}{2};$ | $\tfrac{1}{2}-x,\tfrac{1}{2}+x,\tfrac{1}{2}.$ | no extra conditions |

| 4 | e | mm | $0,0,z;$ $0,0,\bar{z};$ | $\tfrac{1}{2},\tfrac{1}{2},\tfrac{1}{2}+z;$ | $\tfrac{1}{2},\tfrac{1}{2},\tfrac{1}{2}-z.$ | $hkl:$ $h+k+l=2n$ |

| 4 | d | $\bar{4}$ | $0,\tfrac{1}{2},\tfrac{1}{4};$ $\tfrac{1}{2},0,\tfrac{1}{4};$ | $0,\tfrac{1}{2},\tfrac{3}{4};$ | $\tfrac{1}{2},0,\tfrac{3}{4}.$ | |

| 4 | c | $2\,m$ | $0,\tfrac{1}{2},0;$ $\tfrac{1}{2},0,0;$ | $0,\tfrac{1}{2},\tfrac{1}{2};$ | $\tfrac{1}{2},0,\tfrac{1}{2}.$ | $hkl:$ $h+k=2n;\ l=2n$ |

| 2 | b | mmm | $0,0,\tfrac{1}{2};$ $\tfrac{1}{2},\tfrac{1}{2},0.$ | | | |

| 2 | a | mmm | $0,0,0;$ $\tfrac{1}{2},\tfrac{1}{2},\tfrac{1}{2}.$ | | | $hkl:$ $h+k+l=2n$ |

so daß wir oben in unserem Kästchen in jeder Spalte eine Kombination streichen können. Wir behalten dann z.B. die beiden
Kombinationen af und bg übrig. Durch Transformation mit $00\frac{1}{2}$
läßt sich a in b überführen, und wir können zeigen, daß sich
durch die gleiche Transformation f in g überführen läßt. Dies
kann man auch leicht einsehen, wenn man sich für die beiden
Lagen f und g die Schnitte in z=0 und $z=\frac{1}{2}$ aufzeichnet.

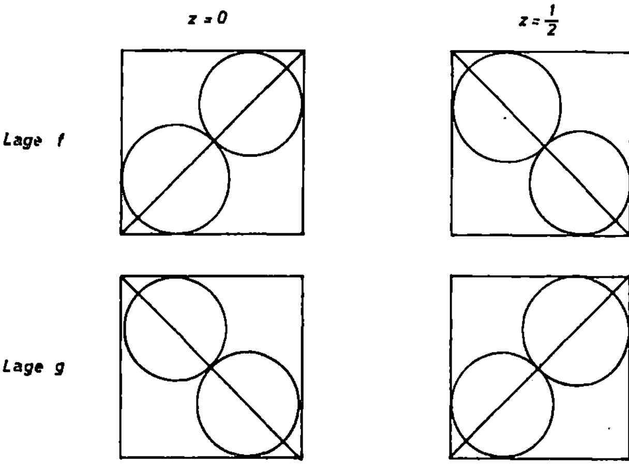

Abb.162

Man sieht aus Abbildung 162, daß in den beiden Punktlagen
die Schnitte in z=0 und in $z=\frac{1}{2}$ miteinander vertauscht sind.
Mithin bleibt in der Raumgruppe $P\frac{4_2}{m}\frac{2_1}{n}\frac{2}{m}$ nur ein Modell für
MgF_2 übrig:

<u>Modell I</u> :

$\quad$ 2 Mg^{++} $\quad$ in (a) $\quad$ 000 $\quad$ $\frac{1}{2}\frac{1}{2}\frac{1}{2}$

$\quad$ 4 F^- $\quad$ in (f) $\quad$ xx0, $\bar{x}\bar{x}0$, $\frac{1}{2}{+}x\ \frac{1}{2}{-}x\ \frac{1}{2}$, $\frac{1}{2}{-}x\ \frac{1}{2}{+}x\ \frac{1}{2}$

Dieses zentrosymmetrische Modell unterscheidet sich von dem
obigen nicht-zentrosymmetrischen Modell der Raumgruppe $P4_2nm$
nur dadurch, daß der Parameter z=0 ist. Wir diskutieren im
folgenden zunächst das zentrosymmetrische Modell und führen
den Parameter z $\neq$ 0 nur ein, wenn wir damit nicht zum Ziel

kommen sollten.

In der Raumgruppe $P\bar{4}n2$ hatten wir die acht Kombinationen in
zwei Gruppen zusammengefaßt

$$\boxed{\begin{matrix} af & bf \\ ag & bg \end{matrix}} \qquad \boxed{\begin{matrix} cf & df \\ cg & dg \end{matrix}}$$

Die Zahl der Möglichkeiten vermindert sich sofort um die Hälfte, da sich leicht nachweisen läßt, daß die zweite Gruppe identisch ist mit derjenigen, die wir soeben bei der Raumgruppe
$P\dfrac{4_2}{m}\dfrac{2_1}{n}\dfrac{2}{m}$ behandelt haben.

Wir brauchen daher nur die erste Gruppe zu diskutieren
(s. Abb. 160):

$$\boxed{\begin{matrix} af & bf \\ ag & bg \end{matrix}}$$

Um diese vier Kombinationen auf eine einzige zu reduzieren,
gehen wir wieder genau so vor, wie vorher bei der Raumgruppe
$P\dfrac{4_2}{m}\dfrac{2_1}{n}\dfrac{2}{m}$:

Durch Transformation mit $\frac{1}{2}\,\frac{1}{2}\,\frac{1}{2}$ gehen die Punktlagen a und b
in sich selbst über, während die Punktlage f in g überführt
wird. Es bleiben daher die beiden Kombinationen af und bg
übrig, die wir wieder durch Transformation mit $00\frac{1}{2}$ ineinander
überführen können.

Wählen wir diesmal die Kombination bg, so liegen die Ionen:

$$2\ \text{Mg}^{++} \quad \text{in (b)} \quad 00\tfrac{1}{2},\ \tfrac{1}{2}\,\tfrac{1}{2}\,0$$

$$4\ \text{F}^{-} \quad \text{in (g)} \quad x\ \tfrac{1}{2}{+}x\ \tfrac{1}{4},\ \bar{x}\ \tfrac{1}{2}{-}x\ \tfrac{1}{4},\ \tfrac{1}{2}{-}x\ x\ \tfrac{3}{4},\ \tfrac{1}{2}{+}x\ \bar{x}\ \tfrac{3}{4}.$$

Da wir eine Entscheidung zwischen der Kombination af in
$P\dfrac{4_2}{m}\dfrac{2_1}{n}\dfrac{2}{m}$ und bg in $P\bar{4}n2$ treffen müssen, ist es zweckmäßig,
für die F^{-}-Ionen in beiden Fällen die gleichen Punktlagen
zu verwenden. Wir sehen, daß durch Transformation mit $0\ \tfrac{1}{2}\ \tfrac{3}{4}$
die oben angegebene F^{-}-Punktlage g der Raumgruppe $P\bar{4}n2$ in
die Lage f der Raumgruppe $P\dfrac{4_2}{m}\dfrac{2_1}{n}\dfrac{2}{m}$ übergeht.

Die gleiche Transformation müssen wir auch für die Mg^{++} Lage
(b) verwenden und erhalten damit für die Raumgruppe $P\bar{4}n2$ das

zweite Strukturmodell für MgF_2 :

<u>Modell II</u> :

$$2\ Mg^{++}\ \text{in}\ 0\ \tfrac{1}{2}\ \tfrac{1}{4},\ \tfrac{1}{2}\ 0\ \tfrac{3}{4}$$

$$4\ F^-\quad \text{in}\ xx0,\ \bar{x}\bar{x}0,\ \tfrac{1}{2}{+}x\ \tfrac{1}{2}{-}x\ \tfrac{1}{2},\ \tfrac{1}{2}{-}x\ \tfrac{1}{2}{+}x\ \tfrac{1}{2}$$

Die Diskussion der Punktlagen liefert uns für das MgF_2 zwei
verschiedene Strukturmodelle. Die F^--Positionen sind für
beide Modelle gleich:

$$4\ F^-\quad \text{in}\ xx0,\ \bar{x}\bar{x}0,\ \tfrac{1}{2}{+}x\ \tfrac{1}{2}{-}x\ \tfrac{1}{2},\ \tfrac{1}{2}{-}x\ \tfrac{1}{2}{+}x\ \tfrac{1}{2}$$

während eine Entscheidung bezüglich der Punktlagen der Mg^{++}-
Ionen zu treffen ist.

In der Raumgruppe $P\frac{4_2}{m}\frac{2_1}{n}\frac{2}{m}$ liegen bei Modell I die beiden
Mg^{++}-Ionen in

$$2\ Mg^{++}\ \text{in}\ \ 000,\ \tfrac{1}{2}\ \tfrac{1}{2}\ \tfrac{1}{2}.$$

In der Raumgruppe $P\bar{4}n2$ liegen bei Modell II die Mg^{++}-Ionen in

$$2\ Mg^{++}\ \text{in}\ \ 0\ \tfrac{1}{2}\ \tfrac{1}{4},\ \tfrac{1}{2}\ 0\ \tfrac{3}{4}$$

Obwohl das erste Modell plausibler erscheint, weil die kleinen Mg^{++}-Ionen oktaedrisch von den großen F^--Ionen umgeben
sind, wollen wir das zweite Modell nicht sofort verwerfen,
sondern für die beiden Modelle zwei der gemessenen $|F_{hkl}|_{exp}$
Werte mit den berechneten $(F_{hkl})_{theor}$ vergleichen, um auf
diese Weise ein Modell ausschließen zu können.

Der Beitrag ΔF_{F^-} der vier F^--Ionen zur Strukturamplitude F_{hkl}
lautet für die oben angegebene Punktlage:

$$\Delta F_{F^-} = f_{F^-}\cdot\left[e^{2\pi i(hx+kx)} + e^{-2\pi i(hx+kx)}\right]$$
$$+\ f_{F^-}\ e^{\pi i(h+k+l)}\cdot\left[e^{2\pi i(hx-kx)} + e^{-2\pi i(hx-kx)}\right]$$

Für $h+k+l = 2n$ erhalten wir

$$\Delta F_{F^-} = 4f_{F^-}\cdot\cos 2\pi hx\cdot\cos 2\pi kx$$

Für h+k+l = 2n+1 erhalten wir

$$\Delta F_{F^-} = -4f_{F^-} \cdot \sin 2\pi hx \cdot \sin 2\pi kx$$

Die Streubeiträge der Mg^{++}-Ionen sind in beiden Raumgruppen für Reflexe mit h+k+l = 2n+1 gleich Null. Daher sind solche Reflexe ungeeignet, um zwischen den beiden Strukturmodellen zu entscheiden.

Für Reflexe mit h+k+l = 2n erhalten wir:

Für das Modell I der Raumgruppe $P\frac{4_2}{m}\frac{2_1}{n}\frac{2}{m}$:

$$F_{hkl} = 2f_{Mg^{++}} + 4f_{F^-}\cos 2\pi hx \cdot \cos 2\pi kx$$

und für das Modell II der Raumgruppe $P\bar{4}n2$:

$$F_{hkl} = 2f_{Mg^{++}}\ e^{\pi i(k+l/2)} + 4f_{F^-}\cos 2\pi hx \cdot \cos 2\pi kx$$

Zur Entscheidung ziehen wir zweckmäßig Reflexe mit l=0 heran, z.B. die Reflexe 110 und 310.
Es ergibt sich für

Modell I : $F_{hk0} = 2f_{Mg^{++}} + 4f_{F^-}\cos 2\pi hx \cdot \cos 2\pi kx$

Modell II : $F_{hk0} = 2f_{Mg^{++}}\ e^{\pi ik} + 4f_{F^-}\cos 2\pi hx \cdot \cos 2\pi kx$

mit k=1 folgt hieraus

$$F_{h10} = -2f_{Mg^{++}} + 4f_{F^-}\cos 2\pi hx \cdot \cos 2\pi kx$$

Aus Tabelle 15 entnehmen wir die experimentellen Werte $|F_{hkl}|_{exp}$:

$$|F_{110}|_{exp} = 21,65$$
$$|F_{310}|_{exp} = 8,38$$

Um die theoretischen Strukturamplituden nach den oben abgeleiteten Formeln zu berechnen genügt es, wenn wir den freien Parameter x grob abschätzen, da die F^--Punktlage für beide Strukturmodelle gleich ist. Dabei nehmen wir gemäß Modell I an, daß die Mg^{++} und F^- längs der Flächendiagonalen xx0 dicht gepackt sind. Für die Ionenradien finden wir aus den Internationalen Tabellen die Werte:

$$r_{F^-} = 1,35\ \text{Å}$$
$$\text{und}\quad r_{Mg^{++}} = 0,70\ \text{Å}.$$

Laut Abbildung 163 sitzen dann längs der Flächendiagonalen
$2F^-$-Ionen und ein Mg^{++}-Ion, die insgesamt einen Platzbedarf
von 5,40 + 1,40 = 6,80 Å beanspruchen.

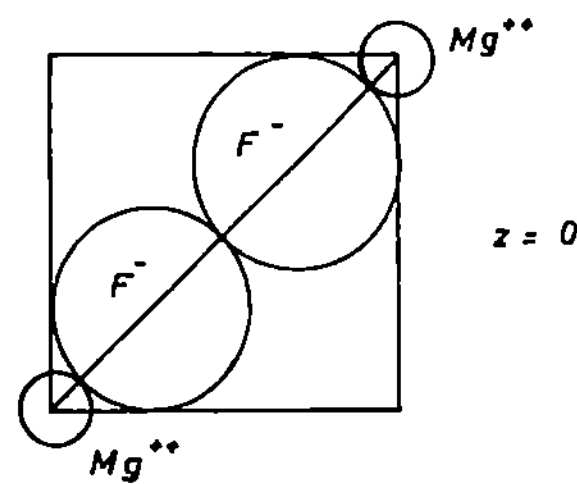

Abb.163

Zur Verfügung haben wir jedoch nur $4,6\sqrt{2}$ = 6,54 Å. Wenn wir
annehmen, daß beim Einbau der Ionen in das Gitter das große
F^--Ion stärker komprimierbar ist als das kleine Mg^{++}-Ion, so
stehen für die beiden F^--Ionen nur (6,54 - 1,40) = 5,14 Å
zur Verfügung. Dies ergibt einen effektiven F^--Radius von
1,28 Å gegenüber dem tabellierten Wert von 1,35 Å.

Der freie Parameter x ergibt sich dann zu

$$x = \frac{0,70 + 1,28}{6,54} = 0,304$$

Da es sich nur um eine Abschätzung handelt, rechnen wir mit
x = 0,30 und nehmen an, daß dieser Wert auch für das Modell II
gültig ist.

Für die beiden Reflexe 110 und 310 erhalten wir dann die
$(F_{hkl})_{theor}$-Werte aus der Tabelle 16 (die Atomformamplituden
f entnehmen wir den Internationalen Tabellen) :

Tabelle 16

Refl.	$f_{Mg^{++}}$	f_{F^-}	$2f_{F^-}$	$2f_{F^-}\cos 2\pi hx \cos 2\pi kx$ mit x=0,30	F_{hkl} Mod.I	F_{hkl} Mod.II	$|F_{hkl}|_{exp}$
110	9,2	8,1	16,2	1,6	21,6	-15,2	21,65
310	6,7	4,2	8,4	-2,1	9,2	-17,6	8,38

Die Entscheidung fällt eindeutig zugunsten des plausibleren
Strukturmodelles I der höhersymmetrischen Raumgruppe.

Strukturmodell für MgF_2

Gitterkonstanten : $a = 4{,}60$ Å, $c = 3{,}04$ Å

Kristallsystem: tetragonal

Raumgruppe: $P\dfrac{4_2}{m}\dfrac{2_1}{n}\dfrac{2}{m}$

Zahl der Formeleinheiten pro Elementarzelle: 2

Punktlagen: $2Mg^{++}$ in $000,\ \frac{1}{2}\frac{1}{2}\frac{1}{2}$

   $4F^-$ in $xx0,\ \bar{x}\bar{x}0,\ \frac{1}{2}+x\ \frac{1}{2}-x\ \frac{1}{2},\ \frac{1}{2}-x\ \frac{1}{2}+x\ \frac{1}{2}$

   mit $x=0{,}30$

Das Strukturmodell ist in Abbildung 164 gezeichnet.

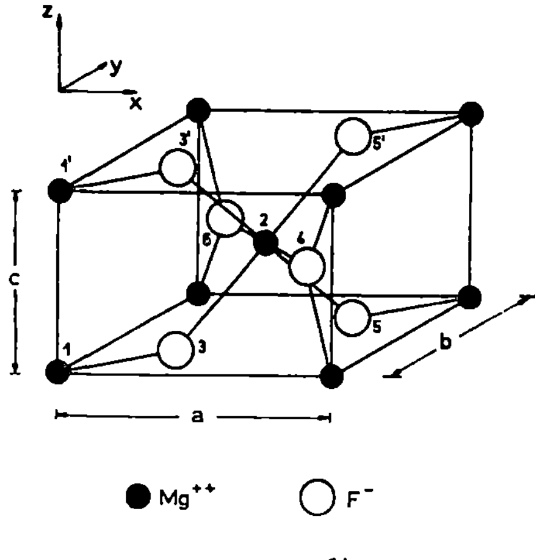

Abb.164

Die Richtigkeit dieses Strukturmodelles wollen wir nun dadurch
beweisen, daß wir die gemessenen $|F_{hkl}|$ mit den theoretischen
Strukturamplituden vergleichen. Um bessere $(F_{hkl})_{theor}$ errechnen zu können, müssen wir die Debye-Waller'schen Temperaturfaktoren $B_{Mg^{++}}$ und B_{F^-} bestimmen.

Um B_{F^-} zu berechnen, gehen wir von den Reflexen mit $h+k+l = 2n+1$
aus, für die der Streubeitrag von Mg^{++} gleich Null ist.

Für die Atomformamplituden f_{F^-} gilt:

$$(f_{F^-})_T = (f_{F^-})_0 \cdot e^{-B_{F^-} \cdot \left(\frac{\sin\theta}{\lambda}\right)^2}$$

woraus folgt

$$B_{F^-} = \frac{\ln\frac{(f_{F^-})_0}{(f_{F^-})_T}}{\left(\frac{\sin\theta}{\lambda}\right)^2} \quad \text{mit} \quad (f_{F^-})_T = \frac{F_{exp}}{4\sin 2\pi hx \cdot \sin 2\pi kx}$$

Die Werte $(f_{F^-})_0$ entnehmen wir den Internationalen Tabellen, Band III.

Für x setzen wir $x = 0{,}30$ (siehe oben). Zur Berechnung von B_{F^-} ziehen wir zweckmäßigerweise eine größere Zahl von Reflexen bei größeren Glanzwinkeln heran.

Trägt man $\ln\frac{(f_{F^-})_0}{(f_{F^-})_T}$ gegen $\left(\frac{\sin\theta}{\lambda}\right)^2$ auf, so resultiert aus der Steigung der Geraden

$$\boxed{B_{F^-} = 0{,}807 \ \mathring{A}^2}$$

Um $B_{Mg^{++}}$ zu bestimmen, gehen wir von den Reflexen mit $h+k+l = 2n$ aus. Für diese Reflexe gilt

$$F_{exp} = 2(f_{Mg^{++}})_T + 4(f_{F^-})_0 \cdot e^{-0{,}81\left(\frac{\sin\theta}{\lambda}\right)^2} \cdot \cos 2\pi hx \cdot \cos 2\pi kx$$

woraus folgt

$$(f_{Mg^{++}})_T = \frac{F_{exp} - 4(f_{F^-})_0 \cdot e^{-0{,}81\left(\frac{\sin\theta}{\lambda}\right)^2} \cdot \cos 2\pi hx \cdot \cos 2\pi kx}{2}$$

Die $B_{Mg^{++}}$ Werte wurden wie oben aus der Beziehung berechnet:

$$B_{Mg^{++}} = \frac{\ln\frac{(f_{Mg^{++}})_0}{(f_{Mg^{++}})_T}}{\left(\frac{\sin\theta}{\lambda}\right)^2}$$

Es resultierte

$$\boxed{B_{Mg^{++}} = 0{,}58 \ \mathring{A}^2}$$

Die Werte $B_{Mg^{++}}$ und B_{F^-} wurden benutzt, um die F_{theor}-Werte zu errechnen.

Nach der Methode der kleinsten Fehlerquadrate wurde der Parameter zu $x = 0,303$ bestimmt. Die mit den obigen Debye-Waller-faktoren und dem Parameter $x=0,303$ berechneten F_{theor}-Werte sind in der dritten Spalte der Tabelle 15 verzeichnet.

Ein Kriterium für die Richtigkeit einer Struktur ist der Ausdruck

$$R = \frac{\sum \left| |F_{exp}| - |F_{theor}| \right|}{\sum |F_{exp}|}$$

Der R-Wert betrug 1%, wobei 190 Reflexe der Rechnung zugrunde gelegt wurden.

6. <u>Berechnung der Elektronenverteilung im MgF_2 durch Fourier-</u>
   <u>synthesen</u>

Die Struktur des MgF_2 ist zentrosymmetrisch, so daß sich das Phasenproblem auf die Bestimmung der Vorzeichen reduziert. Der interessanteste Schnitt durch die Elementarzelle ist der Schnitt in $z=0$ durch die Schwerpunkte benachbarter Mg^{++} und F^- Ionen. Daher wurde die Fouriersynthese $\rho(xy0)$ berechnet:

$$\rho(xy0) = \frac{1}{v} \sum_{h,k,1-\infty}^{+\infty} \pm |F_{exp}| \cdot e^{-2\pi i(hx+ky)}$$

Die $|F_{exp}|$ sind die Beträge der experimentellen Struktur-amplituden; ihre Vorzeichen ergeben sich aus dem durch die Intensitätsrechnung bestätigten Modell. Da sich die l-Summation nur auf die Koeffizienten F_{hkl} bezieht, setzen wir

$$\sum_{1-\infty}^{+\infty} \pm |F_{hkl}| = A_{hk}$$

und erhalten

$$\rho(xy0) = \frac{1}{v} \sum_{h,k-\infty}^{+\infty} A_{hk} \, e^{-2\pi i(hx+ky)}$$

Dabei haben wir zu bedenken, daß für alle Strukturamplituden gilt

$$F_{hkl} = F_{hk\bar{l}}$$

Für die Berechnung der Fouriersynthese ist es zweckmäßig, den Ausdruck für $\rho(xy0)$ etwas umzuformen und die Summation über h und k auf positive Werte von h und k zu beschränken.

Dabei gilt für alle Reflexe:

$$F_{hkl} = F_{\bar{h}\bar{k}l} \text{ mithin } A_{hk} = A_{\bar{h}\bar{k}}$$

Dies bedeutet nach Abbildung 165, daß die Koeffizienten A_{hk} innerhalb der Quadranten I und III bzw. II und IV gleich sind.

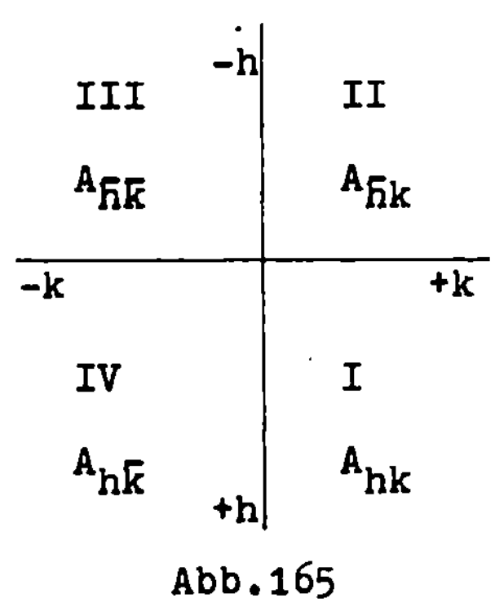

Abb.165

Fassen wir in den Quadranten I und III je ein Glied mit gleichen h und k zusammen, so erhalten wir mit $A_{hk} = A_{\bar{h}\bar{k}}$:

$$A_{hk}e^{-2\pi i(hx+ky)} + A_{hk}e^{+2\pi i(hx+ky)}$$

$$= 2A_{hk} \cos 2\pi (hx+ky)$$

Analoges gilt für die Quadranten II und IV.

Es bleiben nun noch zwei Quadranten I und IV übrig und wir haben durch die obige Zusammenfassung erreicht, daß die h-Summation nur noch von 0 bis ∞ zu erstrecken ist:

$$\rho(xy0) = \frac{c}{V} \sum_{h=0}^{\infty} \sum_{k=-\infty}^{+\infty} A_{hk} \cos 2\pi (hx+ky)$$

Für die Konstante c ergibt sich c=1 für h=0 und c=2 für h≠0.

Nun legen wir die Quadranten I und IV zusammen, indem wir wie oben jeweils Glieder aus den Quadranten I und IV mit gleichen h und k Werten paarweise zusammenfassen. Es folgt

$$A_{hk} \cos 2\pi(hx+ky) + A_{h\bar{k}} \cos 2\pi(hx-ky) =$$

$$A_{hk} \cos 2\pi hx \cdot \cos 2\pi ky - A_{hk} \sin 2\pi hx \cdot \sin 2\pi ky +$$

$$A_{h\bar{k}} \cos 2\pi kx \cdot \cos 2\pi ky + A_{h\bar{k}} \sin 2\pi hx \cdot \sin 2\pi ky$$

$$= (A_{hk}+A_{h\bar{k}}) \cos 2\pi hx \cdot \cos 2\pi ky - (A_{hk}-A_{h\bar{k}}) \sin 2\pi hx \cdot \sin 2\pi ky.$$

Für Reflexe mit h+k+l = 2n ist $A_{hk} = A_{h\bar{k}}$.

Daher bleibt für diese Reflexe nur das erste Glied übrig, nämlich

$$2A_{hk} \cos 2\pi hx \cdot \cos 2\pi ky$$

Für Reflexe mit $h+k+l = 2n+1$ ist $A_{hk} = - A_{h\bar{k}}$, folglich ver-
schwindet für diese Reflexe das erste Glied, und wir erhalten

$$-2A_{hk} \sin2\pi hx \, \sin2\pi ky.$$

Daher können wir $\rho(xy0)$ in der Form schreiben

$$\rho(xy0) \;=\; \frac{C}{V} \{ \sum_{h,k=0}^{+\infty} \sum A_{hk}\cos2\pi hx \cdot \cos2\pi ky \;-\; \sum_{h,k=0}^{+\infty} \sum A_{hk}\sin2\pi hx \cdot \sin2\pi ky \}$$

$$\text{für } h+k+l = 2n \qquad\qquad\qquad\qquad \text{für } h+k+l = 2n+1$$

Die neue Konstante C nimmt die folgenden Werte an:

$$C \;=\; 1 \quad \text{für } h = 0 \text{ und } k = 0$$
$$C \;=\; 2 \quad \text{für } h = 0 \text{ oder } k = 0$$
$$C \;=\; 4 \quad \text{für } h,\, k \neq 0.$$

Die Fouriersynthese $\rho(xy0)$ ist in Abbildung 166 gezeichnet.

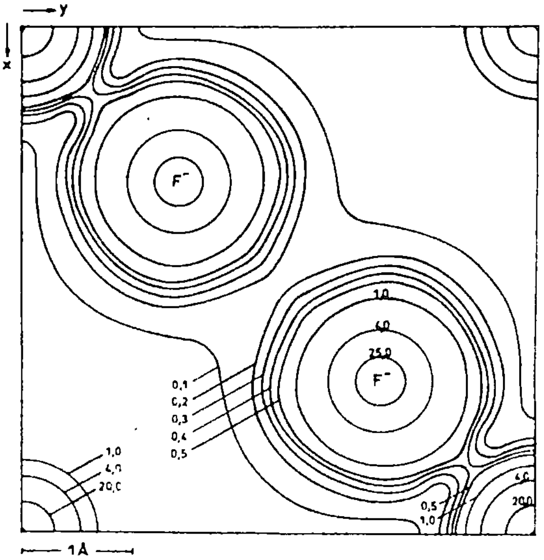

Abb.166

Linien konstanter
Elektronendichte (El/$Å^3$)
in der (xy0)-Ebene des
MgF_2 (auf den Ecken sitzen Mg^{++}-Ionen).

Die Elektronendichten zwischen benachbarten Mg^{++} und F^--Ionen
sinken bis auf 0,38 El./$Å^3$ ab. Je sechs der großen F^--Ionen
umgeben die kleinen Mg^{++}-Ionen oktaedrisch. Die Abweichungen
vom idealen Oktaeder sind beim MgF_2 sehr gering.

Abbildung 167 zeigt die Elektronendichteverteilung $\rho(xxz)$ in
der xxz-Ebene, aus der man den Verlauf der Elektronendichte
zwischen benachbarten F^--Ionen entnehmen kann, die bis auf
Minimalwerte von 0,18 El./$\overset{o}{A}{}^3$ absinkt.

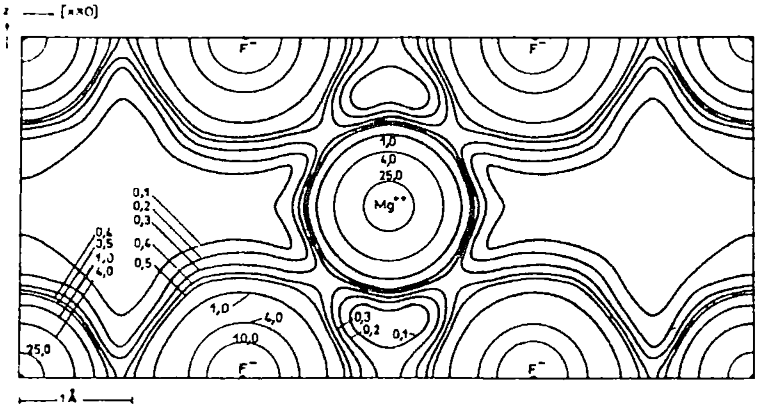

Abb.167

Linien konstanter Elektronendichte (El.$\overset{o}{A}{}^3$) in der
(xxz)-Ebene (auf den Ecken sitzen Mg^{++}-Ionen).

**b) Die Kristallstruktur des Kalium- (Rubidium)-Hydrogen-
Phenylacetats**

In diesem Abschnitt wollen wir die Bestimmung der Kristallstrukturen der beiden isotypen Verbindungen Kalium- und
Rubidium-Hydrogen-Phenylacetat besprechen [+]. Wegen der
schweren Atome K^+ und Rb^+ bietet sich die Schweratommethode
zur Lösung des Phasenproblems an. Die Exploreraufnahmen
führen auf eine innenzentrierte, quasi-orthogonale monokline
Elementarzelle.

[+] J.C. SPEAKMAN; The crystal structure of potassium-
hydrogen-bisphenylacetate. J. Chem. Soc. (1949) 3357.

Die Besprechung der Strukturanalyse von Kalium-Hydrogen-
Phenylacetat gliedert sich in folgende Punkte:

1. Züchtung und Habitus der Kristalle

2. Explorer-Aufnahmen

3. Datensammlung am 4-Kreis-Diffraktometer

4. Berechnung und Auswertung der Pattersonprojektionen
   sowie der Fourierprojektionen.

1. Züchtung und Habitus der Kristalle

Schwertförmige Kristalle von Kalium- und Rubidium-Hydrogen-
Phenylacetat wurden erhalten, indem zu Phenylessigsäure,
die in heißem Alkohol gelöst wurde, portionsweise Kalium-
karbonat (Rubidiumkarbonat) zugegeben wurde, das vorher in
wenig Wasser gelöst worden war. Beim Abkühlen fielen farb-
lose schwertförmige Kristalle folgender Zusammensetzung aus

$$\left(\bigcirc\!\!-\!CH_2 - COO \right)_{\!\!/2} \begin{matrix} K^+ \ (Rb^+) \\ H^+ \end{matrix}$$

Ein gut ausgebildeter Kristall wurde so auf einen Glasfaden
aufgeklebt, daß seine Längsachse etwa mit der Achse des
Glasfadens zusammenfiel. Der Glasfaden wurde auf einem
Kristallträger befestigt und seine azimutale Stellung am
Goniometerkopf so gewählt, daß eine große Prismenfläche
des Kristalles parallel zu einem Goniometerkopfschlitten
stand, was die weiter unten beschriebene Justierung des
Kristalles erheblich vereinfachte.

Die optische Vermessung des in Abbildung 168 gezeichneten
Kristalles des K^+-Salzes
am Explorer ergab folgen-
de Winkelwerte für die großen Prismenflächen:

$\omega_R = 101{,}1^{\circ}$ (guter Reflex)

$\omega_R = 281{,}2^{\circ}$ (mäßiger Reflex)

An frisch gezüchteten Kri-

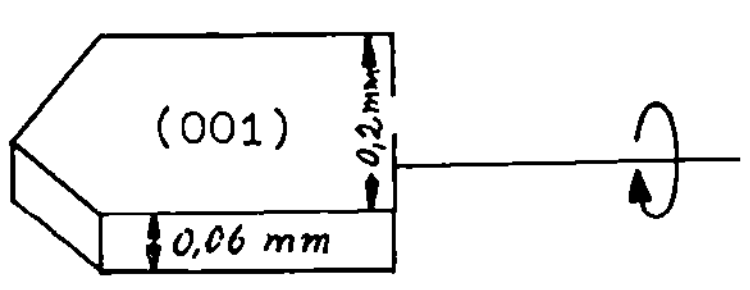

Abb.168

stallen des Rb^+-Salzes von ähnlichem schwertförmigem Habitus konnte außer den beiden breiten Prismenflächen noch eine schmale Fläche vermessen werden:

ω_R = 88,4° (guter Reflex)

ω_R = 268,4° (guter Reflex)

ω_R = 203,4° (schwacher Reflex einer schmalen Prismenfläche).

2. Explorer-Aufnahmen

Im folgenden wird die Untersuchung des in Abbildung 168 gezeichneten kleinen Kristalles des Kalium-Salzes beschrieben.

Mit Hilfe der beiden Lichtreflexe der großen Prismenflächen ließ sich der in Reflexionsstellung (ω_R= 101,1° und ω_R= 281,2°) nahezu vertikal stehende Goniometerkopfschlitten gut justieren. Zur Überprüfung der Justierung des anderen Kreisschlittens wurde eine Oszillationsaufnahme um die Stellung ω_R = 191,1° hergestellt. Aus dieser Oszillationsaufnahme wurde die Gitterkonstante in Richtung der Drehachse zu b = 4,5 Å bestimmt. Wegen der monoklinen Elementarzelle wurde die Nadelachse als b-Achse bezeichnet.

Nachdem an dem zweiten Kreisschlitten des Goniometerkopfes keine Nachjustierung erforderlich war, wurden de Jong-Bouman Aufnahmen hergestellt.

Abbildung 169 zeigt die de Jong-Bouman Aufnahme des Äquators mit den h0l-Reflexen. Abbildung 170 zeigt die de Jong-Bouman Aufnahme der ersten Schichtlinie mit den h1l-Reflexen.

Die Lage der reziproken Achsen a* und c* ist in der Abbildung 169 eingezeichnet. Die reziproke Achse c* fällt mit den vertikalen Durchmessern der Aufnahmen 169 und 170 zusammen. Die beiden de Jong-Bouman Aufnahmen wurden in der Ausgangsstellung ω_R = 101,1° hergestellt, in der die große Prismenfläche in Reflexionsstellung stand. c* steht senkrecht zu dieser Fläche. Die große Prismenfläche ist

Abb.169

hOl-Reflexe

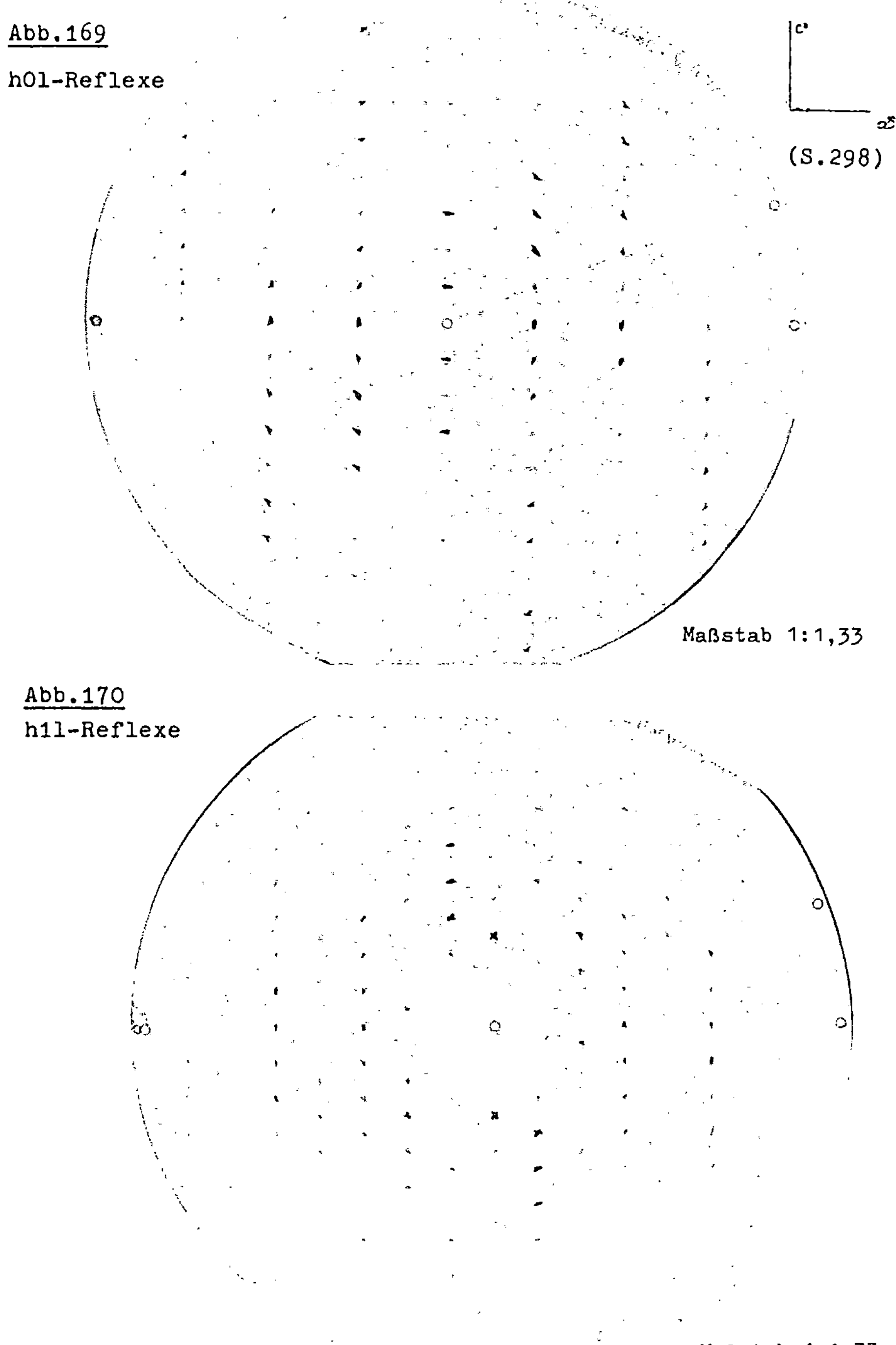

Abb.170

h1l-Reflexe

daher parallel zu den beiden Achsen a und b. Mithin hat
die große Prismenfläche die Miller'schen Indizes (001)
(Abb.168).

In Richtung des horizontalen Durchmessers liegt die rezi-
proke Achse a* . Für den Winkel β* ergibt sich β* = 89,8$\pm$0,2^O.
Damit erscheint es wahrscheinlich, daß das K^+-Salz im monoklinen System kristallisiert. Der monokline Winkel β ist
näherungsweise 90°.

Vergleicht man die Abbildungen 169 und 170, so sieht man,
daß die reziproken Gitterkonstanten a* und c* in Abbildung 169 zu halbieren sind. Legt man die beiden Aufnahmen
übereinander, so findet man folgende h0l-Reflexe

200	400	600	800
002	004	006	008
202	204	206	
402	404	406	

und folgende h1l-Reflexe (man beachte in Abb. 170 den
großen toten Bereich wegen der kleinen Gitterkonstante
b = 4,5 $\overset{o}{A}$):

310	510	312	512
213	413		
114	314	514	215	415 usw.

Auf beiden Aufnahmen finden wir nur solche Reflexe, für
die das integrale Auslöschungsgesetz h+k+l = 2n erfüllt
ist. Aus den Aufnahmen der Abbildungen 169 und 170 geht
eindeutig die Laue-Symmetrie $\frac{2}{m}$ hervor. Im orthorhombischen System hätten wir gemgegenüber die Laue-Symmetrie
$\frac{2}{m} \frac{2}{m} \frac{2}{m}$ mit drei senkrecht aufeinanderstehenden Spiegelebenen. Da in den Abbildungen 169 und 170 jedoch keine
Spiegelebenen zu erkennen sind, ergibt sich eindeutig eine
innenzentrierte, monokline Elementarzelle I.

Allerdings beobachtet man in Abbildung 169 noch zusätzliche
Auslöschungen. Mit dem integralen Auslöschungsgesetz wären
nämlich noch h0l- Reflexe vom Typ uOu vereinbar (u = ungerade). Wir beobachten jedoch nur solche h0l-Reflexe, für
die sowohl h als auch l gerade Zahlen sind. Mithin haben
wir zusätzlich noch das folgende Auslöschungsgesetz:

h0l nur mit l = 2n vorhanden.

Im Verein mit dem obigen integralen Auslöschungsgesetz ergibt sich dann notwendigerweise auch h = 2n.

Auf Grund dieser Auslöschungsgesetze können nach Kapitel V
die beiden Raumgruppen Ic und $I\frac{2}{c}$ in Betracht kommen.

Die Gitterkonstanten der quasi-orthogonalen monoklinen
I-Zelle ergeben sich aus den beiden de Jong-Bouman Aufnahmen zu

$$a = 11,86 \text{ Å}, \quad c = 28,4 \text{ Å}, \quad ß = 90,2°.$$

Durch die nachfolgenden Präzessionsaufnahmen wurden diese
Befunde bestätigt. Da die b-Achse mit der Drehache zusammenfiel, und die a-, c-, a^*- und c^*-Achsen in einer Ebene
senkrecht zur Drehachse liegen, konnten alle Buerger-Präzessionsaufnahmen ohne Nachjustierung der Kreisschlitten
des Goniometerkopfes durchgeführt werden.

Die Abbildung 171 zeigt die bei ω_R = 101,1° hergestellte
Präzessionsaufnahme mit den 0kl-Reflexen.

Die Abbildung 172 zeigt die bei ω = 191,3° hergestellte
Präzessionsaufnahme mit den hk0-Reflexen in der quasi-
orthogonalen Indizierung. Die a^* -Achse fällt mit dem
Vertikaldurchmesser zusammen.

Die genaue Winkelstellung ω = 191,3° wurde aus einer
μ = 10°- Präzessions-Justieraufnahme ermittelt. Aus dieser Aufnahme ergab sich außerdem die Notwendigkeit, den
einen Kreisschlitten des Goniometerkopfes um ca. 0,4°
nachzujustieren. Diese geringe Verjustierung konnte auf

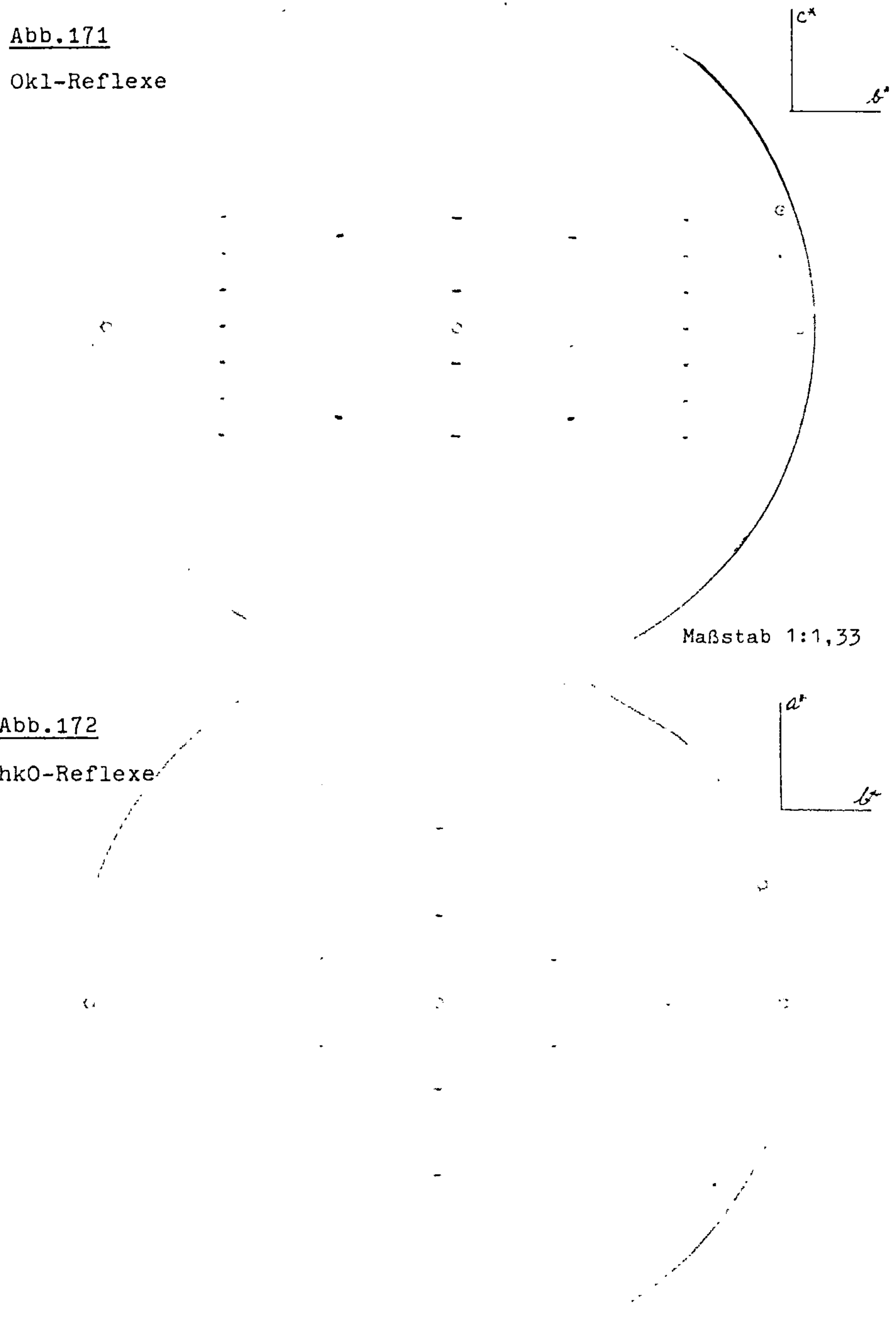

Abb.171

Okl-Reflexe

Abb.172

hkO-Reflexe

der Oszillationsaufnahme nicht beobachtet werden.

Zusammengefaßt liefern die Explorer-Aufnahmen die folgenden Informationen für das K^+-Salz:

> monoklines Kristallsystem
> Raumgruppe Ic bzw. I$\frac{2}{c}$
> quasi-orthogonale Elementarzelle mit:
> a = 11,86 Å; b = 4,45 Å; c = 28,4 Å; β = 90,2°.
> v = 1500 Å^3;
> mit M = 310 g/mol und ϱ = 1,33 g/cm^3 ergeben sich
> 4 Formeleinheiten pro Elementarzelle.

Die innenzentrierte Aufstellung wollen wir bei der folgenden Strukturanalyse beibehalten.

4. Datensammlung am 4-Kreis-Diffraktometer.

Ein nadelförmiger Kristall des K^+-Salzes wurde auf einem automatischen 4-Kreis-Diffraktometer mit monochromatischer $Mo_{K\alpha}$-Strahlung gemessen. Auf die Beschreibung der einzelnen Schritte bei der Vorbereitung des Kristalles für die automatischen Messungen, bei der Datensammlung und bei der Datenreduktion wird in diesem Abschnitt verzichtet, weil hier vor allem gezeigt werden soll, wie man Pattersonreihen zur Lösung des Phasenproblems einsetzen kann. Die Einzelschritte der Datensammlung usw. werden an Hand eines weiteren Beispiels im nächsten Abschnitt ausführlich behandelt.

Dem vollständigen hkl-Datensatz wurden insgesamt 353 h0l-Reflexe entnommen und damit die Pattersonprojektionen sowie die Fourierprojektion längs der kurzen b-Achse berechnet. Diese kurze Achse ist als Projektionsrichtung sehr vorteilhaft, weil man nur jeweils ein Molekül senkrecht zur b-Achse der Elementarzelle vermutet und Überlagerungen von Molekülen nicht zu befürchten sind.

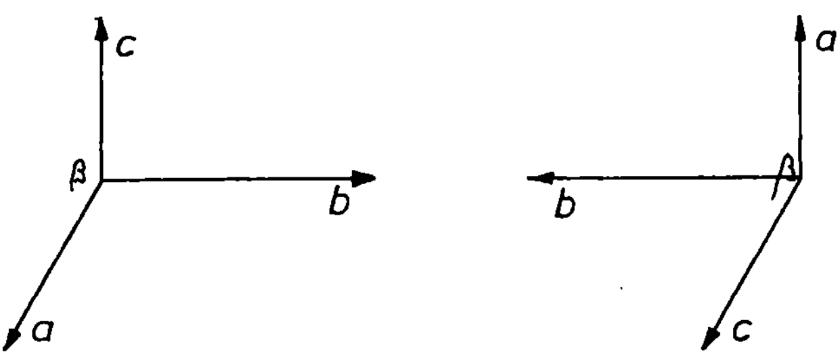

<u>Abb.173</u>: Rechtshändige, monokline
Koordinatensysteme

Am Diffraktometer verwenden wir ein rechtshändiges Koordinatensystem, bei dem die positive Richtung der b-Achse nach
links vom Kristall weg zeigt (Abb.173 rechts). Gegenüber
unserem bisher benutzten klassischen Rechtssystem (Abb.173
links) ergibt sich die Notwendigkeit, die a- und c-Achsen
miteinander zu vertauschen. Berücksichtigt man dies, so
stimmen die am Diffraktometer gemessenen Gitterkonstanten
mit den aus den Filmdaten gewonnenen gut überein, wobei
sich die Diffraktometerdaten durch höhere Meßgenauigkeit
auszeichnen.

Es ergaben sich für die Raumgruppe $I\frac{2}{c}$ für das K^+-Salz die
folgenden Gitterkonstanten:

$$a = 28,452 \ \overset{o}{A}$$
$$b = 4,4802 \ \overset{o}{A}$$
$$c = 11,868 \ \overset{o}{A}$$
$$\beta = 90,36^o$$
$$v = 1512,8 \ \overset{o}{A}{}^3$$

Die gemessenen 353 h0l-Reflexe lieferten 187 nicht-symme-
trieäquivalente h0l-Reflexe für die sich eine mittlere
Meßgenauigkeit von 1,4% ergab.

4. <u>Berechnung und Auswertung der Pattersonprojektionen sowie
   der Fourierprojektion</u>   (die im Folgenden mit $*$ bezeichne-
   ten Tabellen befinden sich in der Einstecktasche)

Die Tabelle 17$*$zeigt das mit dem Programmsystem SHELX 76/77
berechnete 2-dimensionale Zahlenfeld der Pattersonprojektion P(uw) in der asymmetrischen Einheit der Projektionsfläche der Größe 0,25a x 0,5c. Die lange Achse x(u) verläuft
von oben nach unten und ist im Raster 1/100 gerechnet; die
kurze Achse c(w) verläuft von links nach rechts und ist im
Raster 4/100 gerechnet.

In der zentrierten Elementarzelle befinden sich 4 Moleküle,
d.h. in der oben gewählten asymmetrischen Einheit ist ein
K^+ in (000) unterzubringen, dem 2 benachbarte Phenylacetate
zuzuordnen sind. Nach den Ausführungen von Abschnitt VII c)
über die Eigenschaften der Pattersonfunktion erwarten wir,
daß sich das vom K^+ gesehene Molekülbild gegenüber allen
anderen wegen des hohen Gewichtes des K^+ in der Pattersonprojektion so deutlich heraushebt, daß die Maxima der C-
und O-Atome des Moleküls zu erkennen sind. Man überzeugt
sich, daß dies tatsächlich der Fall ist, indem man in Tabelle 17$*$die Maxima einzeichnet und die ihnen entsprechenden Koordinaten u,w = x,z abliest.

Die Qualität der Abbildungen der Pattersonprojektionen kann
man dadurch etwas verbessern, daß man eine "zugespitzte"
Pattersonprojektion mit (E·F) als Koeffizienten rechnet,
deren 2-dimensionales Zahlenfeld aus Tabelle 18$*$zu entnehmen ist. Es wird dem Leser empfohlen, auch hier die den Atomlagen entsprechenden Maxima einzuzeichnen.

Mit den einer vollständigen 3-dimensionalen Pattersonfunktion
entnommenen vorläufigen Atomlagen (Tab.19) wurden die Vor-

K1	4	10.0000	10.0000	10.0000	10.5000	.0347	
O1	3	.0580	10.0000	.4329	11.0000	.0240	
O2	3	.0875	10.0000	.7941	11.0000	.0292	
C1	1	.1019	10.0000	.5832	11.0000	.0243	Tab.19
C2	1	.1723	10.0000	.5121	11.0000	.0447	
C3	1	.2544	10.0000	.4087	11.0000	.0253	
C4	1	.3204	10.0000	.5454	11.0000	.0423	
C5	1	.4005	10.0000	.4566	11.0000	.0640	
C6	1	.4125	10.0000	.2181	11.0000	.0587	
C7	1	.3480	10.0000	.0842	11.0000	.0489	
C8	1	.2681	10.0000	.1704	11.0000	.0438	
END							

zeichen aller h0l-Reflexe berechnet, womit das Phasenproblem zumindest für die Projektion erledigt ist.

Vor der Berechnung der entsprechenden Fourierprojektionen längs der kurzen Achse wurden die xz-Lagekoordinaten der Atome mit Strukturfaktorrechnungen in 4 least-squares-Zyklen verfeinert. Die neuen, verbesserten Koordinaten kann man der Tabelle 20 entnehmen.

Tabelle 20

PARAMETER LIST FOR   KHPI K-H-PHENYLACETAT I-CENT HOL

ATOM	X/A	Y/B	Z/C	K	U11	U22	U33
K1	.0000	.0000	.0000	.5000	.0347		
	.0000	.0000	.0000	.0000	.0028		
O1	.0580	.0000	.4329	1.0000	.0240		
	.0010	.0000	.0025	.0000	.0045		
O2	.0875	.0000	.7941	1.0000	.0292		
	.0011	.0000	.0026	.0000	.0050		
C1	.1019	.0000	.5832	1.0000	.0244		
	.0015	.0000	.0037	.0000	.0063		
C2	.1723	.0000	.5121	1.0000	.0447		
	.0020	.0000	.0048	.0000	.0088		
C3	.2544	.0000	.4087	1.0000	.0253		
	.0016	.0000	.0037	.0000	.0064		
C4	.3204	.0000	.5455	1.0000	.0423		
	.0019	.0000	.0045	.0000	.0085		
C5	.4005	.0000	.4566	1.0000	.0641		
	.0024	.0000	.0058	.0000	.0114		
C6	.4126	.0000	.2181	1.0000	.0587		
	.0022	.0000	.0054	.0000	.0107		
C7	.3480	.0000	.0842	1.0000	.0489		
	.0021	.0000	.0049	.0000	.0094		
C8	.2682	.0000	.1704	1.0000	.0438		
	.0020	.0000	.0047	.0000	.0086		

NP = 32
NR = 187

CYCLE 4   R= .1797   RW= .1797   RG= .1713   RM= .1713

Die Koeffizienten der Fourierprojektion $\sigma(x,z)$ enthalten als
Vorzeichen die mit den neuen Atomlagen berechneten Vorzeichen und als Beträge die experimentell ermittelten Werte
$|F_{h0l}|_{exp}$:

$$\sigma(xz) = \frac{1}{F} \sum_h \sum_l (\pm) \; |F_{h0l}|_{exp} \; \cos2u(hx+lz)$$

F ist die oben angegebene Größe der Projektionsfläche.

Das 2-dimensionale Zahlenfeld dieser Fourierprojektion zeigt
Tabelle 21. Es ist im Raster der Pattersonprojektionen ge-
rechnet. Man überzeugt sich, daß alle Atomlagen in dieser
Projektion gut zu erkennen sind.

Wie gut in diesem Stadium die Übereinstimmung zwischen den
beobachteten (FO) und den berechneten (FC) Strukturfaktoren
ist, ersieht man aus der Tabelle 22.

Unser hier gewähltes Beispiel soll zeigen, daß man in günstigen Fällen aus Pattersonprojektionen nicht nur die Lagen
der Schweratome (siehe Beispiel des Samandarins in Abschnitt
VII, d) sondern auch die Lagen leichter Atome entnehmen
kann. Was in unserem Beispiel für den 2-dimensionalen Fall
gezeigt wurde, der sich zur Einführung in die Handhabung
von Patterson- und Fourierreihen besonders gut eignet, wird
üblicherweise in der Praxis für 3-dimensionale Fälle in
entsprechender Weise durchgeführt.

c) <u>Die Kristallstruktur des Tetraferrocenyläthans</u> [+]

Während bei den bisher behandelten Beispielen die verschiede-
nen Methoden zur Lösung des Phasenproblems im Mittelpunkt der
Darstellung standen, soll das in diesem Abschnitt behandelte
Beispiel den Ablauf einer Kristallstrukturanalyse aufzeigen.

1. <u>Vorbereitung der automatischen Datensammlung</u>

Nach sorgfältiger Zentrierung des Kristalles im Mittelpunkt der Eulerwiege, wurde ein bestimmter Teil des reziproken Gitters systematisch nach Reflexen abgesucht (siehe

---

[+] H. Paulus, K.Schlögl und W. Weissensteiner, Monatshefte
für Chemie (1981), im Druck.

OBSERVED AND CALCULATED STRUCTURE FACTORS FOR   KHPI K-H-PHENYLACETAT I-CENT HOL

H	K	L	10FO	10FC	H	K	L	10FO	10FC	H	K	L	10FO	10FC	H	K	L	10FO	10FC	H	K	L	10FO	10FC
2	0	0	77	86	3	0	0	280	350	4	0	0	68	-47	5	0	0	6	-5	6	0	0	140	-132
7	0	0	21	23	8	0	0	5	26	9	0	0	35	14	10	0	0	81	67	11	0	0	81	99
12	0	0	129	170	13	0	0	9	22	14	0	0	36	-5	15	0	0	47	54	16	0	0	9	25
-16	0	1	15	-9	-15	0	1	9	17	-14	0	1	25	30	-13	0	1	7	4	-12	0	1	6	16
-11	0	1	51	62	-10	0	1	53	79	-9	0	1	235	230	-8	0	1	314	310	-7	0	1	60	103
-6	0	1	231	240	-5	0	1	227	228	-4	0	1	76	80	-3	0	1	91	66	-2	0	1	152	-126
-1	0	1	143	147	0	0	1	268	-250	1	0	1	156	-134	2	0	1	366	446	3	0	1	275	295
4	0	1	258	262	5	0	1	29	38	6	0	1	109	111	7	0	1	119	114	8	0	1	9	19
9	0	1	60	66	10	0	1	52	63	11	0	1	107	152	12	0	1	28	42	13	0	1	37	60
14	0	1	159	180	15	0	1	15	51	16	0	1	22	-4	-16	0	2	28	48	-15	0	2	38	57
-14	0	2	15	3	-13	0	2	52	56	-12	0	2	88	101	-11	0	2	59	53	-10	0	2	42	53
-9	0	2	24	42	-8	0	2	22	7	-7	0	2	78	77	-6	0	2	155	128	-5	0	2	20	-14
-4	0	2	64	69	-3	0	2	119	115	-2	0	2	57	-56	-1	0	2	249	210	0	0	2	328	310
1	0	2	105	97	2	0	2	218	190	3	0	2	267	233	4	0	2	140	103	5	0	2	302	293
6	0	2	295	293	7	0	2	18	38	8	0	2	77	65	9	0	2	50	36	10	0	2	42	-31
11	0	2	37	-21	12	0	2	24	-14	13	0	2	10	21	14	0	2	37	-3	15	0	2	0	17
16	0	2	55	69	-15	0	3	5	19	-14	0	3	13	18	-13	0	3	16	8	-12	0	3	22	-22
-11	0	3	44	-41	-10	0	3	33	-28	-9	0	3	181	146	-8	0	3	108	104	-7	0	3	75	60
-6	0	3	234	226	-5	0	3	222	209	-4	0	3	265	238	-3	0	3	141	123	-2	0	3	182	145
-1	0	3	173	138	0	0	3	157	-152	1	0	3	4	2	2	0	3	99	86	3	0	3	19	37
4	0	3	31	43	5	0	3	17	15	6	0	3	16	38	7	0	3	91	83	8	0	3	105	118
9	0	3	61	60	10	0	3	79	92	11	0	3	71	97	12	0	3	31	20	13	0	3	40	60
14	0	3	51	71	15	0	3	13	25	-14	0	4	67	86	-13	0	4	76	92	-12	0	4	81	88
-11	0	4	24	56	-10	0	4	104	98	-9	0	4	24	-12	-8	0	4	125	-114	-7	0	4	104	84
-6	0	4	51	30	-5	0	4	6	-19	-4	0	4	78	60	-3	0	4	119	80	-2	0	4	166	146
-1	0	4	92	70	0	0	4	114	96	1	0	4	106	69	2	0	4	64	60	3	0	4	22	6
4	0	4	40	-23	5	0	4	203	218	6	0	4	140	133	7	0	4	50	49	8	0	4	104	116
9	0	4	76	76	10	0	4	24	56	11	0	4	5	-3	12	0	4	10	10	13	0	4	1	16
-12	0	5	21	24	-11	0	5	31	30	-10	0	5	56	43	-9	0	5	40	45	-8	0	5	75	76
-7	0	5	42	29	-6	0	5	18	-18	-5	0	5	24	19	-4	0	5	85	54	-3	0	5	117	105
-2	0	5	105	65	-1	0	5	138	102	0	0	5	170	146	1	0	5	158	127	2	0	5	93	91
3	0	5	32	9	4	0	5	61	69	5	0	5	55	-47	6	0	5	105	-129	7	0	5	33	29
8	0	5	39	32	9	0	5	10	24	10	0	5	43	51	11	0	5	57	67	-9	0	6	28	27
-8	0	6	61	42	-7	0	6	97	80	-6	0	6	57	51	-5	0	6	47	35	-4	0	6	33	23
-3	0	6	33	-37	-2	0	6	9	-19	-1	0	6	38	26	0	0	6	13	-14	1	0	6	31	14
2	0	6	80	59	3	0	6	96	61	4	0	6	88	77	5	0	6	87	83	6	0	6	86	85
7	0	6	39	47	8	0	6	5	8	-2	0	7	57	35	-1	0	7	48	32	0	0	7	52	44
1	0	7	58	59	2	0	7	38	22															

hierzu das Kommando SP in Tabelle 23). Der gewählte 2θ-Bereich lag zwischen 15° und 30° und wurde im Raster von $1,2^{\circ}$ abgesucht, die entsprechenden χ und ϕ-Bereiche entnimmt man der Tabelle 23.

Die aufgefundenen Reflexe, deren reziproke Koordinaten noch sehr ungenau sind, wurden im nächstfolgenden Schritt zentriert (CP). Die Schrittweite betrug hierbei $\Delta\omega = 0,05^{\circ}$, die Meßzeit je Schritt 1 sec. Die gemessenen reziproken Koordinaten sind in Tabelle 23 unter SR eingetragen. Die daraus ermittelten vorläufigen Gitterkonstanten betrugen 9,43 Å, 17,84 Å und 19,11 Å. Die drei Winkel liegen bei etwa 90°, und die Indizes der 5 Reflexe sind nahezu ganzzahlig.
Die Orientierungsmatrix ist ebenfalls in Tab.23 ausgedruckt.
Systematische Lineartransformationen liefern nichts Neues.
Es bleibt bei der primitiven (wahrscheinlich orthorhombischen) Elementarzelle.

Tabelle 24 zeigt eine Liste einiger Reflexe, die im Schnellverfahren gemessen wurden. Aus dieser Liste wurden der Reflex 356 und die entsprechenden sieben symmetrieäquivalenten Reflexe ausgesucht und deren genaue Lagen durch ein erneutes Zentrierverfahren bestimmt (Tabelle 25). Die hieraus berechnete verbesserte Orientierungsmatrix sowie die verbesserten Gitterkonstanten entnimmt man ebenfalls der Tabelle 25. Die Winkel liegen diesmal sehr nahe bei 90°. Die Elementarzelle ist demnach mit größter Wahrscheinlichkeit orthorhombisch.

Die Reflexe der Tabelle 24 wurden auch zur Ermittlung zonaler Auslöschungsgesetze benutzt (Tabelle 26). Es wurden die folgenden zonalen Auslöschungsgesetze ermittelt:

- 0kl nur mit k=2n vorhanden; dies bedeutet laut Abschnitt V eine Gleitspiegelebene b $\|$ zur bc Ebene.

- hk0 nur mit h+k = 2n vorhanden, was auf eine Gleitspiegelebene n $\|$ ab schließen läßt.

- h0l nur mit l=2n vorhanden; dieses Auslöschungsgesetz läßt auf eine Gleitspiegelebene c $\|$ ac schließen.

Demnach handelt es sich um die zentrosymmetrische Raumgruppe Pbcn.

Tabelle 23

```
* SP
SEARCH PARAMETERS
TIME/STEP :    .4 sec ?
TTH (BEGIN,END,STEP) :    15.0    30.0     1.2 ?
CHI (BEGIN,END,STEP) :   -30.0     3.0     1.2 ?
PHI (BEGIN,END,STEP) :     .0    40.0      .4 ?

* CP
CENTERING PARAMETERS
DELTA(OMEGA) :    .05 ?
MEASURING TIME :  1.0 sec ?

* SR

SEARCH STARTED AT  03/30/81  12:20

N    TTH    OMG    CHI    PHI    INT.   SEQ#       X          Y          Z
1   14.69   7.43  -17.02  39.30  1225.    1    .269561  -.213562  -.105637
2   15.15   7.50  -16.54  26.00  2331.    2    .319758  -.155451  -.105590
3   16.32   8.03  -15.33  33.40   817.    3    .322101  -.211296  -.105565
4   16.19   8.09  -15.46  14.80  1949.    4    .369028  -.097410  -.105559
5   16.90   9.64  -30.79  25.70   537.    5    .319564  -.155305  -.211667

END OF SEARCH AT  03/30/81  12:45

* IX
PRINT SOLUTIONS (Y or N) ? N

CELL        :   9.4273  17.9355  19.1119   89.85   89.92   89.89
RECIPROCAL  :   .106077  .056069  .052324   90.15   90.18   90.11
VOLUME      :   3213.40

SEQ#     H       K       L
1     -1.00   -4.00   -5.00
2     -1.00   -3.00   -6.00
3     -1.00   -4.00   -6.01
4     -1.00   -2.00   -6.98
5     -2.00   -3.00   -6.00

* MR

REFINED MATRIX CALC. FROM    5 REFLECTIONS
-.000017  -.002388  -.052058
-.000113   .055976  -.002064
 .106073  -.000028  -.000066

CELL        9.4275  17.8487  19.1944   90.17   89.94   89.91
SDS          .0324    .0467    .0360    .184    .225    .248
VOLUME      3229.79

SCALARS     88.877
             .260  318.575
             .191   -1.028  369.425

BRAVAIS LATTICE DETERMINATION (Y or N) ? Y
SIGMA LIMIT :  2.0 ?

POSSIBLE BRAVAIS LATTICE IS    ORTHORHOMBIC P

CELL        9.4275  17.8487  19.1944   90.17   89.94   89.91
SDS          .0324    .0467    .0360    .184    .225    .248
VOLUME      3229.79
```

```
# FS
2TH-MIN, 2TH-MAX : 15.0 25.0 ?
HMIN, HMAX ?
KMIN, KMAX ?
LMIN, LMAX ?
LATTICE (P,A,B,C,I,F,R) ?
MIN (I-B)/B, DELTA(OMG), TIME :    2.0    .5  1.0 ?
MAX HKL GENERATED =    6   11   12
```

H	K	L	TTH	OMG	CHI	PHI	INT	BG	(I-B)/B
0	0	9	17.03	8.52	-.07	177.73	828	39	20.23
0	0	10	21.34	10.67	-.07	177.73	213	35	5.09
0	1	10	21.47	10.73	-.08	183.87	413	30	12.77
0	1	9	17.20	8.60	-.08	185.38	4978	53	92.92
0	2	9	17.66	8.83	-.08	192.77	119	38	2.13
0	3	10	22.45	11.23	-.08	195.59	489	18	26.17
0	3	8	18.40	9.20	-.08	199.67	5404	41	130.80
0	4	9	19.39	9.69	-.08	205.96	1225	38	31.24
0	5	8	20.59	10.29	-.08	211.58	485	26	17.65
0	6	4	16.19	8.09	-.06	235.81	653	52	11.56
0	6	6	18.80	9.40	-.07	224.72	361	34	9.62
0	7	8	23.50	11.75	-.07	220.91	2539	43	58.05
0	7	6	20.56	10.28	-.07	229.07	246	32	6.69
0	7	4	18.18	9.09	-.06	239.61	150	45	2.33
0	8	0	18.33	9.16	-.03	267.56	340	66	4.15
0	8	2	18.83	9.42	-.04	254.48	148	35	3.23
0	8	4	20.26	10.13	-.06	242.65	2375	41	56.93
0	10	4	24.55	12.28	-.05	247.18	434	28	14.50
1	10	4	24.93	12.47	10.00	247.17	188	24	6.83
1	10	2	23.78	11.89	10.50	257.02	269	32	7.41
1	9	1	21.21	10.60	11.78	261.66	195	27	6.22
1	9	2	21.54	10.77	11.60	255.88	589	29	19.31
1	9	3	22.07	11.04	11.31	250.35	363	33	10.00
1	9	5	23.70	11.85	10.52	240.27	129	22	4.82
1	9	6	24.76	12.38	10.06	235.80	1866	24	76.75
1	9	6	22.84	11.42	10.91	232.71	91	28	2.25
1	7	1	16.74	8.37	14.97	259.99	325	43	6.56
1	7	7	22.40	11.20	11.12	224.71	122	31	2.94
1	6	9	24.09	12.04	10.33	213.30	231	19	11.16
1	6	8	22.39	11.20	11.12	216.54	111	21	4.29
1	6	6	19.29	9.65	12.93	224.71	1209	40	29.22
1	6	2	15.01	7.51	16.72	250.34	419	69	5.07
1	5	5	16.23	8.12	15.41	224.70	372	50	6.44
1	5	6	17.72	8.86	14.10	219.50	3101	55	55.38
1	5	7	19.33	9.66	12.90	215.18	218	29	6.52
1	5	8	21.04	10.52	11.84	211.57	904	38	22.79
1	5	9	22.83	11.41	10.90	208.53	166	29	4.72
1	5	10	24.68	12.34	10.08	205.95	3958	33	118.94
1	4	10	23.68	11.84	10.51	200.97	94	25	2.76
1	4	9	21.75	10.87	11.45	203.23	442	23	18.22
1	4	7	18.05	9.02	13.83	209.24	273	36	6.58
1	4	6	16.32	8.16	15.33	213.29	341	49	5.96
1	3	6	15.14	7.57	16.55	205.94	2091	63	32.19
1	3	10	22.87	11.44	10.88	195.58	2006	29	68.17
1	2	11	24.36	12.18	10.22	188.78	127	27	3.70
1	2	10	22.27	11.14	11.18	189.85	115	27	3.26
1	2	9	20.21	10.11	12.33	191.15	1078	49	21.00
1	2	8	18.19	9.09	13.73	192.75	262	34	6.71
1	2	7	16.18	8.09	15.45	194.78	854	63	12.56
1	1	8	17.73	8.87	14.08	185.37	143	34	3.21
1	1	10	21.90	10.95	11.37	183.85	3722	36	102.39
1	1	11	24.02	12.01	10.36	183.30	145	22	5.59
2	0	6	15.42	7.71	34.11	177.69	816	55	13.84
2	0	7	17.24	8.62	30.13	177.69	1732	40	42.30
2	0	8	19.12	9.56	26.92	177.70	1959	33	58.36

         <u>Tabelle 26</u>

```
# FS
2TH-MIN, 2TH-MAX : 15.0 25.0 ? 5 20
HMIN, HMAX ? 0 0
KMIN, KMAX ? 0 10
LMIN, LMAX ? 0 10
LATTICE (P,A,B,C,I,F,R) ? P
MIN (I-B)/B, DELTA(OMG), TIME :   2.0    .5  1.0 ?
```

H	K	L	TTH	OMG	CHI	PHI	INT	BG	(I-B)/B
0	0	4	9.49	4.25	-.08	177.67	23620	151	155.42
0	0	6	12.75	6.38	-.08	177.67	4019	72	54.82
0	0	8	17.03	8.51	-.08	177.67	740	38	18.47
0	2	0	9.64	4.32	-89.91	.00	36537	157	231.72
0	2	1	9.90	4.45	-76.28	177.72	1750	119	13.71
0	2	2	9.63	4.81	-63.92	177.70	1850	97	18.07
0	2	4	12.13	6.06	-45.58	177.68	4733	95	48.82
0	2	5	13.71	6.85	-39.23	177.68	1814	61	28.74
0	2	6	15.42	7.71	-34.24	177.68	1257	51	23.65
0	2	7	17.24	8.62	-30.26	177.68	1567	47	32.34
0	2	8	19.12	9.56	-27.05	177.67	1990	47	41.34
0	4	0	17.33	8.67	-89.92	.00	1927	53	35.36
0	4	3	19.48	9.24	-69.86	177.70	312	22	13.18
0	4	4	19.33	9.66	-63.92	177.70	202	30	5.73

```
# FS
2TH-MIN, 2TH-MAX : 15.0 25.0 ? 5 20
HMIN, HMAX ? 0 10
KMIN, KMAX ? 0 4
LMIN, LMAX ? 0 0
LATTICE (P,A,B,C,I,F,R) ? P
MIN (I-B)/B, DELTA(OMG), TIME :   2.0    .5  1.0 ?
```

H	K	L	TTH	OMG	CHI	PHI	INT	BG	(I-B)/B
4	0	0	9.15	4.57	.01	267.68	49577	151	327.32
6	0	0	13.74	6.87	.01	267.68	1291	56	22.05
8	0	0	18.35	9.18	.01	267.68	8569	64	132.89
5	1	0	12.23	6.12	-20.70	267.71	383	101	2.79
0	2	0	8.64	4.32	-89.91	.00	37573	141	265.48
4	2	0	12.60	6.30	-43.37	267.76	6920	85	80.41
6	2	0	16.25	8.13	-32.20	267.73	550	42	12.10
5	3	0	17.33	8.67	-48.58	267.78	333	43	6.74
3	3	0	14.69	7.35	-62.10	267.84	149	41	2.63
0	4	0	17.33	8.67	-89.92	.00	1837	46	38.93
4	4	0	19.63	9.82	-62.10	267.84	304	28	9.86

```
# FS
2TH-MIN, 2TH-MAX : 15.0 25.0 ? 5 20
HMIN, HMAX ? 0 10
KMIN, KMAX ? 0 0
LMIN, LMAX ? 0 10
LATTICE (P,A,B,C,I,F,R) ? P
MIN (I-B)/B, DELTA(OMG), TIME :   2.0    .5  1.0 ?
```

H	K	L	TTH	OMG	CHI	PHI	INT	BG	(I-B)/B
0	0	4	9.49	4.25	-.08	177.67	25624	133	191.66
0	0	6	12.75	6.38	-.08	177.67	4483	78	56.47
0	0	8	17.03	8.51	-.08	177.67	930	51	17.24
1	0	8	17.18	8.59	-.08	185.34	3920	62	62.23
1	0	6	12.96	6.48	-.08	187.84	1566	74	20.16
1	0	4	9.79	4.40	-.08	192.74	15143	133	112.86
2	0	2	6.24	3.12	-.05	224.80	1665	123	12.54
2	0	4	9.65	4.82	-.07	205.97	2330	127	17.35
2	0	6	13.55	6.78	-.07	197.42	880	70	11.57
2	0	8	17.64	8.82	-.08	192.74	225	52	3.33
3	0	8	18.38	9.19	-.07	199.66	5288	50	104.76

Tabelle 25

```
# XI ?
MODE (1=HKL,2=ANGLES,3=FILM-COORD,4=HKL+ANGLES) ? 1
ENTER H K L - TERMINATE WITH A BLANK LINE
? 3 5 6         21.58    10.79    37.09   219.48
? 3 5 -6        21.55    10.79    37.25   -44.18
? 3 -5 -6       21.62    10.81    37.16    39.56
? 3 -5 6        21.56    10.78    37.17   135.76
? -3 5 6        21.62    10.91   -37.16   219.56
? -3 5 -6       21.56    10.79   -37.17   -44.24
? -3 -5 -6      21.58    10.79   -37.09    39.48
? -3 -5 6       21.55    10.78   -37.25   135.82
?

 8 ENTRIES ADDED TO LIST 2    NEW N =   8
62 FREE ENTRIES LEFT

# CL ?

SEQ#    H    K    L     TTH      OMG      CHI      PHI      INT.
   6    3    5    6    21.57    10.81    37.09   219.48    3287.
   7    3    5   -6    21.57    10.69    37.19   -44.18    3227.
   8    3   -5   -6    21.56    10.95    37.17    39.56    3093.
   9    3   -5    6    21.59    10.95    37.05   135.76    3303.
  10   -3    5    6    21.59    10.94   -37.23   219.56    3345.
  11   -3    5   -6    21.57    10.79   -37.08   -44.24    3031.
  12   -3   -5   -6    21.59    10.84   -37.08    39.48    3050.
  13   -3   -5    6    21.59    10.74   -37.22   135.82    3158.

# MR ?   .

REFINED MATRIX CALC.  FROM    8 REFLECTIONS
 -.000160   -.002273   -.052042
 -.000031    .056048   -.002119
  .106006    .000008   -.000074

CELL       9.4335   17.8271   19.1993    89.99    90.01    89.99
ESDS        .0044     .0094     .0092     .041     .038     .041
VOLUME    3228.78
```

Aus Tabelle 27 ersieht man, daß die drei Reflexe $\overline{4}$20, 006 und
420 als Standardreflexe gewählt wurden.
Die Kristallqualität wurde durch Aufzeichnung einiger Reflexprofile bestimmt. Als Beispiel ist das Profil des Standard-
reflexes $\overline{4}$20 aufgezeichnet (Tabelle 27).

Damit ist die Vorbereitung der automatischen Datensammlung
abgeschlossen. Mit PM werden alle bisher ermittelten endgültigen Parameter (Orientierungsmatrix, Zelldimension, Zellvo-
lumen usw.) ausgedruckt (Tabelle 28).

Tabelle 27

```
# XI 3
MODE (1=HKL,2=ANGLES,3=FILM-COORD,4=HKL+ANGLES) ? 1
ENTER H K L - TERMINATE WITH A BLANK LINE
? -4 2 0        12.59     6.30    -43.39    87.60
? 0 0 6         12.75     6.38     -.08   177.67
? 4 2 0         12.60     6.30    -43.37   267.76
?
  3 ENTRIES ADDED TO LIST 3    NEW N =   3
59 FREE ENTRIES LEFT

# XA
ENTER TTH,OMG,CHI,PHI - TERMINATE WITH A BLANK LINE
?

# CA
H K L PSI ? -4 2 0
ANGLES      12.59      6.30     -43.39      87.60

# SU
NSTEP :   25 ?
STEPWIDTHS :     .00     .03     .00     .00 ?
TIME/STEP :   1.0 sec ?
PLOT SIZE :   60 ?

# SS

     95.0 o
    109.0 o
     97.0 o
    135.0 o
    172.0 .o
    224.0 +o
    309.1 .  o
    753.4 .      o
   2792.4 .              o
   5922.4 .                           o
   7554.7 +                                      o
   8650.1 .                                            o
   9305.0 .                                        o
   5215.0 .                              o
   1683.0 .        o
    625.3 +    o
    350.1 .  o
    295.1 .o
    189.0 .o
    146.0 o
    131.0 o
    114.0 o
     79.0 o
     92.0 o
    102.0 o

CENTER AT POINT  11.426     ANGLES =   12.59     6.27   -43.39    87.60
INTEGRAL =    1241.3
```

```
# PM

ORIENTING      -.002273    .000160   -.052042
MATRIX          .056048    .000031   -.002119
                .000008   -.106005   -.000074


CELL MATRIX     -.7254    17.8123      .0041        Tab. 28
                 .0133      .0018    -9.4335
               -19.1836    -.7779     -.0291


SQUARED M.     317.804
                 -.016    88.990
                  .060      .019   368.614


CELL       :    17.8271    9.4335   19.1993   89.99   89.99   90.01
RECIPROCAL :     .056094   .106006   .052085   90.01   90.01   89.99
VOLUME     :   3229.78

# P?
```

2. Automatische Datensammlung und Datenreduktion

Die Parameter für die automatische Datensammlung entnimmt
man der Tabelle 29. Im vorliegenden Beispiel wurden keine
ψ-Messungen durchgeführt und zur Kontrolle auch symmetrie-

```
# MP
DATA COLLECTION PARAMETERS
PSI DATA (Y or N) ? N
2TH-MIN, 2TH-MAX :  30.0   40.0 ? 3 25          Tabelle 29
UNIQUE DATA SET ONLY (Y or N) ? N
HMIN, HMAX :    0   17 ? 0 11
KMIN, KMAX :    0    9 ? 0 5
LMIN, LMAX :  -18   18 ? 0 12
FASTEST AND SLOWEST RUNNING INDEX :   1   3 ? 3 2
FRIEDEL PAIRS (Y or N) ? N
LATTICE TYPE (P,A,B,C,I,F,R) : P ?
NSTEP, DEL(2TH), DEL(OMG) :   35   .03   .03 ?
MIN AND MAX TIME PER STEP :    .5  1.0 sec ?
MIN AND MAX I/SIGMA(I) :    2.0   25.0 ?
TIME INTERVAL BETWEEN STANDARDS :   60 min ? 30
STANDARDS TO BE TAKEN FROM LIST :   2 ? 3
RECENTERING (Y or N) ? Y
MAX INTENSITY DROP :   0 % ? 5
MAX PEAK SHIFT :   3 POINTS ?
RECENTER AFTER   0 STD.MEASUREMENTS ?
LIST OF REFLECTIONS TO BE USED :   0 ? 2
PROFILE OUTPUT (Y or N) ? N

AUTOMATIC CONTINUATION (Y or N) ? N
NEXT FILENUMBER (0-99) :   3 ? 0
** EXISTING DATA FILES WILL BE OVERWRITTEN - ARE YOU SURE (Y or N) ? Y
NEXT HKL :  10    3   14 ? 0 0 0
```

äquivalente Reflexe gemessen. Die Begrenzung der Indizes
kann man ebenfalls der Tab.29 entnehmen, sowie auch die
Reihenfolge, in der die Reflexe gemessen werden.
Friedel-Paare (d.h. hkl und $\overline{hkl}$) werden dabei nicht systematisch gemessen. Die Zahl der Meßschritte pro Reflex soll
35 betragen mit $\Delta 2\theta = \Delta\omega = 0,03^{O}$/Schritt. Die Zeiten und die
Genauigkeiten, mit der die Reflexe gemessen werden sollen,
sind ebenfalls bestimmt (siehe hierzu S.165). Die Zeit zwischen aufeinanderfolgenden Standardreflexmessungen soll
30 min betragen. Weiterhin wird eine automatische Neubestimmung der Orientierungsmatrix verlangt, wenn sich die
Intensitäten der Standardreflexe um mehr als 5%, oder wenn
sich die Lage der Reflexmaxima um 3 Schritte (= $0,09^{O}$)
ändern sollten.

Unter diesen Meßbedingungen wurde die automatische Datensammlung durchgeführt. Einige Meßwerte sind in der Tabelle
30 aufgeführt.

Die Tabelle 31 zeigt die Durchführung der Datenreduktion
für einige Reflexe. Im oberen Teil sind die Rohdaten, im
unteren Teil die reduzierten Daten angegeben. Außerdem sind
die für die anschließende Absorptionskorrektur benötigten
Richtungskosinusse zwischen einfallendem und reflektiertem
Strahl und den Kristallachsen aufgeführt.

Die Bestimmung der Kristallgestalt erfolgt am Diffraktometer mit Hilfe des Mikroskop-Teleskops. Am Kristall waren 9
Flächen ausgebildet, deren Miller-Indizes aus Tabelle 32
zu entnehmen sind.
Die Absorptionskorrektur wurde in einem 44-maschigen Netz
berechnet. Der lineare Absorptionskoeffizient betrug 17,27 cm^{-1},
das Kristallvolumen 0,00584 mm^{3}.
Zwei Projektionen des Kristalles längs x und y sind in
Tabelle 32 gezeichnet.

Tabelle 30

CD

DATA COLLECTION   03/30/81   14:26   OUTPUTFILE: FCE3.00

N	H	K	L	ID	TIME	INT.	SIGMA	I/S	BG1	BG2	IMAX	NMAX	NSTP	PSI
1	-4	2	0	2000	.5	1264.5	9.6	132.1	31.1	27.2	3973.0	17	36	.0
2	0	0	6	2000	.5	783.3	7.8	100.5	36.4	27.8	2428.2	19	36	.0
3	4	2	0	2000	.5	1254.2	9.5	131.7	32.4	25.0	4203.6	19	36	.0
4	0	0	2	0000	.5	1139.7	9.6	118.4	69.4	42.0	3972.0	17	35	.0
5	0	0	3	0010	.5	.4	4.0	.1	46.7	43.0	78.0	13	36	.0
6	0	0	4	0000	.5	4574.3	19.4	235.8	137.1	51.2	15144.4	17	36	.0
7	0	0	5	0010	.5	2.2	3.7	.6	38.2	35.8	59.0	7	36	.0
8	0	0	6	0000	.5	751.1	7.8	96.7	43.4	30.0	2406.1	17	36	.0
9	0	0	7	0010	.5	-1.8	2.4	-.7	18.8	18.4	35.0	13	37	.0
10	0	0	8	0000	.5	151.0	3.8	39.8	18.8	14.0	458.3	17	37	.0
11	0	0	9	0010	.5	.9	1.9	.5	12.3	10.2	22.0	14	37	.0
12	0	0	10	0020	1.0	36.5	1.7	21.8	11.7	9.7	260.0	17	37	.0
13	0	0	11	0010	.5	.8	1.6	.5	8.8	8.0	16.0	9	37	.0
14	1	0	1	0010	.5	1.3	3.7	.3	32.9	43.4	66.0	9	35	.0
15	1	0	2	0000	1.0	103.6	3.3	31.8	43.6	40.7	787.4	16	35	.0
16	1	0	3	0010	.5	-4.0	4.0	-1.0	48.8	41.9	86.0	8	36	.0
17	1	0	4	0000	.5	2200.3	13.5	163.5	131.8	46.3	7437.6	16	36	.0
18	1	0	5	0010	.5	3.2	3.6	.9	39.1	32.6	60.0	23	36	.0
19	1	0	6	0000	.5	268.4	5.4	50.1	40.1	28.0	884.1	18	36	.0
20	1	0	7	0010	.5	.8	2.4	.3	20.2	15.3	31.0	8	37	.0
21	1	0	8	0000	.5	743.2	7.5	99.2	40.9	19.9	2428.2	19	37	.0
22	1	0	9	0010	.5	-3.3	2.0	-1.6	13.6	13.5	25.0	22	37	.0
23	1	0	10	0000	1.0	61.1	1.9	32.0	12.1	10.4	367.1	18	37	.0
24	1	0	11	0010	.5	-1.5	1.7	-.9	9.5	8.4	16.0	22	37	.0
25	2	0	0	0000	.5	2076.7	12.4	167.1	43.7	46.0	7499.9	19	35	.0

Tabelle 31

```
TI  FCE3.00        03/30/81   14:26
MD  .71069  35    3    3    3   30    0    0
OM  -.002273    .056048    .000008    .000160    .000031  -.106005  -.052042  -.002119  -.000074
   -4    2    0 2000    1264.5     9.6     0
    0    0    6 2000     783.3     7.8     0
    4    2    0 2000    1254.2     9.5     0
    0    0    2 0000    1138.7     9.6     0
    0    0    3 0010       .4      4.0     0
    0    0    4 0000    4574.3    19.4     0
    0    0    5 0010      2.2      3.7     0
    0    0    6 0000     751.1     7.8     0
    0    0    7 0010     -1.8      2.4     0
    0    0    8 0000     151.0     3.8     0
    0    0    9 0010       .9      1.9     0
    0    0   10 0020      36.5     1.7     0
    0    0   11 0010       .8      1.6     0
    1    0    1 0010      1.3      3.7     0
    1    0    2 0000     103.6     3.3     0
    1    0    3 0010     -4.0      4.0     0
    1    0    4 0000    2200.3    13.5     0
    1    0    5 0010      3.2      3.6     0
    1    0    6 0000     268.4     5.4     0
    1    0    7 0010       .8      2.4     0
R
TYPE FCE3.RD
    0    0    2  618.47     5.21   1 -.99932   .99931 -.00023   .00023   .03701   .03702
    0    0    3     .33      3.27   1 -.99847   .99845 -.00024   .00022   .05552   .05553
    0    0    4 5000.34    21.21   1 -.99727   .99724 -.00024   .00022   .07403   .07403
    0    0    5    3.02      5.08   1 -.99572   .99569 -.00024   .00022   .09254   .09254
    0    0    6 1244.56    12.92   1 -.99383   .99380 -.00024   .00022   .11105   .11105
    0    0    7   -3.50      4.67   1 -.99159   .99155 -.00024   .00022   .12956   .12956
    0    0    8  338.52      8.52   1 -.98900   .98895 -.00024   .00021   .14806   .14807
    0    0    9    2.29      4.83   1 -.98606   .98600 -.00024   .00021   .16657   .16658
    0    0   10  104.22      4.85   1 -.98275   .98269 -.00025   .00021   .18508   .18508
    0    0   11    2.54      5.08   1 -.97909   .97902 -.00025   .00021   .20359   .20359
    1    0    1     .52      1.48   1 -.66031   .70017 -.00127   .00127   .75110  -.71409
    1    0    2   63.94      2.04   1 -.85982   .89967 -.00093   .00092   .51074  -.43672
    1    0    3   -3.47      3.47   1 -.91967   .95952 -.00073   .00073   .39283  -.28179
    1    0    4 2492.30    15.29   1 -.94289   .98273 -.00062   .00061   .33326  -.18520
    1    0    5    4.50      5.06   1 -.95330   .99314 -.00055   .00054   .30216  -.11709
    1    0    6  452.10      9.10   1 -.95810   .99793 -.00050   .00049   .28659  -.06450
    1    0    7    1.58      4.73   1 -.95995   .99978 -.00047   .00044   .28031  -.02120
    0    0    0      .00      .00   1
```

********   SHELX 76/77   ECLIPSE VERSION   03/30/1981 15:51   *******

```
TITL FCE3 C42 H38 FE4  P BCN Z=4
CELL .71069 17.8096 9.4180 19.1840 90 90 90
SYMM .5-X,  .5-Y,  .5+Z
SYMM .5+X,  .5-Y,  -Z
SYMM -X,  Y,  .5-Z
SFAC C H
SFAC FE 11.7695 4.7611 7.3573 .3072 3.5222 15.3535 2.3045 76.8806 =
     1.0369 .301 .845 3500 1.5
UNIT 168 152 16

V = 3217.73    F(000) = 1575.85    MU =    17.72

ABSC
FACE -1 1 1 .183
FACE -1 1 -1 .183
FACE 1 1 -1 .183
FACE 1 1 1  183
FACE 1 0 0 .044
FACE 0 0 1 .113
FACE -1 0 0 .028
FACE 0 0 -1 .117
FACE 0 -1 0 .166
HKLF 4
MERG 2
OMIT 2
FMAP 7 1
GRID -2 -2 -1 2 2 1
PLAN 25
EEES 1.2 16 2
END
ABSORPTION CORRECTION

   9 FACES  +  13 CORNERS  =  20 EDGES  +  2

   44 GRID POINTS,  CRYSTAL VOLUME = .588689E-02 MM**3,  MU =   17.72 CM-1

EDGES      1- 2   1- 3   1- 5   1- 7   2- 4   2- 6   3- 4   3- 9   4-12   5- 6
     9-11   9-10  10-11  10-12  11-13  12-13  5- 8   6-13   7- 8   7- 9

         VIEW DOWN X          CRYSTAL MAGNIFIED BY    337.
```

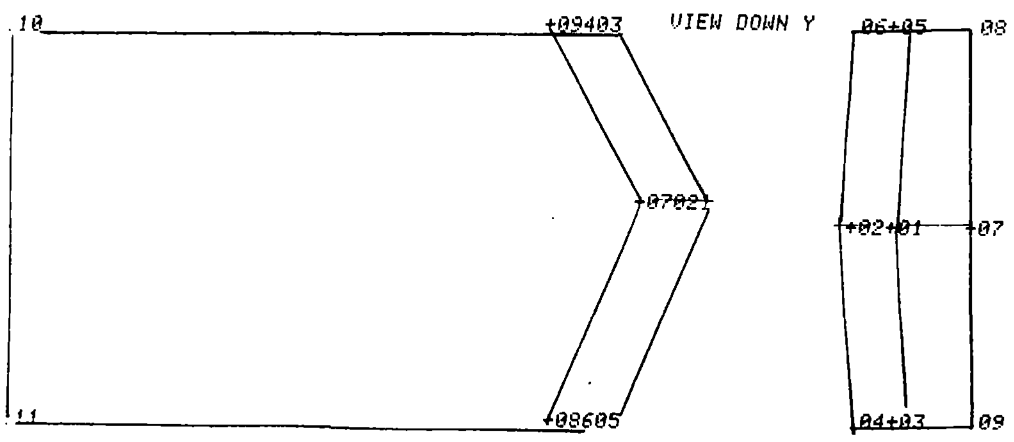

Tabelle 33 enthält den Maximalwert (0,88) und den Minimal-
wert (0,670) der Absorptionskorrektur sowie die Liste einiger systematisch ausgelöschter Reflexe.

<u>Tabelle 33</u>

```
0    0  -13     1.63    SYSTEMATICALLY ABSENT
1    0  -13    -2.38    SYSTEMATICALLY ABSENT
2    0  -13      .45    SYSTEMATICALLY ABSENT
3    0  -13    -1.23    SYSTEMATICALLY ABSENT
4    0  -13    -2.05    SYSTEMATICALLY ABSENT
0    1  -13      .00    SYSTEMATICALLY ABSENT
0    1  -12    -3.29    SYSTEMATICALLY ABSENT
0    3  -12      .00    SYSTEMATICALLY ABSENT
0    0  -11    -2.69    SYSTEMATICALLY ABSENT
1    0  -11    -1.10    SYSTEMATICALLY ABSENT
2    0  -11     1.00    SYSTEMATICALLY ABSENT
3    0  -11      .00    SYSTEMATICALLY ABSENT
4    0  -11    -3.18    SYSTEMATICALLY ABSENT
5    0  -11     2.21    SYSTEMATICALLY ABSENT
 .    .         .
 .    .         .
 .    .         .
 .    .         .
 .    .         .

 8    0   11     -.48    SYSTEMATICALLY ABSENT
 9    0   11    3.40    SYSTEMATICALLY ABSENT
10    0   11    1.45    SYSTEMATICALLY ABSENT
11    0   11     .38    SYSTEMATICALLY ABSENT
12    0   11     .82    SYSTEMATICALLY ABSENT
13    0   11   -2.39    SYSTEMATICALLY ABSENT
 0    5   11   -1.05    SYSTEMATICALLY ABSENT
 0    7   11   -5.50    SYSTEMATICALLY ABSENT
 0    5   12    2.78    SYSTEMATICALLY ABSENT
 5    0   13     .81    SYSTEMATICALLY ABSENT
 6    0   13   -2.85    SYSTEMATICALLY ABSENT
 7    0   13   -1.22    SYSTEMATICALLY ABSENT
 8    0   13    1.65    SYSTEMATICALLY ABSENT
 9    0   13   -2.12    SYSTEMATICALLY ABSENT
10    0   13    3.04    SYSTEMATICALLY ABSENT
11    0   13     .43    SYSTEMATICALLY ABSENT
12    0   13     -.23    SYSTEMATICALLY ABSENT
 0    3   13    3.32    SYSTEMATICALLY ABSENT
 0    5   13     .00    SYSTEMATICALLY ABSENT
 0    1   14   -1.63    SYSTEMATICALLY ABSENT
 0    3   14    1.43    SYSTEMATICALLY ABSENT


  3228 REFLEXIONS READ, OF WHICH   416 REJECTED

MAX. AND MIN. TRANSMISSION FACTORS ARE    .8808    .6702
```

Zum Schluß der Datenreduktion wurde über symmetrieäquivalente Reflexe gemittelt (Tabelle 34). Dabei ergaben sich bei einigen Reflexen größere Abweichungen, als man sie auf Grund der Intensitätsstatistik erwarten würde. Insgesamt wurden 1197 symmetrieäquivalente Reflexe für die folgende Strukturermittlung benutzt.

```
SORT-MERGE FOR   FCE3 C42 H38 FE4  P BCN Z=4


INCONSISTENCIES

  H   K   L    ESD/F   SIGMA/F   N

 12   1   1   1.660     .639    2
  3   0   2   3.471    1.118    2
  5   4   2   2.753    1.096    2
 14   3   3   8.577    2.671    2
 13   0   4   2.248     .478    2
 11   1   4    .916     .098    2
 12   1   4   1.262     .180    2
  7   5   7  13.851    3.359·   2
 11   1   8    .988     .111    2
  4   3   8   1.426     .545    2
  5   4   8   5.237    1.731    2
 11   5   8   3.287    1.448    2
  3   1   9    .876     .413    2
  4   0  10    .764     .331    2
 10   1  10   2.317     .771    2
  7   3  12    .818     .219    2
 10   3  12   2.797     .798    2


   1493 UNIQUE REFLEXIONS.  R =     .0210

   296 REFLECTIONS SUPPRESSED OUT OF  1493
```

Tab. 34

3) Die Lösung des Phasenproblems

Die Phasenbestimmung erfolgte durch symbolische Addition. Das Verfahren ist aus Abschnitt VII f) bekannt. Zur Phasenbestimmung wurden 327 Reflexe mit großen E-Werten benutzt.

Für den Startvorzeichensatz wurden die Reflexe 13 1 10, 2 1 12 und 4 4 7 ausgewählt. Insgesamt wurden die Vorzeichen von 18 Reflexen festgelegt. 2540 Tripelprodukte lieferten 273 Vorzeichen, die zum Teil in Tabelle 35 aufgelistet sind.

SIGN EXPANSION PATHWAY FOR   FCE3 C42 H38 FE4   P BCN Z=4

<u>Tabelle 35</u>

327 REFLEXIONS

EXPANDED TO   273 SIGNS USING   2540 RELATIONS

32766 PERMUTATIONS

	H	K	L	E	SIGN RELATIONS
1	13	1	10	4.026	ORIG +
2	2	1	2	3.925	ORIG +
3	5	1	10	3.672	MULT+-
4	4	4	7	3.248	ORIG +
5	6	1	2	2.437	MULT+-
6	4	4	11	2.934	MULT+-
7	10	1	2	2.926	MULT+-
8	9	1	10	2.941	MULT+-
9	2	3	9	3.097	MULT+-
10	7	2	8	3.370	MULT+-
11	1	1	10	2.806	MULT+-
12	2	5	9	2.849	MULT+-
13	6	3	9	3.255	MULT+-
14	9	1	6	2.516	MULT+-
15	9	5	1	2.631	MULT+-
16	6	5	9	2.705	MULT+-
17	13	1	6	2.681	MULT+-
18	5	1	6	2.018	MULT+-
19	11	0	8	2.398	1* 2 -8* 2 -17* 2 14* 2 -3* 5 -11* 7 12* 15 18* 5
20	7	4	1	1.758	-1* 13 3* 9 -1* 16 3* 12 2* 15 11* 13 -8* 9 -8* 12 -19* 4
21	3	0	8	2.116	3* 2 1* 7 -11* 2 -18* 2 -17* 7 8* 5 -16* 15 -14* 5 -4* 20
22	4	2	0	1.655	8* 1 3* 8 11* 3 2* 5 13* 12 -9* 12 9* 16 19* 10 5* 7
23	11	2	8	2.072	1* 2 -8* 2 -17* 2 14* 2 -3* 5 -11* 7 9* 15 18* 5
24	2	1	18	2.658	3* 10 -9* 10 -1* 19 -1* 23 .-3* 21 8* 19 8* 23 11* 21
25	3	2	8	2.158	3* 2 1* 7 -11* 2 -24* 3 -13* 15 -18* 2 -17* 7 24* 11 8* 5
26	7	0	8	2.005	-3* 2 8* 2 -14* 2 1* 5 24* 3 18* 2 -24* 8 -12* 15 -11* 5
27	4	0	0	2.036	8* 1 3* 8 11* 3 9* 13 2* 5 12* 16 25* 10 5* 7 10* 23
28	15	0	8	2.537	-1* 2 -3* 7 24* 1 17* 2 -8* 5 16* 15 14* 5 18* 7 19* 27
29	16	1	2	2.236	-8* 10 -3* 19 -1* 25 -1* 21 10* 14 -3* 23 -11* 28 -8* 26 25* 17
30	11	4	1	2.082	-1* 9 3* 13 -1* 12 -2* 15 3* 16 8* 9 8* 12 -28* 4 -26* 4
31	13	5	1	2.654	-13* 10 6* 8 2* 30 4* 14 12* 28 -12* 19 -9* 23 -16* 26 15* 27
32	4	6	11	2.791	12* 2 -16* 2 1* 15 3* 15 -16* 7 8* 31 -12* 5
33	5	5	1	1.920	9* 10 6* 8 6* 11 32* 8 4* 14 32* 11 -2* 20 13* 23 -9* 25
34	7	4	3	2.081	-2* 15 -13* 17 -9* 14 2* 33 -16* 17 -12* 14 -6* 19 -5* 31 9* 19
35	11	4	3	2.139	-2* 31 2* 15 -32* 10 -9* 17 9* 14 -12* 17 -6* 28 12* 14 13* 18
36	9	4	11	2.077	13* 2 16* 2 3* 31 -9* 7 -12* 7 1* 33 9* 5 11* 15 12* 5
37	5	3	1	1.711	12* 10 6* 8 36* 1 6* 11 4* 14 34* 2 13* 19 -2* 20 -9* 21
38	3	4	1	2.031	-3* 9 -3* 12 -8* 13 11* 9 11* 12 -8* 16 7* 31 2* 33 2* 37
39	1	5	1	2.187	13* 10 6* 3 32* 3 -2* 38 9* 25 4* 18 35* 7 36* 8 -7* 30
40	12	1	2	2.255	-3* 10 -3* 26 10* 18 -11* 19 -8* 25 -8* 21 -11* 23 25* 14 -15* 38
41	8	4	7	2.364	-13* 2 -16* 2 9* 7 12* 7 -9* 5 -12* 5 4* 27 14* 39 18* 31

Es resultierte (siehe Tabelle 36) nur eine einzige E-Fouriersynthese, aus der die Koordinaten von 2 starken Maxima (die
Atome 1 und 2 aus Tab.36) zu entnehmen waren. Weitere Molekülteile konnten der E-Fouriersynthese nicht entnommen werden.

Tabelle 36

```
EMAP   PARACHOR M(ABS)   NQT   PERMUTATION

   1   3.490   1.005   -.578   + + + + - - + - - - - - + + - + - +

FCE3 C42 H38 FE4  P BCN Z=4                    E-MAP   1

MAXIMUM =  506.88,  MINIMUM = -132.44

MULTIPLIED BY   885.5923              (SCAN  5)


        ATOM HEIGHT    X/A      Y/B      Z/C    S.O.F. MOLECULE ELEVATION

   1   Q  1   507.   .6155   -.4539    .1519  1.0000      1        1.88
   2   Q  2   461.   .3846   -.0523    .1052  1.0000      1        2.24
   3   Q  3   120.   .3428    .0411    .1509  1.0000      1        3.32
   4   Q  4   109.   .6559   -.5443    .1020  1.0000      1         .73
   5   Q  5   107.   .6120   -.4326    .0603  1.0000      1         .20
   6   Q  6   104.   .6125   -.6189    .1434  1.0000      1        1.67
   7   Q  7   104.   .3846   -.0522    .1988  1.0000      1        3.97
   8   Q  8    72.   .4640   -.0403    .1504  1.0000      1        2.71
   9   Q  9    60.   .3820    .1664    .1021  1.0000      1        2.28
  10   Q 10    55.   .5310   -.4575    .1099  1.0000      1        1.49
  11   Q 11    50.   .3974    .1069    .1750  1.0000      1        3.53
  12   Q 12    48.   .4441   -.1186    .2079  1.0000      1        3.84
  13   Q 13    47.   .4798   -.2600    .2188  1.0000      1        3.82
  14   Q 14    47.   .5283   -.2985    .1537  1.0000      1        2.37
  15   Q 15    47.   .6267   -.5649    .2244  1.0000      1        3.12
  16   Q 16    47.   .3853   -.0426   -.0160  1.0000      1        -.00
  17   Q 17    46.   .4006   -.1796    .1519  1.0000      1        2.98
  18   Q 18    46.   .6968   -.3955    .1616  1.0000      1        1.70
  19   Q 19    46.   .3875   -.1256    .0346  1.0000      1         .89
  20   Q 20    46.   .6290   -.3024    .0552  1.0000      1         .08
  21   Q 21    46.   .3001   -.0069    .0891  1.0000      1        2.36
  22   Q 22    46.   .1999    .4931    .0891  **   .000 FROM   21
  23   Q 23    45.   .2992   -.0939    .0963  1.0000      1        2.46
  24   Q 24    43.   .3369   -.1996    .1152  1.0000      1        2.59
  25   Q 25    42.   .2857   -.1688    .0531  1.0000      1        1.70
  26   Q 26    42.   .7210   -.6045    .2033  1.0000      1        2.29
```

Mit den Vorzeichen dieser beiden Fe-Atome wurde eine erste
Fouriersynthese gerechnet, die laut Zeichnung (Tabelle 37[*])
außer den beiden eingegebenen Fe-Atomen noch die Lagen zweier
Ferrocenylringe lieferte.

Aus Tabelle 38[*] ersieht man die 10 C-Lagen dieser Ringe, deren
Koordinaten zunächst im Rahmen einer F_{hkl}-least-squares -
Rechnung verbessert wurden. Mit den Vorzeichen der verbesserten Punktlagen der 2 Fe- und der 10 C-Atome wurde eine
zweite Fouriersynthese gerechnet. Aus der erhaltenen gro-
ben Zeichnung kann man die beiden Ferrocenylgruppen sowie
ihre Verbindung über das C-Atom Nr.13 schon deutlich erkennen. Damit sind alle wesentlichen Molekülteile erkannt.
Das Vorzeichenproblem ist somit als gelöst zu betrachten.

In unserem Fall ergaben sich aus der E-Synthese nur die
Fe-Lagen. Wegen ihrer großen Streubeiträge führte das
angewandte Verfahren zum Ziel.

4. <u>Strukturverfeinerung</u>

Mit den Informationen der zweiten Fouriersynthese (2 Fe,
21 C-Atome) wurde eine Differenz-Fouriersynthese gerechnet
(Tabelle 39[*]). Zunächst wurden die Atomkoordinaten in zwei F_{hkl}
least-squares-Zyklen verbessert. Dabei nahm der R-Wert von
37% auf etwa 9% ab. Die mit den Vorzeichen dieser verbesserten Atomkoordinaten berechnete Differenzfouriersynthese
brachte keine wesentlichen neuen Erkenntnisse.

Im letzten Schritt der Verfeinerung (Tabelle 40[*]) wurden für
alle Atome außer den fest eingegebenen H-Atomen anisotrope
Temperaturfaktoren gerechnet. Zunächst wurden im Rahmen
einer Strukturfaktorrechnung in drei least-squares-Zyklen
die Atomparameter verbessert, wobei der gewogene R-Wert
auf 3,2% abnahm. Auf Grund dieser endgültigen Lageparameter
wurde das Molekül gezeichnet (Programm Pluto, Abb.174).
Der Pfeil im Zentrum zeigt auf die Mitte der zentralen
C-C-Bindung des Äthan-Moleküls. Für einige Reflexe sind die
beobachteten (FO) und die berechneten (FC) Strukturamplituden in Tabelle 41 angegeben.

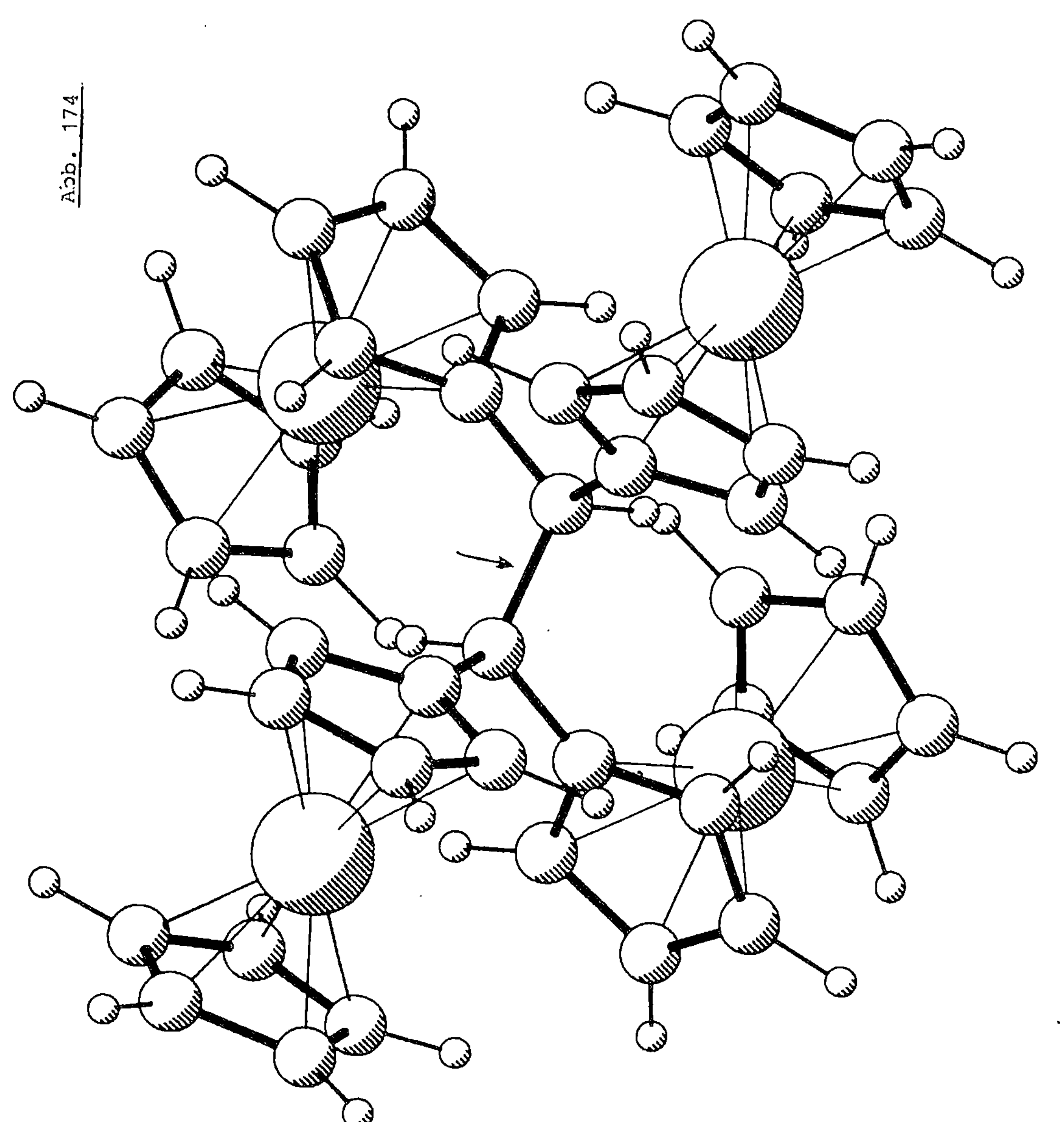

Abb. 174

OBSERVED AND CALCULATED STRUCTURE FACTORS FOR   FCE3 C42 H38 FE4   P BCN Z=4   PAGE 1

H	K	L	10FO	10FC	H	K	L	10FO	10FC	H	K	L	10FO	10FC	H	K	L	10FO	10FC	H	K	L	10FO	10FC
2	0	0	1702	1692	4	0	0	4707	-4801	6	0	0	894	-935	8	0	0	2763	2726	10	0	0	1719	1759
12	0	0	1890	-1871	14	0	0	1087	-1073	16	0	0	762	800	1	1	0	326	-344	5	1	0	388	397
11	1	0	237	188	15	1	0	158	-167	2	2	0	191	-185	4	2	0	2159	-2080	6	2	0	708	-723
8	2	0	1566	1575	10	2	0	1136	1139	12	2	0	1063	-1065	14	2	0	752	-735	16	2	0	690	752
3	3	0	253	-244	5	3	0	468	-467	7	3	0	861	-791	9	3	0	135	116	13	3	0	160	33
0	4	0	1173	1199	2	4	0	216	168	4	4	0	500	-504	6	4	0	203	163	8	4	0	917	909
10	4	0	568	589	14	4	0	526	-514	1	5	0	1040	996	3	5	0	821	-822	5	5	0	1025	-1013
7	5	0	198	239	9	5	0	461	462	11	5	0	487	-532	13	5	0	577	-646	0	6	0	513	-524
2	6	0	402	-418	4	6	0	656	642	6	6	0	163	184	8	6	0	584	-589	12	6	0	187	279
1	7	0	344	344	3	7	0	954	-957	5	7	0	932	-914	7	7	0	352	324	9	7	0	608	572
0	8	0	727	-728	4	8	0	989	1000	6	8	0	276	282	9	8	0	846	-864	1	1	1	1632	-1634
2	1	1	795	-761	3	1	1	445	-431	4	1	1	715	687	5	1	1	178	183	6	1	1	172	143
7	1	1	506	-531	8	1	1	209	199	9	1	1	565	-577	10	1	1	155	-119	11	1	1	172	148
13	1	1	437	424	14	1	1	154	97	0	2	1	739	708	1	2	1	1557	1489	2	2	1	687	-657
3	2	1	1664	1640	4	2	1	704	-671	5	2	1	237	-210	6	2	1	167	-200	7	2	1	1080	-1061
8	2	1	144	137	9	2	1	320	280	10	2	1	199	158	11	2	1	1014	1000	12	2	1	301	-298
14	2	1	194	-146	15	2	1	423	-424	1	3	1	790	-797	2	3	1	521	-522	3	3	1	587	619
4	3	1	248	234	5	3	1	1227	1198	6	3	1	448	462	7	3	1	397	-382	8	3	1	534	513
9	3	1	887	-876	10	3	1	442	-435	11	3	1	203	175	12	3	1	407	-403	13	3	1	798	815
14	3	1	355	330	16	3	1	379	371	0	4	1	146	94	1	4	1	1038	1036	3	4	1	1458	1453
5	4	1	780	-778	7	4	1	1183	-1180	9	4	1	219	250	11	4	1	916	946	12	4	1	290	-216
14	4	1	121	-131	15	4	1	730	-732	1	5	1	1552	-1533	2	5	1	226	-250	3	5	1	762	771
4	5	1	136	95	5	5	1	1231	1217	6	5	1	391	392	7	5	1	629	-616	9	5	1	1210	-1189
10	5	1	297	-332	11	5	1	160	-178	13	5	1	828	857	14	5	1	151	82	0	6	1	541	-542
1	6	1	978	962	2	6	1	215	-189	3	6	1	1122	1103	4	6	1	204	168	5	6	1	499	-491
7	6	1	817	-807	9	6	1	146	131	10	6	1	132	-21	11	6	1	723	736	12	6	1	244	233
1	7	1	554	-552	3	7	1	461	442	5	7	1	749	755	6	7	1	233	-205	8	7	1	264	269
9	7	1	602	-591	10	7	1	256	245	0	8	1	374	-389	1	8	1	329	346	3	8	1	333	314
4	8	1	557	595	5	8	1	167	-143	6	8	1	214	217	7	8	1	386	-399	1	9	1	247	-290
0	0	2	1058	-1036	1	0	2	332	323	2	0	2	629	-635	4	0	2	129	-101	5	0	2	130	-69
6	0	2	482	-455	7	0	2	363	-356	8	0	2	463	-427	9	0	2	124	-150	10	0	2	237	116
11	0	2	363	327	12	0	2	343	282	13	0	2	293	271	14	0	2	236	228	17	0	2	144	-129
1	1	2	877	-828	3	1	2	5078	5305	3	1	2	1860	1783	4	1	2	934	909	5	1	2	303	312
6	1	2	1967	-1946	7	1	2	133	151	8	1	2	1096	-1102	9	1	2	988	-982	10	1	2	1969	2008
11	1	2	293	-258	12	1	2	1162	1178	13	1	2	636	624	14	1	2	896	-887	15	1	2	232	248
16	1	2	691	-729	0	2	2	730	-727	3	2	2	746	731	3	2	2	670	-651	4	2	2	779	695
5	2	2	240	200	6	2	2	162	-105	8	2	2	324	-297	9	2	2	124	-93	10	2	2	140	78
12	2	2	207	179	13	2	2	153	-137	16	2	2	156	-20	1	3	2	233	-240	2	3	2	951	934
3	3	2	971	957	4	3	2	253	248	5	3	2	161	164	6	3	2	1362	-1397	7	3	2	124	-120
8	3	2	721	-705	9	3	2	162	-196	10	3	2	895	876	12	3	2	639	624	13	3	2	299	338

Der für diese Kristallstrukturanalyse benötigte Zeitaufwand war wie folgt:

   2   Stunden für vorbereitende Arbeiten

33   Stunden Meßzeit für die Datensammlung

1,5 Stunden für die Strukturanalyse, wobei für eine
     Fouriersynthese an der Eclipse 140 3,5 min und für
     einen Verfeinerungszyklus mit 90 Parametern 6 min
     benötigt wurden

1,5 Stunden zur Anfertigung der diversen Zeichnungen.

LITERATURÜBERSICHT

Als ergänzende Lektüre seien die folgenden Werke empfohlen:

G.H. STOUT und L.H. JENSEN: X-Ray structure determination,
a practical guide. Macmillan 1968.

J.D. DUNITZ: X-Ray analysis and the structure of organic
molecules. Cornell University Press 1979.

Für theoretisch interessierte Leser kommen die folgenden
seit vielen Jahren bewährten Standardwerke als ergänzende
Lektüre in Betracht

A.H. COMPTON und S.K. ALLISON: X-Rays in Theory and
Experiment. Van Nostrand 1935

R.W. JAMES: The Optical Principles of the Diffraction
of X-Rays. Cornell University Press 1965.

Auf die bisher erschienenen vier Bände der "International
Tables for X-Ray Crystallography", The Kynoch Press,
Birmingham, England, 1952-1973, wird an zahlreichen Stellen
des Buches hingewiesen. Das Tabellenwerk ist für die Praxis
unentbehrlich.

Register

Y = .00   Z ACROSS   X DOWN

MULTIPLIED BY   3.9474   (SCAN 2)

```
       96    0    4    8   12   16   20   24   28   32   36   40   44   48   52   56   60   64   68   72   76   80   84   88   92   96    0    4
    *  **   **   **   **   **   **   **   **   **   **   **   **   **   **   **   **   **   **   **   **   **   **   **   **   **   **   **   ** *
99* 756  940  730  326   49  -30  -49  -93 -135 -151 -154 -156 -154 -137 -101  -61  -39  -51  -91 -129 -129  -96  -54   61  359  756  940  730 *99
 0* 790  999  790  366   60  -43  -73 -110 -132 -124 -110 -108 -118 -129 -129 -118 -108 -110 -124 -132 -110  -73  -43   60  366  790  999  790 * 0
 1* 730  940  756  359   61  -54  -96 -129 -129  -91  -51  -39  -61 -101 -137 -154 -156 -154 -151 -135  -93  -49  -30   49  326  730  940  756 * 1
 2* 595  783  639  308   52  -59 -113 -146 -127  -59   12   44   15  -57 -129 -170 -183 -182 -169 -134  -76  -28  -17   32  252  595  783  639 * 2
 3* 427  575  472  229   38  -59 -122 -158 -128  -37   67  127   98   -3 -110 -171 -192 -192 -172 -125  -56   -6   -2   18  170  427  575  472 * 3
 4* 270  367  300  144   20  -58 -127 -165 -133  -31  100  190  169   46  -87 -160 -183 -183 -159 -100  -24   25   22   18  105  270  367  300 * 4
 5* 154  201  154   67   -1  -63 -131 -171 -143  -44  100  215  208   79  -64 -136 -155 -155 -127  -57   25   72   61   37   69  154  201  154 * 5
 6*  84   88   51    6  -28  -78 -142 -178 -157  -72   67  196  206   86  -45 -101 -108 -108  -79    0   91  134  112   69   60   84   88   51 * 6
 7*  47   23  -11  -36  -57 -102 -157 -184 -170 -108   12  140  163   66  -34  -58  -47  -48  -24   60  160  199  164  102   63   47   23  -11 * 7
 8*  25  -10  -43  -61  -81 -124 -169 -186 -177 -141  -49   62   93   26  -32  -16   14   10   24  107  210  248  201  121   62   25  -10  -43 * 8
 9*   7  -25  -52  -70  -93 -136 -171 -179 -176 -162 -103  -15   16  -21  -37   14   62   54   54  126  226  263  209  119   48    7  -25  -52 * 9
10*  -8  -26  -43  -62  -89 -130 -158 -161 -164 -170 -141  -79  -49  -64  -47   29   84   71   56  112  202  238  187   95   25   -8  -26  -43 *10
11* -18  -15  -20  -40  -72 -109 -131 -134 -144 -165 -159 -120  -94  -92  -54   29   81   62   35   71  146  182  141   59   -1  -18  -15  -20 *11
12* -20    4   10  -13  -50  -83  -99 -104 -121 -152 -162 -138 -115  -97  -49   26   64   37    1   18   77  112   85   20  -24  -20    4   10 *12
13* -18   26   39    8  -34  -63  -73  -79 -100 -135 -152 -137 -111  -80  -27   34   51   12  -31  -29   11   44   32  -13  -42  -18   26   39 *13
14* -17   40   56   19  -30  -55  -59  -64  -86 -117 -133 -121  -90  -45   14   61   56    2  -51  -64  -39  -10  -10  -41  -55  -17   40   56 *14
15* -20   42   58   15  -37  -60  -60  -62  -79 -100 -107  -92  -56    0   67  105   80    9  -55  -83  -73  -50  -44  -62  -65  -20   42   58 *15
16* -24   35   47    1  -51  -72  -69  -71  -80  -84  -76  -56  -19   42  115  150  113   27  -50  -90  -94  -79  -71  -78  -72  -24   35   47 *16
17* -23   26   30  -16  -65  -83  -82  -83  -84  -71  -46  -21   10   69  142  177  136   44  -40  -89 -104 -100  -92  -88  -70  -23   26   30 *17
18* -11   23   14  -31  -74  -89  -91  -95  -90  -62  -23    5   27   71  136  171  134   48  -32  -81 -104 -112 -106  -89  -57  -11   23   14 *18
19*  11   28    5  -40  -75  -90  -95 -102  -94  -58  -10   17   27   51   98  130  104   36  -26  -65  -92 -112 -112  -83  -34   11   28    5 *19
20*  36   37    1  -42  -70  -83  -93 -102  -93  -55   -6   19   16   17   42   66   53   13  -22  -43  -69 -102 -110  -73   -9   36   37    1 *20
21*  52   43    1  -36  -57  -68  -81  -93  -86  -49   -2   19    6  -13  -13   -1   -1  -13  -19  -20  -43  -85 -104  -64    6   52   43    1 *21
22*  51   40    2  -24  -35  -43  -58  -73  -69  -36    7   28    8  -30  -54  -55  -48  -37  -18   -4  -23  -71  -98  -63    7   51   40    2 *22
23*  33   26    1   -6   -1   -4  -22  -42  -43  -13   30   50   26  -26  -71  -88  -78  -54  -21    0  -16  -65  -98  -72   -7   33   26    1 *23
24*   3    5    1   16   39   45   25   -2  -12   14   58   80   53   -9  -70  -98  -91  -62  -27   -8  -24  -70 -103  -86  -33    3    5    1 *24
25* -29  -16    1   39   81   97   76   37   16   37   82  105   77    9  -57  -91  -86  -60  -33  -23  -41  -79 -109  -99  -61  -29  -16    1 *25
26* -54  -32    1   56  111  137  116   66   32   46   90  112   85   22  -38  -69  -65  -45  -31  -34  -56  -86 -108 -105  -80  -54  -32    1 *26
27* -67  -41    1   61  122  152  132   75   31   37   76   97   74   27  -13  -31  -27  -15  -16  -35  -60  -83  -98  -98  -86  -67  -41    1 *27
28* -67  -40    2   57  111  138  119   60   11   11   45   64   52   30   19   20   26   27    9  -23  -53  -70  -77  -81  -79  -67  -40    2 *28
29* -55  -30    8   51   87  103   82   27  -19  -19   11   29   29   37   60   82   89   76   41   -4  -38  -50  -51  -56  -62  -55  -30    8 *29
30* -34   -8   26   52   65   63   37  -11  -49  -45  -16    3   16   50  102  141  146  120   70   13  -23  -31  -27  -32  -40  -34   -8   26 *30
31*  -4   25   58   70   59   35    0  -44  -72  -62  -31   -8   14   64  133  180  183  147   87   25  -11  -17  -11  -12  -15   -4   25   58 *31
32*  32   71  104  105   74   28  -19  -63  -85  -70  -36  -10   17   71  142  188  187  148   88   28   -6  -11   -3    1    8   32   71  104 *32
33*  72  122  155  149  102   39  -20  -69  -91  -75  -39   -9   18   67  127  164  160  124   72   22   -6  -11   -4    8   31   72  122  155 *33
34* 109  166  198  186  131   57  -12  -68  -95  -82  -45  -11   17   54   95  116  108   80   43   10   -8  -14   -9   10   51  109  166  198 *34
35* 133  191  217  200  146   71   -2  -63  -95  -88  -51  -12   18   43   62   64   49   28    9   -4  -12  -17  -16    8   63  133  191  217 *35
36* 138  190  205  187  140   75    7  -52  -88  -87  -52   -7   26   43   41   22   -3  -21  -26  -23  -19  -23  -24    1   64  138  190  205 *36
37* 122  162  167  150  117   72   20  -30  -67  -72  -41    5   43   56   37   -2  -41  -61  -58  -43  -31  -32  -35   -9   53  122  162  167 *37
38*  92  117  115  103   89   68   38    2  -30  -41  -20   24   65   76   46  -10  -63  -88  -83  -64  -48  -46  -47  -22   35   92  117  115 *38
39*  59   72   66   62   66   68   61   43   15   -3    4   39   79   90   56  -10  -71 -102 -100  -83  -67  -62  -57  -32   16   59   72   66 *39
40*  34   38   31   34   49   68   81   78   56   29   20   42   75   87   54  -10  -72 -103 -106  -96  -86  -76  -62  -33    5   34   38   31 *40
41*  23   21   13   18   36   62   86   96   79   46   22   27   51   63   38  -17  -68  -94 -100 -101  -97  -83  -57  -24    7   23   21   13 *41
42*  24   16    7    8   22   46   73   89   77   43   10    2   14   23    8  -28  -62  -77  -83  -94  -99  -81  -44   -6   18   24   16    7 *42
43*  30   17    3   -1    3   20   45   62   55   25   -7  -25  -25  -21  -27  -43  -55  -55  -60  -78  -92  -74  -29   13   33   30   17    3 *43
44*  37   19    1  -11  -15   -5   13   27   23    1  -24  -44  -55  -59  -60  -58  -49  -35  -35  -58  -79  -66  -19   26   44   37   19    1 *44
45*  45   26    3  -15  -25  -22   -9   -1   -6  -20  -36  -53  -73  -86  -86  -72  -47  -22  -16  -40  -67  -60  -16   29   50   45   26    3 *45
46*  56   42   17   -8  -23  -23  -17  -16  -26  -36  -43  -55  -78 -100 -103  -84  -52  -19   -8  -27  -57  -58  -21   25   53   56   42   17 *46
47*  76   69   43   11   -9  -14  -13  -20  -35  -46  -48  -56  -80 -106 -112  -94  -61  -28  -11  -23  -48  -55  -26   19   58   76   69   43 *47
48*  99  104   78   38    8   -3   -7  -18  -37  -51  -55  -61  -83 -109 -116 -100  -72  -42  -23  -24  -40  -47  -26   18   67   99  104   78 *48
49* 119  133  108   62   21    0   -8  -17  -35  -52  -61  -69  -89 -111 -116 -101  -78  -55  -37  -28  -31  -33  -17   22   74  119  133  108 *49
50* 123  144  123   75   25   -6  -18  -22  -32  -47  -62  -76  -96 -114 -114  -96  -76  -62  -47  -32  -22  -18   -6   25   75  123  144  123 *50
51* 108  133  119   74   22  -17  -33  -31  -28  -37  -55  -78 -101 -116 -111  -89  -69  -61  -52  -35  -17   -8    0   21   62  108  133  119 *51
    *  **   **   **   **   **   **   **   **   **   **   **   **   **   **   **   **   **   **   **   **   **   **   **   **   **   **   ** *
       96    0    4    8   12   16   20   24   28   32   36   40   44   48   52   56   60   64   68   72   76   80   84   88   92   96    0    4
```

Y = .00   Z ACROSS   X DOWN

MULTIPLIED BY   73.7606   (SCAN 2)

	96	0	4	8	12	16	20	24	28	32	36	40	44	48	52	56	60	64	68	72	76	80	84	88	92	96	0	4	
99*	647	915	602	83	-119	-30	22	-39	-86	-90	-101	-114	-108	-91	-72	-56	-39	-21	-34	-83	-91	-50	-71	-104	136	647	915	602	*99
0*	688	999	688	132	-114	-54	-10	-60	-82	-65	-71	-92	-96	-89	-89	-96	-92	-71	-65	-82	-60	-10	-54	-114	132	688	999	688	* 0
1*	602	915	647	136	-104	-71	-50	-91	-83	-34	-21	-39	-56	-72	-91	-108	-114	-101	-90	-86	-39	22	-30	-119	83	602	915	647	* 1
2*	424	696	498	100	-82	-67	-77	-119	-86	-5	42	46	17	-36	-85	-111	-119	-116	-109	-94	-35	32	-15	-121	8	424	696	498	* 2
3*	226	426	300	49	-47	-40	-83	-132	-89	11	100	147	116	14	-79	-115	-121	-125	-123	-101	-41	22	-11	-115	-57	226	426	300	* 3
4*	76	191	120	4	-9	-5	-73	-131	-93	7	130	230	211	65	-75	-122	-123	-131	-128	-96	-38	13	-8	-92	-83	76	191	120	* 4
5*	5	43	0	-22	17	14	-66	-122	-98	-19	118	266	271	100	-71	-119	-113	-126	-120	-69	-6	30	10	-49	-60	5	43	0	* 5
6*	0	-19	-57	-36	18	2	-76	-115	-103	-60	66	242	274	103	-67	-95	-77	-99	-95	-20	61	84	53	6	-10	0	-19	-57	* 6
7*	16	-32	-73	-46	-3	-35	-101	-113	-103	-100	-5	171	222	73	-62	-48	-11	-48	-56	38	144	162	109	54	33	16	-32	-73	* 7
8*	21	-32	-74	-55	-35	-81	-130	-111	-98	-125	-72	81	136	20	-60	8	68	14	-16	83	211	230	155	79	46	21	-32	-74	* 8
9*	2	-37	-69	-59	-56	-109	-143	-104	-84	-130	-115	1	48	-36	-63	54	133	65	7	95	230	257	170	72	25	2	-37	-69	* 9
10*	-25	-39	-54	-48	-55	-105	-129	-84	-64	-118	-130	-51	-19	-81	-72	69	157	84	5	68	193	229	149	43	-13	-25	-39	-54	*10
11*	-42	-24	-22	-22	-36	-75	-92	-55	-42	-97	-124	-76	-58	-105	-82	52	132	64	-18	16	118	160	104	8	-47	-42	-24	-22	*11
12*	-37	10	23	9	-12	-39	-47	-22	-22	-77	-112	-85	-74	-106	-82	21	78	19	-51	-36	36	82	56	-17	-62	-37	10	23	*12
13*	-22	50	70	34	-1	-17	-12	2	-9	-63	-100	-88	-76	-88	-62	4	29	-21	-74	-70	-23	22	22	-28	-64	-22	50	70	*13
14*	-13	76	98	41	-11	-18	0	11	-8	-55	-88	-84	-69	-53	-16	25	16	-36	-76	-79	-52	-10	6	-31	-64	-13	76	98	*14
15*	-21	76	99	29	-34	-35	-7	2	-16	-49	-69	-68	-51	-10	49	82	46	-20	-62	-73	-61	-26	-3	-36	-71	-21	76	99	*15
16*	-38	54	76	6	-57	-55	-24	-17	-31	-40	-39	-36	-23	30	113	152	101	12	-44	-65	-65	-39	-17	-45	-81	-38	54	76	*16
17*	-45	29	45	-15	-68	-63	-38	-38	-46	-31	-3	4	6	55	149	199	145	40	-32	-62	-71	-57	-40	-57	-81	-45	29	45	*17
18*	-27	19	20	-28	-65	-58	-43	-53	-59	-25	24	38	24	52	139	197	150	46	-28	-59	-74	-77	-67	-63	-60	-27	19	20	*18
19*	15	29	7	-33	-54	-46	-43	-61	-67	-27	32	49	21	21	86	142	112	27	-28	-44	-61	-85	-87	-59	-20	15	29	7	*19
20*	66	49	3	-34	-44	-38	-43	-64	-72	-36	19	36	0	-23	12	58	47	-2	-24	-14	-27	-74	-94	-48	26	66	49	3	*20
21*	101	63	0	-33	-37	-36	-47	-65	-72	-46	0	14	-20	-59	-52	-21	-16	-29	-13	23	15	-49	-89	-38	58	101	63	0	*21
22*	104	57	-5	-29	-27	-32	-47	-63	-67	-47	-9	8	-19	-66	-85	-73	-58	-43	-1	50	47	-25	-82	-37	62	104	57	-5	*22
23*	75	33	-14	-17	-5	-12	-33	-49	-52	-32	6	31	10	-43	-85	-93	-77	-47	2	54	52	-18	-80	-49	38	75	33	-14	*23
24*	28	0	-20	1	31	30	5	-20	-29	-4	44	78	58	-4	-67	-92	-79	-46	-4	31	27	-30	-86	-68	-1	28	0	-20	*24
25*	-17	-29	-22	25	75	89	62	19	-4	22	83	122	98	25	-50	-87	-76	-43	-16	-3	-12	-53	-93	-84	-39	-17	-29	-22	*25
26*	-46	-45	-19	43	110	141	118	56	11	33	100	137	106	30	-43	-79	-68	-37	-23	-31	-47	-70	-92	-87	-61	-46	-45	-19	*26
27*	-57	-48	-15	46	116	161	146	72	7	19	82	111	76	13	-38	-60	-46	-18	-15	-40	-61	-70	-75	-73	-64	-57	-48	-15	*27
28*	-55	-44	-14	32	89	137	131	57	-16	-13	40	58	25	-7	-19	-17	-2	15	7	-28	-54	-52	-44	-46	-53	-55	-44	-14	*28
29*	-49	-38	-14	10	42	78	79	16	-50	-47	-3	4	-18	-13	22	49	59	61	37	-8	-36	-26	-10	-16	-37	-49	-38	-14	*29
30*	-41	-30	-8	-2	-1	13	15	-28	-76	-66	-26	-25	-37	2	78	122	124	105	63	7	-21	-6	15	7	-23	-41	-30	-8	*30
31*	-30	-12	13	9	-16	-27	-31	-59	-85	-62	-23	-24	-30	27	122	175	167	130	75	13	-16	0	25	17	-14	-30	-12	13	*31
32*	-9	21	56	50	6	-29	-45	-66	-77	-47	-7	-7	-12	42	134	183	171	128	70	9	-19	-3	18	14	-6	-9	21	56	*32
33*	25	71	112	107	54	0	-32	-57	-67	-38	1	5	-2	36	107	145	134	99	51	1	-21	-11	2	3	4	25	71	112	*33
34*	69	123	163	156	101	35	-12	-49	-68	-48	-7	3	-4	13	56	78	71	53	26	-3	-16	-14	-12	-6	21	69	123	163	*34
35*	106	159	185	173	121	54	-2	-50	-82	-72	-31	-7	-9	-5	9	13	7	4	0	-4	-4	-10	-22	-13	37	106	159	185	*35
36*	122	162	165	147	106	49	-5	-56	-95	-93	-52	-13	-1	-2	-9	-25	-38	-36	-23	-5	7	-2	-28	-20	45	122	162	165	*36
37*	109	128	110	90	67	32	-8	-51	-88	-91	-53	-2	27	29	6	-32	-62	-64	-42	-11	11	0	-33	-29	37	109	128	110	*37
38*	73	72	41	28	28	21	4	-21	-51	-61	-31	22	66	75	42	-17	-67	-79	-58	-23	1	-8	-43	-42	16	73	72	41	*38
39*	32	19	-11	-13	8	27	34	29	7	-13	-2	43	94	112	75	0	-64	-85	-69	-41	-20	-28	-54	-53	-6	32	19	-11	*39
40*	6	-8	-32	-23	9	42	68	81	65	30	16	44	93	118	85	6	-61	-83	-73	-58	-48	-49	-59	-51	-17	6	-8	-32	*40
41*	2	-10	-22	-10	18	49	83	109	97	51	13	19	60	90	67	0	-58	-73	-66	-67	-70	-62	-49	-31	-8	2	-10	-22	*41
42*	12	2	-3	3	16	34	67	98	91	44	-4	-16	8	38	31	-13	-51	-53	-47	-63	-79	-62	-25	3	15	12	2	-3	*42
43*	23	9	4	1	-2	1	26	56	56	19	-24	-45	-36	-15	-9	-27	-37	-24	-18	-47	-74	-52	2	40	40	23	9	4	*43
44*	24	3	-5	-16	-30	-33	-15	9	13	-5	-30	-50	-59	-54	-42	-35	-21	6	14	-23	-62	-44	18	60	53	24	3	-5	*44
45*	17	-7	-23	-37	-49	-48	-34	-20	-18	-21	-22	-32	-55	-70	-62	-41	-11	26	38	0	-51	-45	12	55	48	17	-7	-23	*45
46*	16	-6	-25	-42	-46	-36	-22	-22	-31	-27	-9	-7	-37	-70	-72	-48	-12	28	46	12	-44	-56	-12	31	36	16	-6	-25	*46
47*	33	22	0	-22	-24	-7	6	-4	-28	-31	-5	7	-20	-63	-75	-57	-26	10	33	13	-38	-65	-39	3	29	33	22	0	*47
48*	67	72	45	12	0	15	29	14	-20	-36	-16	2	-18	-58	-74	-62	-43	-17	7	6	-28	-59	-50	-9	35	67	72	45	*48
49*	101	120	92	43	13	15	27	19	-13	-40	-34	-18	-30	-60	-71	-60	-50	-40	-19	-2	-11	-33	-35	-4	49	101	120	92	*49
50*	113	140	113	56	8	-6	1	8	-8	-36	-46	-40	-47	-65	-65	-47	-40	-46	-36	-8	8	1	-6	8	56	113	140	113	*50
51*	92	120	101	49	-4	-35	-33	-11	-2	-19	-40	-50	-60	-71	-60	-30	-18	-34	-40	-13	19	27	15	13	43	92	120	101	*51

KHPI K-H-PHENYLACETAT I-CENT HOL   FOURIER MAP   1

Y = .00   Z ACROSS   X DOWN

MULTIPLIED BY   86.4862   (SCAN 2)

	96	0	4	8	12	16	20	24	28	32	36	40	44	48	52	56	60	64	68	72	76	80	84	88	92	96	0	4	
99*	494	704	466	67	-97	-57	-44	-83	-82	-50	-39	-42	-37	-26	-16	-19	-37	-49	-56	-75	-77	-51	-70	-92	96	494	704	466	*99
0*	530	771	530	100	-96	-67	-47	-79	-79	-54	-49	-48	-37	-28	-28	-37	-48	-49	-54	-79	-79	-47	-67	-96	100	530	771	530	* 0
1*	466	704	494	96	-92	-70	-51	-77	-75	-56	-49	-37	-19	-16	-26	-37	-42	-39	-50	-82	-83	-44	-57	-97	67	466	704	494	* 1
2*	326	530	371	58	-85	-66	-56	-77	-72	-52	-32	3	30	14	-18	-35	-36	-34	-47	-81	-84	-41	-44	-93	12	326	530	371	* 2
3*	166	314	211	5	-76	-59	-63	-80	-69	-45	0	73	110	64	-6	-39	-42	-40	-49	-73	-74	-34	-30	-83	-40	166	314	211	* 3
4*	37	126	67	-39	-66	-55	-71	-82	-66	-37	35	152	200	119	6	-44	-52	-55	-55	-55	-45	-13	-12	-67	-72	37	126	67	* 4
5*	-32	8	-23	-64	-59	-58	-80	-79	-59	-33	58	209	268	161	19	-40	-53	-67	-59	-26	6	29	14	-45	-77	-32	8	-23	* 5
6*	-52	-38	-58	-67	-54	-66	-88	-71	-47	-33	57	223	288	171	29	-15	-28	-62	-58	8	76	93	51	-22	-65	-52	-38	-58	* 6
7*	-48	-42	-58	-59	-52	-75	-90	-57	-33	-38	34	191	253	146	36	29	24	-36	-49	41	146	165	93	-3	-53	-48	-42	-58	* 7
8*	-44	-36	-49	-51	-51	-78	-87	-44	-21	-42	1	130	182	96	38	84	95	6	-36	61	195	222	129	6	-51	-44	-36	-49	* 8
9*	-49	-37	-48	-50	-49	-73	-79	-36	-14	-44	-25	68	104	44	38	131	157	49	-24	60	204	242	142	6	-59	-49	-37	-48	* 9
10*	-58	-44	-55	-55	-46	-62	-71	-37	-15	-41	-37	25	46	6	35	151	186	74	-19	39	170	214	127	-2	-68	-58	-44	-55	*10
11*	-60	-48	-62	-62	-44	-51	-65	-44	-22	-36	-36	4	16	-8	30	139	170	70	-21	9	107	147	86	-16	-70	-60	-48	-62	*11
12*	-51	-43	-62	-66	-45	-44	-60	-51	-30	-32	-30	-2	8	-5	25	100	116	42	-26	-15	39	66	33	-30	-63	-51	-43	-62	*12
13*	-40	-33	-56	-68	-49	-42	-57	-56	-36	-31	-30	-8	9	10	26	56	49	2	-29	-26	-11	-4	-14	-41	-55	-40	-33	-56	*13
14*	-37	-28	-50	-67	-54	-44	-55	-56	-41	-35	-36	-18	12	33	41	30	-2	-29	-28	-23	-36	-47	-45	-49	-52	-37	-28	-50	*14
15*	-46	-34	-48	-65	-57	-45	-51	-54	-43	-42	-46	-27	18	61	70	33	-22	-44	-24	-15	-42	-62	-56	-53	-57	-46	-34	-48	*15
16*	-62	-47	-50	-60	-54	-44	-47	-50	-46	-47	-51	-28	29	90	108	60	-12	-42	-22	-12	-40	-61	-55	-53	-64	-62	-47	-50	*16
17*	-73	-60	-52	-53	-46	-38	-41	-46	-46	-49	-48	-21	41	110	136	91	12	-31	-24	-18	-40	-55	-49	-49	-67	-73	-60	-52	*17
18*	-72	-63	-51	-44	-36	-30	-34	-40	-43	-46	-42	-12	45	109	138	103	29	-22	-30	-29	-43	-53	-45	-44	-61	-72	-63	-51	*18
19*	-59	-57	-46	-35	-26	-23	-27	-32	-37	-41	-36	-11	33	82	107	84	27	-21	-36	-36	-45	-53	-46	-40	-48	-59	-57	-46	*19
20*	-42	-46	-39	-27	-20	-19	-22	-25	-31	-36	-32	-15	11	39	54	44	8	-25	-37	-37	-43	-53	-51	-40	-36	-42	-46	-39	*20
21*	-32	-38	-33	-21	-15	-16	-19	-21	-27	-29	-23	-12	-3	1	4	1	-13	-29	-36	-34	-39	-51	-55	-43	-30	-32	-38	-33	*21
22*	-31	-35	-28	-14	-8	-9	-12	-20	-27	-21	-3	11	6	-10	-23	-26	-27	-30	-33	-33	-36	-48	-55	-46	-32	-31	-35	-28	*22
23*	-36	-37	-25	-5	6	9	3	-15	-29	-10	32	60	46	6	-26	-35	-30	-29	-34	-38	-40	-47	-52	-46	-36	-36	-37	-25	*23
24*	-42	-41	-22	4	28	42	33	-3	-30	1	75	121	100	38	-14	-33	-28	-27	-39	-50	-50	-47	-47	-43	-39	-42	-41	-22	*24
25*	-45	-43	-21	13	52	83	76	19	-27	8	106	168	140	60	-6	-32	-30	-29	-45	-60	-58	-48	-42	-38	-39	-45	-43	-21	*25
26*	-44	-42	-21	16	69	120	119	46	-23	6	111	177	144	59	-8	-35	-34	-34	-48	-62	-59	-48	-40	-36	-38	-44	-42	-21	*26
27*	-41	-40	-23	12	71	136	144	65	-20	-7	86	143	111	39	-11	-31	-33	-36	-46	-55	-52	-45	-41	-38	-37	-41	-40	-23	*27
28*	-38	-37	-23	5	59	124	139	66	-22	-26	42	83	59	19	1	-7	-20	-33	-41	-42	-40	-41	-45	-43	-38	-38	-37	-23	*28
29*	-35	-31	-18	3	40	89	106	49	-27	-40	0	23	14	17	38	39	9	-22	-34	-31	-28	-37	-47	-46	-38	-35	-31	-18	*29
30*	-32	-23	-2	14	27	48	57	23	-29	-43	-24	-15	-7	37	91	95	45	-8	-29	-25	-21	-33	-46	-44	-36	-32	-23	-2	*30
31*	-27	-11	22	41	30	18	14	-1	-26	-33	-28	-29	-8	63	137	139	72	2	-26	-23	-19	-29	-40	-37	-30	-27	-11	22	*31
32*	-22	2	52	79	52	9	-9	-14	-18	-18	-21	-28	-1	78	153	151	79	5	-25	-24	-20	-26	-33	-29	-25	-22	2	52	*32
33*	-19	14	80	117	83	19	-14	-16	-11	-10	-17	-24	0	71	133	127	63	1	-25	-25	-21	-25	-28	-23	-21	-19	14	80	*33
34*	-16	22	97	142	109	37	-6	-14	-12	-14	-19	-22	-1	49	91	83	35	-7	-25	-25	-23	-26	-28	-23	-21	-16	22	97	*34
35*	-16	22	96	145	119	51	3	-11	-20	-26	-24	-16	1	31	52	40	8	-17	-27	-27	-27	-31	-33	-27	-23	-16	22	96	*35
36*	-16	14	77	125	111	57	14	-7	-25	-34	-22	1	21	33	32	15	-7	-23	-30	-31	-32	-36	-39	-32	-24	-16	14	77	*36
37*	-17	1	47	91	92	60	30	6	-19	-31	-7	32	56	55	36	10	-12	-26	-32	-33	-34	-39	-43	-36	-23	-17	1	47	*37
38*	-18	-13	14	53	72	67	56	36	3	-13	15	67	97	87	52	15	-11	-26	-32	-32	-32	-39	-45	-37	-23	-18	-13	14	*38
39*	-20	-24	-11	23	57	79	90	76	38	12	36	91	124	110	66	20	-10	-25	-28	-27	-28	-36	-45	-39	-24	-20	-24	-11	*39
40*	-23	-30	-25	4	47	90	119	114	72	33	44	93	127	114	67	18	-12	-23	-23	-20	-23	-33	-44	-41	-27	-23	-30	-25	*40
41*	-25	-29	-28	-4	38	90	131	135	91	41	36	74	107	98	56	12	-14	-21	-18	-16	-21	-32	-43	-44	-32	-25	-29	-28	*41
42*	-26	-25	-25	-9	26	74	118	128	90	37	19	45	73	70	39	6	-13	-17	-15	-16	-23	-32	-40	-43	-35	-26	-25	-25	*42
43*	-26	-22	-21	-13	10	47	85	98	71	25	5	20	40	40	22	3	-9	-12	-13	-19	-27	-31	-34	-37	-34	-26	-22	-21	*43
44*	-27	-23	-22	-17	-2	20	46	59	44	14	0	7	16	14	8	1	-3	-7	-12	-21	-30	-30	-26	-28	-30	-27	-23	-22	*44
45*	-29	-29	-27	-21	-9	3	15	23	18	6	2	5	4	-2	-3	0	-1	-6	-11	-21	-31	-29	-21	-20	-26	-29	-29	-27	*45
46*	-31	-34	-33	-24	-10	-2	-1	-1	-1	0	5	9	0	-12	-12	-5	-5	-10	-12	-19	-30	-31	-22	-19	-25	-31	-34	-33	*46
47*	-33	-38	-37	-25	-8	-2	-8	-14	-14	-8	2	8	-1	-17	-18	-11	-13	-18	-17	-18	-29	-35	-28	-23	-26	-33	-38	-37	*47
48*	-32	-37	-36	-25	-10	-5	-13	-21	-23	-19	-8	1	-4	-17	-20	-16	-21	-29	-25	-21	-29	-38	-34	-28	-28	-32	-37	-36	*48
49*	-32	-34	-34	-27	-16	-14	-21	-25	-27	-29	-22	-9	-8	-17	-19	-16	-24	-35	-32	-25	-29	-36	-34	-29	-29	-32	-34	-34	*49
50*	-32	-33	-32	-28	-24	-26	-30	-28	-28	-34	-33	-20	-13	-17	-17	-13	-20	-33	-34	-28	-28	-30	-26	-24	-28	-32	-33	-32	*50
51*	-34	-34	-32	-29	-29	-34	-36	-29	-25	-32	-35	-24	-16	-19	-17	-8	-9	-22	-29	-27	-25	-21	-14	-16	-27	-34	-34	-32	*51
	96	0	4	8	12	16	20	24	28	32	36	40	44	48	52	56	60	64	68	72	76	80	84	88	92	96	0	4	

```
*********     SHELX 76/77    ECLIPSE VERSION     03/30/1981  17:48      **********


TITL FCE3 C42 H38 FE4   P BCN Z=4
CELL .71069 17.8096 9.4180 19.1840 90 90 90
SYMM .5-X,  .5-Y,  .5+Z
SYMM .5+X,  .5-Y,  -Z
SYMM -X,  Y,  .5-Z
SFAC C H
SFAC FE 11.7695 4.7611 7.3573 .3072 3.5222 15.3535 2.3045 76.8806 =
     1.0369 .301 .845 3500 1.5
UNIT 168 152 16

U = 3217.73    F(000) = 1575.85    MU =   17.72

FMAP 3 1
GRID -2 -2 -1 2 2 1
PLAN 15
L.S. 0
FVAR 1
FE1    3 .6155 -.4539 .1519
FE2    3 .3846 -.0523 .1052
END


*** SHELX - Least Squares ***     FCE3 C42 H38 FE4   P BCN Z=4     03/30/1981  17:48


PARAMETER LIST FOR   FCE3 C42 H38 FE4   P BCN Z=4


ATOM   X/A      Y/B      Z/C      K     U11     U22     U33     U23     U13     U12

FE1   .6155  -.4539   .1519  1.0000  .0500

FE2   .3846  -.0523   .1052  1.0000  .0500


CYCLE  0   R= .5207   RW= .5207   RG= .5291   RM= .4425   NR= 1197   NP= 9

  FCE3 C42 H38 FE4   P BCN Z=4           FOURIER MAP   1

MAXIMUM = 367.50,  MINIMUM = -28.44

MULTIPLIED BY    7.2695        (SCAN  7)


    ATOM HEIGHT    X/A      Y/B      Z/C    S.O.F. MOLECULE ELEVATION

 1  FE1           .1155   .0461   .3481  1.0000    1      2.17
 2  FE2          -.1154   .4477   .3948  1.0000    1      1.38
 3  Q  1  368.    .1162   .0385   .3482   **  .072 FROM    1
 4  Q  2  364.    .1155   .4396   .1057   **  .077 FROM    2
 5  Q  3   39.   -.0177   .2428   .2845  1.0000    1      1.44
 6  Q  4   39.    .0322   .1943   .3418  1.0000    1      1.89
 7  Q  5   36.    .0192   .0697   .3912  1.0000    1      1.01
 8  Q  6   35.   -.0192   .4831   .3466  1.0000    1      2.98
 9  Q  7   35.   -.0546   .3853   .3086  1.0000    1      1.79
10  Q  8   34.    .1220   .1708   .4349  1.0000    1      3.07
11  Q  9   34.    .1124   .2210   .3606  1.0000    1      3.17
12  Q 10   33.    .0766   .0698   .4389  1.0000    1      1.84
13  Q 11   32.    .1223  -.0774   .2589  1.0000    1      1.46
14  Q 12   32.   -.1192   .4552   .5064  1.0000    1      1.46
15  Q 13   31.   -.1300   .5706   .3151  1.0000    1      1.84
16  Q 14   31.   -.1234   .4292   .2908  1.0000    1      1.08
17  Q 15   28.   -.0779   6030   3467  1.0000    1      2.78
18  Q 16   26.   -.0952   .3403   .4713  1.0000    1      1.09
19  Q 17   25.   -.1429   .2718   .4421  1.0000    1       .00

BONDS (INCLUDING SYMMETRY RELATED ATOMS)

   5-  5  1.47     1-  6  2.04     5-  6  1.49     6-  7  1.53     1-  7  1.92     2-  8  1.98     5-  9  1.56
   8-  9  1.33     2-  9  2.06     1- 10  2.04     6- 11  1.50    10- 11  1.51     1- 11  1.67     7- 12  1.37
  10- 12  1.26     1- 12  1.89     1- 13  2.07     2- 14  2.14     2- 15  1.94     9- 16  1.34     2- 16  2.01
  15- 16  1.42     2- 17  1.95    15- 17  1.15     8- 17  1.54    14- 18  1.34     2- 18  1.82    18- 19  1.20
   2- 19  1.95
MOLECULE  1    SCALE = 1.000 INCH/A    MATRIX = -.3397  .4763 -.8110 -.5286  .6165  .5835  .7779  .6270  .0423
```